空天科学与工程系列教材·空天推进

工程热力学

黄敏超　胡小平　李大鹏　李小康　编著

科学出版社
北京

内 容 简 介

本书主要叙述与空天工程中能量转换过程相关的热力学基础知识，目的是使读者理解热力学抽象概念和基本定律，掌握工质的热力性质，了解空天动力装置中热力循环的概念；培养正确的思维模式，并使他们学会运用热力学的基础理论和分析方法处理空天工程中的有关问题，为后续课程提供必要的热力学应用方面的基础知识。全书共九章，主要内容为绪论、基本概念和定义、热力学第一定律、热力学第二定律、工质的热力性质、相转变与相平衡、喷管和扩压管的热力学分析、化学热力学基础、空天动力循环过程的热力学分析。本书注重基本概念和基本理论的阐述，注重理论与实践的联系，注重结合课程内容对学生开展热力学分析方法和思维能力的训练。书中附有例题、思考题和习题以及必要的热工图表。全书采用国际单位制，但考虑到当前工程实际，对某些工程单位也作了必要的说明。

本书适合作为航空宇航科学与技术、热能与动力工程、轮机工程、电力工程、核技术与工程、建筑环境(通暖)工程、化学工程、机械工程、材料工程等相关专业的本科生教材，亦可供相关领域工程技术人员参考。

图书在版编目(CIP)数据

工程热力学/黄敏超等编著. —北京：科学出版社，2019.6

(空天科学与工程系列教材·空天推进)

ISBN 978-7-03-061500-8

Ⅰ. ①工… Ⅱ. ①黄… Ⅲ. ①工程热力学 Ⅳ. ①TK123

中国版本图书馆 CIP 数据核字(2019)第 110074 号

责任编辑：潘斯斯 朱晓颖 / 责任校对：郭瑞芝

责任印制：张 伟 / 封面设计：迷底书装

科学出版社 出版

北京东黄城根北街 16 号

邮政编码：100717

http://www.sciencep.com

北京厚诚则铭印刷科技有限公司印刷

科学出版社发行 各地新华书店经销

*

2019 年 6 月第 一 版 开本：787×1092 1/16

2024 年 1 月第五次印刷 印张：16 1/4

字数：450 000

定价：69.00 元

(如有印装质量问题，我社负责调换)

序

自古以来，人类就一直梦想能够像鸟儿一样自由飞行。无论是嫦娥奔月还是敦煌飞天，都代表了人们对于天空的这种向往。人类也从来没有停止过对飞行的追求和探索。莱特兄弟在1903年实现了人类大气层内的第一次有动力飞行，开启了航空时代新纪元。也就在这一年，齐奥尔科夫斯基建立了火箭和航天飞行理论。1911年他说出了这样一段名言："地球是人类的摇篮，但是人类决不会永远停留在摇篮里。为了追求光明和探索空间，开始会小心翼翼地飞出大气层，然后再征服太阳周围的整个空间……"。1926年戈达德成功进行了第一枚液体火箭发射试验。他有一句名言："过去的梦想，今日的希望，明天的现实。"人类从此进入航天时代。第一架螺旋桨飞机，第一个民用航班，第一架超声速飞机，第一颗人造卫星，第一艘载人飞船，第一次踏上月球表面……短短一百年来，人类飞行史超越了一个又一个里程碑。时至今日，航空航天技术对人类社会的影响已经拓展到交通、通信、气象、军事乃至日常生活等各个方面，其作用无疑是巨大而且广泛的。

空天发展，动力先行。作为空天飞行器的"心脏"，航空航天发动机技术的突破一直是推动空天活动不断超越发展的重要驱动力。活塞式发动机直接催生了飞机，喷气式发动机推进飞机突破声障，火箭发动机技术的成熟使得人类的宇宙航行和空间探索成为现实，目前已经成为国际热点的超燃冲压发动机，可以实现两小时全球到达，有望把人类带入高超声速时代……社会不断进步，文明不断发展，人类的飞行梦想不断延伸，为空天推进技术的发展提供了源源不断的牵引力，也寄托了更热切的期盼。

我国的航空航天事业，伴随着共和国的成长，从无到有，从弱到强，见证了中华民族伟大复兴的历史进程。航空航天事业的发展过程，也正是空天推进技术不断取得突破的过程。一代又一代空天推进领域的专家和技术人员，殚精竭虑，栉风沐雨，付出了辛勤的劳动，做出了巨大的贡献，也收获了沉甸甸的希望。从WP系列涡喷发动机、WS系列涡扇发动机，到YF系列液体火箭发动机、FG系列固体火箭发动机等各类航空航天发动机，累累硕果无不凝结着空天推进人的执著追求和艰苦奋斗。

国防科技大学空天科学学院源自哈尔滨军事工程学院的导弹工程系，成立以来一直专注航空航天领域的人才培养和科学研究工作，六十余年来为我国航空航天领域管理部门、科研院所、工厂企业等单位培养了大批优秀的科技、管理等各类人才，发挥了重要作用，形成了被传为美谈的"人才森林"现象。空天科学学院的校友们也一直是我国空天推进事业的骨干力量。

2017年9月，教育部公布了"双一流"建设高校及建设学科名单，国防科技大学进入了"一流大学"名单，空天科学学院主建的航空宇航科学与技术学科进入"一流学科"名单。

习近平总书记在党的十九大报告明确提出"加快一流大学和一流学科建设，实现高等教育内涵式发展"，指明了高等学校的办学方向。建设世界一流学科，涉及多个方面的内容，最重要的是两个方面：高质量的人才培养和高水平的科学研究。人才培养可以说是高等学校的立身之本，是最重要的使命。高水平的教学活动是培养高质量人才的基础性工作，包括课堂教学、实践教学、创新活动指导等多个方面，因此应是建设一流学科重点关注的工作之一。

高质量的人才培养，不但对学科声誉具有长期的支撑作用，而且为科学研究提供宝贵的创新人才支持。同时，高水平的科学研究对于人才培养也有着非常重要的支撑作用。十九大报告指出，建设创新型国家，“要瞄准世界科技前沿，强化基础研究，实现前瞻性基础研究、引领性原创成果重大突破。”可见，新时代高等学校的科学研究要更注重提升品质，提高层次，不但要为我国原始创新、引领性成果做出更大贡献，而且要为建设世界一流学科奠定坚实基础。

国防科技大学有一个很好的办学传统，就是依照“中国航天之父”钱学森同志提出的“按学科设系”“理工结合，落实到工”的传统。这实际上就是以学科建设为主线，将人才培养与科学研究紧密结合，教研相长，相得益彰，形成良性循环。实践证明，这是一条成功之路。

空天科学学院按照这个思路开展学科建设，其中，编著出版高水平教材和专著是他们采用的行之有效的好方法之一。这样，既能及时总结升华科学研究的成果，又能形成高水平的知识载体，为高质量人才培养提供坚实支撑。早在 20 世纪 90 年代，学院老师们便出版了《液体火箭发动机控制与动态特性理论》《变推力液体火箭发动机及其控制技术》《液体火箭发动机喷雾燃烧的理论、模型及应用》《高超声速空气动力学》等十几部教材，至今仍被本领域高等学校和研究院所作为常用参考书。

现在，在总结凝炼长期人才培养心得和前沿科研成果基础上，他们又规划组织编著“空天推进”系列教材。这不但延续了学院的优良传统，也是建设世界一流学科的前瞻性举措，恰逢其时，承前启后，非常必要。这套新规划的“空天推进”系列教材，有几个鲜明的特点。一是层次衔接紧密，二是学科优势突出，三是内容系统丰富。整个系列按照热工基础理论、推进技术基础、发动机应用技术和学科前沿等几个层次规划，既突出火箭推进方向的传统优势，又拓展到冲压推进新优势方向，既注重理论基础，又强调分析设计应用，覆盖面宽，匹配合理，并统筹考虑了本科生和研究生的培养需要。总体来说，涵盖了空天推进领域较为系统的知识，体现了优势学科专业特色，反映了空天推进领域的发展趋势。这不但对于有志于在空天推进领域深造的青年学子大有帮助，而且对于从事空天推进领域研究与应用的科技人员，也大有裨益。这个系列教材的出版，对我国空天推进人才的培养和先进空天推进技术的发展，必将起到积极的促进作用。

习近平主席在我国首个“中国航天日”之际指出：“探索浩瀚宇宙，发展航天事业，建设航天强国，是我们不懈追求的航天梦”，强调要坚持创新驱动发展，勇攀科技高峰，谱写中国航天事业新篇章。前辈们的不懈努力已经推动我国航空航天事业取得了世人瞩目的巨大进步，空天事业的持续发展还需要后来人继续加油。空天推进是推动航空航天事业飞跃的核心技术所在，需要大批掌握坚实基础理论和富于创新精神的优秀人才持续拼搏、长期奋斗。我坚信，只要空天推进工作者矢志争先图强，坚持追求卓越，我们就一定能够不断实现新的跨越，不辜负新时代对空天推进人的殷切期待！

中国科学院院士　庄逢辰

2017 年 10 月

前 言

本书是根据国防科技大学 2018 版本科课程标准，吸取了国内外同类教材的优点，结合作者多年的教学经验，在校内试用多年的《工程热力学》内部教材的基础上编写而成的。

本书主要讲述空天领域所涉及的物质热物性和能量转换规律，它是空天领域从事科学研究和工程技术人员必备的基础知识。本书的主要任务是：进一步提高本科生的热力学理论水平，培养本科生正确的思维模式，并使他们学会运用热力学基础理论和分析方法处理热能转换和热能利用中的有关问题。

本书各章内容安排如下。

第 1 章是绪论，介绍热力学的发展简史、研究对象、研究方法和分支。

第 2 章是基本概念和定义，讲述系统、状态及状态参数、状态方程、功、热量、内能、焓、熵、温度和温标、热力循环等基本概念。

第 3 章是热力学第一定律，讲述热力学第一定律的实质、表达式、能量守恒方程的应用。

第 4 章是热力学第二定律，讲述热力学第二定律的实质与陈述、可逆过程和不可逆过程、关于热力学循环的第二定律推论、热力学温标、卡诺循环、熵和㶲的基本概念。

第 5 章是工质的热力性质，讲述纯物质的热力性质、热力学关系式、理想气体混合物、湿空气。

第 6 章是相转变与相平衡，讲述单元复相系统、相转变与相平衡条件、汽化与凝结过程等。

第 7 章是喷管和扩压管的热力学分析，讲述工质流动过程的基本方程、声速和马赫数、滞止参数与临界参数、喷管和扩压管中一维稳态流动等。

第 8 章是化学热力学基础，讲述燃烧过程、反应系统的能量守恒、化学平衡等。

第 9 章是空天动力循环过程的热力学分析，讲述空天发动机分类、喷气发动机理想循环、液体火箭发动机循环、组合发动机循环等。

本书第 1～4 章由李小康编写，第 5、9 章由李大鹏编写，第 6 章由胡小平编写，第 7、8 章由黄敏超编写，全书由黄敏超、胡小平统稿。在本书编写过程中，作者得到李清廉教授、程谋森教授等许多专家有意义的指导和建议，在此表示衷心的感谢。此外，感谢为本书提供各种资料和帮助的其他专家教授以及参与校对工作的余彦声、贾智年等硕士研究生。在编写过程中，参考了国内外一些教材和文献的内容，在此一并致谢！

由于作者水平有限，书中难免存在疏漏和不足之处，恳请读者批评指正！

作 者

2019 年 2 月

目　　录

第1章 绪　论

教材目标　本书主要讲述空天领域所涉及的物质热物性和能量转换规律，它是空天领域工程技术人员必备的基础知识。本书的主要目标是提高学生的热力学理论水平，培养学生正确的思维模式，并使他们学会运用热力学分析方法处理空天领域中热能转换和热能利用中的有关问题。

设计思路　本书以教育改革的基本理念为指导，加强与其他高校的相互联系，加速教学研究的进程。将教材的框架设计、内容安排、教学实施等有机结合起来，充分体现教材的先进性和创新点。本书在介绍热力学基本概念的基础上，重点讲述热力学第一定律、第二定律及其工程应用。通过本书的学习，学生可以理解热力学基本定律和工程应用方法，初步掌握空天工程系统热力特性分析与工程计算方法。

本章是绪论，主要内容包括：热力学的发展简史、研究对象、研究方法和分支。本章的主要目的是提高学生对热力学基础的兴趣。

1.1　热力学的发展简史

热现象是人类最早接触的自然现象之一。传说中远古时代燧人氏的钻木取火，就是将机械能转换为热能、使木头温度升高而发生着火的热现象。但是人类对热现象的科学认识，却经历了漫长的岁月，从远古时代的神话，到18世纪前后机械唯物主义的“燃素说”和“热素说”，直到近300年来，人类对热的认识才逐步形成了一门真正的科学。

18世纪初期，由于煤矿开采工业对动力抽水机的需要，最初在英国出现了带动往复水泵的原始蒸汽机。到了18世纪下半叶，资本主义工厂手工业发展，自动纺纱机、织布机等工作机不断发明，迫切需要一种实用的动力机来带动这些工作机，所以到了工厂手工业的晚期，热力动力机的发明与应用才有了需要和可能。

1763～1784年，英国人瓦特(James Watt，1736—1819)对当时的纽科门原始蒸汽机进行了重大改进，发明了采用高于大气压的蒸汽作为工质，有回转运动、有独立冷凝器的单缸蒸汽机，现在估计其热效率约为2%，这在当时却已是很大的进步。因此可以说，蒸汽机的发明与应用是社会生产力发展的必然结果。

此后蒸汽机被纺织、冶金等工业所普遍采用，生产力得到很大的提高。到了19世纪初，以蒸汽机作为动力的铁路机车和船舶被发明了。

随着蒸汽机的广泛应用，如何进一步提高蒸汽机的效率变得日益重要。这样就促使人们对提高蒸汽机热效率、热功转换的规律以及水蒸气的热力性质等问题进行了深入研究，从而推动了热力学的发展。

在热功转换规律的研究上，1824年，卓越的年轻工程师卡诺(Sadi Carnot，1796—1832)

发表了卡诺定理。他首先在理论上指出热机必须工作于温度各不相同的热源之间，才能将从高温热源吸入的热量转变为有用的机械功，并提出了热机最高效率的概念。这些实质上已揭示了热力学第二定律最基本的内容，但是卡诺受到了当时流行的“热素说”的束缚，因此未能从中发现热力学第二定律。尽管如此，卡诺对热力学的贡献是功不可没的，他指出冷热源之间温差越大，工作于其间的热机的热效率就越高，这成为以后各种实际热机和热动力设备提高热效率的总指导原则。

关于热力学第一定律即能量守恒及转换定律的建立，世界上目前公认应归功于德国人迈耶(Julius Robert Mayer，1814—1878)、英国人焦耳(James Prescotl Joule，1818—1889)和德国人亥姆霍兹(Hermann von Helmholtz，1821—1894)。迈耶于1842年首先发表论文阐述了这一定律，但当时缺乏实验支持，没有得到公认。焦耳在与迈耶的理论研究没有联系的情况下，在这方面进行了全面的实验研究。1843年，焦耳发表了第一篇关于热功相当实验的总结论文，并在后续几年中以各种精确的实验结果使热力学第一定律得到了充分的证实，从而获得了物理学界的公认。1847年，亥姆霍兹发表了著名的《论力的守恒》的演讲，并以论文的形式发表。虽然这篇论文内容就其实质来说并没有超出早他几年的迈耶和焦耳所发表的论文，但它除了兼有迈耶论文的深刻思想和焦耳论文的坚实实验数据外，还充分运用了数学知识，使用的是物理学家的语言，容易令人信服，它十分接近今天各类教科书中关于能量守恒与转换定律的一般叙述。在促使人们最终接受能量守恒与转换定律的过程中，这篇论文所起的作用比迈耶和焦耳的论文所起的作用都要大。

能量守恒与转换定律是19世纪物理学最重要的发现，它用定量的规律将各种物理现象联系起来，寻求一个可以度量各种现象的物理量，即能量。能量这一概念是由汤姆孙(William Thomson，又称开尔文勋爵 Lord Kelvin，1824—1907)于1851年引入热力学的。热力学第一定律的确立宣告了不消耗能量的永动机(第一类永动机)是不可能实现的。

随着热力学第一定律的建立，克劳修斯(Rudolf Clausius，1822—1888)在迈耶和焦耳工作的基础上，重新分析了卡诺的工作，根据热量总是从高温物体传向低温物体这一客观事实，于1850年提出了热力学第二定律的一种表述：不可能把热量从低温物体传到高温物体而不引起其他变化。

1851年，开尔文也独立地从卡诺的工作中发现了热力学第二定律，提出了热力学第二定律的另一种表述：不可能从单一热源吸取热量使之完全转变为功而不产生其他影响。

从单一热源(如大气)吸热完全转变为功而不产生其他影响的机器是不违背热力学第一定律的。但这种机器可从大气或海洋吸取热量使热量完全转变为功，因而可以说不需要任何代价，是完全免费的，所以实质上这也是一种永动机，称为第二类永动机。第二类永动机是非常吸引人的，曾使许多人浪费了大量的精力。热力学第二定律的建立，宣告了第二类永动机与第一类永动机一样，也是不可能实现的。

在卡诺研究的基础上，克劳修斯和开尔文从不同角度提出了热力学第二定律。热力学第二定律本质上是指明过程方向性的定律。在热力学的两个定律建立以后，将它们应用于分析各类具体问题的过程中，热力学理论得到了进一步的发展。例如，应用这两个基本定律，导出了反映物质各种性质的热力学函数以及各热力学函数之间的普遍关系，获得了各种物质在相变过程中、化学反应中的各种规律等。

在将热力学原理应用于低温现象的研究中，能斯特(Walther Hermann Nernst，1864—1949)

在1906年得到了一个称为能氏定律的新规律，并于1913年将这一规律表述为“绝对零度不能达到原理”，这就是热力学第三定律。经典热力学的基础理论就是由上述三个热力学基本定律构成的。

纵观热力学的发展简史，可以说是热力学理论与热机技术及热力工程相互促进共同发展的。19世纪末人们发明了内燃机，它具有体积小、重量轻、热效率较高等优点，很快成为汽车、飞机、船舶、机车等交通运输工具的主要动力机，也广泛用作拖拉机、采矿设备、国防战车的动力。与内燃机的发明相适应，人们在热力学中发展了对内燃机中热力过程和热力循环方面的研究。

19世纪后半叶，蒸汽机已不能满足工业生产对动力的巨大需求。19世纪末，人们发明了蒸汽轮机，它具有适宜于应用高参数的蒸汽、热效率高、功率可以很大等主要优点，现已成为火力发电厂最主要的动力设备。蒸汽轮机的发明与应用，促进了工程热力学中高参数蒸汽的性质、气体与蒸汽经过喷管的流动等问题的研究。

20世纪40年代，燃气轮机已经改进发展成为实际应用的一种重要热动力设备，在热力学中也发展了相应的研究内容。

1942年美国人凯南(Joseph Henry Keenan，1900—1977)在热力学基础上提出了有效能的概念，使人们对能源利用和节能的认识又上了一个台阶。

近代科学技术的发展给热力学提出了新的课题，如等离子体发电、燃料电池等能源转换新技术，环保型制冷工质研究，以及物质在超高温、超高压和超低温、超低真空等极端条件下的性质和规律等。古老的热力学不仅在传统领域中继续保持着青春与活力，也必将在解决高新技术领域的新课题中扮演十分重要的角色。

1.2 热力学的研究对象

热力学第一定律从数量上描述了热能与机械能相互转换时的关系，热力学第二定律从品质上说明热能与机械能之间的差别，指出能量转换时的条件和方向性。

热力学研究工质的基本热力性质，包括空气、燃气、水蒸气、湿空气的热力性质。工质是指实现热能与机械能相互转换的媒介物质，依靠它在热机中的状态变化（如膨胀）才能获得功，而做功通过工质才能传递热。

热力学研究各种热工设备的工作过程。应用热力学基本定律，分析计算工质在各种热工设备中所经历的状态变化过程和热力循环，探讨分析影响能量转换效果的因素以及提高能量转换效率的途径。

热力学研究与热工设备工作过程直接有关的一些化学和物理过程。目前，热能的主要来源是依靠燃料的燃烧，而燃烧是剧烈的化学反应过程，因此需要讨论化学热力学的基本知识。

随着科技进步和生产发展，工程热力学的研究和应用范围已不限于只是作为建立热机(或制冷装置)理论的基础，现已扩展到许多工程技术领域，如航空航天、高能激光、热泵、空气分离、空气调节、海水淡化、化学精炼、生物工程、低温超导、物理化学等，都需要应用工程热力学的基本理论和基本知识。因此，工程热力学已成为许多工科专业所必修的一门技术基础课。

1.3 热力学的研究方法

热力学有两种不同的研究方法：一种是宏观研究方法，另一种是微观研究方法。

宏观研究方法不考虑物质的微观结构，也不考虑微观粒子(分子和原子)的运动行为，而是把物质看成连续的整体，并且用宏观物理量来描述它的状态。通过大量的直接观察和实验，总结出基本规律，再以基本规律为依据，经过严格逻辑推理，导出描述物质性质的宏观物理量之间的普遍关系以及其他一些重要推论。热力学基本定律是无数经验的总结，因而具有高度的可靠性和普遍性。

应用宏观研究方法的热力学称为宏观热力学、经典热力学或唯象热力学。工程热力学主要采用宏观研究方法。

在宏观热力学中，还普遍采用抽象、概括、理想化和简化处理方法。为了突出主要矛盾，往往将较为复杂的实际现象和问题略去细节，抽出共性，建立起合适的物理模型，以便能更本质地反映客观事物。例如，将空气、燃气、湿空气等气体理想化为理想气体处理，将高温热源以及各种可能的热源概括成为具有一定温度的抽象热源，将实际不可逆过程理想化为可逆过程，以便分析计算，然后根据实验给予必要的校正，等等。当然，运用理想化和简化方法的程度要视分析研究的具体目的和所要求的精度而定。

宏观研究方法也有它的局限性，它不涉及物质的微观结构，因而往往不能解释热现象的本质及其内在原因。

微观研究方法正好弥补了这个不足。应用微观研究方法的热力学称为微观热力学或统计热力学。它从物质的微观结构出发，即从分子、原子的运动和它们的相互作用出发，研究热现象的规律。在对物质的微观结构及微粒运动规律做某些假设的基础上，应用统计方法，将宏观物理量解释为微观量的统计平均值，从而解释热现象的本质及其发生的内部原因。由于做了某些假设，其结果与实际并不一定完全符合，这是它的局限性。

作为应用科学的工程热力学，是以宏观研究方法为主，以微观理论的某些假设来帮助解释一些微观现象。

1.4 热力学的分支

热力学是研究与热现象有关的能量转换规律的科学。

能量是物质运动的量度。能量和物质不可分割，能量转换必须以物质为媒介。如何看待物质是研究的出发点，系统状态的描述方法和研究系统性质的理论依据都与如何看待物质有关。

宏观观点和微观观点从不同角度看待物质。宏观观点把物质看成连续介质，微观观点认为物质是由大量分子、原子等微观粒子组成的，因而有宏观热力学和微观热力学之分。

众所周知，在无外界作用时，处于平衡态的体系的状态不随时间变化，但常见的物系都是非平衡态的。无论是处于平衡态或非平衡态的物系都可用宏观或微观两种不同的观点进行研究，因此又有平衡态热力学和非平衡态热力学的区别。

以宏观方法研究平衡态物系的热力学称为平衡态热力学，又称为经典热力学；用宏观方法研究偏离平衡态不远的非平衡态物系的热力学称为非平衡态热力学或不可逆过程热力学。用微观方法研究热现象的科学统称为统计物理学。统计物理学用于平衡态物系时称为统计热力学，又称统计力学。

以宏观方法研究热现象时，以总结经验而来的基本定律为依据，而统计热力学则以粒子运动遵守的经典力学或量子力学原理为依据。可见，二者的理论依据是不同的。

宏观方法的优点是简单、可靠，只要少数几个宏观物理量就可描述系统的状态。同时，所依据的基本定律已为大量实践所证实，具有极大的普遍性和可靠性。用以进行各种推演时，只要不作其他任意的假定，所得的结论同样是极为可靠的。然而，宏观方法未涉及物质的内部结构，不能解释现象的微观本质，同时也不能用以得出具体物质的性质。经典热力学的不足之处可用统计热力学弥补。统计热力学基于物质的内部结构，不但可以解释宏观现象的本质，而且当对物质的结构作出一些合理的假设后，甚至还可得出具体的物性。但微观粒子为数众多，要用统计的方法才能进行研究，因此计算烦琐，不如宏观方法简单。此外，统计热力学有赖于对物质结构所做的假设，因而所得结论的可靠性也较差。总之，两种方法相互补充，相辅相成，不能说一种绝对优于另一种。

就工程应用而言，简单可靠是首先需要考虑的问题，因此本书的内容以宏观平衡的经典热力学为主。为了解释某些宏观现象的实质和扩大眼界，以及加深对主要内容的理解，本书也安排了一些统计热力学和不可逆过程热力学方面的内容。

思 考 题

1-1 简述热力学的发展史。

1-2 热力学的研究对象和研究方法是什么？

1-3 什么是第一类永动机？什么是第二类永动机？

第 2 章　基本概念和定义

内容提要　本章主要讲述热力学基础知识，包括热力学基本概念及定义。这些基本概念和基本定律在本课程中几乎随时都会用到，对它们必须有一个正确的理解和掌握。

基本要求　要求学生深入理解热力学系统及其状态参数、过程参数的基本概念，深入理解准静态过程和可逆过程的基本概念，掌握功、热量、内能、焓、熵的基本概念及计算式。

2.1　热力学系统

工程热力学主要研究热能和机械能之间的转换规律。无论热能还是机械能，作为一种能量，它们都不能脱离物质而单独存在以及相互转换。例如，在蒸汽动力装置中，水在锅炉中吸热变成蒸汽，然后在汽轮机中水蒸气膨胀推动叶轮旋转对外做功，做功后的乏气在冷凝器中向冷却水放出热量而又凝结成水。在这个过程中，实现热能和机械能转换的工质是水蒸气，向工质提供热量的高温热源是炉膛中燃烧生成的高温燃气，而吸收工质所释放的热量的低温热源是冷凝器中的冷却水。正是通过工质的状态变化以及它与高温热源、低温热源的相互作用实现了热能与机械能之间的转换。

热力学是通过对有关物质的状态变化的宏观分析来研究能量转换过程的。为了便于研究，**选取某些确定的物质或某个确定空间中的物质作为主要的研究对象，并称为热力学系统，简称系统。热力学系统之外的一切其他物质则统称为外界**。在进行热力学分析时，对于热力学系统在能量转换过程中的行为及变化规律，要作详细分析，而对于外界一般只笼统地考察它们与热力学系统间相互作用时所传递的各种能量与质量。**热力学系统与外界之间的分界面称为边界**。根据具体问题，边界可以是实际的，也可以是假想的；可以是固定的，也可以是移动的，主要取决于能否简明地分析该热力设备。当热力学系统与外界间发生相互作用时，必须有能量和质量穿越边界，因而可在边界上判定热力学系统与外界间传递能量和质量的形式及数量。实际上，也只有在边界上才能判定系统与外界间是否有能量和质量的交换。由于热力设备是通过工质状态变化而实现能量转换的，且其变化规律决定了过程的特点，故在分析热力设备的工作时通常取工质作热力学系统，而把高温热源、低温热源等其他物体取作外界。

热力学系统的选取应注意两个限制条件：①较小的热力学系统必须包括大量的微观粒子；②较大的热力学系统必须是有限的。这是因为工程热力学是建立在统计基础之上的，通过人们在长期实践中研究有限系统总结出来的。

根据内部情况的不同，热力学系统可以分为：

(1) 单元系统，由单一的化学成分组成；

(2) 多元系统，由多种化学成分组成；

(3) 单相系统，由单一的相(如气体或液体)组成；

(4) 复相系统，由多种相(如气-液两相或气-液-固三相)组成；

(5) 均匀系统，系统的各部分性质均匀一致；

(6) 非均匀系统，系统的各部分性质不均匀一致。

根据热力学系统与外界相互作用情况的不同，热力学系统又可分为闭口系统、开口系统和孤立系统。

1. 闭口系统

若一个热力学系统与外界没有质量交换，就称为闭口系统。如图 2-1-1 所示，气体在气缸中受热膨胀而推动活塞及重物做功。这时若取气体为一个热力学系统，而取活塞、重物及热源为外界，则当系统膨胀对外界做功时，系统的边界随活塞一起移动，没有任何物质穿越边界进入或离开系统，因而这个热力学系统为闭口系统。闭口系统中包含的物质是固定的，故也称闭口系统为控制质量系统(control mass system)。

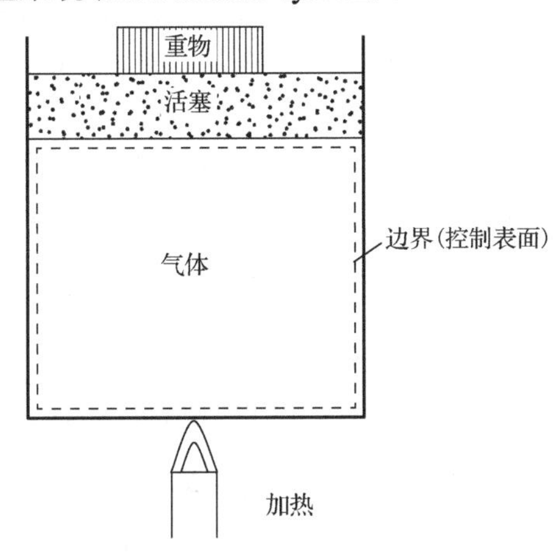

图 2-1-1　活塞-气缸组件中的气体

2. 开口系统

若一个热力学系统与外界之间有质量交换，就称为开口系统。如图 2-1-2 所示，有一台汽车发动机，燃料和空气不断从进口流入，在其中燃烧后膨胀对外界做功，然后废气从出口流出。这时若取发动机外壳及进、出口截面(假想边界)所包围空间中的物质为一个热力学系统，则系统和外界间不断通过进口和出口处的边界交换物质，故这个系统为开口系统。开口系统中物质的量是可以改变的。由于开口系统所占据的空间是固定的，故也称开口系统为控制体积系统(control volume system)。

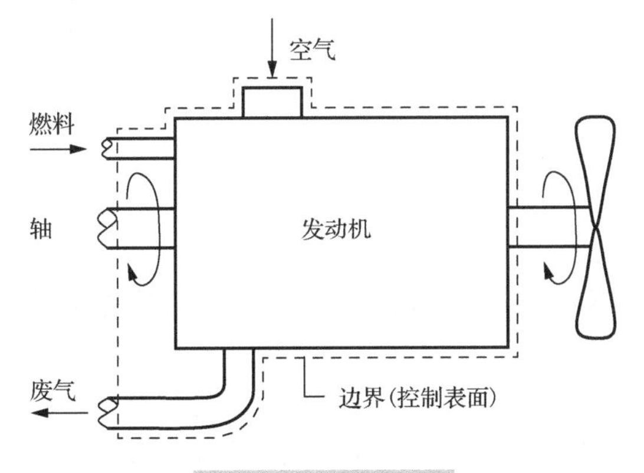

图 2-1-2　汽车发动机

3. 孤立系统

若一个热力学系统与外界之间既无能量交换又无质量交换，则称为孤立系统。例如，把进行能量交换的一切有关物质如工质、高温热源、低温热源、耗功设备等一起取作一个热力学系统，则由于该系统与外界不发生任何能量和质量的交换，它就是一个孤立系统。

2.2 状态及状态参数

在实现能量转换的过程中，系统本身的状态总是在不断地发生变化。为了描述系统的变化，就需要说明变化过程中系统所经历的每一步的宏观状况。**在热力学中，把热力学系统所处的宏观状况称为系统的热力学状态，简称状态。**系统的状态常用一些物理量来描述，这种物理量称为**状态参数**。热力学系统的状态参数包括温度、压强、比体积、热力学能、焓、熵等。其中，温度、压强和比体积称为基本状态参数，它们都是可以测量的物理量。由状态参数的定义可知：对应于某个给定的状态，所有状态参数都应有各自确定的数值，反之一组数值确定的状态参数可确定一个状态；状态参数的数值仅取决于系统的状态，而与达到该状态所经历的途径无关。例如，系统由某个状态 1 变化到另一个状态 2，不管经过什么途径，其压强变化总是相同的，即

$$\Delta p_{1,2} = p_2 - p_1$$

相应地，微元变化时压强的微增量 $\mathrm{d}p$ 具有全微分的性质，即有

$$\int_1^2 \mathrm{d}p = p_2 - p_1 = \Delta p_{1,2}$$

比体积、压强、温度、热力学能、焓、熵是比较重要的几个状态参数。与物质的量无关的状态参数为强度量，如压强、温度、比体积等；与物质的量有关的状态参数称为广延量，如体积、热力学能、焓、熵等。

1. 比体积

比体积又称比容，它是描述热力学系统内部物质分布状况的状态参数。它表明单位质量物质所占有的体积，其符号为 v，单位为 $\mathrm{m^3/kg}$。按比体积的定义可得

$$v = \frac{V}{m} \tag{2-2-1}$$

式中，m 为物质的质量，kg；V 为物质所占有的体积，$\mathrm{m^3}$。

单位体积物质的质量称为密度，符号为 ρ，单位为 $\mathrm{kg/m^3}$。由定义可知，密度与比体积互为倒数，即有

$$\rho = \frac{m}{V} = \frac{1}{v} \tag{2-2-2}$$

2. 压强

压强是描述热力学系统内部力学状况的状态参数。流体的压强，简称**压强，是流体在单位面积上的垂直作用力**，符号为 p。根据力学原理，若作用于物体上的各力所组成的力系平衡，则物体的运动状况保持不变。热力学中称该物体处于力平衡状态。对于气态物质组成的热力学系统，重力场及电磁力场等体积力的作用通常可忽略不计，因此当气体内各处的压强

相同时热力学系统内部就处于力平衡的状态。

工业上，容器的受力情况主要取决于其中流体的绝对压强与环境大气压强的差值，所以采用这个差值作为设备工作压强的指标，测压表(计)测量的也是这个差值。通常，**把流体压强高出大气压强的差值称为表压**，以符号 p_g 表示。若大气压强为 p_{atm}，则这时流体的绝对压强为

$$p = p_{atm} + p_g \tag{2-2-3}$$

流体压强低于大气压强的差值称为真空度，以符号 p_v 表示，则流体的绝对压强为

$$p = p_{atm} - p_v \tag{2-2-4}$$

表压、真空度和绝对压强之间的上述关系如图 2-2-1 所示。根据上述关系，即使流体的绝对压强不变，如果大气压强发生变化，表压或真空度也会发生变化。因此，只有流体的绝对压强才能作为描述流体状态的状态参数。

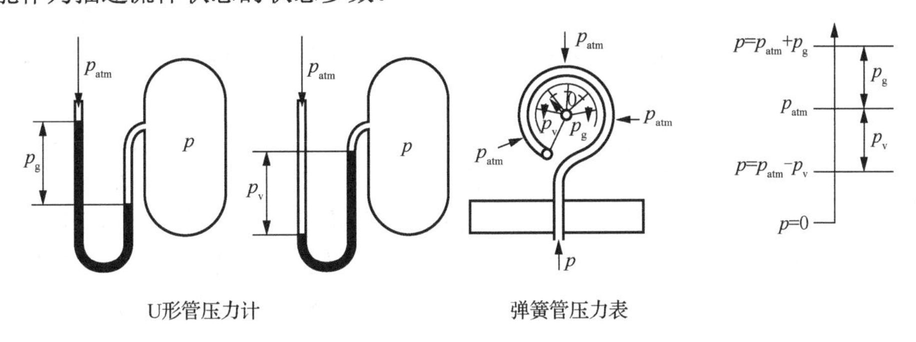

图 2-2-1　表压、真空度与绝对压强之间的关系

压强的单位为帕斯卡，简称帕(Pa)，1Pa=1N/m^2。因其单位量值较小，工程上常用兆帕(MPa)作压强的单位，并有

$$1\text{MPa} = 10^6\,\text{Pa}$$

此外，曾经得到广泛应用、目前仍能见到的其他压强单位还有巴(bar)、标准大气压(atm)、工程大气压(at)、毫米汞柱(mmHg)、毫米水柱(mmH$_2$O)等。在英制单位体系中，常用 psi 表示压强

$$\begin{aligned}
&1\text{bar}=10^5\text{Pa}\\
&1\text{atm}=1.01325\times10^5\text{Pa}\\
&1\text{at}=9.80655\times10^4\text{Pa}\\
&1\text{mmHg}(0℃)=133.322\text{Pa}\\
&1\text{mmH}_2\text{O}(4℃)=9.80665\text{Pa}\\
&1\text{psi}=6.895\times10^3\text{Pa}
\end{aligned}$$

例 2-2-1　应用气压计测定大气压强。气压计的水银柱高度为 758.3mm，室温为 25℃。试求这时的大气压强，并采用下列各单位表示：(1) mmHg(0℃)；(2) atm；(3) Pa。

解　因为水银的密度随温度而变化，故应把 25℃时水银柱高度表示为 0℃时相应的水银柱高度。其换算公式为

$$h_{0℃} = h_t(1 - 0.000172\{t\}_{℃})$$

(1) 由上式可得

$$h_{0℃} = 758.3\text{mmHg} \times (1 - 0.000172 \times 25) = 755\text{mmHg}$$

(2) 由1atm = 760mmHg(0℃) 可得

$$p = \frac{755\text{mmHg}}{760\text{mmHg / atm}} = 0.993\text{atm}$$

(3) 由1mmHg(0℃) = 133.32Pa 可得

$$p = 755\text{mmHg} \times 133.32\text{Pa / mmHg} = 1.007 \times 10^5\text{Pa}$$

下文将继续对温度、热力学能、焓、熵等参数进行描述。

2.3 平衡状态和状态参数坐标图

热力学分析中所涉及的热力学系统的状态，通常都要求是热力学平衡状态，简称平衡状态。如果热力学系统内同时存在热平衡、力平衡，对于有化学反应的系统还同时存在化学平衡，则热力学系统所处的状态就称为热力学平衡状态。当系统中存在各种平衡条件时，只要没有外界影响，系统的状态就不会发生变化。因而，**在不受外界影响的条件下，如果系统的状态不随时间而变化，则系统就处于平衡状态。**

一个处于热力学平衡状态的系统，由于其内部存在热平衡，故系统内一定具有均匀一致的温度。又由于其内部存在力平衡，故系统内具有确定不变的压强分布，而对于气态物质组成的热力学系统，因重力场及电磁力场的作用通常可忽略不计，故系统内具有均匀一致的压强。工程上常见的系统大都是气态物质组成的系统，于是整个系统可用一组具有确定数值的温度、压强及其他参数来描述其状态。后面所讨论的大部分系统都属于这类系统。

在平衡状态下，表示系统状态的各状态参数，并不是都可以单独地自由确定其数值的。经验表明：系统从一个平衡状态变化到另一个平衡状态，完全取决于系统与外界之间的能量传递。因为各种能量传递的方式都是独立进行的，**故确定热力学系统所处平衡状态所需的独立状态参数的数目，就等于系统与外界间进行能量传递方式的数目，这就是状态公理。**

对于工程上常见的气态物质组成的系统，当没有化学反应时，它与外界间传递的能量只限于热量和系统体积变化所做的功两种，因此只有两个独立的状态参数。也就是说，只要确定两个独立状态参数的数值，其他参数的值也就随之确定，系统的状态即可确定。

应用两个独立状态参数可以组成状态参数坐标图，如图 2-3-1 所示的压强-比体积坐标图，简称压容图或 p-v 图。对于只要两个独立状态参数就可确定其状态的系统来说，p-v 图上的任意一点，如点 $1(p_1, v_1)$ 即可代表系统的一个平衡状态，而点 $2(p_2, v_2)$ 则代表系统的另一个平衡状态。

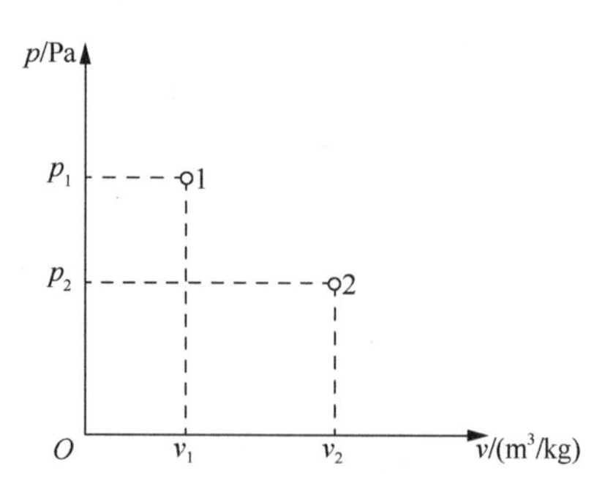

图 2-3-1　p-v 图上两个状态示例

如果热力学系统内部不存在热平衡或力平衡等各种平衡条件，则系统内各部分会自发地发生热的相互作用或力的相互作用，使系统状态发生变化，并趋于平衡状态。当系统处于不平衡状态时，其状态量难以用简单的数值表示，也无法在状态参数坐标图上表示。

2.4　状 态 方 程

在平衡状态下，由单一可压缩物质组成的系统，只要知道两个独立的状态参数，系统的状态就完全确定，即所有的状态参数的数值完全确定。这说明，状态参数之间存在确定的函数关系。**状态参数之间的各种函数关系统称为热力学函数**。其中温度、压强和比体积三个基本状态参数之间的函数关系式是最基本的关系式，称为状态方程式，并可表示为

$$F(p,v,T)=0$$

或写成对于某一状态参数的显函数形式：

$$T=f_1(p,v)\,,\quad p=f_2(v,T)\,,\quad v=f_3(p,T)$$

理想气体状态方程式由波义耳-马略特定律、盖·吕萨克定律等实验定律导得。对 1mol[①]的理想气体有

$$p\bar{v}=\bar{R}T \tag{2-4-1}$$

式中，$\bar{v}$ 为1 mol 理想气体所占有的体积，称为摩尔体积，单位为$\mathrm{m^3/mol}$。根据阿伏伽德罗定律可推得：在同温同压下，任何理想气体的摩尔体积都相同。于是由式(2-4-1)可知，对于任何理想气体，其 $\bar{R}$ 的数值相同。在物理标准状态，即 $p_0=101325\mathrm{Pa}$ 及 $T_0=273.15\mathrm{K}$，利用理想气体摩尔体积的数值 $\bar{v}_0=22.4141\times10^{-3}\mathrm{m^3/mol}$，由式(2-4-1)可以求得摩尔气体常数(通用气体常数)的值为

$$\bar{R}=8.314510\mathrm{J/(mol\cdot K)} \tag{2-4-2}$$

1mol 理想气体的质量称为摩尔质量，以 M 表示，其单位为kg/mol。由摩尔的定义可知，1kmol 气体的质量的数值等于各种气体的相对分子质量 M_r。若以 M 除式(2-4-1)等号两侧，则可得适用于 1kg 理想气体的状态方程式：

$$pv=RT \tag{2-4-3}$$

式中，$R=\bar{R}/M$ 称为气体常数。因为摩尔质量 M 随气体种类而异，故气体常数 R 的数值与气体的种类有关。对于物质的量为 n (单位为 mol)的理想气体，由式(2-4-1)可得

$$pV=n\bar{R}T \tag{2-4-4}$$

对于质量为 m (单位为 kg)的理想气体，由式(2-4-3)可得

$$pV=mRT \tag{2-4-5}$$

理想气体状态方程式反映了在平衡状态下理想气体的温度、压强及比体积间的基本关系，其形式简单。

完全遵守理想气体状态方程式的气体才可称为理想气体。根据分子运动学说，这种气体的分子是本身不占有体积的完全弹性的质点，且分子间没有内聚力。由此可见，“理想气体”仅是一种理想的模型。实际上，当压强比较低或温度比较高时[②]，气体的比体积变得比较大，

---

① “mol”是“物质的量”的单位。热力学中把含有的分子数与 0.012kg 碳 12 的原子数(即阿伏伽德罗常数 6.0228×10^{23})相等时气体的量定义为 1mol。

② 对于氧气、氮气、氢气、一氧化碳等气体，在常温下，只要其压强不高于 10MPa，实际气体满足理想气体模型。

而相应的分子本身的体积和分子间内聚力的影响比较小，此时气体的状态参数之间的关系就基本上符合理想气体状态方程式。历史上就是根据对这种情况下各类气体所做的大量实验，建立了波义耳-马略特定律、盖·吕萨克定律等实验定律，并总结得到了理想气体状态方程式。热能工程中常用的氧气、氮气及空气等气体，在通常的温度及压强下均可当作理想气体，按理想气体状态方程式进行分析，甚至像燃气(虽然压强较高但其温度也较高)及包含水蒸气的空气(因其分压强很低)也可近似当作理想气体处理。

例 2-4-1 体积为 50L 的储气瓶中装有 C_2H_6 气体 1kg。现室温为 27℃，试求瓶内气体的压强。

解 假设在所给条件下 C_2H_6 气体的性质符合理想气体性质，则可按理想气体状态方程求解气体压强。若计算所得的气体压强不高，即可认为假设正确，所得结果的误差不大。根据式(2-4-5)

$$pV = mRT$$

因

$$V = 50\text{L} = 0.05\text{m}^3$$

$$T = (27 + 273)\text{K} = 300\text{K}$$

$$R = \frac{\bar{R}}{M} = \frac{8.314510\text{J}/(\text{mol}\cdot\text{K})}{0.03\text{kg}/\text{mol}} = 277.15\text{J}/(\text{kg}\cdot\text{K})$$

可得

$$p = \frac{mRT}{V} = \frac{1\text{kg}\times 277.15\text{J}/(\text{kg}\cdot\text{K})\times 300\text{K}}{0.05\text{m}^3} = 1.663\times 10^6\,\text{Pa} = 1.663\text{MPa}$$

例 2-4-2 压缩空气储气罐的体积为 0.3m^3，罐内空气压强 $p_1 = 1\text{MPa}$。当用去一部分压缩空气后，罐内空气的压强 p_2 降为 0.9MPa。设室温为 20℃，试求罐内原有空气的质量 m_1 及用后剩下的空气的质量 m_2。

解 在上述温度和压强下，空气可视作理想气体，故按理想气体状态方程式计算，并假定气体温度不变。

(1) 查得空气的气体常数 $R = 287.1\text{J}/(\text{kg}\cdot\text{K})$，按题意 $T = (273 + 20)\text{K} = 293\text{K}$、$p_1 = 1\text{MPa} = 1\times 10^6\,\text{Pa}$，故储气罐内原有空气的质量为

$$m_1 = \frac{p_1 V}{RT} = \frac{1\times 10^6\,\text{Pa}\times 0.3\text{m}^3}{287.1\text{J}/(\text{kg}\cdot\text{K})\times 293\text{K}} = 3.56\text{kg}$$

(2) 根据理想气体状态方程式，用气前、后的状态方程可分别列出为

$$p_1 V = m_1 RT$$

$$p_2 V = m_2 RT$$

于是可以得到

$$\frac{p_1}{p_2} = \frac{m_1}{m_2}$$

故用气后储气罐内剩下的空气质量为

$$m_2 = m_1\frac{p_2}{p_1} = 3.56\text{kg}\times\frac{0.9\times 10^6\,\text{Pa}}{1\times 10^6\,\text{Pa}} = 3.20\text{kg}$$

2.5　热力过程和准静态过程

处于平衡状态的系统，在受到外界作用时系统的状态将发生变化。**热力学系统从一个状态出发，经过一系列中间状态而变化到另一个状态，它所经历的全部状态的集合称为热力过程，简称过程。**如图 2-5-1 所示的由气缸中气体所组成的热力学系统，当活塞及重物的重量和气体压强对活塞的推力相等时，系统与外界处于力平衡，系统本身也处于平衡状态。当移去一些重物时，活塞受气体压强推动而升起，气缸的体积增大。这时贴近活塞的气体首先发生膨胀而压强降低，接着其余部分气体也逐步发生膨胀降压，气体的状态发生一系列的变化。当气体对活塞的推力降低到与重物及活塞的重量相等时，活塞停止运动。这时系统与外界又达到力平衡，系统本身也达到一个新的平衡状态。这样，系统就完成了一个热力过程。

分析以上热力过程可以看到，处于平衡状态的热力学系统所发生的所有状态变化，都是平衡遭到破坏的结果。由于外界条件的变化，在外界与系统之间形成热或力的不平衡时，受该不平衡势的影响，在系统内部造成不平衡，使系统的平衡状态遭到破坏，从而引起系统状态的变化，向新的平衡状态过渡。由此可见，热力过程中系统所经历的是一系列不平衡状态。

然而，因为只有平衡状态才具有确定的状态参数，才能用状态方程式表示状态参数间的关系，故难以分析由一系列不平衡状态组成的热力过程。为此，在热力学中引入一种理想的热力过程。如图 2-5-1 所示的系统，设想用大量的微粒物体代替重物，并将这些微粒慢慢地一粒一粒移去，使系统进行一连串的变化。在这种情况下，系统每次只发生微小的状态变化，且每当系统的状态稍微偏离平衡状态之后，能有充分的时间建立新的平衡状态。当令系统每次状态变化趋于无限小，而变化次数趋于无限多时，得到这样的一种热力过程：**过程中热力学系统经历的是一系列平衡状态并在每次状态变化时仅无限小地偏离平衡状态。**这种过程称为**准静态过程。**由于准静态过程中系统所经历的是平衡状态，易于利用状态参数来描述及分析系统的行为，因而热力学中主要研究准静态过程。

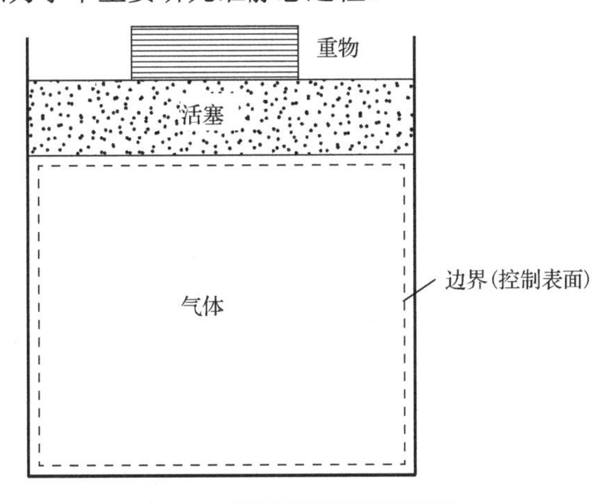

图 2-5-1　准静态过程示例

虽然准静态过程是理想的过程，但是绝大部分实际过程都可以近似地当作准静态过程。因为气体分子热运动的平均速度可达每秒数百米，气体压强改变的传播速度也达每秒数百米，因而在一般工程设备具有的有限空间中，气体的平衡状态被破坏后恢复平衡所需的时间，即所谓“弛豫时间”非常短。尤其像一般往复运动的机器，其气缸内部空间很小，活塞运动速度仅每秒十余米，因此当机器工作时气体工质内部能够及时地不断建立平衡状态，而工质的变化过程很接近准静态过程。即使在气流速度较高、状态变化较快的涡轮机械中，当它稳定工作时，气流中气体状态的变化仍可近似地按准静态过程进行分析处理。

在状态参数坐标图上，准静态过程可表示为一条实线曲线。如图 2-5-2 所示的 p-v 图，曲线 1—2 即表示一个准静态过程。如果系统由状态$1'$到$2'$的变化经历的不是准静态过程，即过程中系统经历的是一系列不平衡状态，则除了$1'$及$2'$两个平衡状态，整个过程经历的状态均无法表示在 p-v 图上，而仅能在$1'$及$2'$两点间连以虚线，以表示存在某个非平衡过程。

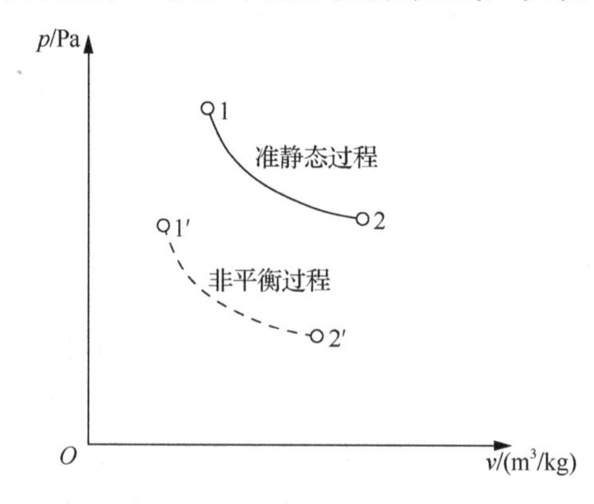

图 2-5-2　准静态过程和非平衡过程示例

2.6　功

力学中把物体通过力的作用而传递的能量称为功，并定义功等于力 F 与物体在力作用方向上的位移 Δx 的乘积，即

$$W = F\Delta x$$

按此定义，气缸中气体膨胀推动活塞及重物升起时气体就会做功，涡轮机中气体推动叶轮旋转时气体也会做功，这类功都属于机械功。但除此之外，还有许多其他形式的功，它们并不直接地表现为力和位移，但能通过转换全部变为机械功，因而它们与机械功是等价的。例如，电池对外输出电能，即可认为电池对外输出电功。于是，根据能量转换的观点，热力学中功的定义如下：**功是热力学系统与外界之间通过边界而传递的能量，且其全部效果可表现为举起重物。**热力学通常规定：**热力学系统对外做功为正(W>0)，外界对热力学系统做功为负(W<0)。**此外，必须注意，功是通过边界而传递的能量，所以系统本身宏观运动的动能及离地一定高度的重力位能等表示系统本身“储存”的机械能，绝不可与功相混淆。

直接由系统体积变化与外界发生作用而传递的功称为体积变化功，或直接称为容积功或膨胀功及压缩功。如图 2-6-1 所示的热力学系统，当气体发生膨胀而推动活塞升起时，系统即对外界做膨胀功。在微元过程中，设在边界上活塞所受推力为 F，而位移为 $\mathrm{d}x$，则系统对外界做的膨胀功为

$$\delta W = F\mathrm{d}x$$

若膨胀过程为准静态过程，则在边界上活塞所受推力 F 可表示为系统的压强 p 和活塞面积 A 的乘积，即 $F = pA$。于是可得微元静态过程中系统对外界所做膨胀功的表示式

$$\delta W = F\mathrm{d}x = pA\mathrm{d}x = p\mathrm{d}V \tag{2-6-1}$$

当系统由状态 1 到状态 2 经历一个准静态过程 1—2 时，系统对外界所做的膨胀功即微元膨胀功 δW 沿过程 1—2 的积分，即

$$W = \int_1^2 \delta W = \int_1^2 p\mathrm{d}V \tag{2-6-2}$$

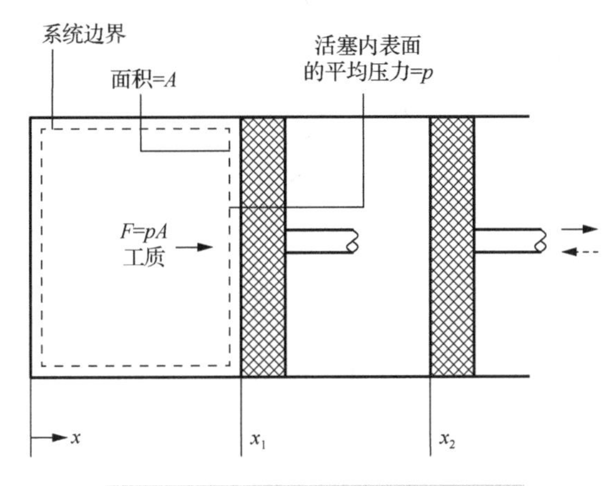

图 2-6-1　工质的膨胀或压缩过程示例

若该系统中气体的质量为 m，则按 1kg 气体计算的微元膨胀功 δw 和膨胀功 w 为

$$\delta w = \frac{\delta W}{m} = p\mathrm{d}\left(\frac{V}{m}\right)$$

即

$$\delta w = p\mathrm{d}v \tag{2-6-3}$$

$$w = \int_1^2 p\mathrm{d}v \tag{2-6-4}$$

当准静态过程中系统的压强 p 随体积 V 或比体积 v 变化的函数关系 $p = p(v)$ 已知时，即可按上述公式通过积分来计算膨胀功。例如，若该过程中系统状态变化的关系为 $pv = p_1v_1 =$ 常量，则该(等温)过程中系统对外所做的功为

$$w_{1-2} = \int_1^2 p\mathrm{d}v = \int_1^2 \frac{p_1v_1}{v}\mathrm{d}v = p_1v_1 \ln\frac{v_2}{v_1}$$

按照热力学的约定，气体膨胀对外做功时，由式(2-6-2)及式(2-6-4)计算所得功的数值为正；气体受压缩而外界消耗功时，功的数值为负。

功的单位为焦耳(J)，即

$$1\mathrm{J} = 1\mathrm{N}\cdot\mathrm{m}$$

1kg 气体所做的功 w 的单位为 J/kg。

按照式(2-6-2)及式(2-6-4)，可以在 p-v 图上表示准静态过程中系统所做的体积变化功。如图 2-6-2 所示，若在准静态过程的曲线上取一微元线段 $\mathrm{d}l$，则该段下面的阴影部分的面积即可代表微元准静态过程 $\mathrm{d}l$ 中系统中所做的体积变化功 $\delta w = p\mathrm{d}v$，而曲线 1—2 下面的面积代表准静态过程 1—2 中系统所做的体积变化功 $w = \int_1^2 p\mathrm{d}v$。采用 p-v 图表示体积变化功形象直观，故常用于热力过程的定性分析。

如图 2-6-2 所示，自状态 1 到状态 2 可以有许多不同的过程，相应地各过程曲线下的面积所代表的各过程中系统对外所做的功也不同。因此，体积变化功是取决于过程性质的量，称

为过程量。为了区分与具体过程有关的功 δW 和状态参数（如压强 p）的全微分 $\mathrm{d}p$，则分别用符号 δ 及 d 来表示。

最后必须指出，当过程中存在摩擦、扰动等现象时，必然会引起功的耗散，且状态变化的情况也较为复杂。因而除简单情况外，不深入考虑各种功耗散因素对系统做功的影响。而上述功的计算公式及图示分析，也只适用于不存在功耗散现象的准静态过程。

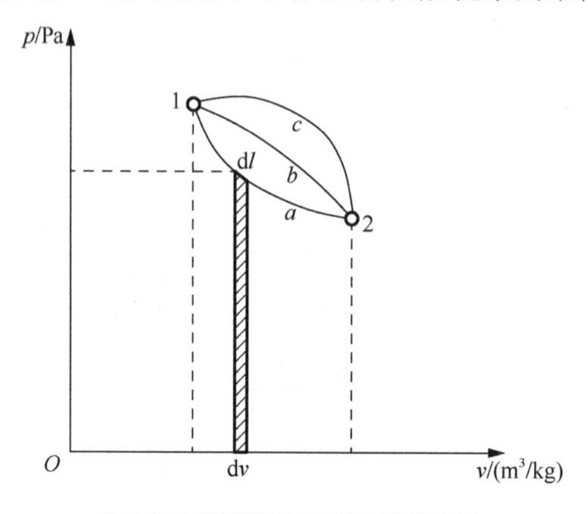

图 2-6-2　准静态过程所做的功

例 2-6-1　设气缸中气体的初始压强为 4MPa，体积由 $500\mathrm{cm}^3$ 膨胀至 $1000\mathrm{cm}^3$。气体膨胀时：①压强保持不变；②压强和体积的函数关系保持 $pv = p_1 v_1$。试求这两种过程中气体所做的功，并利用例 2-6-1 图上过程曲线下的面积进行比较。

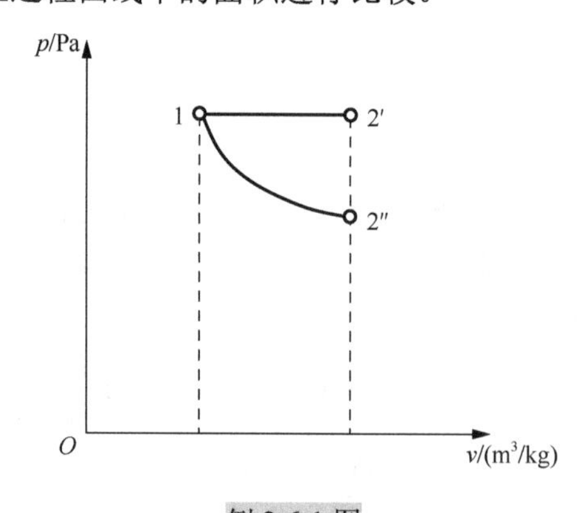

例 2-6-1 图

解　已知

$$p_1 = 4\mathrm{MPa} = 4\times10^6\,\mathrm{Pa}$$
$$V_1 = 500\mathrm{cm}^3 = 5\times10^{-4}\,\mathrm{m}^3$$
$$V_2 = 1000\mathrm{cm}^3 = 1\times10^{-3}\,\mathrm{m}^3$$

(1) 当 $p = p_1$ 时，可得

$$\begin{aligned}W_{1-2'} &= \int_1^{2'} p\mathrm{d}V = \int_1^{2'} p_1\mathrm{d}V = p_1(V_{2'} - V_1)\\ &= (4\times10^6)\mathrm{Pa}\times(1\times10^{-3} - 5\times10^{-4})\mathrm{m}^3\\ &= 2000\mathrm{J}\end{aligned}$$

(2) 当 $pV = p_1V_1$ 时，可得

$$W_{1-2'} = \int_1^{2''} p\mathrm{d}V = \int_1^{2''} \frac{p_1V_1}{V}\mathrm{d}V = p_1V_1 \ln\frac{V_{2''}}{V_1}$$

$$= 4\times10^6\,\mathrm{Pa}\times5\times10^{-4}\,\mathrm{m}^{-3}\times\ln\frac{1\times10^{-3}\,\mathrm{m}^3}{5\times10^{-4}\,\mathrm{m}^3}$$

$$=1386\mathrm{J}$$

(3) 两过程在 p-v 图上的过程曲线如例 2-6-1 图所示：过程 $1-2'$ 为水平线，是等压过程，而过程 $1-2''$ 为曲线，是等温过程。显然。曲线 $1-2'$ 下面的面积(即该过程的膨胀功)较大，计算结果与此相符。

2.7　热　　量

物体间除了以功的方式传递能量，还常以热量的方式传递能量。热力学中对热量作如下定义：热量是热力学系统与外界之间仅仅由于温度不同而通过边界传递的能量。气体分子运动学说可以对热量的概念给予更明确的说明。如前所述，气体热力学温度乃是气体分子平均移动动能的度量，故两种气体的温度不同时，其分子平均移动动能就不相同。当这两种气体相接触时，它们的分子在紊乱运动中相互碰撞，而动能大的分子向动能小的分子传递动能，于是温度较高的气体分子平均移动动能减小，而温度较低的气体分子平均移动动能增大，即由温度较高的气体向温度较低的气体传递了能量。这就是热量传递的微观实质。固态物质间通过热传导传递热量的过程也相类似，只是固态物质分子动能的传递形式有所不同。

热量和功是系统与外界间通过边界传递的能量，但两者有着本质的差别：**热量是物体间通过紊乱的分子运动发生相互作用而传递的能量；功则是物体间通过有规则的微观运动或宏观的运动发生相互作用而传递的能量**。也正是由于这个差别，**热量不可能把它的全部效果表现为举起重物**。

应该注意，**热能与热量是两个不同的概念**。热能是指物体内分子紊乱运动即分子热运动所具有的能量，故它是可储存于物体的一种能量。而热量则是两物体间传递的热能的数量，也称传热量，因而不能说“某个物体含有热量”。

热量是过程量，其单位为 J。通常用 Q 表示某过程传递的热量，用 δQ 表示微元过程中传递的微量的热量。按 1kg 物质计的热量用 q 及 δq 表示，其单位为 J/kg。在热力学中，通常约定，**系统吸热时热量为正($Q>0$)，系统放热时热量为负($Q<0$)**。

热力学系统与外界之间进行的各种能量传递过程所遵循的规律是类似的，因而可以采用类似的关系来描述各种方式的能量传递作用。类比于物体在力的作用下其空间位置发生变化而传递机械功的现象，热力学中引用势(Potential)和状态坐标(State Coordinate)两类状态参数，把各种能量传递过程都描述为系统在势参数的作用下，状态坐标发生变化而实现的与外界间的能量传递过程。

势就是推动能量传递的作用力，其数值的大小直接地决定能量传递作用的强度。而状态坐标的变化可作为衡量某种能量传递作用的标志。例如，当系统与外界间传递体积变化功时，推动做功的势是压强，状态坐标是比体积，比体积的变化则是衡量做功的标志：比体积增大系统对外做功，比体积减小外界对系统做功；比体积不变，则无论状态发生何种变化，系统与外界无体积变化功的交换。

与此类似，当系统与外界传递热量时，系统与外界之间的温差是推动热量传递的势，而作为传递热量作用的状态坐标必然有一个状态参数，这个状态参数称为熵，其符号为 S，单位为 J/K。类比于无耗散现象的准静态过程中体积变化功的表达式

$$\delta W = p\mathrm{d}V$$

及

$$W = \int_1^2 p\mathrm{d}V$$

在无耗散现象的准静态过程中即可逆过程中，系统与外界传递的热量可表示为

$$\delta Q = T\mathrm{d}S \tag{2-7-1}$$

及

$$Q = \int_1^2 T\mathrm{d}S \tag{2-7-2}$$

由此可知，系统吸热时它的熵增大，系统放热时它的熵减小，系统与外界不发生热交换时它的熵不变。

对于 1kg 工质传递的热量，按照式(2-7-1)及式(2-7-2)可得

$$\delta q = \frac{\delta Q}{m} = T\mathrm{d}\left(\frac{S}{m}\right) = T\mathrm{d}s \tag{2-7-3}$$

及

$$q = \int_1^2 T\mathrm{d}s \tag{2-7-4}$$

式中，s 为 1kg 工质的熵，称为比熵。

以温度和比熵为坐标作图，称为温熵图，或称 T-s 图，如图 2-7-1 所示。T-s 图与 p-v 图一样，图上一个点可代表一个平衡状态，一条曲线可代表一个准静态过程。类似于在 p-v 图上表示体积变化功 $W = \int_1^2 p\mathrm{d}V$，在 T-s 图上，曲线 1—2 下面的面积可以表示无耗散现象的准静态过程即可逆过程中系统与外界所传递的热量，即 $q = \int_1^2 T\mathrm{d}s$。当 $s_2 > s_1$ 时表示系统吸热，当 $s_2 < s_1$ 时表示系统放热。T-s 图给分析系统与外界传递的热量带来很大方便。根据 T-s 图，如图 2-7-1 所示，在图上点 1 和点 2 之间可连接许多不同的过程曲线，各曲线下面的面积所代表的热量显然是不同的，从而说明系统和外界之间传递的热量与过程的性质有关，即热量是一个过程量。

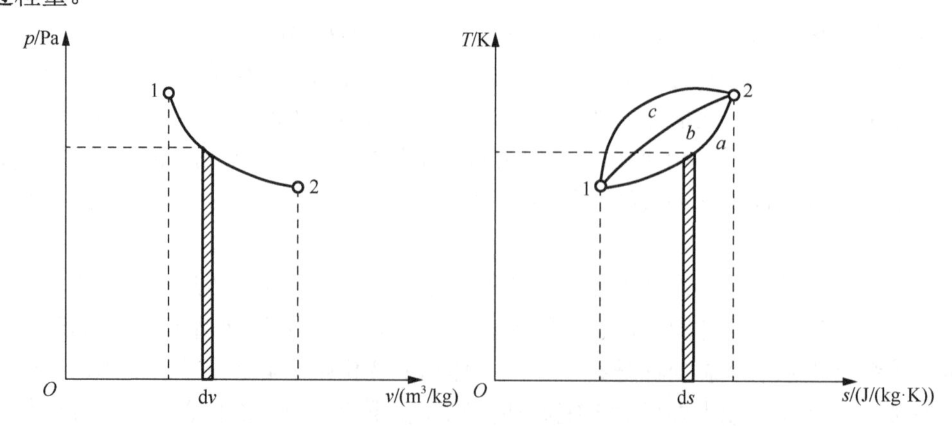

图 2-7-1　p-v 图和 T-s 图举例

2.8 内　　能

热力学系统内部的大量微观粒子本身具有的能量，称为热力学能，或称内能。它与系统内粒子微观运动和粒子的空间位置有关。热力学能包括分子的动能、分子力所形成的位能、构成分子的化学能和构成原子的原子能等。由于热能与机械能相互转化过程中，一般不涉及化学变化和核反应，后两种能量不发生变化，因此在工程热力学中通常只考虑前两者。

分子的动能包括分子的移动动能、转动动能、振动动能，它是温度的函数。由于分子间存在作用力，系统内部还具有克服分子间作用力形成的分子位能，也称物质内位能，它是比体积和温度的函数。

单位质量的热力学能称为比热力学能，对于均匀系统，有

$$u = U / m$$

$$U = mu \tag{2-8-1}$$

式中，u 是比热力学能，J/kg；U 是热力学能，J。

内动能是温度的函数，内位能是比体积和温度的函数，因此热力学能是温度和比体积的函数，即热力学能是一个状态参数，热力学能或比热力学能可表示为

$$U = U(T,v) \quad 或 \quad u = u(T,v) \tag{2-8-2}$$

对于理想气体，比热力学能 $u = u(T)$ 仅是温度的函数。在一个温度变化的过程中，对应的比热力学能的改变量为 $\Delta u = \int_{T_1}^{T_2} c_v(T)\mathrm{d}T$，其中 $c_v(T)$ 是比定容热容。

2.9 焓

焓是一个组合的状态参数，其定义式为

$$H = U + pV \tag{2-9-1}$$

单位质量物质的焓称为比焓，对于均匀系统有

$$h = H / m = u + pv \tag{2-9-2}$$

式中，H 是焓，J；h 是比焓，J/kg。

对于理想气体，比焓 $h = h(T)$ 只是温度的函数。在一个温度变化的过程中，对应的比焓的改变量为 $\Delta h = \int_{T_1}^{T_2} c_p(T)\mathrm{d}T$，其中 $c_p(T)$ 是比定压热容。

2.10 熵

熵是导出的状态参数，对于简单可压缩均匀系统，熵可由其他状态参数表示为

$$S = \int_0^1 \frac{\mathrm{d}U + p\mathrm{d}V}{T} + S_0$$

式中，S_0 为熵的初值。微分上式可得

$$\mathrm{d}S = \frac{\mathrm{d}U + p\mathrm{d}V}{T} \tag{2-10-1}$$

单位物质的熵称为比熵，对于均匀系统有

$$ds = \frac{dS}{m} = \frac{du + pdv}{T} \tag{2-10-2}$$

式中，s 是比熵，J/(kg·K)；S 是熵，J/K。对于理想气体，式(2-10-2)可写为 $ds = \frac{c_v(T)dT}{T} + \frac{Rdv}{v}$ 或 $ds = \frac{c_p(T)dT}{T} - \frac{Rdp}{p}$，其中 R 是气体常数。

从宏观上看，熵的物理意义是表征热力学系统做功能力和热力过程进行程度的状态参数。

2.11　温度和温标

温度是描述热力学系统热状况的状态参数，它表示物体的冷热程度。

确立温度概念所依据的理论基础是热力学第零定律或称热平衡定律。热平衡现象是一种常见的现象，如果两个冷热程度相同的物体相接触，两者的热状态便保持恒定不再变化，这时两物体就处于热平衡。经验表明，如果 A、B 两物体分别与 C 物体处于热平衡，则只要不改变它们各自的状态，使 A、B 两物体相接触，可以看到该两物体的状态维持恒定不变，即证明它们也处于热平衡。根据热平衡这一性质即可总结得到**热力学第零定律：若两个系统分别与第三系统处于热平衡，则两系统也必然处于热平衡。**根据热力学第零定律，所有处于热平衡的系统的某个状态参数具有相同的数值，这个状态参数就称为温度。

按照气体分子运动学说，气体的温度乃是气体分子平均动能的量度。因此，只要气体的状态一定，其分子的平均动能就有一定的数值，相应地气体的温度也就有确定的数值。这就说明，温度是系统的状态参数。

根据热平衡的概念，只要温度计与被测物体处于热平衡，就可按温度计中测温物质的温度来表示被测物体的温度。而温度的数值可利用测温物质的体积、压强、电阻等性质随温度变化的关系来表示。

温度计量的基本温标是热力学温标，其基本温度是热力学温度，以 T 来表示，单位为开(K)。国际上规定采用水的三相点温度，即水的固相、液相和气相三相共存状态的温度，作为定义热力学温标的固定点，并规定该点的热力学温度为 273.16K。而热力学温度单位 K 为水的三相点温度的 1/273.16。

热力学温标也可用摄氏温度 t 来表示，单位为摄氏度(℃)。摄氏温度与热力学温度的关系为

$$t(℃) = T(\text{K}) - 273.15 \tag{2-11-1}$$

即 0℃相当于 273.15K，100℃相当于 373.15K，而 0K 相当于−273.15℃。显然，水的三相点摄氏温度为 0.01℃。在工程上，为了简化，有时采用以下的近似计算式：

$$t(℃) = T(\text{K}) - 273 \tag{2-11-2}$$

而华氏温标用于英制单位，它规定在标准大气压下，水的冰点为 32℉，沸点为 212℉，华氏温度与摄氏温度的换算关系为

$$\frac{t(℉) - 32}{212 - 32} = \frac{t(℃) - 0}{100 - 0}$$

$$t(^\circ\mathrm{F})=\frac{9}{5}t(^\circ\mathrm{C})+32 \tag{2-11-3}$$

2.12　热力循环

在内燃机或燃气轮机装置中，空气经吸气过程吸入机器，其温度和压强经过压缩过程而提高，然后空气与燃料混合在燃烧室中进行燃烧，燃烧生成的高温燃气在膨胀并推动机器对外输出机械功之后成为低压的废气，最后在排气过程中废气直接排入大气。这类机器中，工质的变化比较复杂，不仅机器中每次循环工作都要重新吸入新鲜空气，而且每次循环中工质的化学组成还要发生变化，由空气变成燃气。为了便于进行热力学分析，在舍弃一些次要的因素后，可以采用一个理想的循环变化过程来替代它。这时，把工质化学组成发生变化的燃烧过程改换成一个假想的加热过程，并把排气及吸气过程合起来看作把工质送到机器外面大气中冷却的过程。于是，仍然得到与蒸气动力装置相同的工作方式，工质在经过一系列的变化后重新回复到初始状态，周而复始地循环工作。

热力学中，**把系统由初始状态出发，经过一系列中间状态后，重新回到初始状态所完成的一个封闭的热力过程，称为热力循环，简称循环**。若循环中系统经历的是准静态过程，则它可以在 p-v 图及 T-s 图上表示为一条封闭曲线。如图 2-12-1 所示的封闭曲线 a—b—c—d—a 即代表一个热力循环。

按 p-v 图，在过程 a—b—c 中比体积 v 增大，所以体积变化功 $\int_{a-b-c}\delta w$ 为正，系统对外做功；而在过程 c—d—a 中比体积 v 减小，$\int_{c-d-a}\delta w$ 为负，外界对系统做功。于是整个热力循环中系统所做的净功应为该两个过程功的代数和，即

$$\oint\delta w=\int_{a-b-c}\delta w+\int_{c-d-a}\delta w$$

它可用 p-v 图上循环曲线所包围的面积表示。

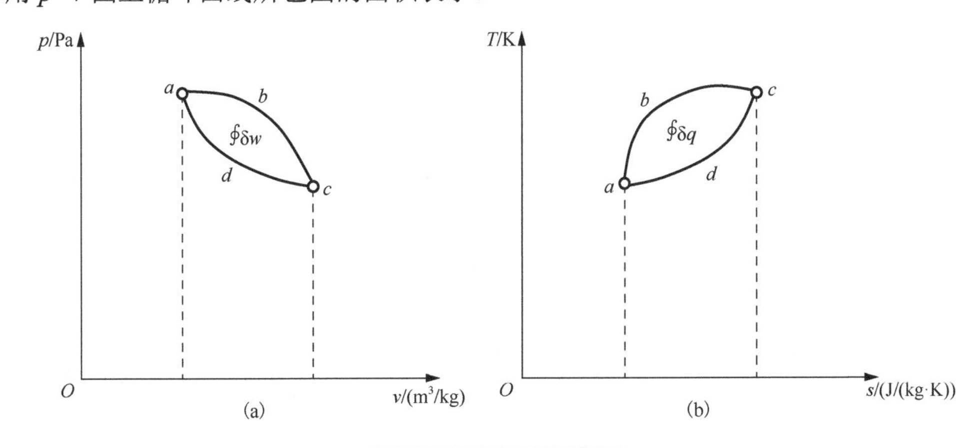

图 2-12-1　热力循环示例

按 T-s 图，在过程 a—b—c 中比熵 s 增大，过程的热量为正，系统吸热；而在过程 c—d—a 中，热量为负，系统放热。于是，整个热力循环中系统接受的净热量为该两过程热量的代数和，即

$$\oint \delta q = \int_{a-b-c} \delta q + \int_{c-d-a} \delta q$$

它可用T-s图上循环曲线所包围的面积表示。

由于过程进行的先后次序不同，过程在状态参数坐标图上的方向也不同。根据过程的方向，热力循环可分为正循环和逆循环两种。按顺时针方向进行的是正循环，其目的是利用热能来产生机械功。所有的动力循环都是按正循环工作的。按逆时针方向进行的是逆循环，其目的是付出一定的代价使热量从低温区传向高温区。所有的制冷循环及热泵循环都是按逆循环工作的。

思 考 题

2-1 如何理解状态量与过程量之间的区别？它们之间有何联系？

2-2 理想气体与实际气体有何区别？

2-3 如何理解温度与温标？

2-4 请写出功与热量之间的区别与联系。

2-5 什么是准静态过程？请举例说明。

2-6 如何理解自然界中磁的、电的、化学的、核的和热的现象被编织成一个综合体系？

习 题

2-1 如图所示，有一烟囱高 h=30m，烟囱内烟气平均密度$\rho_g = 0.735\text{kg/m}^3$，若地面环境大气压强$p_b = 0.1\text{MPa}$，大气温度$t = 20℃$，大气密度$\rho_a$取常数，求烟囱底部绝对压强及真空度。

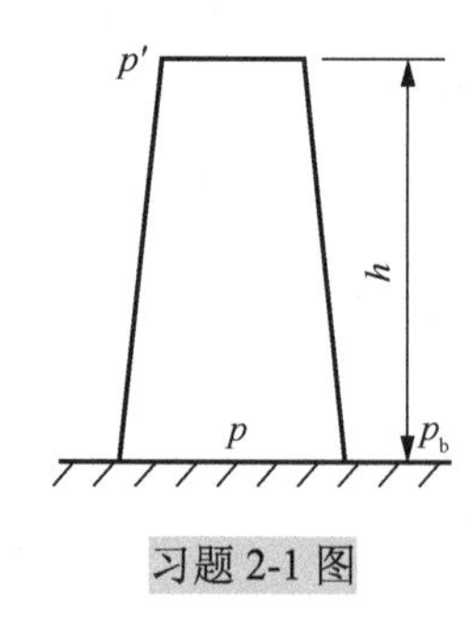

习题 2-1 图

2-2 若用摄氏温度计与华氏温度计测量同一个物体，有人认为这两种温度计的读数不可能出现数值相同的情况，对吗？为什么？

2-3 判断下列各参数中哪些是强度量？哪些是广延量？

速度，动能，位能，重量，高度，内能，焓，摩尔数，比定压热容

2-4 把压力为 700kPa、温度为 5℃的空气装于 0.5m^{3}的容器中，加热使容器中的空气温度升至 115℃。在这个过程中，空气由一小洞中漏出，使压力保持在 700kPa，试求热量的传递量。

第 3 章　热力学第一定律

内容提要　作为热力学的基础内容，本章主要讲解热力学第一定律的实质、表达式以及能量守恒方程的应用。在本课程中，热力学第一定律几乎随时都会遇到，对它们必须有一个正确的理解和掌握。

基本要求　要求学生理解热力学第一定律的实质，掌握开口系统的能量方程，并能应用能量方程正确分析动力机、压气机、换热器、喷管、扩压管和节流圈等热工设备工作原理。

3.1　热力学第一定律的实质

自然界中存在着各种形式的能量，如热能、机械能、电磁能、化学能、光能、原子能等。人们从无数的实践经验中总结出了这样一条规律：各种不同形式的能量可以彼此转移，也可以相互转换，但在转移和转换过程中，尽管能量的形式可以改变，它们的总量保持不变。这一规律称为能量守恒与转换定律，这是自然界中的一条普遍原理，它适用于各个领域和各个方面。能量守恒与转换定律应用于热力学，或者说应用在伴有热效应的各种过程中，便是热力学第一定律。**在工程热力学中，热力学第一定律主要说明热能与机械能在相互转换时，能量的总量必定守恒。**热力学第一定律是热力学的基本定律，它建立了热能与机械能等其他形式的能量在相互转换时的数量关系，是热工分析和计算的基础。

在热力学第一定律建立之前，历史上曾有不少人想发明一种不供给能量而永远对外做功的机器，即第一类永动机。为了明确说明这种发明是不可能的，热力学第一定律也可表述为“第一类永动机是不可能制成的。”

3.2　热力学第一定律表达式

1. 一般热力学系统的能量方程

如图 3-2-1 所示，热力学系统具有的质量为 m，能量为 E。热力学系统作为一个整体，在空间运动速度为 V，它所具有的宏观动能为 $E_{\mathrm{k}}=\dfrac{1}{2}mV^2$，热力学系统质心位置高度为 z，它所具有的重力位能为 $E_{\mathrm{p}}=mgz$。此外，与热力学系统内部大量粒子微观运动和粒子空间位形有关的能量，称为热力学能或内能，记为 U。热力学系统的总能量是指热力学能 U、宏观动能 E_{k} 和重力位能 E_{p} 的总和，即

$$E=U+E_{\mathrm{k}}+E_{\mathrm{p}} \tag{3-2-1}$$

如图 3-2-1 所示，假设只有一个入口和一个出口的热力学系统在一段极短的时间 $\mathrm{d}t$ 内从外界吸收了微小的热量 δQ，又从外界流进了每千克总能量为 $e_i=u_i+e_{\mathrm{k}i}+e_{\mathrm{p}i}$ 的质量 δm_i；与此同时，热力学系统对外界做出了微小的总功 δW（即各种形式功的总和），并向外界流出了

每千克总能量为 $e_e = u_e + e_{ke} + e_{pe}$ 的质量 δm_e。经过时间 $\mathrm{d}t$ 后，热力学系统的总能量变成 $E + \mathrm{d}E$。

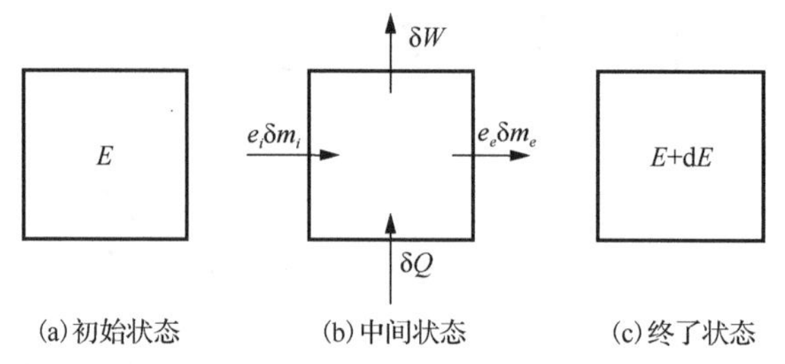

图 3-2-1　热力学系统能量方程导出示意图

根据质量守恒定律可知，热力学系统质量的变化等于流进与流出质量之差，即

$$\mathrm{d}m = \delta m_i - \delta m_e \tag{3-2-2}$$

两边同时除以时间 $\mathrm{d}t$，可得

$$\frac{\mathrm{d}m}{\mathrm{d}t} = \dot{m}_i - \dot{m}_e \tag{3-2-3}$$

根据热力学第一定律，热力学系统总能量的变化等于热力系统输入的能量的总和减去输出的能量的总和，即

$$(E + \mathrm{d}E) - E = (\delta Q + e_i \delta m_i) - (\delta W + e_e \delta m_e)$$

整理为

$$\frac{\mathrm{d}E}{\mathrm{d}t} = \dot{Q} - \dot{W} + e_i \dot{m}_i - e_e \dot{m}_e \tag{3-2-4}$$

对于热力学系统有多处入口和出口情况，质量方程和能量方程可分别表示为

$$\frac{\mathrm{d}m}{\mathrm{d}t} = \sum_i \dot{m}_i - \sum_e \dot{m}_e \tag{3-2-5}$$

$$\frac{\mathrm{d}E}{\mathrm{d}t} = \dot{Q} - \dot{W} + \sum_i \dot{m}_i e_i - \sum_e \dot{m}_e e_e \tag{3-2-6}$$

式(3-2-5)和式(3-2-6)是一般热力学系统的质量方程和能量方程，适合于任何工质进行的任何无摩擦或有摩擦过程。

2. 闭口系统的能量方程

对于闭口系统，$\dot{m}_i = 0$，$\dot{m}_e = 0$。代入式(3-2-5)和式(3-2-6)，可得

$$\frac{\mathrm{d}m}{\mathrm{d}t} = 0 \tag{3-2-7}$$

$$\frac{\mathrm{d}E}{\mathrm{d}t} = \dot{Q} - \dot{W} \tag{3-2-8}$$

式(3-2-8)可进一步整理为

$$\mathrm{d}E = \delta Q - \delta W \tag{3-2-9}$$

式(3-2-9)两边同时除以闭口系统质量 m 可得

$$\mathrm{d}e = \delta q - \delta w \tag{3-2-10}$$

式(3-2-8)～式(3-2-10)都是闭口系统的能量方程。

3. 开口系统的能量方程

图3-2-2表示一个开口系统中的流体经历一个热力学过程的初态和终态，可以看作一个控制质量(即闭口系统，打了剖面线的部分)经过一段时间 $\mathrm{d}t$ 后变成了终态。对于图 3-2-2 所示的闭口系统(入口区域+开口系统+出口区域)，其能量方程为

$$(E_{\mathrm{CV}}+\mathrm{d}E_{\mathrm{CV}}+e_e\delta m_e)-(E_{\mathrm{CV}}+e_i\delta m_i)=\delta Q-\delta W \tag{3-2-11}$$

该控制质量与外界交换的总功为

$$\delta W=\delta W_{\mathrm{CV}}+(p_eA_e)\mathrm{d}l_e-(p_iA_i)\mathrm{d}l_i \tag{3-2-12}$$

式中，δW_{CV} 是开口系统(控制容积)与外界交换的功，$p_eA_e\mathrm{d}l_e$、$-p_iA_i\mathrm{d}l_i$ 分别是出口处和入口处因工质流出、流入开口系统而做的功。

对于控制质量，忽略通过入口和出口边界与外界交换的热量，则有

$$\delta Q=\delta Q_{\mathrm{CV}} \tag{3-2-13}$$

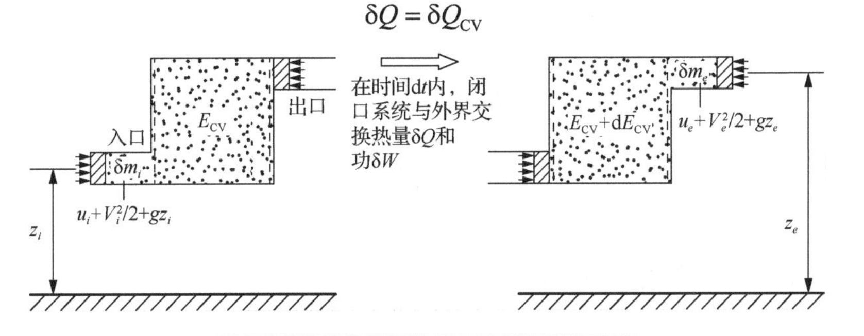

图3-2-2　开口系统能量方程导出示意图

综合式(3-2-11)～式(3-2-13)，可得

$$\mathrm{d}E_{\mathrm{CV}}=\delta Q_{\mathrm{CV}}-\delta W_{\mathrm{CV}}+p_iA_i\mathrm{d}l_i+e_i\delta m_i-(p_eA_e\mathrm{d}l_e+e_e\delta m_e) \tag{3-2-14}$$

由于 $\delta m=\rho A\mathrm{d}l=A\mathrm{d}l/v$，其中 v 为比体积，式(3-2-14)可进一步整理为

$$\mathrm{d}E_{\mathrm{CV}}=\delta Q_{\mathrm{CV}}-\delta W_{\mathrm{CV}}+\left(p_iv_i+u_i+\frac{V_i^2}{2}+gz_i\right)\delta m_i-\left(p_ev_e+u_e+\frac{V_e^2}{2}+gz_e\right)\delta m_e$$

即

$$\mathrm{d}E_{\mathrm{CV}}=\delta Q_{\mathrm{CV}}-\delta W_{\mathrm{CV}}+\left(h_i+\frac{V_i^2}{2}+gz_i\right)\delta m_i-\left(h_e+\frac{V_e^2}{2}+gz_e\right)\delta m_e \tag{3-2-15}$$

同理，对于有多处入口和出口的开口系统，其能量方程可表示为

$$\mathrm{d}E_{\mathrm{CV}}=\delta Q_{\mathrm{CV}}-\delta W_{\mathrm{CV}}+\sum_i\left(h_i+\frac{V_i^2}{2}+gz_i\right)\delta m_i-\sum_e\left(h_e+\frac{V_e^2}{2}+gz_e\right)\delta m_e \tag{3-2-16}$$

式(3-2-16)两边同时除以 $\mathrm{d}t$ 后变为

$$\frac{\mathrm{d}E_{\mathrm{CV}}}{\mathrm{d}t}=\dot{Q}_{\mathrm{CV}}-\dot{W}_{\mathrm{CV}}+\sum_i\dot{m}_i\left(h_i+\frac{V_i^2}{2}+gz_i\right)-\sum_e\dot{m}_e\left(h_e+\frac{V_e^2}{2}+gz_e\right) \tag{3-2-17}$$

式(3-2-16)(微分形式)和式(3-2-17)(导数形式)都是开口系统的能量方程。

开口系统的稳定状态是指开口系统任何位置上工质的状态参数都不随时间而变化的状态，此时有 $\mathrm{d}E_{\mathrm{CV}}/\mathrm{d}t=0$，$\mathrm{d}m_{\mathrm{CV}}/\mathrm{d}t=0$。

3.3　能量守恒方程的应用

1. 动力机

动力机是将流入工质与流出工质的焓差转变为机械能，从而输出功的热工装置，如图 3-3-1 所示。

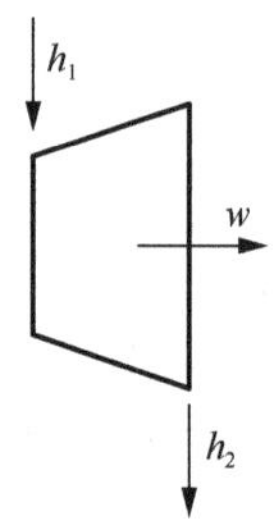

图 3-3-1　动力机

(1) 工质的动能变化一般只占做功量的千分之几，可忽略，即

$$\frac{1}{2}\Delta V^2 = 0$$

(2) 工质的重力位能变化一般不到做功量的万分之一，也可忽略，即

$$g\Delta z = 0$$

(3) 热力学系统散热一般只占做功量的百分之一左右，通常也可忽略，即

$$q = 0$$

稳定状态的动力机在以上条件下，由式(3-2-17)可得

$$\dot{W}_{\text{CV}} = \dot{m}h_1 - \dot{m}h_2$$

$$w = \frac{\dot{W}_{\text{CV}}}{\dot{m}} = h_1 - h_2$$

即动力机对外做功等于工质的焓降。

2. 压气机

以上三个条件基本适用，但与动力机相反，压气机是通过消耗外功来提升工质的焓，如图 3-3-2 所示。由式(3-2-17)可得

$$w = h_1 - h_2 \quad \text{或} \quad -w = h_2 - h_1$$

即压气机的功耗等于工质的焓升。

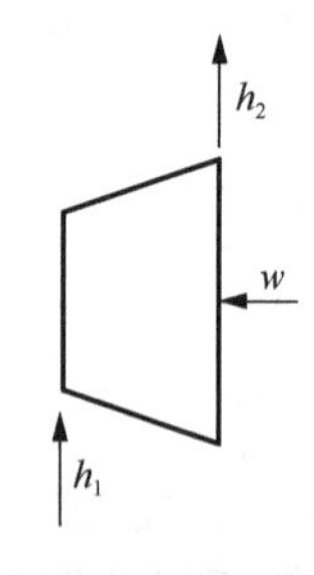

图 3-3-2　压气机

3. 换热器

如图 3-3-3 所示，在换热器中，工质的动能及位能的变化可以忽略，又不对外做功，即 $\Delta V^2/2=0$，$g\Delta z=0$，$w=0$，由式(3-2-17)可得

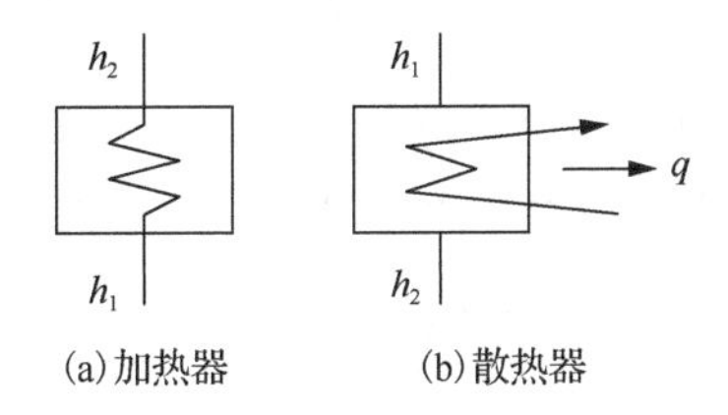

图 3-3-3　换热器

对于加热器　　$q=\dot{Q}_{CV}/\dot{m}=h_2-h_1>0$

对于散热器　　$q=\dot{Q}_{CV}/\dot{m}=h_2-h_1<0$

于是，加热器加入的热量等于工质焓升，散热器散出的热量等于工质的焓降。

4. 喷管

如图 3-3-4(a)所示，喷管是使流体降压升速的特殊管道，其工质流动过程一般可认为是绝热过程，$q=0$；并可忽略位能的变化，$g\Delta z=0$；不对外做功，$w=0$。由式(3-2-17)可得

$$\frac{1}{2}\left(V_2^2-V_1^2\right)=h_1-h_2>0$$

即工质通过喷管后动能的增加等于工质的焓降。

5. 扩压管

如图 3-3-4(b)所示，扩压管是使流体升压降速的特殊管道，以上喷管的假定条件同样适用于扩压管，由式(3-2-17)可得

$$\frac{1}{2}\left(V_1^2-V_2^2\right)=h_2-h_1>0$$

即工质通过扩压管后动能的降低等于工质的焓升。

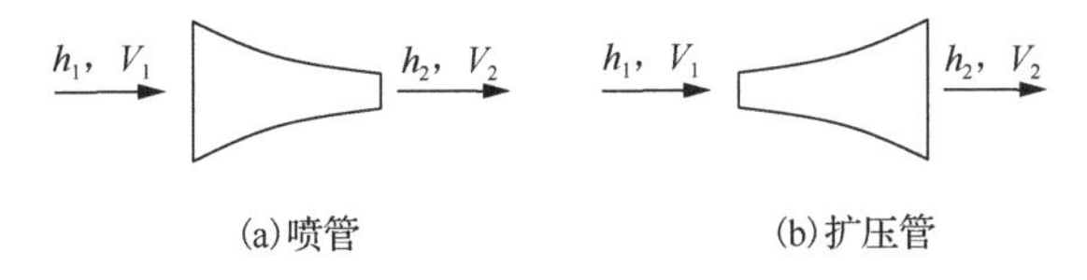

图 3-3-4　喷管和扩压管

6. 节流圈

流体工质流经阀门、缝隙等时所经历的过程称为节流，如图 3-3-5 所示。可认为此时 $q=0$，$g\Delta z=0$，$w=0$。在节流圈前后足够远的地方 $V_1=V_2$，$\Delta V^2/2=0$。由式(3-2-17)可得

$$\Delta h=0\quad 或\quad h_2=h_1$$

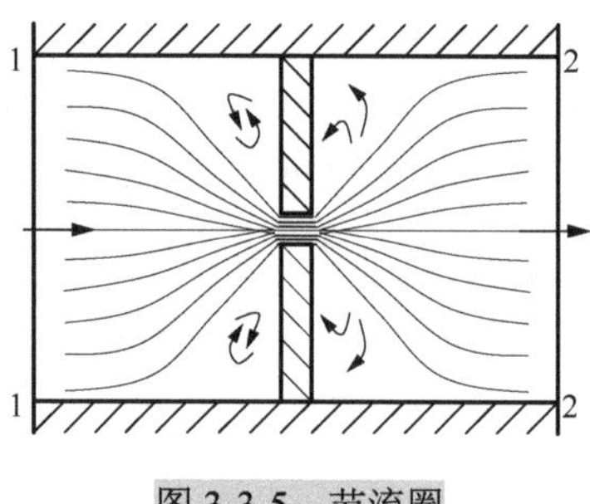

图 3-3-5　节流圈

例 3-3-1　压气机在 95kPa、25℃的状态下稳定地以 340m³/min 的体积流率吸入空气，进口处的空气流速可以忽略不计，出处的截面积为 0.025m²，排出的压缩空气的参数为 200kPa、120℃，压气机的散热率为 60kJ/min。已知空气的气体常数 $R=0.287\text{kJ}/(\text{kg}\cdot\text{K})$，比定容热容 $c_v=0.717\text{kJ}/(\text{kg}\cdot\text{K})$，求压气机所消耗的功率。

解　以压气机中空气为研究对象，稳定工况下其能量方程为

$$\dot{Q}_{\text{CV}}-\dot{W}_{\text{CV}}+\left(h_1+\frac{V_1^2}{2}+gz_1\right)\dot{m}-\left(h_2+\frac{V_2^2}{2}+gz_2\right)\dot{m}=0$$

即

$$\dot{W}_{\text{CV}}=\dot{Q}_{\text{CV}}+\left(h_1+\frac{V_1^2}{2}+gz_1\right)\dot{m}-\left(h_2+\frac{V_2^2}{2}+gz_2\right)\dot{m} \tag{3-3-1}$$

其中

$$\dot{Q}_{\text{CV}}=-\frac{60\times10^3}{60}=-1000(\text{J}/\text{s})$$

$$\dot{m}=\rho\dot{V}=\frac{p_1\dot{V}}{RT_1}=\frac{95\times10^3}{287\times(273+25)}\times\frac{340}{60}=6.2944(\text{kg}/\text{s})$$

$$V_1\approx0\text{m}/\text{s}$$

$$\Delta z=0\text{m}$$

$$V_2=\frac{\dot{m}}{\rho_2A_2}=\frac{\dot{m}RT_2}{p_2A_2}=\frac{6.2944\times287\times(273+120)}{200\times10^3\times0.025}=141.99(\text{m}/\text{s})$$

$$\Delta h=h_2-h_1=c_p\Delta T=(287+717)\times(120-25)=95380(\text{J}/\text{kg})$$

将以上数据代入式(3-3-1)，可得压气机所消耗的功率：

$$\dot{W}_{\text{CV}}=-1000+6.2944\times\left(-95380-\frac{141.99^2}{2}\right)=-6.648\times10^5(\text{J}/\text{s})$$

负号表示外界对压气机做功。

例 3-3-2　如图所示，由稳定气源（T_i,p_i）向体积为 V 的刚性真空容器绝热充气，直到容器内压强达到 $p_i/2$ 时关闭阀门。若已知该气体的比热力学能及比焓与温度的关系分别为：$u=c_vT$，$h=c_pT$，比热比 $k=c_p/c_v$，气体状态方程为 $pv=RT$，试计算充气终了时，容器内

气体的温度T_2及充入气体的质量m_2。

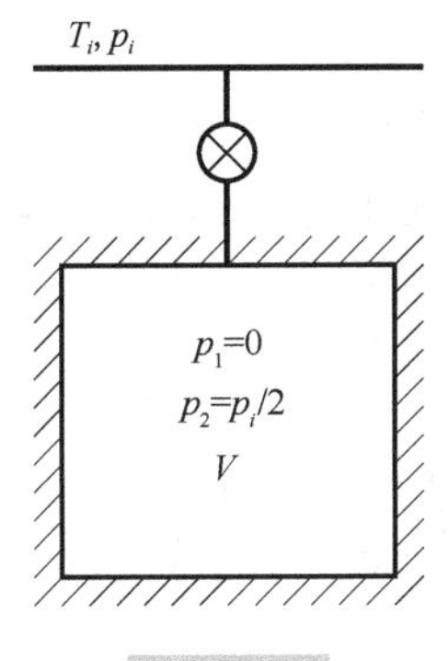

例 3-3-2 图

解　以刚性容器中气体为研究对象，其能量方程的一般表达式为

$$\frac{\mathrm{d}E_{\mathrm{CV}}}{\mathrm{d}t}=\dot{Q}_{\mathrm{CV}}-\dot{W}_{\mathrm{CV}}+\left(h_i+\frac{V_i^2}{2}+gz_i\right)\dot{m}_i-\left(h_e+\frac{V_e^2}{2}+gz_e\right)\dot{m}_e$$

根据题意对上述一般表达式进行简化：刚性容器是静止不动的，$E_{\mathrm{CV}}=U=mu$；绝热充气，$\dot{Q}_{\mathrm{CV}}=0$；无功量交换，$\dot{W}_{\mathrm{CV}}=0$。

只有充气，没有放气，并忽略宏观动能和重力位能的变化，于是

$$\left(h_i+\frac{V_i^2}{2}+gz_i\right)\dot{m}_i-\left(h_e+\frac{V_e^2}{2}+gz_e\right)\dot{m}_e=\dot{m}_i h_i$$

把这些关系式代入一般表达式，可得

$$\frac{\mathrm{d}(mu)}{\mathrm{d}t}=\dot{m}_i h_i$$

即

$$\mathrm{d}(mu)=\dot{m}_i h_i \mathrm{d}t$$

对上式积分，可得

$$\Delta(mu)=\int_1^2 \dot{m}_i h_i \mathrm{d}t=m_i h_i \tag{3-3-2}$$

由于刚性容器的初始状态为真空，于是

$$\Delta(mu)=m_2u_2-m_1u_1=m_2u_2 \tag{3-3-3}$$

根据质量方程

$$\frac{\mathrm{d}m}{\mathrm{d}t}=\dot{m}_i-\dot{m}_e=\dot{m}_i$$

积分后得

$$\Delta m=m_2-0=m_i \tag{3-3-4}$$

由式(3-3-2)～式(3-3-4)推出$u_2=h_i$，即$c_vT_2=c_pT_i$，所以

$$T_2=\frac{c_p}{c_v}T_i=kT_i$$

根据气体状态方程，有

$$m_2=\frac{p_2V}{RT_2}=\frac{p_iV}{2kRT_i}$$

思 考 题

3-1 热力学第一定律的实质是什么？

3-2 什么是热力学能？什么是膨胀功？

3-3 由于 Q 和 W 都是过程量，故其差值 $Q-W$ 也是过程量，这种说法对否？

3-4 气体膨胀时是否一定会对外做功？气体被压缩时一定会消耗外功吗？

习 题

3-1 某气缸中气体体积由 0.1m^3 膨胀到 0.2m^3，膨胀过程中气体的压强与体积的关系为 $p = 0.48V + 0.04$，其中压强的单位是 MPa，体积的单位是 m^3。已知环境压强为 0.1MPa，试求：

(1) 气体所做的功；

(2) 当活塞和气缸间的摩擦力为 1000N，而活塞面积为 0.2m^3 时，减去摩擦消耗的功后活塞输出的功。

3-2 某刚性绝热贮箱包含 0.2m^3 的空气。在贮箱上装有一个搅拌轮，通过搅拌轮向贮箱中空气做功，其功率为 4W，工作时间长达 20min。若空气的初始密度为 1.2kg/m^3，并忽略空气宏观动能和重力位能的变化，试求：

(1) 空气末态的比体积；

(2) 空气比内能的变化。

3-3 一个活塞—气缸组件见习题 3-3 图。初始状态时，活塞面处于 $x = 0\,\text{m}$，弹簧处于自然状态，没有力作用于活塞。在加热情况下，气体膨胀直到活塞碰到卡子，此时活塞面处于 $x = 0.05\text{m}$，同时停止加热。弹簧作用力满足 $F_{\text{spring}} = kx$，其中弹簧刚度 $k = 10000\text{N/m}$。活塞与气缸壁之间的摩擦力可以忽略不计，重力加速度 $g = 9.71\text{m/s}^2$，其他已知条件见习题 3-3 图。试求：

(1) 气体的初始压强，单位采用 kPa;

(2) 气体对活塞做的功，单位采用 J;

(3) 若气体比内能的初态值和末态值分别是 214kJ/kg 和 337kJ/kg，计算加热过程交换的热量，单位采用 J。

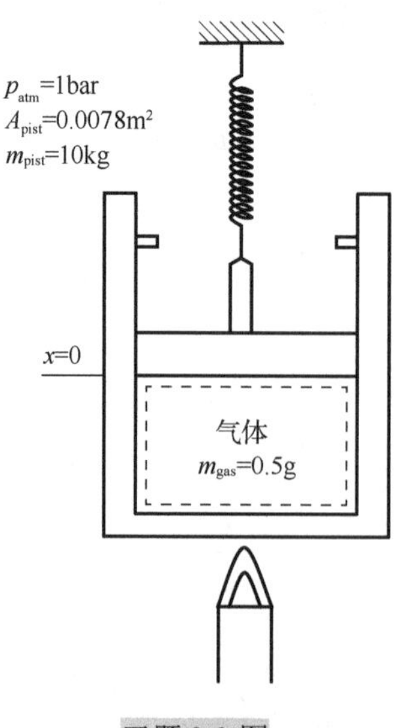

习题 3-3 图

3-4　蒸汽锅炉每小时产生 $p_2 = 20\text{bar}$ 、 $t_2 = 350℃$ 的蒸汽 10t，设锅炉给水温度 $t_1 = 40℃$ ，锅炉热效率 $\eta_k = 0.76$ ，煤的发热值为 $Q_L = 29700\text{kJ/kg}$ ，求锅炉的耗煤量。

已知工质的焓值：

在 $p_1 = 20\text{bar}$ 、 $t_1 = 40℃$ 时、 $h_1 = 169.2\text{kJ/kg}$ ；

在 $p_2 = 20\text{bar}$ 、 $t_2 = 350℃$ 时、 $h_2 = 3137.2\text{kJ/kg}$ 。

3-5　如图所示，一个容积为 0.3m^3 的储气罐内装有初压 $p_1 = 0.5\text{MPa}$ 、初温 $t_1 = 27℃$ 的氮气。若对储气罐加热，其温度、压强升高。储气罐上装有安全阀，当压强超过 0.8MPa 时，阀门便自动打开，放走氮气，即储气罐维持最大压强为 0.8MPa。问当罐内氮气温度为 306℃时，对罐内氮气共加入多少热量？设氮气比热比 $k = 1.4$ 。

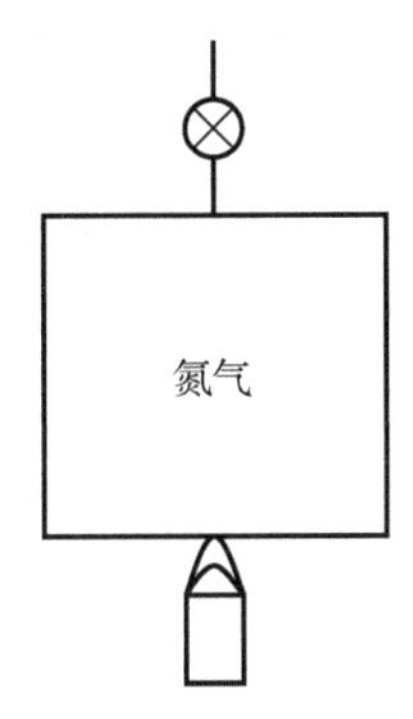

习题 3-5 图

3-6　在习题 3-6 图所示的绝热容器 A、B 中，装有某种相同的理想气体。已知 T_A 、 p_A 、 V_A 和 T_B 、 p_B 、 V_B ，比定容热容 c_v 可看成常量，比热力学能与温度的关系为 $u = c_v T$ 。若管路和阀门均绝热，求打开阀门使 A、B 两容器中的气体混合均匀之后，容器中气体的终温与终压。

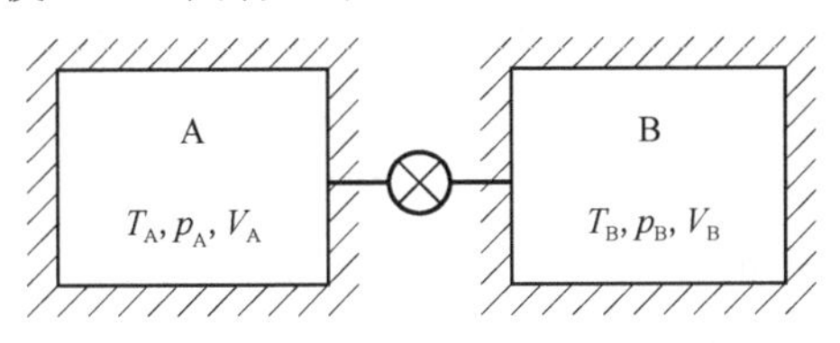

习题 3-6 图

第 4 章　热力学第二定律

内容提要　作为热力学的核心内容，本章主要讲解热力学第二定律的实质与表达式以及熵方程的应用。在本课程中，热力学第二定律几乎随时都会遇到，对它们必须有一个正确的理解和掌握。

基本要求　要求学生理解热力学第二定律的实质，掌握开口系统的熵方程，了解开口系统的㶲方程，并能应用熵方程正确分析热力过程的方向性。

从实践中可知，在没有外界的作用下，热力过程(如温差传热、自由膨胀、化学反应等)将朝一个方向进行，但不能朝相反的方向进行。热力学第一定律对于过程的方向性没有加以限制，这样必须引入其他约束以弥补其不足，这就是热力学第二定律。热力学第一定律只关心能量的大小及其转换数量，不关心能量的质量，而热力学第二定律能够确定过程中能量的质量以及能量贬值的程度。比如，具有较高温度的热能可以部分转换为功，它比同样大小，但温度较低的热能具有更高的品质。

4.1　热力学第二定律的实质与陈述

在介绍热力学第二定律陈述之前，先定义热源的概念。**一个热容量无穷大的物体，在吸收或释放有限的热量时其自身温度保持不变，这样的物体，定义为恒温热源。**巨大的水团，例如，海洋、湖泊、河流以及大气层的空气，都可近似认为是恒温热源，它们具有巨大的热储存能力。然而，恒温热源的几何尺寸也不一定很大。一个物体，只要相对所能提供或吸收的能量而言，其热容量很大，也可近似认为是恒温热源。

以热能的方式提供能量的恒温热源称为高温热源(热源或热库)，以热能的形式吸收能量的恒温热源称为低温热源(冷源或冷库)。

实践经验表明，自发过程都是按照一定的方向进行的，而热力学第二定律究竟如何阐明过程进行的方向和条件呢？针对各种具体过程，热力学第二定律可有不同的陈述方式。由于各种陈述方式所阐明的是同一客观规律，所以它们是彼此等效的。下面只介绍热力学第二定律关于热功转换和热量传递的两种经典说法。

开尔文-普朗克陈述：**“不可能制成一种循环动作的热机，只从单一热源吸取热量，使之完全转变为功，而其他物体不发生任何变化。”**或者说：“第二类永动机是不可能制成的。”人们把从单一热源取得热量并使之完全变为机械能而不引起其他变化的循环发动机称为第二类永动机。这种永动机并不违反热力学第一定律，因为它在工作中能量是守恒的，但却违反了热力学第二定律。

克劳修斯陈述：**“热量不可能从低温物体传向高温物体而不引起其他变化。”**克劳修斯陈述表明，高温物体向低温物体传热与低温物体向高温物体传热是性质完全不同的两类过程。前者属于自发的不可逆过程，后者则不能自发进行。但通过制冷机(热机)以消耗一定的机械能为代价后，可以从低温物体取得热量而送往高温物体。克劳修斯陈述反映了自发过程的方向性与不可逆性。

上述两种经典说法是根据热力学第二定律对各种特殊过程所作出的具体叙述。热力学第二定律的陈述虽然各不相同，但可以证明其实质是一致的。现用反证法来证明上述两种经典说法的一致性：若克劳修斯陈述不成立，则开尔文-普朗克陈述也不成立，反之亦然。

如图 4-1-1(a)所示，假如与克劳修斯陈述相反，热量 Q_C 能自发地从低温热源流向高温热源，并且另有一热机 A 从高温热源吸收热量 Q_H，并使其传给低温热源的热量正好等于 Q_C，这样热机 A 将做净功 $W_{cycle} = Q_H - Q_C$。取高、低热源及热机为热力学系统，则整个系统在完成一个循环时，所产生的唯一结果就是热机 A 从单一热源取得热量 $Q_H - Q_C$ 全部变为循环功 W_{cycle}，即整个热力学系统变成了第二类永动机。这也违反了开尔文-普朗克陈述。反之，如图 4-1-1(b)所示，如果热机 A 能够只从一个热源吸取热量而循环做功，则可利用这一热机 A 来驱动制冷机 B，将热量从低温热源传至高温热源，这样整个热力学系统显然违反了克劳修斯陈述。因此，开尔文-普朗克陈述与克劳修斯陈述是一致的。

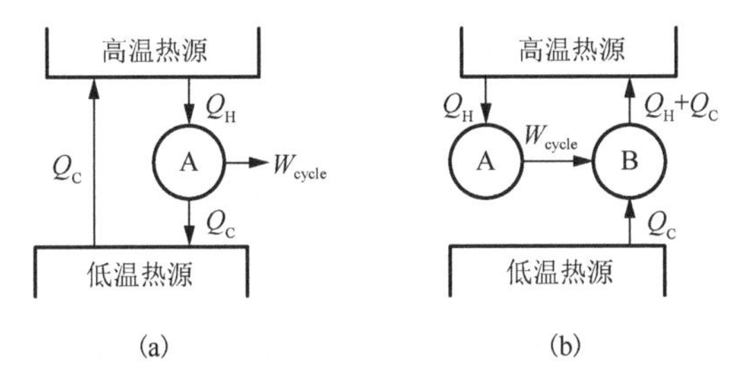

图 4-1-1　热力学第二定律两种陈述的等价性

4.2　可逆过程和不可逆过程

可逆过程定义为：**在经历了一个热力过程之后，如果系统及其环境能精确地回复到各自的初始状态，则称系统原先经历的过程为可逆过程**。反之称为**不可逆过程**。

可逆过程在现实中是不存在的，它们仅是实际过程的理想化模型。有的实际过程可能很接近可逆过程，但永远无法达到。那么，为什么要费心研究这些假想的过程呢？第一，它们易于分析，因为一个可逆过程中，系统经历了一系列平衡状态；第二，作为理想化模型，它们可以与实际过程相比较。以可逆过程替代不可逆过程，结果是做功装置能发出最多的功，消耗功的装置则需要最少的功。可逆过程是热力学中一个极为重要的基本概念，这个纯理想化的概念的建立，是人类智慧的结晶，也是科学的抽象思维方法的范例。它不仅给出了实际过程完善程度的最高理论限度和客观标准，而且使得运用数学工具及热力学方法对实际过程进行理论分析成为可能。

典型的不可逆过程主要有：①有限温度差引起的热交换；②气体或液体由高压向低压自由膨胀；③自发化学反应；④不同成分或状态的物质自发混合；⑤流体的黏性流动；⑥电流流过电阻；⑦具有时间延迟的磁化和极化；⑧非弹性变形。

过程的不可逆因素称为不可逆性。不可逆性又分为内部不可逆性和外部不可逆性。

如果系统经历一个热力过程，仅内部没有不可逆性，则这个过程称为内部可逆过程。在内部可逆过程中，系统经历一系列平衡状态。当过程反向进行时，系统经过同样的平衡过程回到初始状态。也就是说，对于一个内部可逆过程来说，正向过程和逆向过程的系统路径是一致的。

如果在过程进行中，系统外部没有不可逆性，这个过程称为外部可逆过程。如果系统与热源接触处的温度与热源温度一致，则该热源与系统之间的传热就是一个外部可逆过程。

4.3　热力学第二定律的推论

1. 热力学第二定律对动力循环的限制，卡诺推论

如图 4-3-1 所示，一个动力循环系统工作于两个热源之间，对外输出净功W_{cycle}，循环的热效率等于

$$\eta=\frac{W_{\text{cycle}}}{Q_{\text{H}}}=1-\frac{Q_{\text{C}}}{Q_{\text{H}}} \tag{4-3-1}$$

式中，Q_{H}是从高温热源吸收的热量；Q_{C}是向低温热源释放的热量。

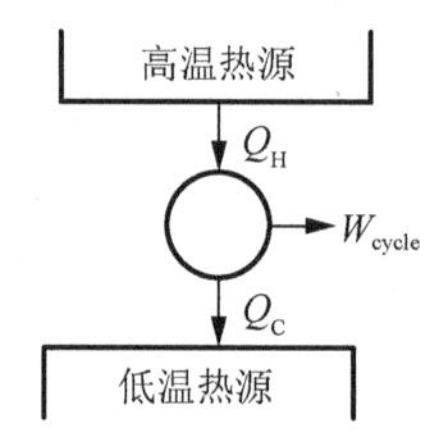

图 4-3-1　动力循环系统示意图

若$Q_{\text{C}}=0$，系统将仅从高温热源吸收热量Q_{H}而对外输出净功，此时热效率为 100%，但是这种工作方式违反了开尔文-普朗克陈述，是绝对不可能的。因此，工作于两个热源之间的系统经历一个循环之后只能部分地把从高温热源吸收的热量转变成功，而剩余部分必须通过热交换向低温热源释放，也就是说，**热效率必定小于 100%**，这可以当成第二定律的一个推论。同时注意，该结论：①与系统中工质的具体性质无关；②与热力循环的具体过程无关；③与过程是否是实际的或理想的无关。

推论 4-3-1　在相同的两个热源之间工作的不可逆动力循环，其热效率必定小于可逆动力循环的热效率。

推论 4-3-2　在相同的两个热源之间工作的所有可逆动力循环的热效率均相等。

推论 4-3-1 的证明：参见图 4-3-2，一个可逆动力循环 R 和一个不可逆动力循环 I 工作于两个相同的热源之间。可逆循环吸收热量Q_{H}，对外做功W_{R}，放出热量$Q_{\text{C}}=Q_{\text{H}}-W_{\text{R}}$；不可逆循环吸收热量$Q_{\text{H}}$，对外做功$W_{\text{I}}$，放出热量$Q'_{\text{C}}=Q_{\text{H}}-W_{\text{I}}$。现在让可逆动力循环工作在相反方向循环 R′ (可逆循环)，即循环吸收热量Q_{C}，外界对系统做功W_{R}，放出热量Q_{H}。

考察组合系统 R′+I 发现，从高温热源吸收热量$Q_{\text{H}}-Q_{\text{H}}=0$，向低温热源放出热量$Q'_{\text{C}}-Q_{\text{C}}=Q_{\text{H}}-W_{\text{I}}-(Q_{\text{H}}-W_{\text{R}})=W_{\text{R}}-W_{\text{I}}$，组合系统对外做功$W_{\text{cycle}}=W_{\text{I}}-W_{\text{R}}$，由于组合系统是单个热源工作并且经历了不可逆循环，根据开尔文-普朗克陈述必然有

$$W_{\text{cycle}}=W_{\text{I}}-W_{\text{R}}<0\ (\text{单一热源})$$

既然W_{I}小于W_{R}，可逆和不可逆循环吸收相同的热量Q_{H}，所以$\eta_{\text{I}}<\eta_{\text{R}}$，完成对推论 4-3-1 的证明。

对于推论 4-3-2 的证明与对推论 4-3-1 的证明类似，假设两个工作于两个热源之间的可逆循环，一个按照动力循环方式工作，一个按照制冷循环方式工作，并令它们向高温热源吸收或放出的热能相等，这样可以推出 $W_{R1}=W_{R2}$，即 $\eta_{R1}=\eta_{R2}$。

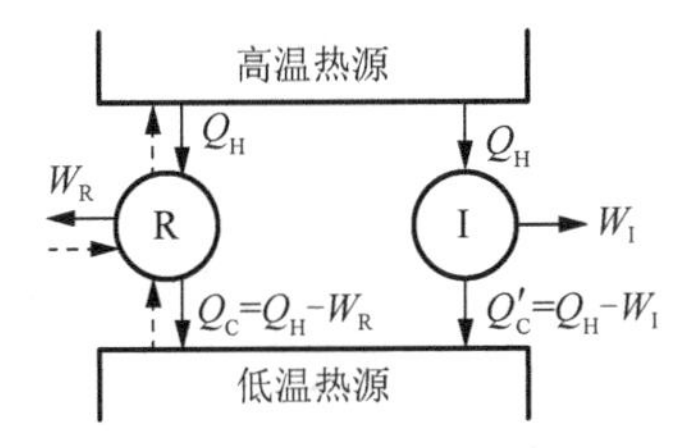

图 4-3-2　工作于两热源之间的可逆和不可逆动力循环系统示意图

2. 热力学第二定律对制冷和热泵循环的限制

如图 4-3-3 所示，一个系统工作于两个热源之间，低温热源向系统传递热量 Q_C，外界对系统做功 W_{cycle}，系统向高温热源传递热量 $Q_H=Q_C+W_{cycle}$。

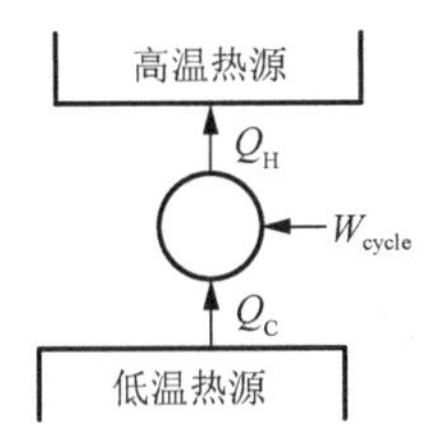

图 4-3-3　制冷或热泵循环系统示意图

对于制冷循环，其性能系数为

$$\beta=\frac{Q_C}{W_{cycle}}=\frac{Q_C}{Q_H-Q_C} \tag{4-3-2}$$

对于热泵循环，其性能系数为

$$\gamma=\frac{Q_H}{W_{cycle}}=\frac{Q_H}{Q_H-Q_C} \tag{4-3-3}$$

从式(4-3-2)和式(4-3-3)可知，当 $W_{cycle}=0$ 时，β、$\gamma\to\infty$，此时 $Q_H=Q_C$，显然这违反克劳修斯陈述。所以无论是制冷循环还是热泵循环，其性能系数都是有限的。

根据图 4-3-4，依照卡诺推论的证明思路，容易得出以下推论。

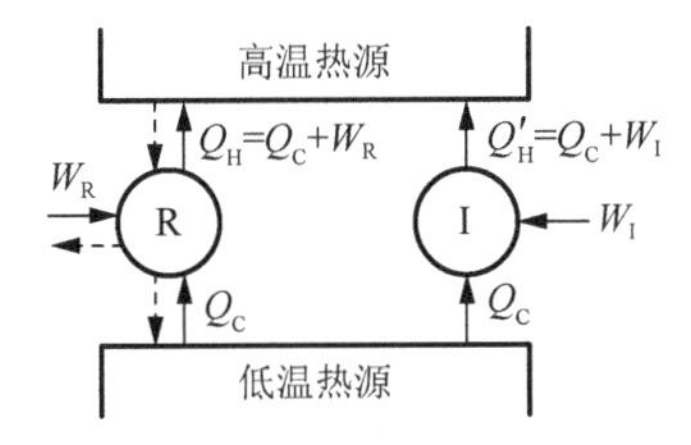

图 4-3-4　工作于两热源之间的可逆和不可逆制冷循环系统示意图

推论 4-3-3　在相同的两个热源之间工作的不可逆制冷/热泵循环，其性能系数必定小于可逆制冷/热泵循环的性能系数。

推论 4-3-4　在相同的两个热源之间工作的所有可逆制冷/热泵循环的性能系数均相等。

4.4　热力学温标

不依赖于测温物体性质的温标称为热力学温标。热力学温标为热力学计算提供了方便。它的导出应用了热机原理。

从推论 4-3-2 可知，工作于相同的两个热源之间的所有可逆动力循环的热效率均相等，并且与具体的工作流体种类、工作流体性质、循环完成的方式和可逆热机类型无关，热效率仅与热源特性有关。另外，注意到热源的温度差是热交换和对外做功的推动力，因此可以合理地推论热效率仅依赖于两个热源的温度。

假设 θ_C 和 θ_H 分别是某种温标定义下的低温和高温热源的温度，基于先前的推理，循环热效率可以表示为

$$\eta = \eta(\theta_C, \theta_H)$$

结合式(4-3-1)，可得

$$\eta(\theta_C, \theta_H) = 1 - \frac{Q_C}{Q_H}$$

整理为

$$\frac{Q_C}{Q_H} = 1 - \eta(\theta_C, \theta_H)$$

可以简化为

$$\left(\frac{Q_C}{Q_H}\right)_{\substack{\text{rev}\\\text{cycle}}} = \psi(\theta_C, \theta_H) \tag{4-4-1}$$

其中，下标 rev cycle 表示可逆循环；ψ 没有具体化，可能有各种各样的选择，而热力学温标简单地选择 $\psi = T_C / T_H$，T 是热力学温标定义下的温度。于是式(4-4-1)变为

$$\left(\frac{Q_C}{Q_H}\right)_{\substack{\text{rev}\\\text{cycle}}} = \frac{T_C}{T_H} \tag{4-4-2}$$

式(4-4-2)只给出了温度比，为了完成热力学温标的定义，还必须选择一个温度的基准点，沿用水的三相点温度是 273.16K 的规定，0K 与水的三相点之间的温度差的 1/273.16 定义为热力学温度的单位。这样，如果一个可逆循环工作于温度分别为 273.16K 和 T 的两个热源之间，这两个温度的联系为

$$T = 273.16\left(\frac{Q}{Q_{tp}}\right)_{\substack{\text{rev}\\\text{cycle}}} \tag{4-4-3}$$

式中，Q_{tp} 是循环系统与温度为 273.16K 的热源之间的热交换量；Q 是循环系统与温度为 T 的热源之间的热交换量。从式(4-4-3)可以看出 $Q > 0$，所以 $T > 0$。

4.5　卡 诺 循 环

热机是循环工作的装置，在循环的终点，热机的工质回到初始状态。在循环的某一过程，工质对外做功；而在另一过程，外界对工质做功。这两个过程的差额就是热机对外所做的净

功。热机循环的效率很大程度上取决于各过程的运行情况。完全由耗费最少功、做出最大功的过程(可逆过程)组成的循环，净功及循环效率达到最大。因此，效率最高的循环必定是可逆循环。实际过程中的不可逆性是不可避免的，所以可逆循环不能实现，它只是真实循环的上限。

最常见的可逆循环是卡诺循环，它由法国工程师萨迪·卡诺于 1824 年首次提出。基于卡诺循环的热力发动机称为卡诺热机。卡诺循环包含两个可逆等温过程和两个可逆绝热过程，如图 4-5-1 所示。

可逆等温膨胀过程 1—2：工质在等温 T_H 下，从高温热源吸热 Q_H 并做膨胀功 W_H。

可逆绝热膨胀过程 2—3：工质在可逆绝热条件下膨胀，温度由 T_H 降至 T_C。

可逆等温压缩过程 3—4：工质在等温 T_C 下被压缩，过程中将热量 Q_C 传给低温热源。

可逆绝热压缩过程 4—1：工质在可逆绝热条件下被压缩，温度由 T_C 升至 T_H，过程结束时，工质的状态回复到循环开始的状态 1。

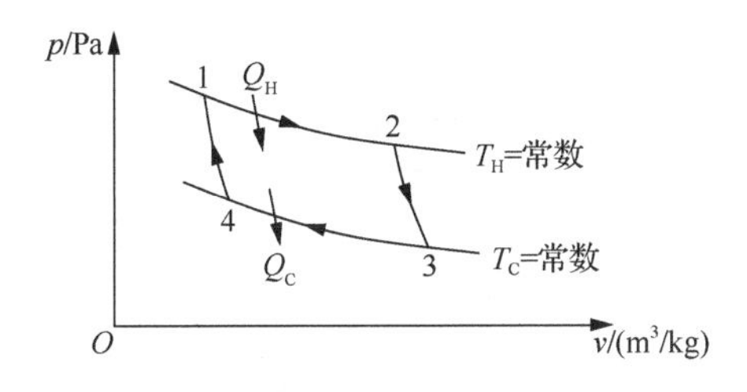

图 4-5-1　卡诺循环的 p-v 图

在图 4-5-1 的 p-v 关系曲线上，过程曲线下的面积表示准静态过程的体积变化功。曲线 1—2—3 下的面积表示气体在循环过程中膨胀时所做的功，曲线 3—4—1 下的面积表示气体在压缩过程中外界对气体所做的功。而循环路径 1—2—3—4—1 所包含的面积表示的是这两个过程功的差值，代表循环过程的净功。

卡诺循环是完全可逆的循环，它包含的所有过程都是可逆的，它也可以变成一种卡诺制冷循环，即逆卡诺循环，如图 4-5-2 所示。此时的循环过程完全保持不变，只是换热和做功的方向都相反：从低温热源吸收热量 Q_C，释放到高温热源的热量为 Q_H，输入循环系统的净功为 W。

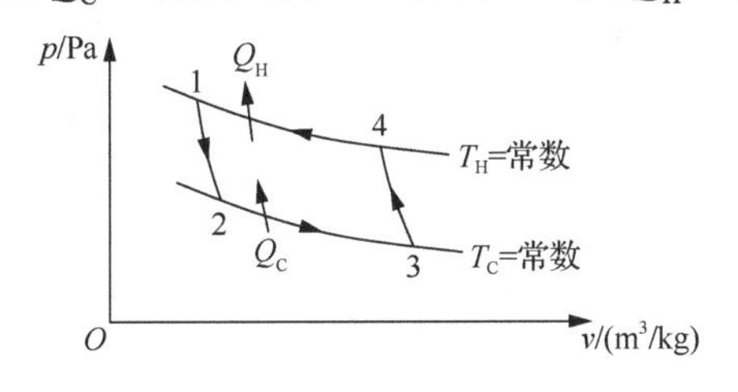

图 4-5-2　逆卡诺循环的 p-v 图

4.6　熵

4.6.1　克劳修斯不等式

克劳修斯不等式为

$$\oint \left(\frac{\delta Q}{T} \right)_b \leqslant 0 \tag{4-6-1}$$

式中，下标 b 表示边界；T 是系统边界处的热力学温度；δQ 是系统在边界处与环境交换的微元热量。克劳修斯不等式中“=”适用于系统经历了一个内部可逆的循环，“<”适用于系统内部有不可逆性的情形。

克劳修斯不等式的证明过程如图 4-6-1 所示。一个温度为 T 的系统在边界处吸收热量 δQ，对外做功 δW。由于热量 δQ 来自于温度为 T_{res}（其中下标 res 表示热源）的热源，为了保证系统与热源之间的热交换没有不可逆性，在此不妨设计一个中间可逆热机循环，它从热源吸收热量 $\delta Q'$，向系统释放热量 δQ，对外做功 $\delta W'$。从热力学温标的定义式，可以获得以下方程：

$$\frac{\delta Q'}{T_{res}}=\left(\frac{\delta Q}{T}\right)_b \tag{4-6-2}$$

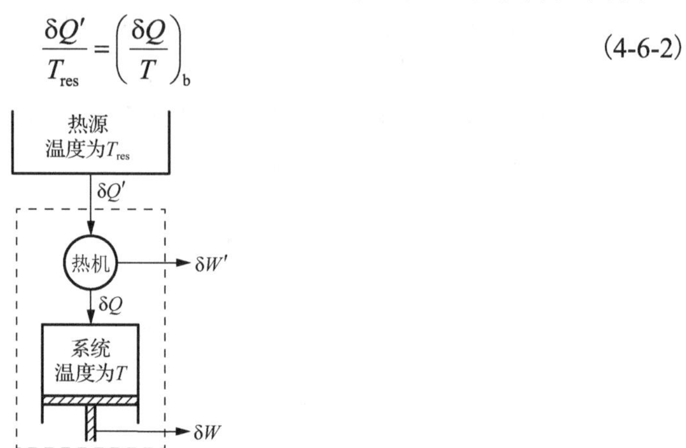

图 4-6-1　克劳修斯不等式证明过程示意图

对于图 4-6-1 中虚线包围的复合系统（包括系统和中间可逆热机循环），能量方程为

$$dE_C=\delta Q'-\delta W_C$$

式中，$\delta W_C=\delta W+\delta W'$ 是复合系统对外做功。

将式（4-6-2）代入上式，可得

$$\delta W_C=T_{res}\left(\frac{\delta Q}{T}\right)_b-dE_C$$

让该复合系统经历一个循环，并对上式积分可得

$$W_C=\oint T_{res}\left(\frac{\delta Q}{T}\right)_b-\oint dE_C=T_{res}\oint\left(\frac{\delta Q}{T}\right)_b \tag{4-6-3}$$

对于复合系统，从单一热源吸收热量 Q'，对外做功 W_C。如果系统内部没有不可逆性，即复合系统内部没有不可逆性，则复合系统对外做功必等于零；如果系统有内部不可逆性，即复合系统有内部不可逆性，则复合系统对外做功必小于零，否则就违反了开尔文-普朗克陈述。于是式(4-6-3)整理为

$$\oint\left(\frac{\delta Q}{T}\right)_b=\frac{W_C}{T_{res}}\overset{\triangle}{=}-\sigma_{cycle} \tag{4-6-4}$$

其中

$$\sigma_{cycle}=0，\text{系统中无不可逆性}$$

$$\sigma_{cycle}>0，\text{系统中有不可逆性}$$

$$\sigma_{cycle}<0，\text{不可能}$$

由式(4-6-4)可以看出，σ_{cycle} 是系统运行循环中不可逆性强度的尺度。由后续章节（4.6.3）

可知，σ_{cycle} 可以定义为循环中内部不可逆性引起的熵产。

4.6.2　熵变的定义

图 4-6-2 表示闭口系统的两个内部可逆循环 1—A—2—C—1 和 1—B—2—C—1，根据克劳修斯不等式有

$$\left(\int_1^2 \frac{\delta Q}{T}\right)_A + \left(\int_2^1 \frac{\delta Q}{T}\right)_C = 0$$

$$\left(\int_1^2 \frac{\delta Q}{T}\right)_B + \left(\int_2^1 \frac{\delta Q}{T}\right)_C = 0$$

两式相减有

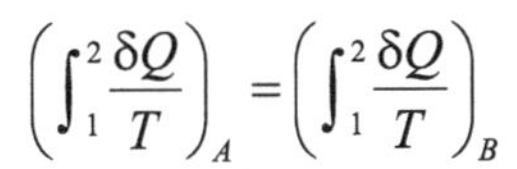

$$\left(\int_1^2 \frac{\delta Q}{T}\right)_A = \left(\int_1^2 \frac{\delta Q}{T}\right)_B$$

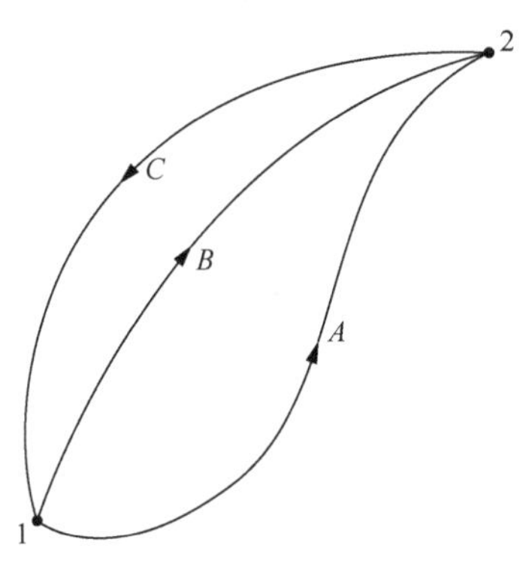

图 4-6-2　两个内部可逆循环示意图

由于 A 和 B 的任意性，可知对于内部可逆过程，$\delta Q/T$ 的积分与路径无关，仅与系统初态和终态有关。这样可以定义一个状态参数熵为

$$S_2 - S_1 = \left(\int_1^2 \frac{\delta Q}{T}\right)_{\substack{\text{int}\\ \text{rev}}} \tag{4-6-5}$$

式中，下标 int rev 表示内部可逆过程。其微分的形式是

$$\mathrm{d}S = \left(\frac{\delta Q}{T}\right)_{\substack{\text{int}\\ \text{rev}}} \tag{4-6-6}$$

熵是一个广延量，具有可加性，其单位为 J/K；比熵的单位是 J/(kg · K) 或 J/(mol · K)。熵是一个状态参数，系统由一个状态变到另一个状态所引起的熵变，对于这两个状态之间的所有过程都是一样的，不管这个过程是可逆的还是不可逆的。因此，定义式(4-6-6)可以用来求取熵的变化。一旦求得后，这个量就是在这两个状态之间变化的所有过程的熵变。

两个状态之间的熵的变化通常使用 $T\mathrm{d}S$ 等式来计算。假设闭口系统经历一个内部可逆过程，不考虑系统整体运动和重力的影响，能量方程采用微分形式表示为

$$(\delta Q)_{\substack{\text{int}\\ \text{rev}}} = \mathrm{d}U + (\delta W)_{\substack{\text{int}\\ \text{rev}}} \tag{4-6-7}$$

对于简单可压缩系统，系统做功为

$$(\delta W)_{\substack{\text{int}\\\text{rev}}} = p\mathrm{d}V \tag{4-6-8}$$

又

$$(\delta Q)_{\substack{\text{int}\\\text{rev}}} = T\mathrm{d}S \tag{4-6-9}$$

将式(4-6-8)和式(4-6-9)代入式(4-6-7)，得到第一个 $T\mathrm{d}S$ 方程

$$T\mathrm{d}S = \mathrm{d}U + p\mathrm{d}V \tag{4-6-10}$$

此外，由焓 $H=U+pV$，可得

$$\mathrm{d}H = \mathrm{d}(U + pV) = \mathrm{d}U + V\mathrm{d}p + p\mathrm{d}V$$

整理为

$$\mathrm{d}U + p\mathrm{d}V = \mathrm{d}H - V\mathrm{d}p$$

代入式(4-6-10)，得到第二个 $T\mathrm{d}S$ 方程

$$T\mathrm{d}S = \mathrm{d}H - V\mathrm{d}p \tag{4-6-11}$$

式(4-6-10)和式(4-6-11)可以改写成单位质量形式

$$T\mathrm{d}s = \mathrm{d}u + p\mathrm{d}v$$

$$T\mathrm{d}s = \mathrm{d}h - v\mathrm{d}p$$

或者单位摩尔形式

$$T\mathrm{d}\bar{s} = \mathrm{d}\bar{u} + p\mathrm{d}\bar{v}$$

$$T\mathrm{d}\bar{s} = \mathrm{d}\bar{h} - \bar{v}\mathrm{d}p$$

特别需要说明一点，在不考虑动能和势能变化时，以上 $T\mathrm{d}S$ 方程是在闭口系统内部可逆过程条件下导出来的，实际上对于经历不可逆过程的闭口系统或单输入单输出的开口系统稳态流入流出的工质，以上公式也是适用的。

4.6.3 闭口系统的熵方程

1. 熵方程

图 4-6-3 表示一个闭口系统经历一个由两个过程组成的循环，它们是一个不可逆过程 I 和一个可逆过程 R。由式(4-6-4)可得

$$\oint\left(\frac{\delta Q}{T}\right)_{\mathrm{b}} = \int_1^2\left(\frac{\delta Q}{T}\right)_{\mathrm{b}} + \int_2^1\left(\frac{\delta Q}{T}\right)_{\substack{\text{int}\\\text{rev}}} = -\sigma \tag{4-6-12}$$

又

$$S_2 - S_1 = \left(\int_1^2\frac{\delta Q}{T}\right)_{\substack{\text{int}\\\text{rev}}}$$

以上两式合并为

$$\int_1^2\left(\frac{\delta Q}{T}\right)_{\mathrm{b}} + (S_1 - S_2) = -\sigma$$

于是

$$\underset{\text{熵变}}{S_2 - S_1} = \underset{\text{熵流}}{\int_1^2\left(\frac{\delta Q}{T}\right)_{\mathrm{b}}} + \underset{\text{熵产}}{\sigma} \tag{4-6-13}$$

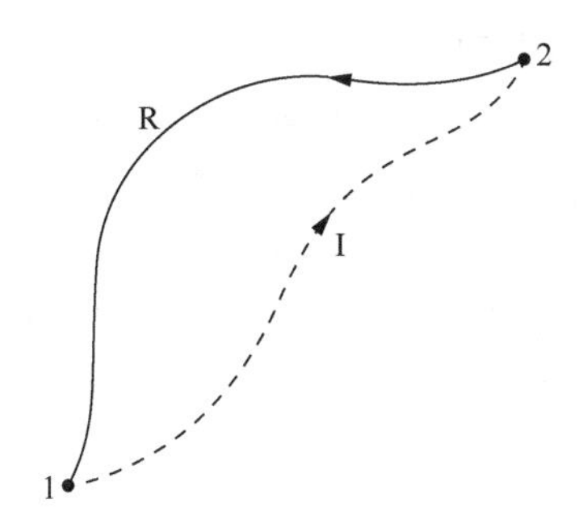

图 4-6-3　闭口系统循环示意图

对于热源，由于 T_b 是常数，于是热源的熵变是

$$S_2 - S_1 = \frac{Q_{res}}{T_b} + \sigma$$

热源没有内部不可逆性，因此

$$\Delta S\big|_{res} = \frac{Q_{res}}{T_b} = \frac{Q}{T_b} \tag{4-6-14}$$

式中，Q_{res} 是热源的热交换量；Q 是循环系统的热交换量。

设系统与环境在边界上多处有热交换并且在每一处温度不变，则熵方程可表示为

$$S_2 - S_1 = \sum_j \frac{Q_j}{T_j} + \sigma \tag{4-6-15}$$

其时间变化率形式为

$$\frac{dS}{dt} = \sum_j \frac{\dot{Q}_j}{T_j} + \dot{\sigma} \tag{4-6-16}$$

其微分形式为

$$dS = \left(\frac{\delta Q}{T}\right)_b + \delta\sigma \tag{4-6-17}$$

2. 熵增原理

由于孤立系统与环境无质量、能量和功的互换，所以其能量方程可简化为

$$\Delta E\big|_{isol} = 0 \tag{4-6-18}$$

式中，下标 isol 表示孤立系统。如果系统及其环境组成一个孤立系统，其能量方程为

$$\Delta E\big|_{system} + \Delta E\big|_{surr} = 0 \tag{4-6-19}$$

式中，下标 system 表示系统，下标 surr 表示环境。

孤立系统的熵方程为

$$\Delta S\big|_{isol} = \int_1^2 \left(\frac{\delta Q}{T}\right)_b + \sigma = \sigma \geqslant 0 \tag{4-6-20}$$

熵产生于所有的实际过程，因此可以得出结论：**孤立系统中只有熵增加的过程才能进行。**这就是熵增原理，它也可以看作热力学第二定律的一种陈述。

如果系统及其环境组成一个孤立系统，其熵方程为

$$\Delta S\big|_{system} + \Delta S\big|_{surr} = \sigma \tag{4-6-21}$$

在统计热力学中，熵与混乱程度相关联。热力学第二定律的一种陈述是，孤立系统经历自发过程后，熵将增加。这就相当于孤立系统经历自发过程，系统的混乱程度在加剧。

从微观的角度看，熵与热力概率有关，它们之间的联系就是著名的玻尔兹曼关系：

$$S = k\ln w \tag{4-6-22}$$

式中，S 是系统的熵；k 是玻尔兹曼常量；w 是系统可能达到的微观状态总数，也称热力概率，它表征系统的无序状态。由式(4-6-22)可知，对于孤立系统热力过程，熵始终是增加的，即系统的混乱程度在不断加剧。

4.6.4　开口系统的熵方程

1. 熵方程的推导

如图 4-6-4 所示，开口系统在 t 时刻的熵为 $S_{\mathrm{CV}}(t)$，加上入口区域 i，闭口系统(开口系统+入口区域+出口区域)在 t 时刻的熵为

$$S_{\mathrm{CM}}(t) = S_{\mathrm{CV}}(t) + (\delta m_i)s_i \tag{4-6-23}$$

式中，CM 表示控制质量，即闭口系统；CV 表示控制体积，即开口系统。

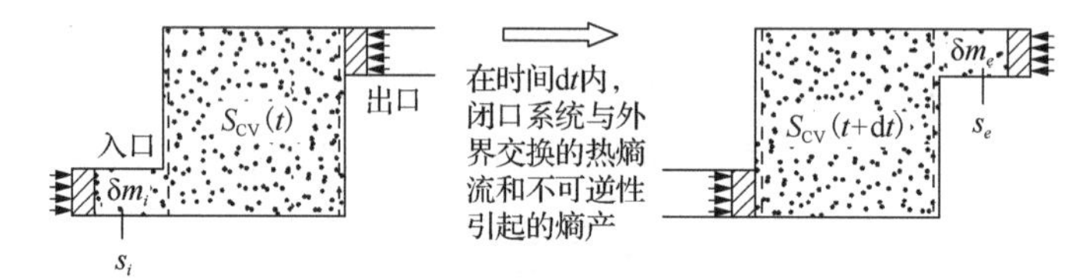

图 4-6-4　开口系统熵方程导出示意图

经过一个时间间隔 $\mathrm{d}t$，入口区域 i 的质量 δm_i 进入开口系统；同时 t 时刻包含于开口系统的质量 δm_e 进入出口区域 e，这样闭口系统在 $t+\mathrm{d}t$ 时刻的熵为

$$S_{\mathrm{CM}}(t+\mathrm{d}t) = S_{\mathrm{CV}}(t+\mathrm{d}t) + \left(\delta m_e\right)s_e \tag{4-6-24}$$

由闭口系统的熵方程

$$S_{\mathrm{CM}}(t+\delta t) - S_{\mathrm{CM}}(t) = \sum_j \frac{\delta Q_j}{T_j} + \delta\sigma$$

并代入式(4-6-23)和式(4-6-24)，可得

$$[S_{\mathrm{CV}}(t+\mathrm{d}t) + (\delta m_e)s_e] - [S_{\mathrm{CV}}(t) + (\delta m_i)s_i] = \sum_j \frac{\delta Q_j}{T_j} + \delta\sigma$$

整理为

$$S_{\mathrm{CV}}(t+\mathrm{d}t) - S_{\mathrm{CV}}(t) = \mathrm{d}S_{\mathrm{CV}}(t) = \sum_j \frac{\delta Q_j}{T_j} + (\delta m_i)s_i - (\delta m_e)s_e + \delta\sigma \tag{4-6-25}$$

式(4-6-25)两边同除以 $\mathrm{d}t$ 可得

$$\frac{\mathrm{d}S_{\mathrm{CV}}}{\mathrm{d}t} = \sum_j \frac{\dot{Q}_j}{T_j} + \dot{m}_i s_i - \dot{m}_e s_e + \dot{\sigma} \tag{4-6-26}$$

式中，$\mathrm{d}S_{\mathrm{CV}}/\mathrm{d}t$ 是开口系统的熵随时间的变化率；$\dot{Q}_j/T_j$ 是边界 j 处的热熵流随时间的变化率；$\dot{m}_i s_i$ 是伴随工质流进开口系统引起的熵移随时间的变化率；$\dot{m}_e s_e$ 是伴随工质流出开口系统引起的熵移随时间的变化率；$\dot{\sigma}$ 是由内部不可逆性引起的熵产随时间的变化率。

对于开口系统具有多个入口和出口情况，式(4-6-26)可写为下式更一般的形式

$$\underbrace{\frac{\mathrm{d}S_{\mathrm{CV}}}{\mathrm{d}t}}_{\substack{\text{熵变}\\ \text{随时间}\\ \text{变化率}}} = \underbrace{\sum_j \frac{\dot{Q}_j}{T_j} + \sum_i \dot{m}_i s_i - \sum_e \dot{m}_e s_e}_{\substack{\text{熵移}\\ \text{随时间}\\ \text{变化率}}} + \underbrace{\dot{\sigma}}_{\substack{\text{熵产}\\ \text{随时间}\\ \text{变化率}}} \tag{4-6-27}$$

2. 开口系统的稳态分析

稳态过程的质量方程为

$$0 = \sum_i \dot{m}_i - \sum_e \dot{m}_e \tag{4-6-28}$$

稳态过程的能量方程为

$$0 = \dot{Q}_{\mathrm{CV}} - \dot{W}_{\mathrm{CV}} + \sum_i \dot{m}_i \left(h_i + \frac{V_i^2}{2} + g z_i \right) - \sum_e \dot{m}_e \left(h_e + \frac{V_e^2}{2} + g z_e \right) \tag{4-6-29}$$

稳态过程的熵方程为

$$0 = \sum_j \frac{\dot{Q}_j}{T_j} + \sum_i \dot{m}_i s_i - \sum_e \dot{m}_e s_e + \dot{\sigma} \tag{4-6-30}$$

以上三个方程就是对开口系统进行稳态分析的基本方程。

例 4-6-1　涡轮机以空气为工质。进口处压强 $p_1 = 0.6\mathrm{MPa}$、温度 $t_1 = 277℃$；出口处压强 $p_2 = 0.1\mathrm{MPa}$。空气流量为 50kg/min，涡轮发出的功率为 160kW，散热量为 960kJ/min。已知环境温度为 20℃，空气的比定压热容 $c_p = 1.004\mathrm{kJ/(kg \cdot K)}$，气体常数 $R = 0.287\mathrm{kJ/(kg \cdot K)}$。求涡轮机出口处的空气温度 t_2，并说明该涡轮机是否为可逆装置。

解　以涡轮机中空气为研究对象，它是一个典型的开口系统，其能量方程和熵方程分别为

$$\frac{\mathrm{d}E_{\mathrm{CV}}}{\mathrm{d}t} = \dot{Q}_{\mathrm{CV}} - \dot{W}_{\mathrm{CV}} + \left(h_1 + \frac{V_1^2}{2} + g z_1 \right) \dot{m}_1 - \left(h_2 - \frac{V_2^2}{2} + g z_2 \right) \dot{m}_2$$

$$\frac{\mathrm{d}S_{\mathrm{CV}}}{\mathrm{d}t} = \sum_j \frac{\dot{Q}_j}{T_j} + \dot{m}_1 s_1 - \dot{m}_2 s_2 + \dot{\sigma}$$

根据题意，该涡轮机工作状况稳定，忽略宏观动能和重力位能的变化，所以

$$\dot{Q}_{\mathrm{CV}} - \dot{W}_{\mathrm{CV}} + \dot{m}(h_1 - h_2) = 0$$

$$\frac{\dot{Q}_{\mathrm{CV}}}{T_0} + \dot{m}(s_1 - s_2) + \dot{\sigma} = 0$$

开口系统与环境交换的热量为 $\dot{Q}_{\mathrm{CV}} = -\frac{960}{60}\mathrm{kJ/s} = -16\mathrm{kJ/s}$，热熵流 $\frac{\dot{Q}_{\mathrm{CV}}}{T_0} = \frac{-16}{293}\frac{\mathrm{kJ}}{\mathrm{K \cdot s}} = -0.0546\frac{\mathrm{kJ}}{\mathrm{K \cdot s}}$；开口系统输出功率 $\dot{W}_{\mathrm{CV}} = 160\mathrm{kJ/s}$；空气流量 $\dot{m} = \frac{50}{60}\mathrm{kg/s} = 0.8333\mathrm{kg/s}$。把这些数据代入能量方程和熵方程可得

$$-16 - 160 + 0.8333 \times 1.004 \times [(277 + 273) - (t_2 + 273)] = 0$$

$$-0.0546 + 0.8333 \times \left(1.004 \ln \frac{277 + 273}{t_2 + 273} - 0.287 \ln \frac{0.6}{0.1} \right) + \dot{\sigma} = 0$$

解方程可得

$$t_2 = 66.633℃$$

$$\dot{\sigma} = 0.0294\text{kJ(K}\cdot\text{s)} > 0$$

所以该涡轮机是不可逆装置。

例 4-6-2 设有相同质量的某种固体两块，如例 4-6-2 图所示，其温度分别为T_A和T_B，现使两者相接触而使其最终温度变为相同，试求两者熵的总和的变化。

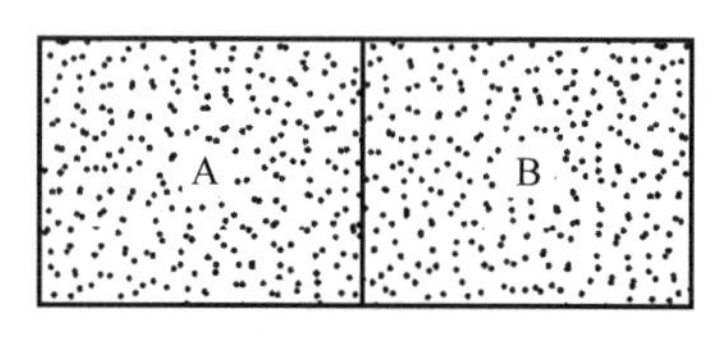

例 4-6-2 图

解 根据题意，A、B 两块物质的初始温度不同，接触以后达到热平衡。在这一过程中，A 和 B 与外界之间没有热交换，即没有热熵流输出。但是 A 和 B 之间存在温差，使得熵产生，所以 A 和 B 的总熵还是增加的。

对于不可压物质模型，$T\mathrm{d}S$ 方程简化为

$$T\mathrm{d}S = \mathrm{d}U + p\mathrm{d}V = mc\mathrm{d}T$$

整理为

$$\mathrm{d}S = mc\frac{\mathrm{d}T}{T}$$

沿初态 1 至终态 2 对上式积分可得

$$\Delta S = mc\ln\frac{T_2}{T_1}$$

于是 A 物质和 B 物质的总熵变为

$$\Delta S = \Delta S_A + \Delta S_B = mc\ln\frac{T_2}{T_A} + mc\ln\frac{T_2}{T_B} = mc\ln\frac{T_2^2}{T_A T_B} \tag{4-6-31}$$

此外，根据能量方程可得

$$\Delta U = \Delta U_A + \Delta U_B = Q - W = 0$$

即

$$mc(T_2 - T_A) + mc(T_2 - T_B) = 0$$

解方程可得

$$T_2 = \frac{T_A + T_B}{2} \tag{4-6-32}$$

将式(4-6-32)代入式(4-6-31)可得总熵变为

$$\Delta S = mc\ln\frac{(T_A + T_B)^2}{4T_A T_B}$$

4.6.5 热力学过程的方向性

热力学第二定律的开尔文-普朗克陈述实际上指出了关于热功转换过程的方向性，而克劳修斯陈述则指出了关于热量传递过程的方向性。引入熵参数以后，用以判断热力学过程方向的判据可以写为：对于孤立系统或者绝热的闭口系统，$\mathrm{d}S \geqslant 0$。

其中，等号表示可逆过程，不等号表示不可逆过程。在上述系统中，自发变化总是朝向熵增加的方向进行，自发过程的结果是使系统趋于平衡状态，此时熵具有最大值。

应该注意，按照上述判据，如果所设过程使孤立系统或者绝热闭口系统的熵值减少，则它不能自动地进行。但如果补偿另外熵增加的过程，使得总的 $\mathrm{d}S \geqslant 0$，则也可促使其发生。

4.7　㶲

对于每一个热力过程，能量是守恒的，它既不能产生也不能消灭。但是在预测能量的可用性方面，能量守恒与转换定律是不全面的。例如，一个孤立系统初始包括一小箱燃料和足够多的空气。假设燃料在空气中燃烧而产生轻微加热的燃烧混合物，虽然这个系统的能量是不变的，但从能量的角度看燃烧前的燃料和空气混合物显然比燃烧后混合物有用。例如，通过一定的设备，燃料和空气混合物可以用来驱动汽轮机发电、产生过热蒸气等，而燃烧后混合物的应用能力大大降低。所以，燃烧前的系统比燃烧后的系统具有更高的应用潜能。从这个例子可以看出，尽管能量在经历一个过程前后是守恒的，但其可用性却发生了改变。

4.7.1　㶲的概念

对于一个闭口系统，加上理想化的外界，当该系统与其外界的相互影响达到平衡时所能得到的最大理论功(有用功)，称为㶲(可用能)。

1. 外界

“环境”定义为系统以外的任何事物。

“外界”定义为环境的一部分，每一相的强度量是均匀的，并且对于任何过程不随时间而变。

如图 4-7-1 所示，外界被认为是可逆的，内部不可逆性发生在闭口系统之中，不可逆性发生在外界之外的环境之中。此外，在分析外界时，也不考虑动能和重力位能的变化。

在本书中，外界被认为是一个范围足够大的简单可压缩系统，并且温度 T_0 和压强 p_0 是均匀不变的。设 U_e、S_e 和 V_e 分别是外界的内能、熵和体积，则根据第一个 $T\mathrm{d}S$ 方程可以写出

$$\Delta U_\mathrm{e} = T_0 \Delta S_\mathrm{e} - p_0 \Delta V_\mathrm{e} \tag{4-7-1}$$

式(4-7-1)是分析外界的基本方程，也是计算系统可用能的基础。

2. 寂态

当系统与外界达到热力学平衡时，系统的状态称为“死态”，或称为“寂态”。当系统处于寂态时，系统与外界的工质流动不影响系统的状态，系统对环境是静止的，系统和外界的可用能为零。因此寂态可以作为度量任何系统㶲的统一标准。

3. 㶲的计算

如图 4-7-1 所示，一个闭口系统与外界组成复合系统。假设在复合系统的边界只有功交换，这样可以保证没有热交换；复合系统的体积不变，这样可以保证复合系统输出的功全部用于提升重物。因此当闭口系统与外界达到寂态时，复合系统所做的最大理论功就是㶲。

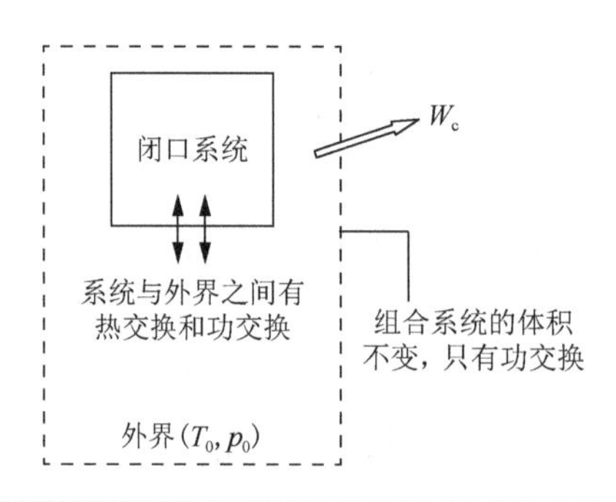

图 4-7-1　包含闭口系统和外界的复合系统

复合系统的能量方程简化为

$$\Delta E_c = Q_c - W_c = -W_c \tag{4-7-2}$$

式中，W_c是复合系统对外做功，下标 c 表示复合系统；ΔE_c是复合系统的能量改变，它等于闭口系统能量改变与外界能量改变之和。设闭口系统初始能量为 E，在达到寂态时闭口系统能量为U_0（没有动能和重力位能），则ΔE_c可以表示为

$$\Delta E_c = (U_0 - E) + \Delta U_e$$

代入式(4-7-1)，得

$$\Delta E_c = (U_0 - E) + (T_0 \Delta S_e - p_0 \Delta V_e) \tag{4-7-3}$$

把式(4-7-3)代入式(4-7-2)可得

$$W_c = (E - U_0) - (T_0 \Delta S_e - p_0 \Delta V_e)$$

由于复合系统的体积不变，$\Delta V_e = -(V_0 - V)$，于是

$$W_c = (E - U_0) + p_0 (V - V_0) - T_0 \Delta S_e \tag{4-7-4}$$

对于复合系统，由于没有热交换，熵方程简化为

$$\Delta S_c = (S_0 - S) + \Delta S_e = \sigma_c \tag{4-7-5}$$

将式(4-7-5)代入式(4-7-4)可得

$$W_c = \underline{(E - U_0) + p_0 (V - V_0) - T_0 (S - S_0)} - T_0 \sigma_c \tag{4-7-6}$$

式中，下划线部分取决于闭口系统的初态和寂态，与具体的过程无关；$T_0\sigma_c$取决于复合系统的具体过程，根据热力学第二定律，它不可能小于零。所以复合系统对外所做的最大理论功为

$$W_{c,\max} = (E - U_0) + p_0 (V - V_0) - T_0 (S - S_0) \tag{4-7-7}$$

根据定义，$W_{c,\max}$就是闭口系统的㶲A。而比㶲a表示为

$$a = (e - u_0) + p_0 (v - v_0) - T_0 (s - s_0) \tag{4-7-8}$$

或者

$$a = (u - u_0) + p_0 (v - v_0) - T_0 (s - s_0) + V^2 / 2 + gz \tag{4-7-9}$$

闭口系统的㶲变为

$$A_2 - A_1 = (E_2 - E_1) + p_0 (V_2 - V_1) - T_0 (S_2 - S_1) \tag{4-7-10}$$

式中，p_0和T_0分别是外界的压强和温度。

4.7.2　闭口系统的㶲方程

闭口系统㶲方程的推导是结合能量方程和熵方程来进行的。

$$E_2 - E_1 = \int_1^2 \delta Q - W$$

$$S_2 - S_1 = \int_1^2 \left(\frac{\delta Q}{T}\right)_{\mathrm{b}} + \sigma$$

将熵方程两边乘以 $-T_0$ 后，与能量方程相加，可得

$$(E_2 - E_1) - T_0(S_2 - S_1) = \int_1^2 \delta Q - T_0 \int_1^2 \left(\frac{\delta Q}{T}\right)_{\mathrm{b}} - W - T_0\sigma$$

结合式(4-7-10)，有

$$(A_2 - A_1) - p_0(V_2 - V_1) = \int_1^2 \left(1 - \frac{T_0}{T_{\mathrm{b}}}\right)\delta Q - W - T_0\sigma$$

上式可整理为

$$\underbrace{A_2 - A_1}_{\text{炯变}} = \underbrace{\int_1^2 \left(1 - \frac{T_0}{T_{\mathrm{b}}}\right)\delta Q - [W - p_0(V_2 - V_1)]}_{\text{炯移}} - \underbrace{T_0\sigma}_{\text{炯损}} \tag{4-7-11}$$

式(4-7-11)是从能量方程和熵方程推导出来的，它不是一个独立的结果，但可用于代替熵方程表示热力学第二定律。

式(4-7-11)右端第一项炯移包括两部分：一部分是由热交换引起的，另一部分是由功交换引起的，分别表示为

$$[\text{伴随热交换的炯移}] = \int_1^2 \left(1 - \frac{T_0}{T_{\mathrm{b}}}\right)\delta Q \tag{4-7-12}$$

$$[\text{伴随功交换的炯移}] = W - p_0(V_2 - V_1) \tag{4-7-13}$$

式(4-7-11)右端第二项为炯损，它是由闭口系统的不可逆性引起的，可表示为

$$I = T_0\sigma \tag{4-7-14}$$

于是

$$I: \begin{cases} > 0, & \text{系统有不可逆性} \\ = 0, & \text{系统没有不可逆性} \end{cases} \tag{4-7-15}$$

而炯变可正可负

$$A_2 - A_1: \begin{cases} > 0 \\ = 0 \\ < 0 \end{cases} \tag{4-7-16}$$

炯率方程为

$$\frac{\mathrm{d}A}{\mathrm{d}t} = \sum_j \left(1 - \frac{T_0}{T_j}\right)\dot{Q}_j - \left(\dot{W} - p_0\frac{\mathrm{d}V}{\mathrm{d}t}\right) - \dot{I} \tag{4-7-17}$$

式中，$\mathrm{d}A/\mathrm{d}t$ 是闭口系统炯随时间变化率，简称炯率；$(1 - T_0/T_j)\dot{Q}_j$ 是伴随热交换的炯移率，$\dot{Q}_j$ 是系统边界处的热交换率，T_j 是系统边界处的温度；$\dot{W} - p_0\dfrac{\mathrm{d}V}{\mathrm{d}t}$ 是伴随功交换的炯移率；$\dot{I}$ 是系统炯损率。

4.7.3　流动㶲

1. 伴随流动功的㶲移

如图 4-7-2 所示，以虚线所围部分流体为研究对象，它是一个闭口系统，由式(4-7-13)可得

$$[\text{伴随流动功的㶲移}] = W - p_0\Delta V \tag{4-7-18}$$

对于时间从 t 到 $t+\Delta t$，闭口系统体积变化为 $\Delta V = m_e v_e$，式(4-7-18)改写为

$$[\text{伴随流动功的㶲移}] = W - p_0 m_e v_e \tag{4-7-19}$$

式(4-7-19)两边分别除以 Δt，并让 $\Delta t \to 0$ 取极限，于是有

$$[\text{伴随流动功的㶲移率}] = \lim_{\Delta t\to 0}\left(\frac{W}{\Delta t}\right) - \lim_{\Delta t\to 0}\left[\frac{m_e}{\Delta t}(p_0 v_e)\right]$$

当 $\Delta t \to 0$，闭口系统与开口系统的边界重合，也就是说，开口系统的流动功的㶲移率为

$$[\text{伴随流动功的㶲移率}] = \dot{m}_e p_e v_e - \dot{m}_e p_0 v_e \tag{4-7-20}$$

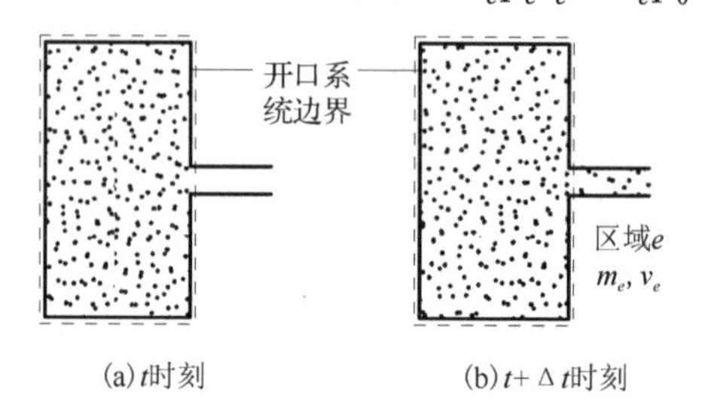

图 4-7-2　开口系统流动㶲概念引出示意图

2. 流动㶲的推导

对于开口系统，伴随工质流动的能量转移率为

$$[\text{伴随工质流动的能量转移率}] = \dot{m}e = \dot{m}\left(u + \frac{V^2}{2} + gz\right) \tag{4-7-21}$$

那么相应于这部分能量的㶲为

$$[\text{伴随工质流动的㶲移率}] = \dot{m}a = \dot{m}[(e-u_0) + p_0(v-v_0) - T_0(s-s_0)] \tag{4-7-22}$$

式(4-7-20)加上式(4-7-22)可得

$$\begin{aligned}
&[\text{伴随工质流动和流动功的㶲移率}]\\
&= \dot{m}[a + pv - p_0 v]\\
&= \dot{m}[(e-u_0) + p_0(v-v_0) - T_0(s-s_0) + (pv - p_0 v)]\\
&= \dot{m}\left[(u-u_0) + p_0(v-v_0) - T_0(s-s_0) + (pv - p_0 v) + \frac{V^2}{2} + gz\right]\\
&= \dot{m}\left[(h-h_0) - T_0(s-s_0) + \frac{V^2}{2} + gz\right]\\
&\overset{\triangle}{=} \dot{m}a_{\mathrm{f}}
\end{aligned} \tag{4-7-23}$$

式中，a_{f} 就是需要求解的流动㶲，它实际上是因工质流动和流动功引起的㶲移。

4.7.4　开口系统的㶲方程

如图4-7-3所示，开口系统在t时刻的㶲为$A_{CV}(t)$，加上入口区域i，复合系统(包含入口、开口系统和出口)在t时刻的㶲为

$$A_{CM}(t) = A_{CV}(t) + m_i a_{fi} \tag{4-7-24}$$

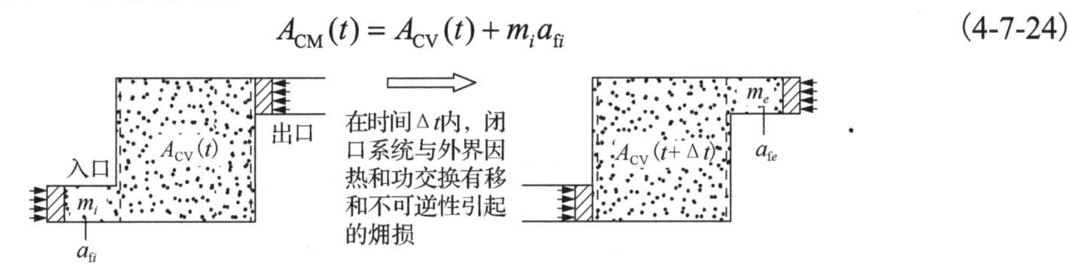

图4-7-3　开口系统㶲方程导出示意图

经过一个时间间隔Δt，入口区域i的质量m_i进入开口系统；同时t时刻包含于开口系统的质量m_e进入出口区域e，这样复合系统在$t+\Delta t$时刻的㶲为

$$A_{CM}(t+\Delta t) = A_{CV}(t+\Delta t) + m_e a_{fe} \tag{4-7-25}$$

由复合系统(闭口系统)的㶲方程可得

$$A_{CM}(t+\Delta t) - A_{CM}(t) = \sum_j \left(1-\frac{T_0}{T_j}\right) Q_j - (W - p_0 \Delta V) - I$$

代入式(4-7-24)和式(4-7-25)可得

$$[A_{CV}(t+\Delta t) + m_e a_{fe}] - [A_{CV}(t) + m_i a_{fi}] = \sum_j \left(1-\frac{T_0}{T_j}\right) Q_j - (W - p_0 \Delta V) - I$$

整理得

$$A_{CV}(t+\Delta t) - A_{CV}(t) = \sum_j \left(1-\frac{T_0}{T_j}\right) Q_j - (W - p_0 \Delta V) + m_i a_{fi} - m_e a_{fe} - I \tag{4-7-26}$$

式(4-7-26)两边除以Δt，并取对时间差Δt取极限可得

$$\frac{dA_{CV}}{dt} = \sum_j \left(1-\frac{T_0}{T_j}\right) \dot{Q}_j - \left(\dot{W} - p_0 \frac{dV}{dt}\right) + \dot{m}_i a_{fi} - \dot{m}_e a_{fe} - \dot{I} \tag{4-7-27}$$

式中，$dA_{CV}/dt = \lim_{\Delta t \to 0}[(A_{CV}(t+\Delta t) - A_{CV}(t)]/\Delta t$为开口系统的㶲随时间的变化率，简称㶲率；$(1-T_0/T_j)\dot{Q}_j = (\lim_{\Delta t \to 0} Q_j/\Delta t)(1-T_0/T_j)$是伴随热交换的㶲移率；$\dot{W} - p\frac{dV}{dt} = \lim_{\Delta t \to 0}\frac{W}{\Delta t} - p_0 \lim_{\Delta t \to 0}\frac{\Delta V}{\Delta t}$是伴随功交换的㶲移率；$\dot{m}_i a_{fi} = \lim_{\Delta t \to 0} m_i a_{fi}/\Delta t$是因工质流入开口系统引起的流动㶲率；$\dot{m}_e a_{fe} = \lim_{\Delta t \to 0} m_e a_{fe}/\Delta t$是因工质流出开口系统引起的流动㶲率；$\dot{I} = \lim_{\Delta t \to 0} I/\Delta t$是开口系统因不可逆性产生的㶲损率。

对于多个入口和出口的情况，式(4-7-27)变为

$$\underbrace{\frac{dA_{CV}}{dt}}_{\text{㶲变率}} = \underbrace{\sum_j \left(1-\frac{T_0}{T_j}\right) \dot{Q}_j - \left(\dot{W} - p_0 \frac{dV}{dt}\right) + \sum_i \dot{m}_i a_{fi} - \sum_e \dot{m}_e a_{fe}}_{\text{㶲移率}} - \underbrace{\dot{I}}_{\text{㶲损率}} \tag{4-7-28}$$

由于开口系统的能量方程为

$$\frac{\mathrm{d}E_{\mathrm{CV}}}{\mathrm{d}t}=\dot{Q}_{\mathrm{CV}}-\dot{W}_{\mathrm{CV}}+\sum_i \dot{m}_i\left(h+\frac{V^2}{2}+gz\right)_i-\sum_e \dot{m}_e\left(h+\frac{V^2}{2}+gz\right)_e$$

所以开口系统的㶲方程为

$$\begin{aligned}\frac{\mathrm{d}A_{\mathrm{NCV}}}{\mathrm{d}t}&=\frac{\mathrm{d}E_{\mathrm{CV}}}{\mathrm{d}t}-\frac{\mathrm{d}A_{\mathrm{CV}}}{\mathrm{d}t}\\&=\sum_j \frac{T_0}{T_j}\dot{Q}_j-p_0\frac{\mathrm{d}V}{\mathrm{d}t}+\sum_i \dot{m}_i[h_0+T_0(S-S_0)]_i-\sum_e \dot{m}_e[h_0+T_0(S-S_0)]_e+\dot{I}\end{aligned} \tag{4-7-29}$$

例 4-7-1 压气机空气进口温度为 17℃、压强为 0.1MPa，每分钟吸入空气 $5\mathrm{m}^3$，经绝热压缩后其温度为 207℃、压强为 0.4MPa。若环境温度为 17℃、大气压强为 0.1MPa，求压缩过程的做功能力损失。设空气比热容为定值，比定压热容 $c_p=1.005\mathrm{kJ/(kg\cdot K)}$，气体常数 $R=0.287\mathrm{kJ/(kg\cdot K)}$。

解 以压气机中空气为研究对象，其压缩过程的熵方程为

$$\frac{\mathrm{d}S_{\mathrm{CV}}}{\mathrm{d}t}=0+\dot{m}s_1-\dot{m}s_2+\dot{\sigma}=0$$

熵产随时间的变化率为

$$\begin{aligned}\dot{\sigma}&=\dot{m}(s_2-s_1)\\&=\frac{0.1\times10^6}{287\times290}\times\frac{5}{60}\times\left(1005\times\ln\frac{480}{290}-287\times\ln\frac{0.4}{0.1}\right)\\&=10.87[\mathrm{J/(K\cdot s)}]\end{aligned}$$

压缩过程的做功能力损失值为

$$\dot{I}=T_0\dot{\sigma}=290\times10.87=3152.3(\mathrm{J/s})$$

思 考 题

4-1 热力学能、焓和功的品质有何区别？

4-2 什么是可逆过程？请举例说明。

4-3 热力学第二定律的实质是什么？

4-4 克劳修斯不等式的热力学意义是什么？

4-5 热力学系统经历一个循环，其状态参数如何变化？其能量品质如何变化？

4-6 下列说法是否正确？为什么？

(1) 不可逆过程是无法恢复到初始状态的过程。

(2) 机械能可完全转化为热能，而热能却不能完全转化为机械能。

(3) 热机的效率一定小于 1。

(4) 循环功越大，热效率越高。

(5) 一切可逆热机的热效率相等。

(6) 系统经历不可逆过程后，其熵一定增大。

(7) 系统吸热，其熵一定增大；系统放热，其熵一定减少。

(8) 熵产大于零的过程必为不可逆过程。

4-7　闭口系统的熵变与哪些因素有关？

4-8　如何判断某一热工装置热力过程的真实性或可行性？

4-9　如何理解功的㶲、热量的㶲、迁移质量的㶲？

4-10　对于热力学第二定律，基于㶲参数如何表述？

4-11　试比较能量、熵、㶲之间的关系。

习　题

4-1　两个可逆动力循环系统按顺序组合。第一个动力循环系统从高温热源T_H吸热，向中间热源T放热；第二个动力循环系统从中间热源T吸热，向低温热源T_C（$T_C < T$）放热。在下列条件下，试分别导出中间热源的温度T与T_H和T_C之间的函数关系：

(1) 两个动力循环系统输出的净功是相同的；

(2) 两个动力循环系统的热效率是相同的。

4-2　两个贮箱由一个阀相连。在初始状态，一个贮箱包含有0.5kg(80℃、1bar)的空气，另一个贮箱包含有1kg(50℃、2bar)的空气。打开阀，直到两股空气充分混合，达到平衡。试采用理想气体模型求：

(1) 空气的平衡温度；

(2) 空气的平衡压强；

(3) 混合过程空气的熵产。

4-3　一个发明者声称可设计一个新装置，在没有功交换和热交换的情况下，一股空气流输入这个新装置后可以稳定地输出冷热两股空气流，其参数见习题4-3图。采用理想气体模型，在忽略空气的宏观动能和重力位能变化的条件下，试评价该声明的真伪性。

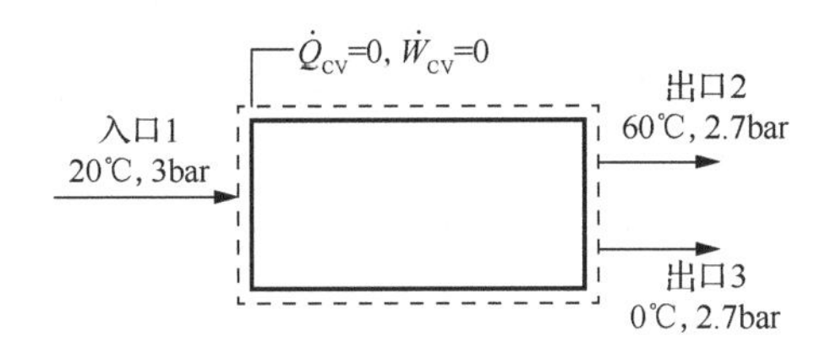

习题4-3图

4-4　试证明自由膨胀过程是不可逆过程。

4-5　用质量流量为$\dot{m}=360$kg/h、t_1=500℃、p_1=0.1MPa 的废气资源定压加热 t_{s1}=27℃、p_{s1}=0.1MPa、流量$\dot{m}_s$=720kg/h的未饱和水。若废气的终温为37℃，出口压强为p_2=0.08MPa，求：

(1) 水的终态温度t_{s2}；

(2) 以废气为系统，过程的热熵流和熵产；

(3) 以废气为系统，过程的做功能力损失(环境温度为27℃)。

已知水的比热容c_w=4.187kJ/(kg·K)；废气可作理想气体处理，气体常数R=287J/(kg·K)，比定压热容c_p=1.01kJ/(kg·K)。

第 5 章　工质的热力性质

内容提要　作为工程热力学的核心内容之一，本章主要讲解工质的热力性质，包括纯物质的热力性质、热力学关系式、理想气体混合物、湿空气等。基于工质特性，应用基本定律分析具体热力过程，可进一步巩固学生掌握的热力学基本知识。

基本要求　在本章学习中，要求学生了解比热容的一般关系式、真实气体状态方程的几种常见形式和湿空气的热力性质，掌握基本热力学关系式和麦克斯韦关系式，理解气体混合物的分子量、气体常数、比热容，掌握真实气体热力过程中的内能、焓和熵变计算。

5.1　纯物质的热力性质

相是指化学成分和物理结构在空间分布均匀的物质。因为物理结构的差异，物质可能有不同的单相存在，常见的相态有固相、液相和气相三种，也可能有气-液、液-固、固-气两相并存的平衡状态，或者液-气-固三相共存的平衡状态。如果以多于一相的形式存在，则相与相之间用相边界隔开。例如，氧气和氮气可以混合形成单一气相，酒精和水可以混合形成单一液相，而油和水混合形成两个液相。

纯物质是指化学成分在空间分布均匀不变的物质。纯物质可以包含多相，但是其化学成分在每一相中必须相同。例如，液态水和水蒸气组成一个两相系统，这个系统可以被认为是纯物质，因为每一相中的化学成分相同。在 0.1MPa、90K 以上空气呈气态，77K 以下空气呈液态。对于单相存在的空气，无论是气态空气还是液态空气都是纯物质。但当空气两相共存时，由于氧气和氮气的沸点不同，液态空气与气态空气的成分各不相同，因此两相共存的空气不是纯物质。

5.1.1　状态公理

闭口系统的平衡状态是由状态参数来表示的，从大量的热力系统观测可知，不是所有的状态参数都是相互独立的，平衡状态是由一定的状态参数值唯一确定的，所有其他状态参数都可以由这些独立状态参数来表示，这就是状态公理，用来决定系统状态的独立状态参数。

对于系统能量独立改变的每一种方式，将有一个独立的状态参数与之对应。

根据状态公理，热交换作为一种系统能量独立改变的方式，须有一个独立状态参数与之对应；对于每一种能独立改变系统能量的功方式，须有相应的独立状态参数数目与之对应，也就是该系统所需的独立状态参数的数目为相应独立功的数目加上 1。实践经验还表明，在具体计算相应功的数目时，必要条件是系统必须经历准静态过程。

如果一个系统在经历准静态过程时除热交换形式之外只有一种功形式能改变系统的能量，则称为简单系统，也就是说简单系统只需两个状态参数就可确定系统的状态情况，这就是状态公理应用于简单系统的情况。

对于简单系统，若系统体积变化能改变系统能量，称为简单可压缩系统。此外，也有其他形式的简单系统，如简单弹性系统、简单磁系统等。

对于简单可压缩系统，其体积变化功的计算公式为$\int_1^2 p\mathrm{d}V$。如选用温度 T 和比体积 v 来表示系统状态，则其他状态参数可以表示为温度和比体积的函数：$p=p(T,v)$，$u=u(T,v)$。

本章分析的主要内容正是由纯物质组成的简单可压缩系统的热力性质。

5.1.2 *p-v-T* 关系

1. *p-v-T* 表面

简单可压缩纯物质的状态由任意两个相互独立的强度参数确定。一旦两个参数确定，其他参数都可以确定。因此，可以将 *p-v-T* 关系表示为表面图。表面图表示在由压强、比体积和温度所构成的三维正交坐标系中，一系列平衡状态及相变过程所构成的空间曲面。图 5-1-1 是类似水凝固时膨胀的纯物质的 *p-v-T* 表面图，图 5-1-2 是凝固时收缩的纯物质的 *p-v-T* 表面图(现实中大多数物质呈现这一特性)。

在图 5-1-1 和图 5-1-2 中一些区域标注为固体、液体和蒸气，在这些单相区域只需两个状态参数就可确定其状态情况。在单相区域之间是两相共存范围，包括液-气、固-液、固-气。在两相共存范围内，状态参数压强与温度不是相互独立的，一个量的变化必然牵涉到另一个量的变化，也就是说，状态不能仅仅用压强和温度来确定。不过，状态可以用比体积加上压强或温度中的任何一个来确定。三相共存的平衡状态在图中标注为三相线。

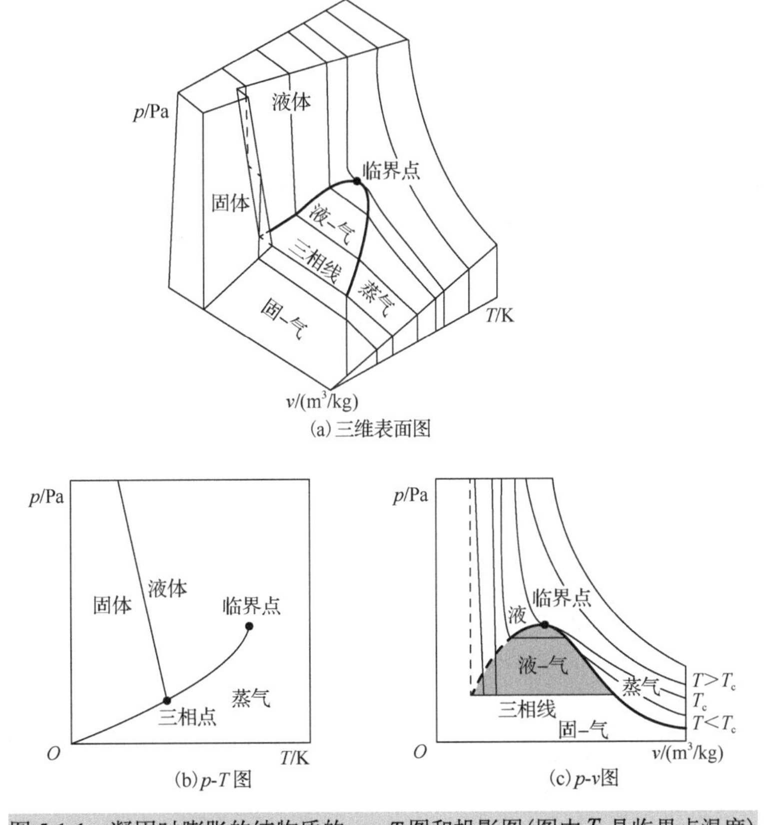

图 5-1-1 凝固时膨胀的纯物质的 *p-v-T* 图和投影图(图中 T_c 是临界点温度)

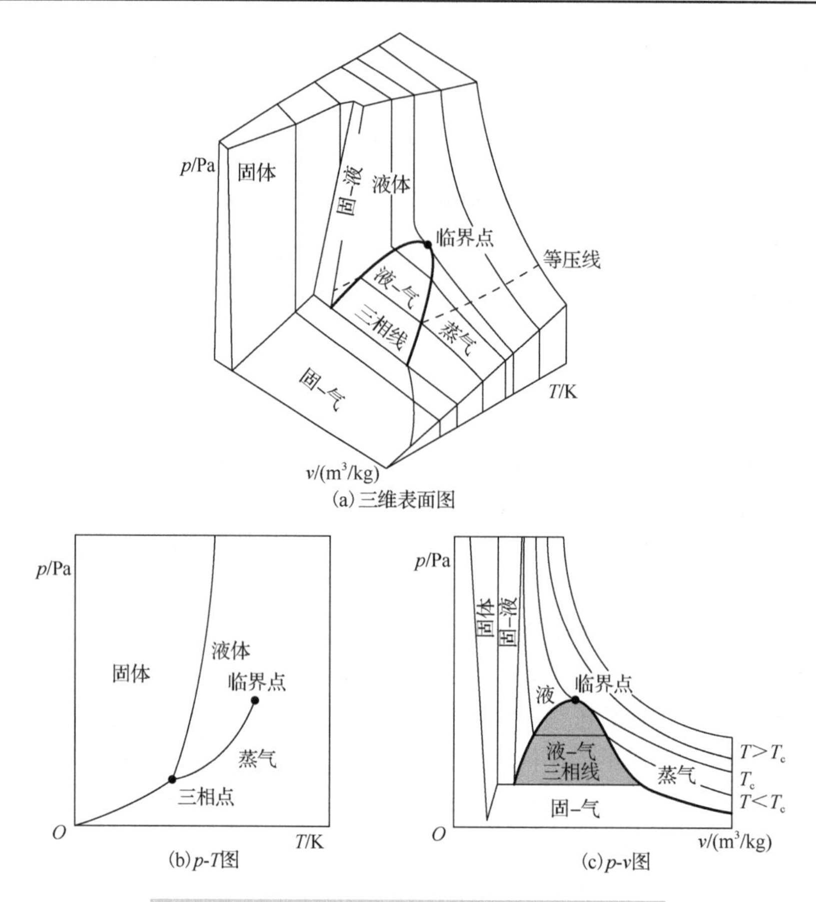

图 5-1-2　凝固时收缩的纯物质的 *p-v-T* 图和投影图

一个相变开始或结束的状态称为饱和状态。液-气两相共存的区域(图 5-1-1 和图 5-1-2 中阴影部分)称为蒸气拱顶，蒸气拱顶的左右边界线分别称为饱和液体线和饱和蒸气线，在蒸气拱顶的顶部，也就是饱和液体线与饱和蒸气线的交点，称为临界点。

2. *p-v-T* 表面的投影

1) *p-T* 图

p-T 图(也称相图)是 *p-v-T* 表面在压强-温度平面的投影。从图 5-1-1(b)和图 5-1-2(b)中可以看出，两相共存区域变成三条线，这些线上的每一点表示某一特定温度和压强下所对应的两相混合物。

p-v-T 表面中的三相线投影到相图上变成三相点。国际组织规定用水的三相点作为定义热力学温标的参照点。根据测定，水的三相点温度是 273.16K，对应水的三相点压强是 0.6113kPa。

对于凝固时膨胀的物质(如水)，其固-液两相线在相图中向左边倾斜，见图 5-1-1(b)；而凝固时收缩的物质(大多数物质)，其固-液两相线在相图中向右边倾斜，见图 5-1-2(b)。

2) *p-v* 图

p-v 图是 *p-v-T* 表面在压强-比体积平面的投影，如图 5-1-1(c)和图 5-1-2(c)所示。*p-v* 图常用于计算分析。在临界温度之下，存在液-气两相过渡区域，在临界温度之上，处于超临界状态，不存在液-气两相过渡区域。

3) T-v 图

T-v 图是 p-v-T 表面在温度-比体积平面的投影，如图 5-1-3 所示。T-v 图也常用于计算分析。

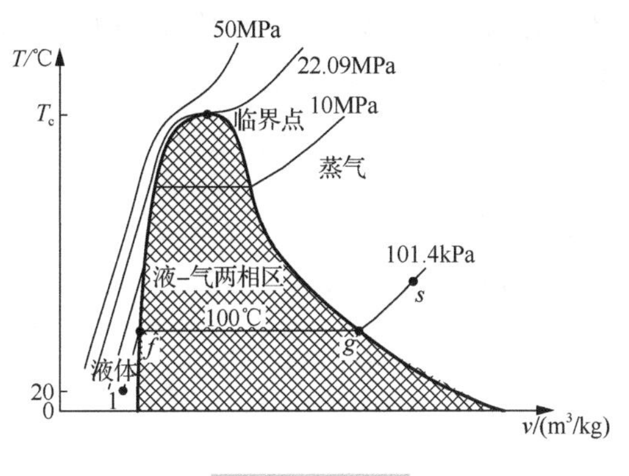

图 5-1-3　T-v 图

3. 相变

为了分析纯物质的相变，考虑一个闭口系统是由包含于活塞-气缸中的 1kg 液态水(20℃)组成的，见图 5-1-4(a)，这个状态在图 5-1-3 中由点 1 表示。假设水被慢慢加热，并保持压强不变且稳定在 101.4kPa，即 1.014bar。

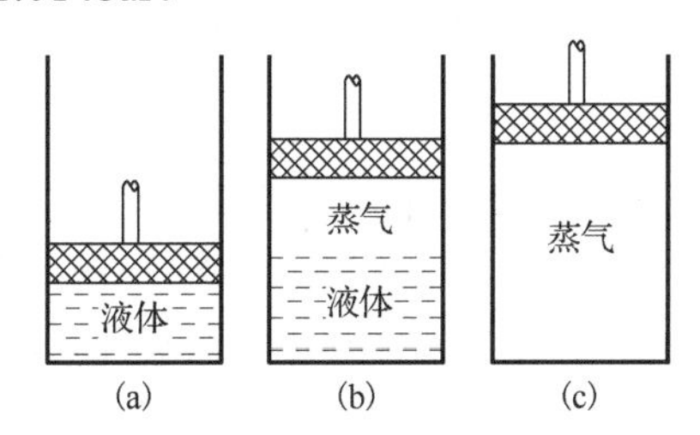

图 5-1-4　水在不变压强下由液体变为蒸气示意图

既然系统在加热过程中压强不变，在温度增加的同时将伴随着比体积慢慢增加，系统到达图 5-1-3 中的点 f，这是压强为 101.4kPa 下的饱和液态水。线段 1—f 的液体状态称为过冷液体状态，这是由于过冷状态的温度低于饱和状态温度；此外，过冷液体状态又称为压缩液体状态，因为液体压强大于其温度所对应的饱和压强。

当系统处于饱和液体状态时，继续在压强不变的条件下加热，将出现等温下蒸气形成的现象，如图 5-1-4(b)所示，系统由液-气两相混合物组成。当液体和蒸气混合物处于平衡状态时，液相是饱和液体，气相是饱和蒸气。如果系统被进一步加热直到液体完全汽化，它将到达图 5-1-3 中的点 g，也就是饱和蒸气状态。对于液-气两相混合物可以定义“干度”来表示它们的比例，即

$$x = \frac{m_{\text{vap}}}{m_{\text{liq}} + m_{\text{vap}}} \tag{5-1-1}$$

式中，下标 vap 表示饱和蒸气，liq 表示饱和液体。

干度介于 0 和 1 之间，在饱和液体状态，$x=0$；在饱和蒸气状态，$x=1$。对于固-气、固-液两相混合物，同样可定义一个参数来表示它们的比例。

回到对图 5-1-3 和图 5-1-4 的讨论。当系统处于饱和蒸气状态时(图 5-1-3 中点 g)，进一步对系统加热将导致温度和比体积同时增加，见图 5-1-3 中的点 s。类似点 s 的状态称为过热蒸气状态。这是由于对于给定的压强，系统当时的温度大于其相应的饱和蒸气压所对应的温度。

现在来分析压强等于临界压强($p_c = 22.09\text{MPa}$)时水的加热过程，从图 5-1-3 中定压线知，从液体过渡到蒸气将没有相变过程，也就是说汽化只能发生在压强低于临界压强的情况。当温度和压强分别高于临界温度和临界压强时，液体与蒸气之间的区别将丧失，对于这样状态的物质一般称为超临界流体。

本书主要研究汽化过程，对应图 5-1-5 中线 $a''—b''—c''$，同时也研究熔化过程和升华过程，分别对应图 5-1-5 中线 $a—b—c$ 和线 $a'—b'—c'$。

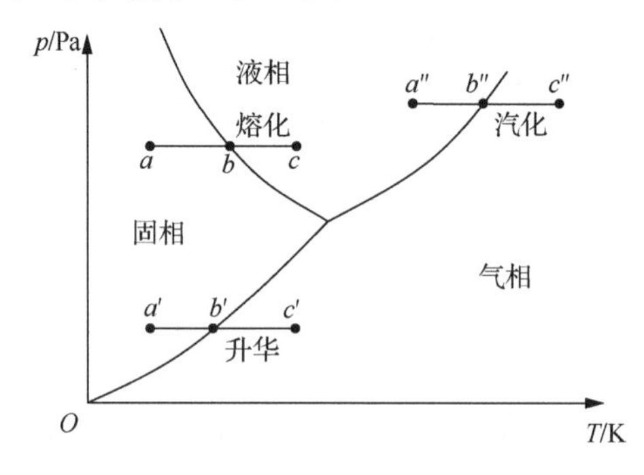

图 5-1-5　水的相图

5.1.3　状态参数数据

状态参数数据参见附表 2～附表 6 是水的有关特性数据(包括比体积、比内能、比焓和比熵)，附表 7～附表 9 是制冷剂 12 的有关特性数据，附表 10～附表 12 是制冷剂 134a 的有关特性数据，附表 13～附表 15 是氨的有关特性数据，附表 16～附表 18 是制冷剂 22 的有关特性数据。

1. 压强、比体积和温度

对于过冷液体和过热蒸气，附表中都有比体积随压强或温度的变化值，对于附表中未列出数值的中间状态，可通过表中数值的线性插值求得。对于饱和状态，两相混合物的体积为

$$V = V_{\text{liq}} + V_{\text{vap}}$$

式中，下标 vap 表示饱和蒸气，liq 表示饱和液体。

平均比体积定义为

$$v = \frac{V}{m} = \frac{V_{\text{liq}}}{m} + \frac{V_{\text{vap}}}{m}$$

既然液相是饱和液体，气相是饱和蒸气，这样有 $V_{\text{liq}} = m_{\text{liq}} v_{\text{f}}$，$V_{\text{vap}} = m_{\text{vap}} v_{\text{g}}$，所以

$$v = \left(\frac{m_{\text{liq}}}{m}\right) v_{\text{f}} + \left(\frac{m_{\text{vap}}}{m}\right) v_{\text{g}} = (1-x) v_{\text{f}} + x v_{\text{g}} \tag{5-1-2}$$

例 5-1-1　一个活塞-气缸组件包含有 3.0MPa 和 300℃(状态 1)的水蒸气。在体积不变的情况下水蒸气首先冷却到温度为 200℃的状态 2，接着水气混合物被等温压缩到压强为 2.5MPa 的状态 3，见例 5-1-1 图。试求状态 1、2、3 的比体积和状态 2 的干度。

解　对于状态1，由于其压强 $p_1=3.0\text{MPa}$，小于温度 T_1=300℃对应的饱和压强8.581MPa，状态1位于过热水蒸气区域。通过附表4中压强3.0MPa和温度(280℃，320℃)对应的数据进行内插，可得 v_1=0.0811m³/kg。

对于状态2，其比体积 $v_2=v_1=0.0811\text{m}^3/\text{kg}$。由附表2中温度 T_2=200℃查得 $v_\text{f}=0.0011565\text{m}^3/\text{kg}$ 和 $v_\text{g}=0.1274\text{m}^3/\text{kg}$。既然 $v_\text{f}<v_2<v_\text{g}$，状态2应位于液-气两相混合区。基于式(5-1-2)，其干度可表示为

$$x_2=\frac{v_2-v_\text{f}}{v_\text{g}-v_\text{f}}=\frac{0.0811-0.001565}{0.1274-0.001565}=0.633$$

对于状态3，由于其压强 $p_3=2.5\text{MPa}$ 大于温度 T_3=200℃对应的饱和压强1.554MPa，因此状态3位于液相区域，由附表5查得 $v_3=0.0011555\text{m}^3/\text{kg}$。

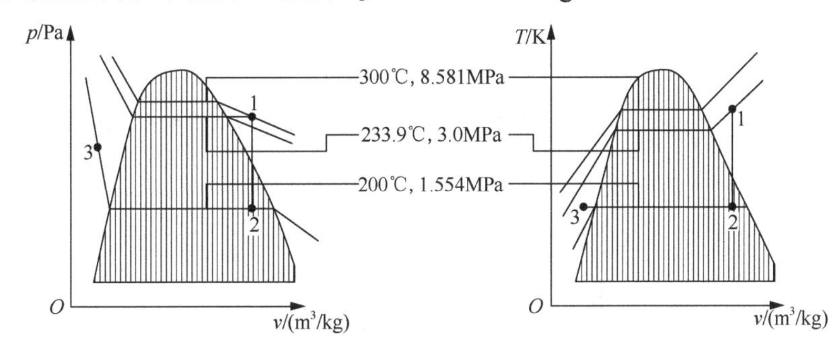

例5-1-1图

2. 比内能、比焓和比熵

对于过冷液体和过热蒸气，附表中都有比内能、比焓和比熵随压强或温度的变化值，对于中间状态，可通过表中数值的线性插值求得。对于饱和状态，两相混合物的内能为

$$U=U_\text{liq}+U_\text{vap}$$

平均比内能定义为

$$u=\frac{U}{m}=\frac{U_\text{liq}}{m}+\frac{U_\text{vap}}{m}$$

既然液相是饱和液体，气相是饱和蒸气，这样有 $U_\text{liq}=m_\text{liq}u_\text{f}$，$U_\text{vap}=m_\text{vap}u_\text{g}$，所以

$$u=\left(\frac{m_\text{liq}}{m}\right)u_\text{f}+\left(\frac{m_\text{vap}}{m}\right)u_\text{g}=(1-x)u_\text{f}+xu_\text{g} \tag{5-1-3}$$

同理可得

$$h=(1-x)h_\text{f}+xh_\text{g} \tag{5-1-4}$$

$$s=(1-x)s_\text{f}+xs_\text{g} \tag{5-1-5}$$

附表中特性参数的测量必须选择参考状态，只有这样才能计算每一个热力状态的相对值。原则上参考状态的选择可是随机的、任意的，这样就产生了基于不同基准的特性参数表。对于附表中水的参考状态选为0.01℃的饱和水，在这个状态，比内能取为0，比焓通过公式 $h=u+pv$ 计算。对于氨和冷却剂的参考状态选为–40℃的饱和液体，在这个状态，比焓取为0，比内能通过公式 $u=h-pv$ 计算。

例5-1-2　如图所示，一个绝热刚性贮箱包含有0.25m³的100℃饱和水蒸气。饱和水蒸气被快速搅拌直到压强为1.5bar。试求水蒸气末态温度和在这个过程中水蒸气对外所做的功。

解　为了确定水蒸气的末态，需要知道两个独立的状态参数，一个是末态压强 p_2=1.5bar，另一个是末态比体积，由于是刚性贮箱，有 $v_2=v_1$。

由附表 2 可得 $v_1=v_g(100℃)=1.673\text{m}^3/\text{kg}$，比内能 $u_1=u_g$（100℃）=2506.5kJ/kg。由 $v_2=v_1=1.673\text{m}^3/\text{kg}$ 和 p_2=1.5bar 在附表 4 中内插，可得

$$t_2=273℃，u_2=2767.8\text{kJ/kg}$$

以贮箱中水蒸气为研究对象，其能量方程为

$$\underset{}{\Delta U} + \underset{0}{\Delta E_K} + \underset{0}{\Delta E_P} = \underset{0}{Q} - W$$

整理为

$$W = -(U_2 - U_1) = -m(u_2 - u_1) = -\frac{V}{v_1}(u_2 - u_1)$$

代入数据可得

$$W = -\frac{0.25\text{m}^3}{1.673\text{m}^3/\text{kg}} \times (2767.8\text{kJ/kg} - 2506.5\text{kJ/kg}) = -38.9\text{kJ}$$

式中，负号表示外界对贮箱中水蒸气做功。

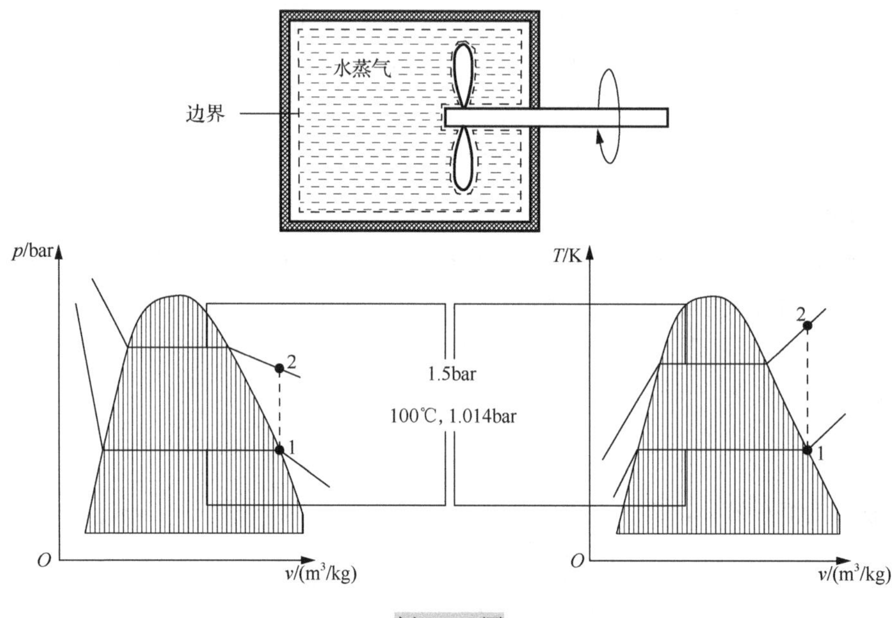

例 5-1-2 图

3. 比热容 c_v 和 c_p

对于定容过程和定压过程，简单可压缩纯物质的比热容分别定义为

$$c_v = \left.\frac{\partial u}{\partial T}\right|_v \tag{5-1-6}$$

$$c_p = \left.\frac{\partial u}{\partial T}\right|_p \tag{5-1-7}$$

式中，下标 v 和 p 分别表示微分过程比体积不变和压强不变。比热比定义为

$$k = \frac{c_p}{c_v} \tag{5-1-8}$$

一般来说，比热容是比体积和温度(或者压强和温度)的函数，图 5-1-6 是水蒸气的比定压热容图。对于每种物质的气体、液体和固体状态，可以通过实验测定其某一状态下的比热容数据。

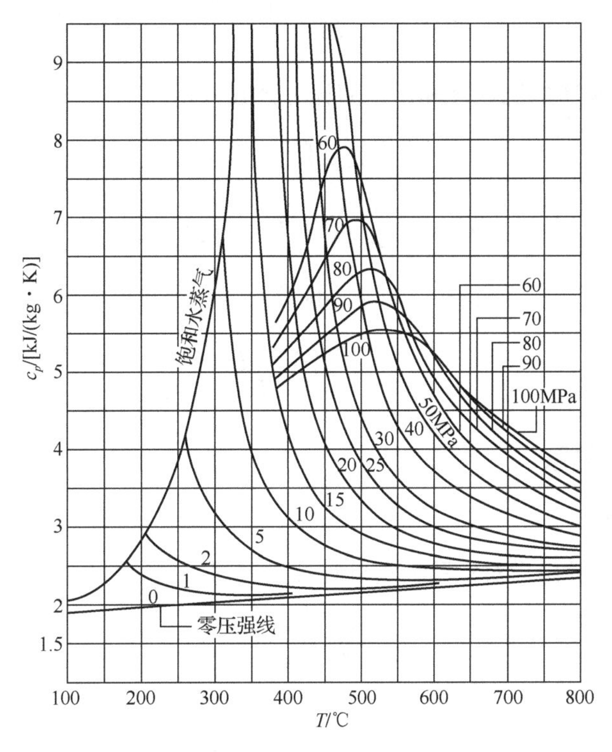

图 5-1-6　水蒸气比定压热容 c_p 随温度和压强变化曲线

4. 用饱和液体数据近似代替液体数据

从附表 5 可以看出，对于某一个具体的温度 T，压缩(过冷)液态水的比体积、比内能和比熵随压强变化很小，所以在工程计算上，下列公式是合理的：

$$v(T,p)\approx v_{\mathrm{f}}(T) \tag{5-1-9}$$

$$u(T,p)\approx u_{\mathrm{f}}(T) \tag{5-1-10}$$

$$s(T,p)\approx s_{\mathrm{f}}(T) \tag{5-1-11}$$

比焓的计算公式为

$$h(T,p)\approx u_{\mathrm{f}}(T)+pv_{\mathrm{f}}(T) \tag{5-1-12}$$

5. 不可压物质模型

对于一些液体或固体，比体积假定是常数，比内能只随温度变化，这样理想化的物质称为是不可压缩的。不可压缩物质的比定容热容可以表示为

$$c_v(T)=\frac{\mathrm{d}u}{\mathrm{d}T} \tag{5-1-13}$$

比焓表示为

$$h(T,p)=u(T)+pv \tag{5-1-14}$$

不可压缩物质的比定压热容为

$$c_p = \left.\frac{\partial h}{\partial T}\right|_p = \left.\frac{\partial(u+pv)}{\partial T}\right|_p = \frac{\mathrm{d}u}{\mathrm{d}T} = c_v = c \tag{5-1-15}$$

所以，不可压缩物质的比内能和比焓的计算公式分别为

$$u_2 - u_1 = \int_{T_1}^{T_2} c(T)\mathrm{d}T \tag{5-1-16}$$

$$h_2 - h_1 = \int_{T_1}^{T_2} c(T)\mathrm{d}T + v(p_2 - p_1) \tag{5-1-17}$$

对于不可压缩物质，由方程 $T\mathrm{d}s = \mathrm{d}u + p\mathrm{d}v$ 和 $\mathrm{d}v = 0$，并积分可得

$$s_2 - s_1 = \int_{T_1}^{T_2} \frac{c(T)}{T}\mathrm{d}T \tag{5-1-18}$$

5.1.4 气体 *p-v-T* 关系

1. 通用气体常数

从图 5-1-7 中可以看出，对实验数据进行外推可得

$$\lim_{\substack{p\to 0\\ T>0}} \frac{p\bar{v}}{T} = \bar{R} \tag{5-1-19}$$

式中，$\bar{R}$ 称为通用气体常数，它的数值为

$$\bar{R} = 8.314\mathrm{kJ}/(\mathrm{kmol}\cdot\mathrm{K}) \tag{5-1-20}$$

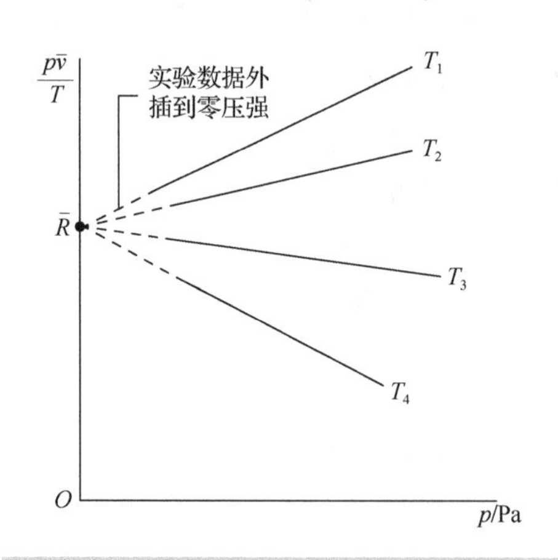

图 5-1-7 不同温度下 $p\bar{v}/T$ 随压强变化曲线

2. 压缩因子

压缩因子定义为

$$Z = \frac{p\bar{v}}{\bar{R}T} \tag{5-1-21}$$

压缩因子是无量纲的。既然$\bar{v}=Mv$，$\bar{R}=MR$，压缩因子同样可以表示为

$$Z=\frac{pv}{RT} \tag{5-1-22}$$

由式(5-1-19)可得

$$\lim_{\substack{p\to 0\\ T>0}} Z=1 \tag{5-1-23}$$

氢气的压缩因子随压强和温度变化的曲线见图 5-1-8。

压缩因子可以假定是压强和温度的多项式函数，即

$$Z=1+\hat{B}(T)p+\hat{C}(T)p^2+\hat{D}(T)p^3+\cdots \tag{5-1-24}$$

如果用$1/\bar{v}$作为自变量，压缩因子也可表示为

$$Z=1+\frac{B(T)}{\bar{v}}+\frac{C(T)}{\bar{v}^2}+\frac{D(T)}{\bar{v}^3}+\cdots \tag{5-1-25}$$

式(5-1-24)和式(5-1-25)称为维里展开，系数$\hat{B},\hat{C},\hat{D},\cdots$和$B,C,D,\cdots$称为维里系数。

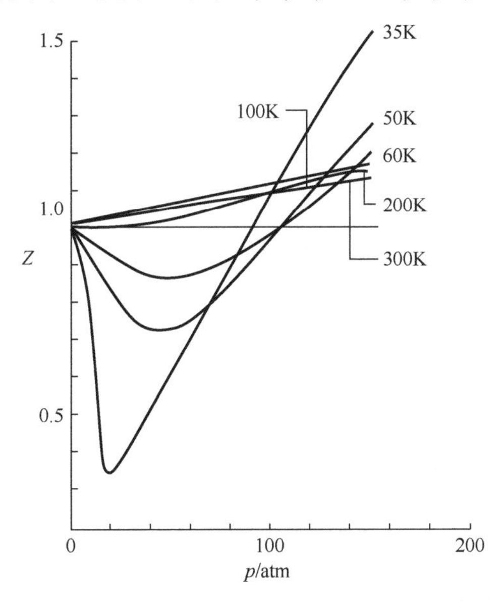

图 5-1-8　氢气的压缩因子随压强和温度变化曲线

3. 通用压缩因子图

对比压强、对比温度和对比体积分别定义为

$$p_{\mathrm{R}}=\frac{p}{p_{\mathrm{c}}},\quad T_{\mathrm{R}}=\frac{T}{T_{\mathrm{c}}},\quad v_{\mathrm{R}}=\frac{v}{v_{\mathrm{c}}} \tag{5-1-26}$$

式中，p_{c}、T_{c}和v_{c}分别是物质的临界压强、临界温度和临界比体积。由于压缩因子是温度和压强的函数，所以压缩因子同样可表示为$Z=f(p_{\mathrm{R}},T_{\mathrm{R}})$。图 5-1-9 表示了 10 种常见气体的压缩因子曲线，从图中可以看出，压缩因子只与对比压强和对比温度有关，而与具体气体种类无关。附图 1、附图 2 和附图 3 给出了通用压缩因子图，在图中同时引入了伪对比体积以方便查图，其定义为

$$v_{\mathrm{R}}'=\frac{\bar{v}}{\bar{R}T_{\mathrm{c}}/p_{\mathrm{c}}}=\frac{v}{RT_{\mathrm{c}}/p_{\mathrm{c}}} \tag{5-1-27}$$

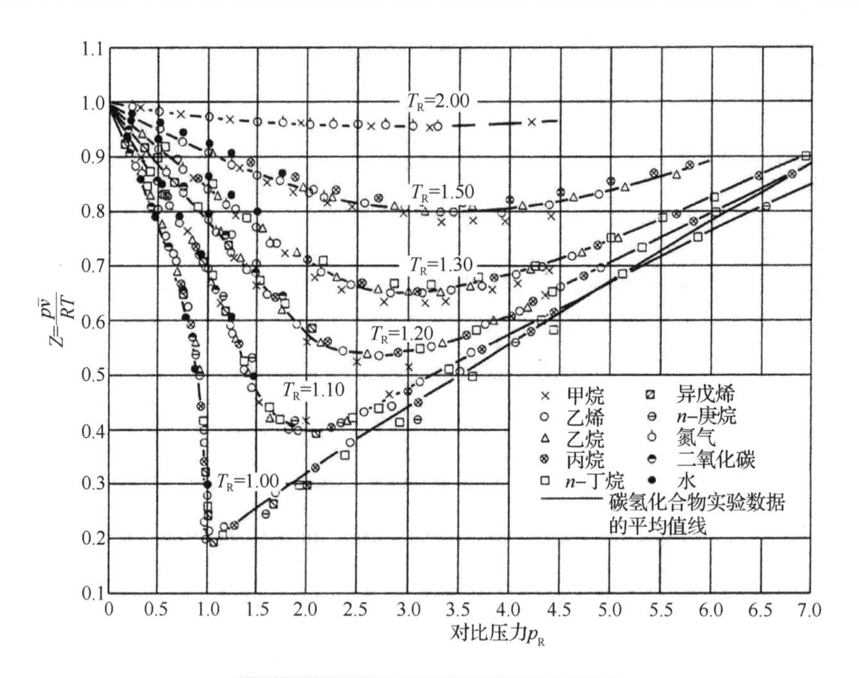

图 5-1-9　各种气体的通用压缩因子图

5.1.5　理想气体模型

当 $p_R \leqslant 0.05$ 或 $T_R \geqslant 15$ 时，$Z \approx 1$，即

$$Z = \frac{pv}{RT} = 1$$

或者

$$pv = RT \tag{5-1-28}$$

式(5-1-28)称为理想气体状态方程。

由于 $v = \bar{v}/M$ 和 $R = \bar{R}/M$，式(5-1-28)又可以表示为

$$p\bar{v} = \bar{R}T \tag{5-1-29}$$

理想气体的比内能是温度的单值函数，即

$$u = u(T)$$

这是焦耳在 1843 年通过实验得到并从数学上证明了的。在他的经典实验中，焦耳将两个容器与一根带阀的管子相通，再浸入水中，如图 5-1-10 所示。开始时，一个容器装有高压空气，而另一个容器为真空。当达到热平衡后，他打开阀门，让空气从一个容器流向另一个容器，直到两个容器中压强相等。焦耳观测到水温并没有变化，从而知道，两个容器里的空气没有热量传入或传出。由于这时并没有做功，所以他得出结论：即使体积和压强发生了变化，空气的内能并未改变。他推断说，内能只与温度有关，而与压强和比体积无关。后来，焦耳还证明，非理想气体的内能不是温度的单值函数。

理想气体是一种理想化了的气体模型，它假设气体分子是球形的，并忽略了气体分子的体积、分子之间的作用力。工程上大多数的气体都可以当成理想气体来处理，除非是在温度极低、压强极高的情形下。

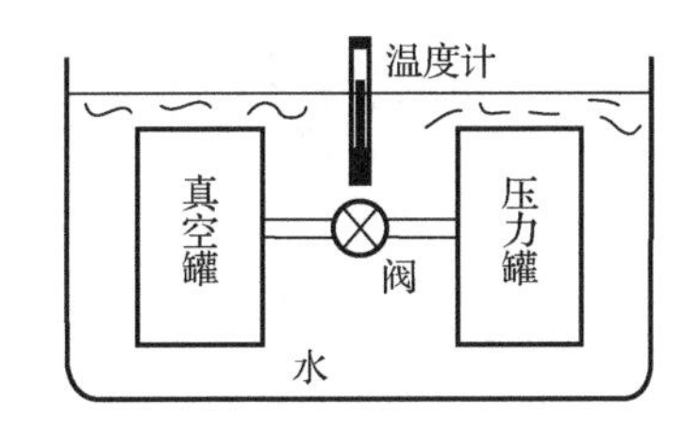

图 5-1-10　焦耳的实验装置示意图

又因为 $h = u + pv$，所以理想气体的比焓 $h = u(T) + RT = h(T)$ 也只与温度有关。

综上所述，理想气体模型可归纳为

$$\begin{cases} pv = RT \\ u = u(T) \\ h = h(T) = u(T) + RT \end{cases}$$

1. 理想气体的内能、焓和比热容

由于理想气体的比内能只是温度的函数，于是理想气体的比定容热容可以表示为

$$c_v(T) = \frac{\mathrm{d}u}{\mathrm{d}T} \tag{5-1-30}$$

分离变量

$$\mathrm{d}u = c_v(T)\mathrm{d}T \tag{5-1-31}$$

对式(5-1-31)积分，得

$$u(T_2) - u(T_1) = \int_{T_1}^{T_2} c_v(T)\mathrm{d}T \tag{5-1-32}$$

式中，1、2 分别是过程的初、终态。

对于理想气体的比焓，同样有

$$c_p(T) = \frac{\mathrm{d}h}{\mathrm{d}T} \tag{5-1-33}$$

$$\mathrm{d}h = c_p(T)\mathrm{d}T \tag{5-1-34}$$

$$h(T_2) - h(T_1) = \int_{T_1}^{T_2} c_p(T)\mathrm{d}T \tag{5-1-35}$$

由于理想气体满足 $h = u + RT$，两边对 T 求导可得

$$\frac{\mathrm{d}h}{\mathrm{d}T} = \frac{\mathrm{d}u}{\mathrm{d}T} + R$$

代入式(5-1-30)和式(5-1-33)推得

$$c_p(T) = c_v(T) + R \tag{5-1-36}$$

式(5-1-36)两边同乘以摩尔质量 M，可得

$$\overline{c}_p(T) = \overline{c}_v(T) + \overline{R} \tag{5-1-37}$$

此式称为迈耶关系式。

对于理想气体，比热比也只是温度的函数

$$k=\frac{c_p(T)}{c_v(T)} \tag{5-1-38}$$

由式(5-1-36)和式(5-1-38)推出

$$c_p(T)=\frac{kR}{k-1} \tag{5-1-39}$$

$$c_v(T)=\frac{R}{k-1} \tag{5-1-40}$$

一些理想气体的比热容和比热比随温度的变化见附表 20。此外，比热容也可表示为温度的多项式

$$\frac{\overline{c}_p}{R}=\alpha+\beta T+\gamma T^2+\delta T^3+\varepsilon T^4 \tag{5-1-41}$$

式(5-1-41)适用于 300～1000K 温度范围，一些气体的上述常数α、β、γ、δ和ε的值在附表 21 中可查。

2. 理想气体的熵变

由 $T\mathrm{d}s$ 方程可得

$$\mathrm{d}s=\frac{\mathrm{d}u}{T}+\frac{p}{T}\mathrm{d}v$$

$$\mathrm{d}s=\frac{\mathrm{d}h}{T}-\frac{v}{T}\mathrm{d}p$$

对于理想气体，由于 $\mathrm{d}u=c_v(T)\mathrm{d}T$ ， $\mathrm{d}h=c_p(T)\mathrm{d}T$ ， $pv=RT$ ，故以上两式可写为

$$\mathrm{d}s=c_v(T)\frac{\mathrm{d}T}{T}+R\frac{\mathrm{d}v}{v} \tag{5-1-42}$$

$$\mathrm{d}s=c_p(T)\frac{\mathrm{d}T}{T}-R\frac{\mathrm{d}p}{p} \tag{5-1-43}$$

积分可得

$$s(T_2,v_2)-s(T_1,v_1)=\int_{T_1}^{T_2}c_v(T)\frac{\mathrm{d}T}{T}+R\ln\frac{v_2}{v_1} \tag{5-1-44}$$

$$s(T_2,p_2)-s(T_1,p_1)=\int_{T_1}^{T_2}c_p(T)\frac{\mathrm{d}T}{T}-R\ln\frac{p_2}{p_1} \tag{5-1-45}$$

取 1 个大气压和 0K 时的比熵为 0 作为参考点，那么 1 个大气压和温度为 T 时的比熵(标准状态比熵)为

$$s^0(T)-0=\int_0^T c_p(T)\frac{\mathrm{d}T}{T}-R\ln\frac{1}{1}=\int_0^T c_p(T)\frac{\mathrm{d}T}{T} \tag{5-1-46}$$

$s^0(T)$ 或 $\overline{s}^0(T)$ 的数据在附表 22～附表 28 中可查。由于

$$\int_{T_1}^{T_2}c_p(T)\frac{\mathrm{d}T}{T}=\int_0^{T_2}c_p(T)\frac{\mathrm{d}T}{T}-\int_0^{T_1}c_p(T)\frac{\mathrm{d}T}{T}=s^0(T_2)-s^0(T_1)$$

式(5-1-45)可改写为

$$s(T_2,p_2)-s(T_1,p_1)=s^0(T_2)-s^0(T_1)-R\ln\frac{p_2}{p_1} \tag{5-1-47}$$

或者

$$\bar{s}(T_2,p_2)-\bar{s}(T_1,p_1)=\bar{s}^0(T_2)-\bar{s}^0(T_1)-\bar{R}\ln\frac{p_2}{p_1} \tag{5-1-48}$$

对于比热容不变的情况

$$s(T_2,v_2)-s(T_1,v_1)=c_v\ln\frac{T_2}{T_1}+R\ln\frac{v_2}{v_1} \tag{5-1-49}$$

$$s(T_2,p_2)-s(T_1,p_1)=c_p\ln\frac{T_2}{T_1}-R\ln\frac{p_2}{p_1} \tag{5-1-50}$$

一些理想气体的比内能、焓和熵可以在附表 22～附表 28 中查到。

3. 理想气体的多变过程

一个闭口系统的多变过程可以表示为

$$pV^n=c \tag{5-1-51}$$

式中，n 是多变指数；c 是常数。对于理想气体，因为 $pV=mRT$，所以有

$$\frac{T_2}{T_1}=\left(\frac{p_2}{p_1}\right)^{(n-1)/n}=\left(\frac{V_1}{V_2}\right)^{n-1}=\left(\frac{v_1}{v_2}\right)^{n-1} \tag{5-1-52}$$

对于定比热容的理想气体等熵过程，有

$$0=c_v\frac{\mathrm{d}T}{T}+R\frac{\mathrm{d}v}{v}$$

$$0=c_p\frac{\mathrm{d}T}{T}-R\frac{\mathrm{d}p}{p}$$

积分后可得

$$0=c_v\ln\frac{T_2}{T_1}+R\ln\frac{v_2}{v_1}$$

$$0=c_p\ln\frac{T_2}{T_1}-R\ln\frac{p_2}{p_1}$$

又

$$c_p=\frac{kR}{k-1},\quad c_v=\frac{R}{k-1}$$

联立这些方程，可导出

$$\frac{T_2}{T_1}=\left(\frac{p_2}{p_1}\right)^{(k-1)/k} \tag{5-1-53}$$

$$\frac{T_2}{T_1}=\left(\frac{v_1}{v_2}\right)^{k-1} \tag{5-1-54}$$

$$pv^k=c_1 \tag{5-1-55}$$

等熵过程关系式 $pv^k=c_1$ 与多变过程关系式 $pv^n=c$ 相近，其关系如图 5-1-11 所示。多变指数 $n=0$ 对应于定压过程，$n=1$ 对应于等温过程，$n=k$ 对应于绝热过程(等熵过程)，$n=\pm\infty$ 对应于定容过程。

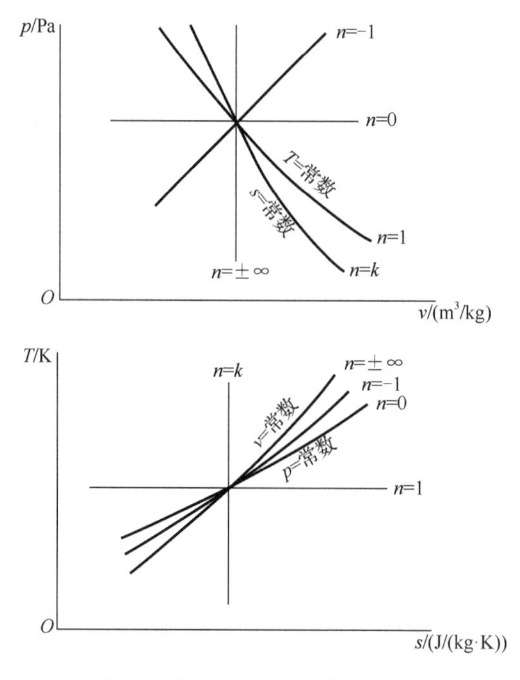

图 5-1-11　理想气体的多变过程

5.2　热力学关系式

5.2.1　状态方程

1. 维里方程

根据维里展开(5-1-25)，压缩因子可表示为

$$Z=\frac{pv}{RT}=1+\frac{B(T)}{\bar{v}}+\frac{C(T)}{\bar{v}^2}+\frac{D(T)}{\bar{v}^3}+\cdots \tag{5-2-1}$$

式中，系数 B、C、D 称为第二、三、四阶维里系数，它们都是温度的函数，它们与分子之间的作用力有关。

若不计气体分子之间的作用力以及分子的体积，则压缩因子 $Z=1$，此时 $p\bar{v}=\bar{R}T$，这就是理想气体的状态方程，适合于温度相对高、压强相对低的情况。

为修正理想气体状态方程，并避免维里系数的固有复杂性，已经提出了 100 多个修正的状态方程。这些方程大多属于经验公式，多数只适合于气体，少数可以描述液相下的 p-v-T 的变化。每个状态方程都只适合于几个特定状态，它们的应用限于给定的压强或密度范围，这时方程可以真实地反映 p-v-T 的变化关系。

2. 二常数状态方程

1873 年，范德瓦耳斯对理想气体状态方程进行了修正，提出了著名的范德瓦耳斯方程：

$$p=\frac{\bar{R}T}{\bar{v}-b}-\frac{a}{\bar{v}^2} \tag{5-2-2}$$

式中，b 表示因实际气体分子所占体积而引入的常数；$a/\bar{v}^2$ 表示对分子间引力的修正。

从范德瓦耳斯方程可知，压强可以表示成温度和比体积的函数，或者温度可以表示成压强和比体积的函数，所以称压强或温度是显式的。

从图 5-1-1 中易知，对于等温线在临界点有

$$\left(\frac{\partial^2 p}{\partial \bar{v}^2}\right)_T = 0\,,\quad \left(\frac{\partial p}{\partial \bar{v}}\right)_T = 0 \tag{5-2-3}$$

范德瓦耳斯方程在临界点有

$$p_c = \frac{\bar{R}T_c}{\bar{v}_c - b} - \frac{a}{\bar{v}_c^2}$$

于是

$$\left(\frac{\partial^2 p}{\partial \bar{v}^2}\right)_T = \frac{2\bar{R}T_c}{(\bar{v}_c - b)^3} - \frac{6a}{\bar{v}_c^4} = 0$$

$$\left(\frac{\partial p}{\partial \bar{v}}\right)_T = -\frac{\bar{R}T_c}{(\bar{v}_c - b)^2} + \frac{2a}{\bar{v}_c^3} = 0$$

求解以上三个方程可得

$$a = \frac{27}{64}\frac{\bar{R}^2 T_c^2}{p_c} \tag{5-2-4}$$

$$b = \frac{\bar{R}T_c}{8p_c} \tag{5-2-5}$$

$$\bar{v}_c = \frac{3}{8}\frac{\bar{R}T_c}{p_c} \tag{5-2-6}$$

对于不同的常见气体，常数 a 和 b 的值可在附表 29 中查到。

引入压缩因子 $Z = p\bar{v}/(\bar{R}T)$、对比温度 $T_R = T/T_c$、伪对比体积 $v'_R = p_c\bar{v}/(\bar{R}T_c)$，范德瓦耳斯方程采用压缩因子可写为

$$Z = \frac{v'_R}{v'_R - 1/8} - \frac{27/64}{T_R v'_R} \tag{5-2-7}$$

或写成 Z、T_R 和 p_R 的形式

$$Z^3 - \left(\frac{p_R}{8T_R} + 1\right)Z^2 + \left(\frac{27p_R}{64T_R^2}\right)Z - \frac{27p_R^2}{512T_R^3} = 0 \tag{5-2-8}$$

由式(5-2-6)可导出范德瓦耳斯方程的压缩因子在临界点的值为

$$Z_c = \frac{p_c\bar{v}_c}{\bar{R}T_c} = \frac{3}{8} = 0.375$$

实际上，从附表 1 可知压缩因子 $Z_c \in (0.23, 0.33)$，因此范德瓦耳斯方程在临界点是不精确的，但是它是分析实际气体最简单的状态方程。

另外三个常用的二常数状态方程是 Berthelot 方程、狄特里奇方程和 RK 方程。其中 RK 方程是 1949 年提出来的，它是二常数方程中最好的，其表达式为

$$p = \frac{\bar{R}T}{\bar{v} - b} - \frac{a}{\bar{v}(\bar{v} + b)\sqrt{T}} \tag{5-2-9}$$

从式(5-2-9)可知，压强可以表示成温度和比体积的函数，所以称压强是显式的，而温度和比体积是隐含的。根据式(5-2-3)，同样可以求得

$$a = 0.42748\frac{\overline{R}^2 T_c^{5/2}}{p_c} \tag{5-2-10}$$

$$b = 0.08664\frac{\overline{R}T_c}{p_c} \tag{5-2-11}$$

$$\overline{v}_c = 0.333\frac{\overline{R}T_c}{p_c} \tag{5-2-12}$$

RK 方程的压缩因子形式表示为

$$Z = \frac{v'_R}{v'_R - 0.08664} - \frac{0.42748}{T_R^{3/2}(v'_R + 0.08664)} \tag{5-2-13}$$

由式(5-2-13)可以导出 RK 方程的压缩因子在临界点的值为

$$Z_c = \frac{p_c \overline{v}_c}{\overline{R}T_c} = 0.333$$

这个值位于实际气体压缩因子在临界点的上边界，因此 RK 方程在临界点也是不精确的。但是 RK 方程特别适用于分析高压气体，它的计算精度比范德瓦耳斯方程的计算精度高。

3. 多常数状态方程

Benedict、Webb 和 Rubin 三人提出了一个多常数状态方程，表达式为

$$p = \frac{\overline{R}T}{\overline{v}} + \left(B\overline{R}T - A - \frac{C}{T^2}\right)\frac{1}{\overline{v}^2} + \frac{(b\overline{R}T - a)}{\overline{v}^3} + \frac{a\alpha}{\overline{v}^6} + \frac{c}{\overline{v}^3 T^2}\left(1 + \frac{\gamma}{\overline{v}^2}\right)\exp\left(-\frac{\gamma}{\overline{v}^2}\right) \tag{5-2-14}$$

式中常数在附表 29 中可查。

随着高速计算机的出现，已经出现了常数多于 50 个的状态方程，并且用于工程计算。

5.2.2　由全微分导出的热力学关系

1. 数学原理

对于简单可压缩物质或混合物，所有的状态参数都可以表示成两个独立变量的函数，例如，$p = p(T, v)$，$u = u(T, v)$，$h = h(T, v)$ 等，统一可以写成 $z = z(x, y)$。

数学上，z 的全微分为

$$\mathrm{d}z = \left(\frac{\partial z}{\partial x}\right)_y \mathrm{d}x + \left(\frac{\partial z}{\partial y}\right)_x \mathrm{d}y \tag{5-2-15}$$

或者表示为

$$\mathrm{d}z = M\mathrm{d}x + N\mathrm{d}y \tag{5-2-16}$$

式中，$M = (\partial z / \partial x)_y$，$N = (\partial z / \partial y)_x$。如果 M 和 N 是连续的一阶偏导数，则有

$$\frac{\partial}{\partial y}\left[\left(\frac{\partial z}{\partial x}\right)_y\right]_x = \frac{\partial}{\partial x}\left[\left(\frac{\partial z}{\partial y}\right)_x\right]_y$$

所以

$$\left(\frac{\partial M}{\partial y}\right)_x = \left(\frac{\partial N}{\partial x}\right)_y \tag{5-2-17}$$

这是一个重要的数学关系式。

假设三个状态变量 x、y、z，其中任意两个可以选为独立变量，即 $y=y(z,x)$，$x=x(y,z)$。它们的全微分为

$$\mathrm{d}x=\left(\frac{\partial x}{\partial y}\right)_z\mathrm{d}y+\left(\frac{\partial x}{\partial z}\right)_y\mathrm{d}z$$

$$\mathrm{d}y=\left(\frac{\partial y}{\partial x}\right)_z\mathrm{d}x+\left(\frac{\partial y}{\partial z}\right)_x\mathrm{d}z$$

以上二式消去 $\mathrm{d}y$

$$\left[1-\left(\frac{\partial x}{\partial y}\right)_z\left(\frac{\partial y}{\partial x}\right)_z\right]\mathrm{d}x=\left[\left(\frac{\partial x}{\partial y}\right)_z\left(\frac{\partial y}{\partial z}\right)_z+\left(\frac{\partial x}{\partial z}\right)_y\right]\mathrm{d}z$$

既然 x 和 z 是相互独立变化的，可令 z 不变，只改变 x。也就是 $\mathrm{d}z=0$，$\mathrm{d}x\neq 0$，即

$$\left(\frac{\partial x}{\partial y}\right)_z\left(\frac{\partial y}{\partial x}\right)_z=1 \tag{5-2-18}$$

亦可令 x 不变，只改变 z。也就是 $\mathrm{d}z\neq 0$，$\mathrm{d}x=0$，即

$$\left(\frac{\partial x}{\partial y}\right)_z\left(\frac{\partial y}{\partial z}\right)_x+\left(\frac{\partial x}{\partial z}\right)_y=0$$

$$\left(\frac{\partial x}{\partial y}\right)_z\left(\frac{\partial y}{\partial z}\right)_x\left(\frac{\partial z}{\partial x}\right)_y=-\left(\frac{\partial x}{\partial z}\right)_y\left(\frac{\partial z}{\partial x}\right)_y=-1 \tag{5-2-19}$$

这是另外两个重要的数学关系式。

2. 主要的全微分

对于简单可压缩物质组成的闭口系统，有以下全微分方程：

$$\mathrm{d}u=T\mathrm{d}s-p\mathrm{d}v \tag{5-2-20}$$

$$\mathrm{d}h=T\mathrm{d}s+v\mathrm{d}p \tag{5-2-21}$$

比亥姆霍兹函数 f(比自由能)定义为

$$f=u-Ts \tag{5-2-22}$$

比吉布斯函数 g(比自由焓)定义为

$$g=h-Ts \tag{5-2-23}$$

比亥姆霍兹函数 f 的全微分为

$$\mathrm{d}f=\mathrm{d}u-T\mathrm{d}s-s\mathrm{d}T=-p\mathrm{d}v-s\mathrm{d}T \tag{5-2-24}$$

比吉布斯函数 g 的全微分为

$$\mathrm{d}g=\mathrm{d}h-T\mathrm{d}s-s\mathrm{d}T=v\mathrm{d}p-s\mathrm{d}T \tag{5-2-25}$$

3. 麦克斯韦关系式

从四个全微分方程

$$\mathrm{d}u=T\mathrm{d}s-p\mathrm{d}v$$

$$\mathrm{d}h=T\mathrm{d}s+v\mathrm{d}p$$

$$\mathrm{d}f=-p\mathrm{d}v-s\mathrm{d}T$$

$$\mathrm{d}g=v\mathrm{d}p-s\mathrm{d}T$$

容易推出麦克斯韦关系式

$$\left(\frac{\partial T}{\partial v}\right)_s=-\left(\frac{\partial p}{\partial s}\right)_v \tag{5-2-26}$$

$$\left(\frac{\partial T}{\partial p}\right)_s=\left(\frac{\partial v}{\partial s}\right)_p \tag{5-2-27}$$

$$\left(\frac{\partial p}{\partial T}\right)_v=\left(\frac{\partial s}{\partial v}\right)_T \tag{5-2-28}$$

$$\left(\frac{\partial v}{\partial T}\right)_p=-\left(\frac{\partial s}{\partial p}\right)_T \tag{5-2-29}$$

此外，还可导出其他四个关系式

$$\left(\frac{\partial u}{\partial s}\right)_v=T=\left(\frac{\partial h}{\partial s}\right)_p \tag{5-2-30}$$

$$\left(\frac{\partial u}{\partial v}\right)_s=-p=\left(\frac{\partial f}{\partial v}\right)_T \tag{5-2-31}$$

$$\left(\frac{\partial h}{\partial p}\right)_s=v=\left(\frac{\partial g}{\partial p}\right)_T \tag{5-2-32}$$

$$\left(\frac{\partial f}{\partial T}\right)_v=-s=\left(\frac{\partial g}{\partial T}\right)_p \tag{5-2-33}$$

5.2.3 熵、内能和焓的一般热力关系

1. 熵的一般关系式

由 $s=s(T,v)$ 可得

$$\mathrm{d}s=\left(\frac{\partial s}{\partial T}\right)_v\mathrm{d}T+\left(\frac{\partial s}{\partial v}\right)_T\mathrm{d}v \tag{5-2-34}$$

式中

$$\left(\frac{\partial s}{\partial T}\right)_v=\left(\frac{\partial u}{\partial T}\right)_v\Big/\left(\frac{\partial u}{\partial s}\right)_v=\frac{c_v}{T} \tag{5-2-35}$$

$$\left(\frac{\partial s}{\partial v}\right)_T=\left(\frac{\partial p}{\partial T}\right)_v \tag{5-2-36}$$

将式(5-2-35)和式(5-2-36)代入式(5-2-34)，可得

$$\mathrm{d}s=\frac{c_v}{T}\mathrm{d}T+\left(\frac{\partial p}{\partial T}\right)_v\mathrm{d}v \tag{5-2-37}$$

该式是 T、v 为独立变量时熵的一般关系式，它适合于任何的简单可压缩物质。

由 $s=s(T,p)$ 可得

$$\mathrm{d}s=\left(\frac{\partial s}{\partial T}\right)_p\mathrm{d}T+\left(\frac{\partial s}{\partial p}\right)_T\mathrm{d}p \tag{5-2-38}$$

式中

$$\left(\frac{\partial s}{\partial T}\right)_p=\left(\frac{\partial h}{\partial T}\right)_p\Big/\left(\frac{\partial h}{\partial s}\right)_p=\frac{c_p}{T} \tag{5-2-39}$$

$$\left(\frac{\partial s}{\partial p}\right)_T = -\left(\frac{\partial v}{\partial T}\right)_p \tag{5-2-40}$$

将式(5-2-39)和式(5-2-40)代入式(5-2-38)，可得

$$\mathrm{d}s = \frac{c_p}{T}\mathrm{d}T - \left(\frac{\partial v}{\partial T}\right)_p \mathrm{d}p \tag{5-2-41}$$

该式是 T、p 为独立变量时熵的一般关系式。

同样，由 $s = s(p,v)$ 可得

$$\mathrm{d}s = \left(\frac{\partial s}{\partial p}\right)_v \mathrm{d}p + \left(\frac{\partial s}{\partial v}\right)_p \mathrm{d}v \tag{5-2-42}$$

式中

$$\left(\frac{\partial s}{\partial p}\right)_v = \left(\frac{\partial s}{\partial T}\right)_v \left(\frac{\partial T}{\partial p}\right)_v = \frac{c_v}{T}\left(\frac{\partial T}{\partial p}\right)_v \tag{5-2-43}$$

$$\left(\frac{\partial s}{\partial v}\right)_p = \left(\frac{\partial s}{\partial T}\right)_p \left(\frac{\partial T}{\partial v}\right)_p = \frac{c_p}{T}\left(\frac{\partial T}{\partial v}\right)_p \tag{5-2-44}$$

将式(5-2-43)和式(5-2-44)代入式(5-2-42)，可得

$$\mathrm{d}s = \frac{c_v}{T}\left(\frac{\partial T}{\partial p}\right)_v \mathrm{d}p + \frac{c_p}{T}\left(\frac{\partial T}{\partial v}\right)_p \mathrm{d}v \tag{5-2-45}$$

该式是 p、v 为独立变量时熵的一般关系式。

2. 内能的一般关系式

将式(5-2-37)代入 $\mathrm{d}u = T\mathrm{d}s - p\mathrm{d}v$，可得

$$\mathrm{d}u = c_v \mathrm{d}T + \left[T\left(\frac{\partial p}{\partial T}\right)_v - p\right]\mathrm{d}v \tag{5-2-46}$$

该式是 T、v 为独立变量时内能的一般关系式。

将式(5-2-41)代入 $\mathrm{d}u = T\mathrm{d}s - p\mathrm{d}v$，可得

$$\mathrm{d}u = c_p \mathrm{d}T - T\left(\frac{\partial v}{\partial T}\right)_p \mathrm{d}p - p\mathrm{d}v \tag{5-2-47}$$

由 $v = v(T,p)$ 可得

$$\mathrm{d}v = \left(\frac{\partial v}{\partial T}\right)_p \mathrm{d}T + \left(\frac{\partial v}{\partial p}\right)_T \mathrm{d}p \tag{5-2-48}$$

将式(5-2-48)代入式(5-2-47)，有

$$\mathrm{d}u = \left[c_p - p\left(\frac{\partial v}{\partial T}\right)_p\right]\mathrm{d}T - \left[T\left(\frac{\partial v}{\partial T}\right)_p + p\left(\frac{\partial v}{\partial p}\right)_T\right]\mathrm{d}p \tag{5-2-49}$$

该式是 T、p 为独立变量时内能的一般关系式。

将式(5-2-45)代入 $\mathrm{d}u = T\mathrm{d}s - p\mathrm{d}v$，可得

$$\mathrm{d}u = c_v\left(\frac{\partial T}{\partial p}\right)_v \mathrm{d}p + \left[c_p\left(\frac{\partial T}{\partial v}\right)_p - p\right]\mathrm{d}v \tag{5-2-50}$$

该式是 p、v 为独立变量时内能的一般关系式。

3. 焓的一般关系式

将式(5-2-37)代入 $\mathrm{d}h = T\mathrm{d}s + v\mathrm{d}p$，可得

$$\mathrm{d}h = c_v\mathrm{d}T + T\left(\frac{\partial p}{\partial T}\right)_v \mathrm{d}v + v\mathrm{d}p \tag{5-2-51}$$

由 $p = p(T,v)$，可得

$$\mathrm{d}p = \left(\frac{\partial p}{\partial T}\right)_v \mathrm{d}T + \left(\frac{\partial p}{\partial v}\right)_T \mathrm{d}v \tag{5-2-52}$$

将式(5-2-52)代入式(5-2-51)，可得

$$\mathrm{d}h = \left[c_v + v\left(\frac{\partial p}{\partial T}\right)_v\right]\mathrm{d}T + \left[T\left(\frac{\partial p}{\partial T}\right)_v + v\left(\frac{\partial p}{\partial v}\right)_T\right]\mathrm{d}v \tag{5-2-53}$$

该式是 T、v 为独立变量时焓的一般关系式。

将式(5-2-41)代入 $\mathrm{d}h = T\mathrm{d}s + v\mathrm{d}p$，可得

$$\mathrm{d}h = c_p\mathrm{d}T - \left[T\left(\frac{\partial v}{\partial T}\right)_p - v\right]\mathrm{d}p \tag{5-2-54}$$

该式是 T、p 为独立变量时焓的一般关系式。

将式(5-2-45)代入 $\mathrm{d}h = T\mathrm{d}s + v\mathrm{d}p$，可得

$$\mathrm{d}h = \left[c_v\left(\frac{\partial T}{\partial p}\right)_v + v\right]\mathrm{d}p + c_p\left(\frac{\partial T}{\partial v}\right)_p \mathrm{d}v \tag{5-2-55}$$

该式是 p、v 为独立变量时焓的一般关系式。

例 5-2-1　某气体的状态方程为 $p(v-b) = RT$，热力学能 $u = c_vT + u_0$，其中 c_v、u_0 为常数。试证明：在可逆绝热过程中该气体能满足下列方程式：

$$p(v-b)^k = c$$

其中，$k = c_p/c_v$；c 为常数。

证明　熵的一般关系式为

$$\mathrm{d}s = \frac{c_v}{T}\mathrm{d}T + \left(\frac{\partial p}{\partial T}\right)_v \mathrm{d}v$$

$$\mathrm{d}s = \frac{c_p}{T}\mathrm{d}T - \left(\frac{\partial v}{\partial T}\right)_p \mathrm{d}p$$

对于可逆绝热过程，有 $\mathrm{d}s = 0$，因此上两式变为

$$\frac{c_v}{T}\mathrm{d}T + \left(\frac{\partial p}{\partial T}\right)_v \mathrm{d}v = 0$$

$$\frac{c_p}{T}\mathrm{d}T - \left(\frac{\partial v}{\partial T}\right)_p \mathrm{d}p = 0$$

根据题中所给的状态方程可得

$$\left(\frac{\partial p}{\partial T}\right)_v = \frac{R}{v-b},\quad \left(\frac{\partial v}{\partial T}\right)_p = \frac{R}{p}$$

于是

$$\frac{c_v}{T}\mathrm{d}T = -\frac{R}{v-b}\mathrm{d}v$$

$$\frac{c_p}{T}\mathrm{d}T = \frac{R}{p}\mathrm{d}p$$

两式相除后，整理为

$$\int\frac{\mathrm{d}p}{p} + \int k\frac{\mathrm{d}v}{v-b} = 0$$

$$\ln p(v-b)^k = c'$$

$$k = c_p/c_v$$

即

$$p(v-b)^k = c\text{，}c\ \text{为常数}$$

5.2.4　其他热力学关系式

1. 体积膨胀系数、等温压缩系数和等熵压缩系数

对于比体积 $v = v(T,p)$，其全微分表示为

$$\mathrm{d}v = \left(\frac{\partial v}{\partial T}\right)_p \mathrm{d}T + \left(\frac{\partial v}{\partial p}\right)_T \mathrm{d}p$$

体积膨胀系数 β 定义为

$$\beta = \frac{1}{v}\left(\frac{\partial v}{\partial T}\right)_p \tag{5-2-56}$$

等温压缩系数 κ 定义为

$$\kappa = -\frac{1}{v}\left(\frac{\partial v}{\partial p}\right)_T \tag{5-2-57}$$

实验数据表明等温压缩系数 κ 始终为正，部分示例见表 5-2-1。

表 5-2-1　1atm 时液态水的体积膨胀系数 β 和等温压缩系数 κ 随温度变化

T/℃	密度 ρ / (kg/m^3)	体积膨胀系数 $\beta\times10^6$ /K^{-1}	等温压缩系数 $\kappa\times10^6$ /bar^{-1}
0	999.84	−68.14	50.89
10	999.70	87.90	47.81
20	998.21	206.6	45.90
30	995.65	303.1	44.77
40	992.22	385.4	44.24
50	988.04	457.8	44.18

等熵压缩系数 α 定义为

$$\alpha = -\frac{1}{v}\left(\frac{\partial v}{\partial p}\right)_s \tag{5-2-58}$$

声速的定义式为

$$c=\sqrt{-v^2\left(\frac{\partial p}{\partial v}\right)_s} \tag{5-2-59}$$

将式(5-2-58)代入式(5-2-59)可得

$$c=\sqrt{v/\alpha} \tag{5-2-60}$$

2. 比热容和比热比的关系式

由式(5-2-37)和式(5-2-41)推出

$$(c_p-c_v)\mathrm{d}T=T\left(\frac{\partial p}{\partial T}\right)_v\mathrm{d}v+T\left(\frac{\partial v}{\partial T}\right)_p\mathrm{d}p$$

对于压强 $p=p(T,v)$，其全微分为

$$\mathrm{d}p=\left(\frac{\partial p}{\partial T}\right)_v\mathrm{d}T+\left(\frac{\partial p}{\partial v}\right)_T\mathrm{d}v$$

消去 $\mathrm{d}p$，并整理为

$$\left[\left(c_p-c_v\right)-T\left(\frac{\partial v}{\partial T}\right)_p\left(\frac{\partial p}{\partial T}\right)_v\right]\mathrm{d}T=T\left[\left(\frac{\partial v}{\partial T}\right)_p\left(\frac{\partial p}{\partial v}\right)_T+\left(\frac{\partial p}{\partial T}\right)_v\right]\mathrm{d}v$$

于是

$$\left(c_p-c_v\right)=T\left(\frac{\partial v}{\partial T}\right)_p\left(\frac{\partial p}{\partial T}\right)_v \tag{5-2-61}$$

$$\left(\frac{\partial p}{\partial T}\right)_v=-\left(\frac{\partial v}{\partial T}\right)_p\left(\frac{\partial p}{\partial v}\right)_T \tag{5-2-62}$$

将式(5-2-62)代入式(5-2-61)，有

$$\begin{aligned}c_p-c_v&=-T\left(\frac{\partial v}{\partial T}\right)_p^2\left(\frac{\partial p}{\partial v}\right)_T\\&=Tv\left[\frac{1}{v}\left(\frac{\partial v}{\partial T}\right)_p\right]^2\Big/\left[-\frac{1}{v}\left(\frac{\partial v}{\partial p}\right)_T\right]\\&=Tv\beta^2/\kappa\end{aligned} \tag{5-2-63}$$

既然 T、$\kappa>0$，v、$\beta^2\geqslant 0$，因此有 $c_p-c_v\geqslant 0$。

当 $T\to 0$ 时，$c_p-c_v\to 0$。

对于大多数固体和液体，由于 $\beta\to 0$，所以 $c_p-c_v\to 0$，此时它们的比热容统一用 c_p 表示。

对于比热比的关系式，由于

$$\frac{c_v}{T}=\left(\frac{\partial s}{\partial T}\right)_v=\frac{-1}{(\partial v/\partial s)_T(\partial T/\partial v)_s}$$

$$\frac{c_p}{T}=\left(\frac{\partial s}{\partial T}\right)_p=\frac{-1}{(\partial p/\partial s)_T(\partial T/\partial p)_s}$$

两式相除可得

$$k = \frac{c_p}{c_v} = \frac{(\partial v / \partial s)_T (\partial T / \partial v)_s}{(\partial p / \partial s)_T (\partial T / \partial p)_s} \tag{5-2-64}$$

数学变换为

$$\begin{aligned} k &= \left[\left(\frac{\partial v}{\partial s}\right)_T \left(\frac{\partial s}{\partial p}\right)_T\right]\left[\left(\frac{\partial p}{\partial T}\right)_s \left(\frac{\partial T}{\partial v}\right)_s\right] \\ &= \left(\frac{\partial v}{\partial p}\right)_T \left(\frac{\partial p}{\partial v}\right)_s = \left[-\frac{1}{v}\left(\frac{\partial v}{\partial p}\right)_T\right] \Big/ \left[-\frac{1}{v}\left(\frac{\partial v}{\partial p}\right)_s\right] \\ &= \frac{\kappa}{\alpha} \end{aligned} \tag{5-2-65}$$

由式(5-2-59)和式(5-2-65)可得声速

$$c = \sqrt{-v^2\left(\frac{\partial p}{\partial v}\right)_s} = \sqrt{-kv^2\left(\frac{\partial p}{\partial v}\right)_T} = \sqrt{kv / \kappa} \tag{5-2-66}$$

对于理想气体，声速公式简化为

$$c = \sqrt{kRT} \text{（理想气体）} \tag{5-2-67}$$

3. 焦耳-汤姆孙系数

焦耳-汤姆孙系数 μ_{J} 定义为

$$\mu_{\mathrm{J}} = \left(\frac{\partial T}{\partial p}\right)_h \tag{5-2-68}$$

因为在绝热节流过程中压强总是下降的，dp 恒为负值，所以焦耳-汤姆孙系数具有明确的物理意义，即

当 $\mu_{\mathrm{J}} > 0$ 时，$\mathrm{d}T < 0$，节流冷效应
当 $\mu_{\mathrm{J}} < 0$ 时，$\mathrm{d}T > 0$，节流热效应
当 $\mu_{\mathrm{J}} = 0$ 时，$\mathrm{d}T = 0$，节流零效应

焦耳-汤姆孙系数可以通过实验来确定，如图 5-2-1 所示。节流程度通过调节活门的开度大小来控制，节流前后的状态通过温度计和压强表来测定。实验时，在保持入口焓值一定的情况下，改变节流程度，待稳定后再测出相应的出口参数。这样，就可以在 p-T 图上画出多条定焓曲线。

应用数学关系式

$$\left(\frac{\partial T}{\partial p}\right)_h \left(\frac{\partial p}{\partial h}\right)_T \left(\frac{\partial h}{\partial T}\right)_p = -1$$

焦耳-汤姆孙系数 μ_{J} 变为

$$\mu_{\mathrm{J}} = -\frac{1}{c_p}\left(\frac{\partial h}{\partial p}\right)_T \tag{5-2-69}$$

代入关系式 $(\partial h / \partial p)_T = v - T(\partial v / \partial T)_p$，可得

$$\mu_{\mathrm{J}} = \frac{1}{c_p}\left[T\left(\frac{\partial v}{\partial T}\right)_p - v\right] \tag{5-2-70}$$

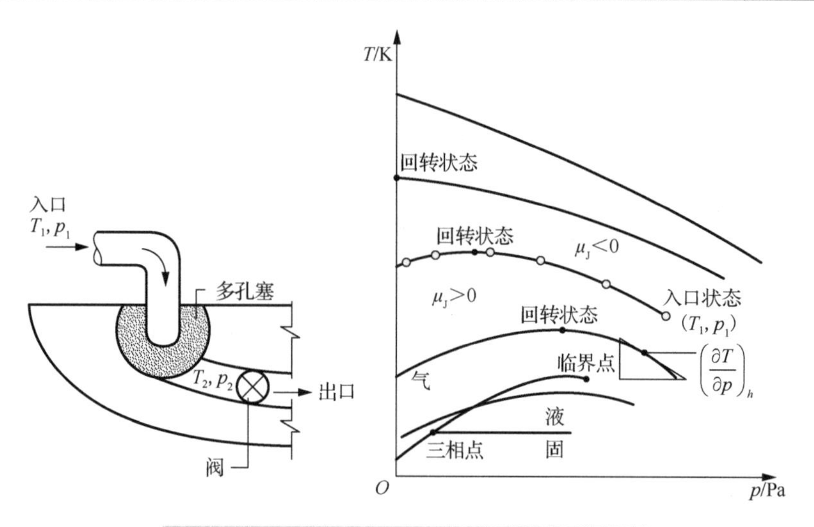

图 5-2-1　焦耳-汤姆孙系数的实验装置和等焓线

5.3　理想气体混合物

许多系统的研究涉及两种或更多种的气体混合物，例如，矿物燃料的燃烧产物由多种气体成分构成，包括二氧化碳和水蒸气等。

5.3.1　混合物成分的描述

考虑一个由气体混合物构成的闭口系统，它的成分可以由每种成分的质量或摩尔数表示，它们的关系是

$$n_i = \frac{m_i}{M_i} \tag{5-3-1}$$

式中，n_i 是第 i 种成分的摩尔数；m_i 是第 i 种成分的质量；M_i 是第 i 种成分的分子量(摩尔质量)。

混合物的总质量是各成分质量之和，表示为

$$m = m_1 + m_2 + \cdots + m_j = \sum_{i=1}^{j} m_i \tag{5-3-2}$$

式中，j 是混合物中包含的气体种类。第 i 种成分的质量分数定义为

$$\mathrm{mf}_i = \frac{m_i}{m} \tag{5-3-3}$$

式(5-3-2)两边同时除以 m，可得

$$1 = \sum_{i=1}^{j} \mathrm{mf}_i \tag{5-3-4}$$

混合物的总摩尔数是各成分摩尔数之和，表示为

$$n = n_1 + n_2 + \cdots + n_j = \sum_{i=1}^{j} n_i \tag{5-3-5}$$

第 i 种成分的摩尔分数定义为

$$y_i = \frac{n_i}{n} \tag{5-3-6}$$

式(5-3-5)两边同时除以 n 可得

$$1=\sum_{i=1}^{j} y_i \tag{5-3-7}$$

混合物的分子量定义为

$$M=\frac{m}{n} \tag{5-3-8}$$

式(5-3-8)可以变为

$$M=\frac{m_1+m_2+\cdots+m_j}{n}$$

又 $m_i=n_iM_i$，上式变为

$$M=\frac{n_1M_1+n_2M_2+\cdots+n_jM_j}{n}$$

最后可得

$$M=\sum_{i=1}^{j} y_iM_i \tag{5-3-9}$$

例 5-3-1　某碳氢燃料的燃烧产物的摩尔成分为：CO_2，0.08；H_2O，0.11；O_2，0.07；N_2，0.74。试求：

(1)燃烧产物的摩尔质量；

(2)各成分的质量分数。

解　(1) $y_{CO_2}=0.08,\qquad y_{H_2O}=0.11,\qquad y_{O_2}=0.07,\qquad y_{N_2}=0.74$

应用式(5-3-9)可得

$$\begin{aligned}M&=0.08\times44+0.11\times18+0.07\times32+0.74\times28\\&=28.46(\text{kg/kmol})\end{aligned}$$

(2)假设有 1kmol 的燃烧产物，其计算结果如表 5-3-1 所示。

表 5-3-1　1kmol 燃烧产物

成分	摩尔数 n_i / kmol	×	摩尔质量 M_i / (kg / kmol)	=	质量 m_i / kg	质量分数 mf_i / %
CO_2	0.08	×	44	=	3.52	12.37
H_2O	0.11	×	18	=	1.98	6.96
O_2	0.07	×	32	=	2.24	7.87
N_2	0.74	×	28	=	20.72	72.80
总量	1.00				28.46	100.00

5.3.2　混合气体模型

考虑一个充满气体混合物的闭口系统，如图 5-3-1 所示，其理想气体状态方程式为

$$p=n\frac{\overline{R}T}{V} \tag{5-3-10}$$

式中，n 是混合气体的总摩尔数。

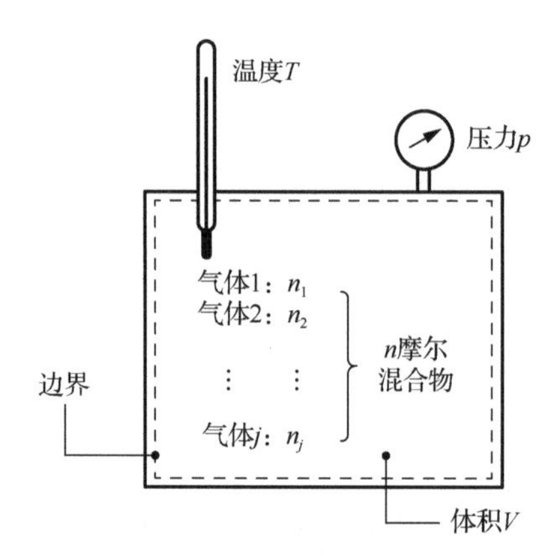

图 5-3-1　多种气体混合物的闭口系统

1. 道尔顿模型

道尔顿模型认为，对于温度为 T 和体积为 V 的混合气体，摩尔数为 n_i 的某种气体成分的分压为 p_i，并满足理想气体方程式，即

$$p_i = n_i \frac{\bar{R}T}{V} \tag{5-3-11}$$

式(5-3-11)除以式(5-3-10)，可得

$$\frac{p_i}{p} = \frac{n_i \bar{R}T / V}{n\bar{R}T / V} = \frac{n_i}{n} = y_i$$

于是

$$p_i = y_i p \tag{5-3-12}$$

对每一种成分的分压求和有

$$\sum_{i=1}^{j} p_i = \sum_{i=1}^{j} y_i p = p\sum_{i=1}^{j} y_i = p \tag{5-3-13}$$

此即道尔顿分压定律。

2. 阿马加模型

阿马加模型认为，对于温度为 T 和压强为 p 的混合气体，摩尔数为 n_i 的某种气体成分的分体积为 V_i，并满足理想气体方程式，即

$$V_i = n_i \frac{\bar{R}T}{p} \tag{5-3-14}$$

式(5-3-14)除以 $V = n\bar{R}T / p$，可得

$$\frac{V_i}{V} = \frac{n_i \bar{R}T / p}{n\bar{R}T / p} = \frac{n_i}{n} = y_i$$

于是

$$V_i = y_i V \tag{5-3-15}$$

对于每一种成分体积相加有

$$\sum_{i=1}^{j} V_i = \sum_{i=1}^{j} y_i V = V\sum_{i=1}^{j} y_i = V \tag{5-3-16}$$

5.3.3　混合物的内能 U、焓 H 和熵 S

内能、焓和熵都是广延量，对于混合物有以下等式：

$$U = U_1 + U_2 + \cdots + U_j = \sum_{i=1}^{j} U_i$$

$$H = H_1 + H_2 + \cdots + H_j = \sum_{i=1}^{j} H_i$$

$$S = S_1 + S_2 + \cdots + S_j = \sum_{i=1}^{j} S_i$$

因为

$$U_i = n_i \overline{u}_i = m_i u_i$$
$$H_i = n_i \overline{h}_i = m_i h_i$$
$$S_i = n_i \overline{s}_i = m_i s_i$$

所以

$$n\overline{u} = n_1\overline{u}_1 + n_2\overline{u}_2 + \cdots + n_j\overline{u}_j = \sum_{i=1}^{j} n_i\overline{u}_i$$

$$n\overline{h} = n_1\overline{h}_1 + n_2\overline{h}_2 + \cdots + n_j\overline{h}_j = \sum_{i=1}^{j} n_i\overline{h}_i$$

$$n\overline{s} = n_1\overline{s}_1 + n_2\overline{s}_2 + \cdots + n_j\overline{s}_j = \sum_{i=1}^{j} n_i\overline{s}_i$$

$$mu = m_1u_1 + m_2u_2 + \cdots + m_ju_j = \sum_{i=1}^{j} m_iu_i$$

$$mh = m_1h_1 + m_2h_2 + \cdots + m_jh_j = \sum_{i=1}^{j} m_ih_i$$

$$ms = m_1s_1 + m_2s_2 + \cdots + m_js_j = \sum_{i=1}^{j} m_is_i$$

整理为

$$\overline{u} = \sum_{i=1}^{j} y_i\overline{u}_i \tag{5-3-17}$$

$$\overline{h} = \sum_{i=1}^{j} y_i\overline{h}_i \tag{5-3-18}$$

$$\overline{s} = \sum_{i=1}^{j} y_i\overline{s}_i \tag{5-3-19}$$

$$u = \sum_{i=1}^{j} \mathrm{mf}_i u_i \tag{5-3-20}$$

$$h = \sum_{i=1}^{j} \mathrm{mf}_i h_i \tag{5-3-21}$$

$$s = \sum_{i=1}^{j} \mathrm{mf}_i s_i \tag{5-3-22}$$

将内能和焓分别对温度求微分可得

$$\overline{c}_v = \sum_{i=1}^{j} y_i \overline{c}_{v,i} \tag{5-3-23}$$

$$\overline{c}_p = \sum_{i=1}^{j} y_i \overline{c}_{p,i} \tag{5-3-24}$$

$$c_v = \sum_{i=1}^{j} \mathrm{mf}_i c_{v,i} \tag{5-3-25}$$

$$c_p = \sum_{i=1}^{j} \mathrm{mf}_i c_{p,i} \tag{5-3-26}$$

摩尔基和质量基参数之间的转换关系为

$$\overline{u} = Mu,\quad \overline{h} = Mh,\quad \overline{c}_p = Mc_p,\quad \overline{c}_v = Mc_v,\quad \overline{s} = Ms \tag{5-3-27}$$

5.3.4　不变成分混合物的过程

如图 5-3-2 所示，气体混合物在状态 1—状态 2 的过程中其内能、焓和熵的改变为

$$U_2 - U_1 = \sum_{i=1}^{j} n_i \left[\overline{u}_i(T_2) - \overline{u}_i(T_1)\right] \tag{5-3-28}$$

$$H_2 - H_1 = \sum_{i=1}^{j} n_i \left[\overline{h}_i(T_2) - \overline{h}_i(T_1)\right] \tag{5-3-29}$$

$$S_2 - S_1 = \sum_{i=1}^{j} n_i \left[\overline{s}_i(T_2, p_{i2}) - \overline{s}_i(T_1, p_{i1})\right] \tag{5-3-30}$$

式中，T_1 和 T_2 分别是初态和终态温度。以上三式分别除以混合物摩尔数 n 后变为

$$\Delta\overline{u} = \sum_{i=1}^{j} y_i \left[\overline{u}_i(T_2) - \overline{u}_i(T_1)\right] \tag{5-3-31}$$

$$\Delta\overline{h} = \sum_{i=1}^{j} y_i \left[\overline{h}_i(T_2) - \overline{h}_i(T_1)\right] \tag{5-3-32}$$

$$\Delta\overline{s} = \sum_{i=1}^{j} y_i \left[\overline{s}_i(T_2, p_{i2}) - \overline{s}_i(T_1, p_{i1})\right] \tag{5-3-33}$$

1. 理想气体表

对于理想气体，在附表 22～附表 28 中可直接查得内能和焓，然后计算其变化值。对于熵变可用以下公式计算：

$$\Delta\overline{s}_i = \overline{s}_i^0(T_2) - \overline{s}_i^0(T_1) - \overline{R}\ln\frac{p_{i2}}{p_{i1}}$$

由于混合气体的成分不变，所以有

$$\frac{p_{i2}}{p_{i1}} = \frac{y_i p_2}{y_i p_1} = \frac{p_2}{p_1}$$

综合应用以上两式可得

$$\Delta\overline{s}_i = \overline{s}_i^0(T_2) - \overline{s}_i^0(T_1) - \overline{R}\ln\frac{p_2}{p_1}$$

2. 定比热容过程

对于比热容不变的情况，内能、焓和熵的变化值为

$$\Delta\bar{u}=\bar{c}_v(T_2-T_1),\ \Delta\bar{h}=\bar{c}_p(T_2-T_1),\ \Delta\bar{s}=\bar{c}_p\ln\frac{T_2}{T_1}-\bar{R}\ln\frac{p_2}{p_1}$$

$$\Delta\bar{u}_i=\bar{c}_{v,i}(T_2-T_1),\ \Delta\bar{h}_i=\bar{c}_{p,i}(T_2-T_1),\ \Delta\bar{s}_i=\bar{c}_{p,i}\ln\frac{T_2}{T_1}-\bar{R}\ln\frac{p_2}{p_1}$$

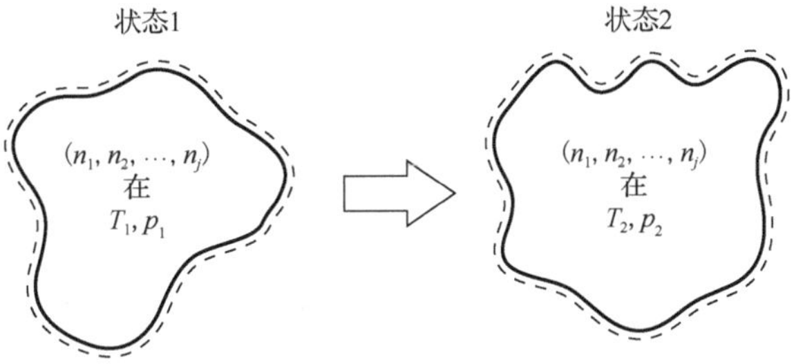

状态1

$(n_1, n_2, \cdots, n_j)$ 在 T_1, p_1

状态2

$(n_1, n_2, \cdots, n_j)$ 在 T_2, p_2

$U_1=\sum_{i=1}^{j}n_i\bar{u}_i(T_1)$　$U_2=\sum_{i=1}^{j}n_i\bar{u}_i(T_2)$

$H_1=\sum_{i=1}^{j}n_i\bar{h}_i(T_1)$　$H_2=\sum_{i=1}^{j}n_i\bar{h}_i(T_2)$

$S_1=\sum_{i=1}^{j}n_i\bar{s}_i(T_1, p_{i1})$　$S_2=\sum_{i=1}^{j}n_i\bar{s}_i(T_2, p_{i2})$

图 5-3-2　理想气体混合过程

5.4 湿　空　气

蒸气是接近于饱和区的气体状态，这种状态的物质很容易冷凝。讨论气体-蒸气混合物时，蒸气可能会从混合物中冷凝析出，形成气液两相混合物。这样，分析就复杂了。所以，气体-蒸气混合物应该与一般的气体混合物区别对待。

工程中有几种常用的气体-蒸气混合物。现在主要讨论空气-水-蒸气混合物，这是工程上最常遇到的气体-蒸气混合物。空气-水-蒸气混合物也称湿空气，其主要应用是空气调节。

5.4.1 干空气和大气

空气是氮气、氧气和其他微量气体的混合物。大气中的空气通常都含有一些水蒸气。完全不含水蒸气的空气称为干空气。为了方便，通常把空气当作水蒸气和干空气的混合气体。干空气的成分比较稳定。由于不同情况的蒸发，空气中水蒸气的含量会有所变化。虽然空气中的水蒸气含量较少，但是它对人们舒适度的影响却是很大的。因此，在空气调节中必须考虑这个因素。

空调设备中，空气温度变化范围通常为-10～50℃。在这个范围内，干空气可当作理想气体，并具有恒定的比定压热容 c_p=1.005kJ/(kg·K)。采用定比热容所带来的误差在 0.2%以下。

以 0℃作为参考温度，干空气的焓和焓变可由下式求得

$$h_{\text{dry-air}} = c_p T = 1.005T(\text{kJ / kg}) \tag{5-4-1}$$

$$\Delta h_{\text{dry-air}} = c_p \Delta T = 1.005\Delta T(\text{kJ / kg}) \tag{5-4-2}$$

式中，下标 dry-air 表示干空气；T 是空气温度，ΔT 是温度的变化。

在空调过程中考虑的是焓变，与参考点选择无关。空气中的水蒸气是不是也可以视作理想气体呢？为了方便，可以部分降低精确性的要求。其实，把空气中的水蒸气视作理想气体所引起的误差很有限。在 50℃时，水的饱和压强是 12.3kPa。低于这个压强，饱和水蒸气可以认为是理想气体而误差低于 0.2%。因此，空气中的水蒸气可视作独立存在的理想气体，遵循状态方程 $pv = RT$。

所以，湿空气看作理想气体的混合物，它的压强就是干空气的分压 p_{a} 与水蒸气的分压 p_{v} 之和：

$$p = p_{\text{a}} + p_{\text{v}} \tag{5-4-3}$$

水蒸气的分压可看作蒸气压强，这是蒸气处于混合物温度和体积下，独立存在的压强。既然水蒸气是理想气体，焓值是温度的单值函数 $h=h(T)$。在低于 50℃时，等焓线和等温线是重合的。因此，在空气中，水蒸气的焓值可以等同于相同温度下饱和蒸气的焓值，即

$$h_{\text{v}}(T,\text{低压}) \approx h_{\text{g}}(T) \tag{5-4-4}$$

水蒸气在 0℃时的焓值是 2501.3kJ/kg，其平均比定压热容是 1.82kJ/(kg·℃)，则水蒸气的焓值可近似用下式求得

$$h_{\text{v}}(T) \approx 2501.3 + 1.82T \tag{5-4-5}$$

式中，T 的范围为-10～50℃，误差在允许范围内。

5.4.2　湿空气的比湿度和相对湿度

空气中水蒸气的含量可以由多种方式确定。单位质量干空气中含有水蒸气的质量，称为比湿度(也称为含湿量)。记为

$$\omega = \frac{m_{\text{v}}}{m_{\text{a}}}$$

也可以写成

$$\omega = \frac{m_{\text{v}}}{m_{\text{a}}} = \frac{p_{\text{v}}V/(R_{\text{v}}T)}{p_{\text{a}}V/(R_{\text{a}}T)} = \frac{p_{\text{v}}/R_{\text{v}}}{p_{\text{a}}/R_{\text{a}}} = 0.622\frac{p_{\text{v}}}{p_{\text{a}}} \tag{5-4-6}$$

即

$$\omega = 0.622\frac{p_{\text{v}}}{p - p_{\text{v}}} \tag{5-4-7}$$

式中，p 为湿空气的总压强。

考虑 1kg 的干空气。根据定义，干空气中没有水蒸气，因此含湿量是零。现在加一些水蒸气于空气之中，其含湿量增加。水蒸气加入越多，含湿量也越高，直到它再也容纳不下更多的水蒸气。这时，空气里的水蒸气达到饱和，称作饱和空气。继续加入饱和空气中的水蒸气都会凝结。在饱和温度和饱和压强下，水蒸气含量可由式(5-4-7)计算，并用某温度下的饱和压强 p_{g} 代替 p_{v}。

空气中的水蒸气含量对环境舒适度有很大影响。这种影响更大程度上取决于空气中水蒸

气的含量 m_v 和同温度下空气最大水蒸气含量 m_g 的比值。这个比值称作相对湿度 ϕ，它可表示为

$$\phi = \frac{m_v}{m_g} = \frac{p_v V / (R_v T)}{p_g V / (R_g T)} = \frac{p_v}{p_g} \tag{5-4-8}$$

干空气时，$\phi = 0$；饱和空气时，$\phi = 1$。

联立 ω 和 ϕ 两式，相对湿度可表示为

$$\phi = \frac{\omega p}{(0.622 + \omega) p_g} \tag{5-4-9}$$

含湿量可表示为

$$\omega = 0.622 \frac{\phi p_g}{p - \phi p_g} \tag{5-4-10}$$

大气中的空气是干空气和水蒸气的混合物，其焓值可由干空气和水蒸气的焓值表示。在大量的实际应用中，空气-水蒸气混合物中干空气的含量是恒定的，而水蒸气的含量在变化。因此，大气中空气的焓值的表示，是以单位质量干空气为基准的，而不是以单位质量的空气-水蒸气-水混合物为基准的。

大气中空气的总焓值是广延量，是干空气和水蒸气的焓值之和：

$$H = H_a + H_v = m_a h_a + m_v h_v \tag{5-4-11}$$

即

$$h = \frac{H}{m_a} = h_a + \frac{m_v}{m_a} h_v = h_a + \omega h_v \approx h_a + \omega h_g \tag{5-4-12}$$

5.4.3　露点温度

在湿润的夏季，早晨的草地常常是湿的，其实夜里并没有下雨。原因是空气中过量的水分凝结在冷的表面上，形成露水。夏天大量的水在白天蒸发，夜晚温度降低，空气的含水能力，即空气的最大含水量也降低了。当空气的含水能力等于空气的含湿量时，空气达到饱和状态，其相对湿度是 100%。如果温度再降低，将导致部分水分凝结，这就是露水的形成。

露点温度 T_{dp} 定义为：空气在一定压强下冷却时，冷凝开始的温度。T_{dp} 是水蒸气压强对应的饱和温度，如图 5-4-1 所示。

$$T_{dp} = T_{sat@p_v} \tag{5-4-13}$$

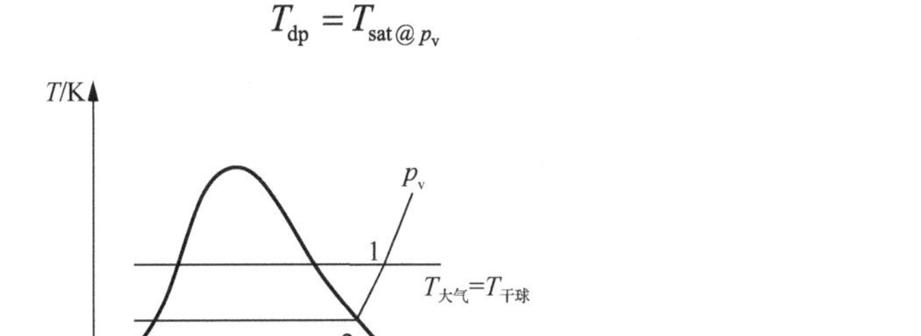

图 5-4-1　湿空气的定压冷却和露点温度

当空气在定压下冷却时，蒸气压强 p_v 是常量，蒸气在空气中(状态 1)经历的是一个定压冷却过程，直到与饱和蒸气曲线相交(状态 2)。这时的温度是 T_{dp}。只要温度继续降低，部分

蒸气就会凝结析出。结果，空气中的蒸气含量减少，导致 p_v 降低。在冷凝过程中，空气持续饱和。这样。该过程就沿着 100%的相对湿度线，也就是露点线移动。在这个过程中，环境温度就是饱和空气对应的露点温度。

湿热的天气里，从冰箱取出听装饮料，就会在罐表面上结露，表明饮料的温度低于周围空气的露点温度。装水的杯子里加入少量的冰搅拌使水冷却，就可以测得室内空气的露点温度：结露开始形成时杯子外表面的温度，就是空气的露点温度。

5.4.4 绝热饱和温度和湿球温度

相对湿度和含湿量常在工程和大气科学中应用，为了方便，把它们与可测的量联系起来，如温度、压强。

求相对湿度的一种方法，就是求空气的露点温度。知道露点温度，就可以求出蒸气压强 p_v，从而求出相对湿度。

求解含湿量或相对湿度的另一种方法，与绝热饱和过程有关。该过程的 T-s 图如图 5-4-2 所示。系统由一个装满水的隔热管道组成。温度为 T_1、含湿量为 ω_1 的非饱和稳流空气通过这个管道。ω_1 是需要求解的参数。当空气流过水面时，一些水会蒸发并与空气流混合。在这个过程中，空气中的水分增加，而温度降低。因为那部分水蒸发所需的热量来自于空气，如果管道足够长，空气将成为温度 T_2 下的饱和空气。T_2 称为绝热饱和温度。

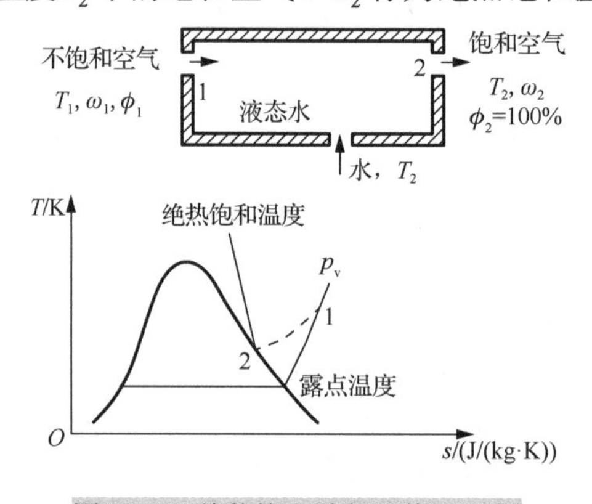

图 5-4-2　绝热饱和过程及其 T - s 图

如果水补充给管道的速率等于 T_2 温度下水蒸发的速率，上述绝热过程可作为稳流过程。这个过程没有热量和功的相互作用，动能和重力位能的变化也可以忽略。所以，这个双进口、单出口的稳流系统的质量能量守恒关系可以简化。

由于干空气的流速是恒定的，其质量守恒：

$$\dot{m}_{a1} = \dot{m}_{a2} = \dot{m}_a \tag{5-4-14}$$

$$\dot{m}_{w1} + \dot{m}_f = \dot{m}_{w2} \tag{5-4-15}$$

式中，下标 a 表示干空气，下标 w 表示空气中水蒸气。

也就是说，空气中蒸气的质量流量按照蒸发的速率 $\dot{m}_f$ 增长，即

$$\dot{m}_a\omega_1 + \dot{m}_f = \dot{m}_a\omega_2$$

所以

$$\dot{m}_f = \dot{m}_a(\omega_2 - \omega_1) \tag{5-4-16}$$

由开口系统的能量方程可得

$$\dot{m}_a h_1 + \dot{m}_f h_f = \dot{m}_a h_2 \tag{5-4-17}$$

由式(5-4-16)和式(5-4-17)可得

$$\dot{m}_a h_1 + \dot{m}_a(\omega_2 - \omega_1)h_f = \dot{m}_a h_2 \tag{5-4-18}$$

进一步展开为

$$h_{a1} + \omega_1 h_{g1} + (\omega_2 - \omega_1)h_f = h_{a2} + \omega_2 h_{g2}$$

即

$$\omega_1 = \frac{c_p(T_2 - T_1) + \omega_2(h_{g2} - h_f)}{h_{g1} - h_f} \tag{5-4-19}$$

其中，ω_2 由下式计算

$$\omega_2 = 0.622\frac{p_{g2}}{p_2 - p_{g2}} \tag{5-4-20}$$

因为$\phi_2 = 100\%$。所以，空气的含湿量和相对湿度，可以根据绝热饱和过程的进、出口空气压强和温度计算求得。如果进入管道的空气已经饱和，那么绝热饱和温度T_2将会与入口温度T_1相同。在这种情况下，可得到结果$\omega_1 = \omega_2$。大体上，绝热饱和温度介于入口温度和露点温度之间。

为了测定空气的含湿量或相对湿度，更实用的方式是：用一支湿度计，在其球端包裹湿纱布条，空气流吹过纱布条。用这种方法测出的温度为湿球温度T_{wb}。大气中空气的温度称为干球温度。在空调系统中，这种干湿球温度计测相对湿度的方法应用相当广泛。

上述原理与饱和绝热过程类似。当不饱和空气在湿纱布上方吹过时，纱布上的水蒸发。结果，水的温度下降，空气和水之间产生温差，这是传热的原因。水蒸发失去的热量等于水从空气中吸收的热量，使水的温度达到稳定，此时读出的温度是湿球温度。

绝热饱和温度和湿球温度不是相同的。但是，在大气压下，空气-水-水蒸气混合物的湿球温度恰好近似等于其绝热饱和温度。因此，湿球温度T_{wb}可以代替T_2以计算该空气混合物的含湿量。

5.4.5 温湿图

如果压强已知，大气中空气的状态可以通过两个独立的状态参数来确定，其他参数都可以计算求出。但是，进行空气过程测算的工作量很大。故可将计算的结果事先计算好，画成图线以备查用。这样的图线称为温湿图，它们在空调设计中广泛采用。

温湿图按压强为 latm 时绘制，在其他大气压强下，即使海拔相当高时，该空气湿温图仍可通用而误差很小。

图 5-4-3 说明了温湿图的基本特征。横轴为干球温度，纵轴为含湿量。有些图还将蒸气压强在纵轴上表示出来，因为在固定的总压强p下，含湿量ω和蒸气压强p_v是一一对应的，即

$$\omega = 0.622\frac{p_v}{p - p_v}$$

在图的左部，有一条向上弯曲的曲线，称饱和线。所有的饱和空气状态都落在这条曲线上，因此，它也是 100%相对湿度曲线。其他小于 100%的相对湿度线与它的形状大致一样。

等湿球温度线向右下倾斜。等容线以立方米每千克干空气表示，与等湿球温度线相像，

只是略微陡峭。等焓线按千焦每千克干空气计，与等湿球温度线几乎平行。因此，在有的图线中，等湿球温度线就作为等焓线用。

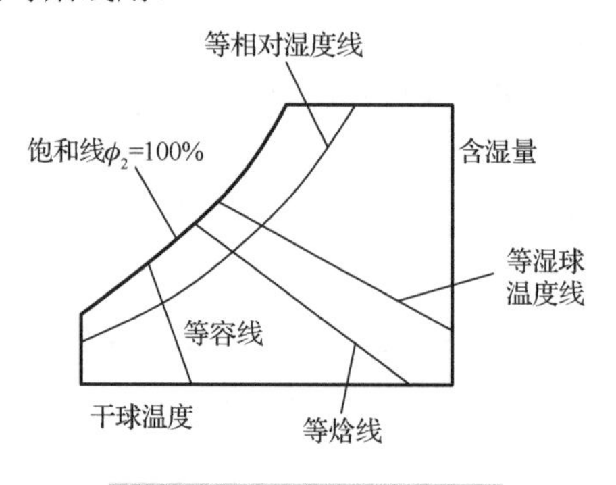

图 5-4-3　温湿图的基本特征

5.4.6　湿空气过程

湿空气过程包括单纯加热(单纯提高温度)、单纯冷却(单纯降低温度)、加湿(提高湿度)、去湿(降低湿度)。有时需要两种或更多的过程复合，使空气达到理想的温度和湿度。

1. 单纯加热和冷却(含湿量 ω=常数)

许多住宅的供热系统是炉子、热泵或者电阻加热器。空气通过管道循环加热，输送管道包括暖气管或电阻管道。由于水分没有增加也没有流失，空气的含湿量在该过程中保持不变。在空气温湿图上，该加热过程会沿着等含湿量线朝着干球温度增加的方向进行，表示为一条水平直线。

但是，在加热过程中，即使含湿量 ω 保持不变，空气的相对湿度还是减少了。这是因为，相对湿度是空气水分含量和相同温度下空气吸湿能力的比值。空气吸湿能力随着温度的升高而增加。这样，加热后的空气相对湿度很可能会低于人体感觉舒适的水平，引起皮肤干燥、呼吸困难和静电增强。

在恒定不变的含湿量下，冷却过程和加热过程是类似的，但是，干球温度降低、相对湿度增加了。冷却过程的实现，可以采用空气流经内部有制冷剂的盘管、空气流经内部有冷水的盘管等方法。

不包含加湿去湿的加热冷却，干空气质量方程为 $\dot{m}_{a1}=\dot{m}_{a2}=\dot{m}_a$。水的质量守恒关系为 $\omega_1=\omega_2$。忽略风扇做功，该工况的能量方程为

$$q=\frac{\dot{Q}}{\dot{m}_a}=h_2-h_1 \tag{5-4-21}$$

式中，h_1 和 h_2 分别为单位质量干空气在流入和流出加热或冷却区域时的焓。

2. 加热加湿

单纯加热过程引起的相对湿度降低，纠正的方法是对加热空气进行加湿，如图 5-4-4 所示。先使空气经历加热过程(过程 1—2)，然后再进入加湿过程(过程 2—3)。状态 3 取决于加湿过程实现的方式。如果蒸气进入加湿段，加湿同时有热量加入($T_3>T_2$)。对于这种情况，可以在加热段将空气加热到较高的温度，以此来补偿加湿过程中的冷却效应。

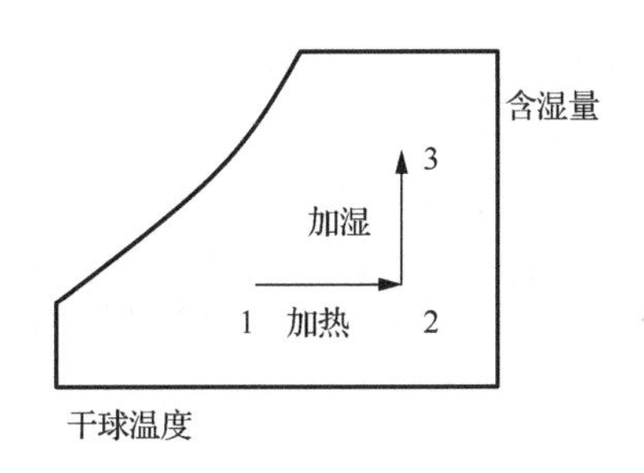

图 5-4-4　加热加湿过程

3. 冷却去湿

在单纯冷却过程中，空气的含湿量保持不变，相对湿度增加，如果相对湿度高到过分的程度，就需要除去空气中的水分，即去湿，去湿需要把空气冷却到露点温度以下。例如，热的潮湿空气以初状态进入冷却段，通过冷却盘管，在含湿量保持不变的情况下，温度降低，相对湿度增加。如果冷却段足够长，空气达到露点温度状态，则成为饱和空气。进一步冷却，部分水分从空气中冷凝出来。空气在整个冷凝过程中保持饱和，并始终沿着 100%的相对湿度线下滑，达到最终状态。在这个过程中，空气冷凝析出的水蒸气通过分离通道流出冷却段。通常假定，冷凝液离开冷却段的温度就是沿着 100%相对湿度线下滑的最终状态的温度。该状态下的饱和空气，直接通向室内，与室内空气汇合。有时，该状态空气的相对湿度恰当而温度偏低，就需要将空气通过加热段，使其达到让人舒适的温度，之后再通入室内。

4. 蒸发冷却

通常的冷却系统按制冷循环方式工作，它们的初始投资和运转费用都很高。在炎热、干燥的气候下，可以利用蒸发冷却来降低制冷成本。

蒸发冷却器也称为湿式冷却器。它的原理：水蒸发所吸收的潜热来自水及其周围的空气。因此，水和空气在这个过程中都冷却了。

让少量的水通过渗漏孔流出，水罐就像“出汗”一样。在干燥的环境里，从渗漏孔流出的水蒸发，使水罐内剩余的水冷却。在炎热干燥的天气里，院子里浇过水以后，人们会觉得凉爽，就是因为水在蒸发时吸引了空气中的热量。蒸发冷却器正是按这个原理工作的。

蒸发冷却过程示意图和温湿图如图 5-4-5 所示。状态 1 下的干燥热空气流入蒸发冷却器，蒸发冷却器喷水。一部分水在此过程中蒸发，吸收空气的热量。空气的温度降低，湿度增加达到状态 2。极限的情况，是空气达到饱和状态 2′，然后流出蒸发冷却器。2′ 是该过程所能达到的最低温度状态。

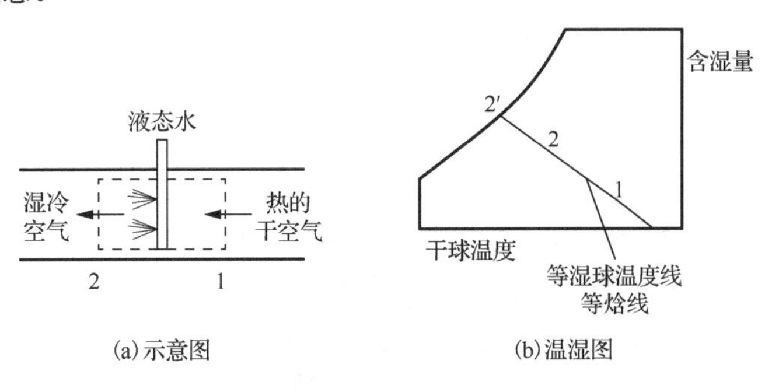

图 5-4-5　蒸发冷却过程

湿空气流与外界交换的热量很小，可以忽略不计，所以蒸发冷却过程与绝热饱和过程本质上是相同的。因此，蒸发冷却过程在温湿图上可用等湿球温度线表示。蒸发冷却器的喷水温度如果与湿空气出口处温度不同，则等湿球温度线就不太准确了。

等湿球温度线几乎和等焓线重合，所以湿空气流的焓也认为保持不变，那么，在蒸发冷却过程中$T_{湿球} \approx$常数和$h \approx$常数。这是一个合理的、误差很小的近似，在空调计算中普遍应用。

5. 气流的绝热混合

许多空调系统中，都需要把两股气流混合。尤其是在大型楼宇、生产车间、加工车间、医院中，处理过的空气在送入空调空间前，还需要同一定比例的新风混合。这个过程只要把两股气流简单混合就行，如图 5-4-6 所示。

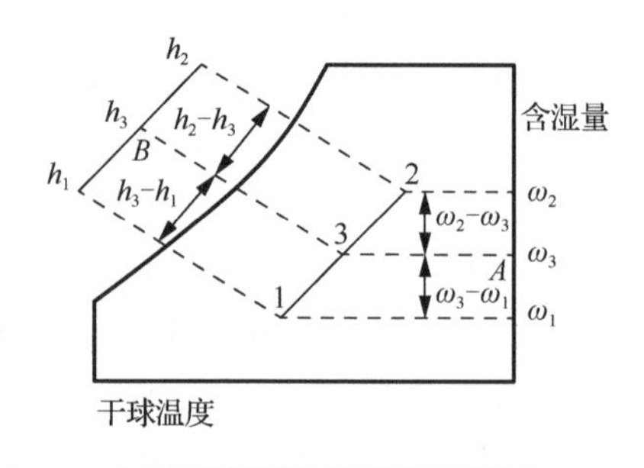

图 5-4-6 气流的绝热混合

混合过程中与环境的换热量很小，可以认为该过程是气流的绝热混合。在混合过程中，没有做功，也没有动能和重力位能的变化，或是很小。因此，两股气流绝热混合的质量和能量守恒关系可以简化。

干空气的质量方程为

$$\dot{m}_{a1} + \dot{m}_{a2} = \dot{m}_{a3} \tag{5-4-22}$$

水蒸气的质量方程为

$$\dot{m}_{a1}\omega_1 + \dot{m}_{a2}\omega_2 = \dot{m}_{a3}\omega_3 \tag{5-4-23}$$

气流的能量方程为

$$\dot{m}_{a1}h_1 + \dot{m}_{a2}h_2 = \dot{m}_{a3}h_3 \tag{5-4-24}$$

以上三式消去$\dot{m}_{a3}$可得

$$\frac{\dot{m}_{a1}}{\dot{m}_{a2}} = \frac{\omega_2 - \omega_3}{\omega_3 - \omega_1} = \frac{h_2 - h_3}{h_3 - h_1} \tag{5-4-25}$$

这个平衡方程式在图 5-4-6 中可以用几何关系表示。它说明，$\omega_2 - \omega_3$和$\omega_3 - \omega_1$的比值，等于$\dot{m}_{a1}$和$\dot{m}_{a2}$的比值，满足这个条件的状态落在虚线 3—A 上。$h_2 - h_3$与$h_3 - h_1$的比也等于$\dot{m}_{a1}$与$\dot{m}_{a2}$的比，满足这个条件的过程在虚线 3—B 上。两条虚线的交点 3 就是满足这两个条件的唯一状态点。它在连接状态 1 与状态 2 的直线上。于是得到以下结论：两股不同状态 1 和状态 2 的气流绝热混合时，混合物状态 3 位于温湿图上状态点 1 和状态点 2 的连线上。2—3 长度和 3—1 长度的比值等于质量流量$\dot{m}_{a1}$与$\dot{m}_{a2}$的比值。

饱和曲线是上凹的。当状态 1 和状态 2 位于饱和曲线附近时，连接这两个状态点的直线可能会穿过饱和线，混合后的状态点 3 可能会位于饱和线的左边。这时，必定有一定量的水在混合过程中析出。

思 考 题

5-1 什么是简单可压缩系统？

5-2 什么是过冷液体和过热蒸气？

5-3 饱和状态的温度与压强有何关系？

5-4 如何确定状态参数数据的零基准？

5-5 由不可压缩物质构成的系统的熵与温度是相互独立的吗？

5-6 由不可压缩物质构成的系统的焓与温度是相互独立的吗？

5-7 什么是通用气体常数？

5-8 什么是真实气体状态方程的压缩因子？

5-9 请对不可压缩物质模型和理想气体模型进行比较分析。

5-10 在 p-v 图上两条绝热线可相交吗？

5-11 什么是麦克斯韦方程？

5-12 什么是焦耳-汤姆孙系数？

5-13 什么是湿空气和干空气？

5-14 什么是含湿量和相对湿度？

5-15 什么是露点温度？

5-16 什么是绝热饱和温度?

5-17 空气湿球温度、干球温度和绝热饱和温度之间关系如何？

习 题

5-1 对于水的液-汽两相混合物，初始压强为 10bar，经历一个定体积无热交换的过程，达到水的临界点，试求初始状态两相混合物的干度。

5-2 一个活塞-气缸组件包含有水的液-汽两相混合物，初始干度为 25%，见习题 5-2 图。活塞的质量为 40kg、直径为 10cm，大气压强为 1bar。在对气缸加热过程中，活塞首先上升，直到活塞碰到气缸壁上的卡子而停止。接着，继续加热直到水的压强变为 3bar。若活塞与气缸壁之间的摩擦可忽略不计，重力加速度 g=9.81m/s^2，试求总的加热量。

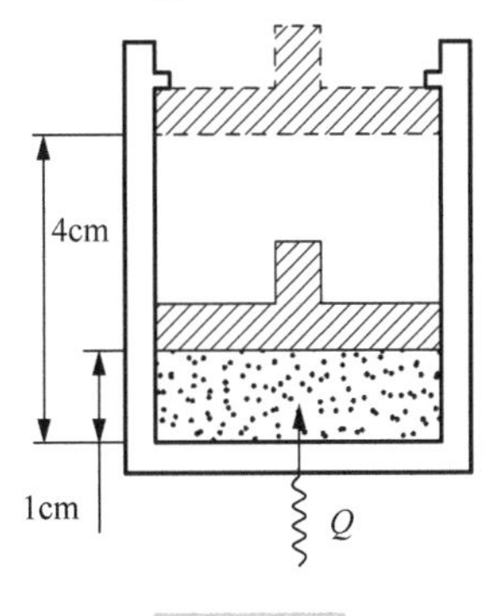

习题 5-2 图

5-3 水蒸气流过稳定工作的绝热涡轮。水蒸气在涡轮入口处参数为压强 4MPa 和温度 320℃，流速可忽略不计。水蒸气在涡轮出口处参数为压强 0.07MPa 和比体积 2.19m^3/kg，流速为 90m/s。出口圆形导管的直径为 0.6m，忽略水蒸气重力位能的变化，试求涡轮输出的功率。

5-4　一个绝热良好的活塞-气缸组件内装有 4kg 液态水和 1kg、120℃的水蒸气，并且保持恒定的压强不变。现有−30℃、5kg 的铜块掉进气缸中。当达到平衡后，气缸内的平衡温度以及水蒸气的质量分别是多少？

5-5　压强为 5MPa、温度为 500℃的水蒸气以 80m/s 的速度进入一喷管，离开时，压强为 2MPa、温度为 400℃。喷管入口的截面积为 50cm^2，同时热量流失的速率为 90kJ/s。试求：

(1) 水蒸气的质量流量；

(2) 喷管出口的截面积。

5-6　2kg 水从初态 2.5MPa 和 400℃变化到末态 2.5MPa 和 100℃，按照以下两种情况分别计算水的熵变：

(1) 水经历不可逆过程；

(2) 水经历内部可逆过程。

5-7　水蒸气流过一涡轮而对外做功，见习题 5-7 图，其入口参数为压强 30bar、温度 400℃、流速 160m/s，出口参数为饱和水蒸气温度 100℃、流速 100m/s。当涡轮工作在稳定状态时，每千克水蒸气流过涡轮的输出功为 540kJ，涡轮外表面温度为 500K。若忽略水蒸气重力位能的变化，试求每千克水蒸气流过涡轮的熵产。

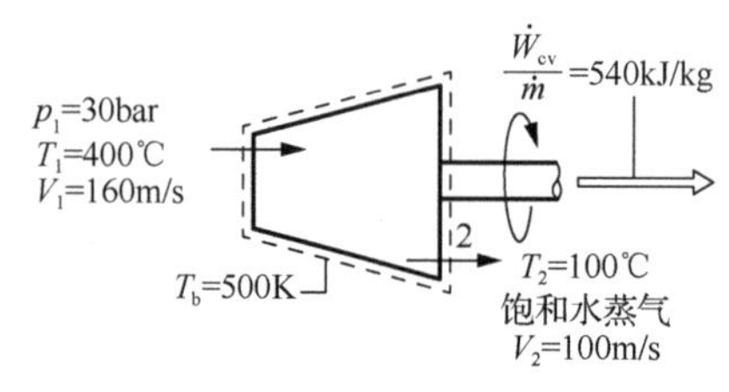

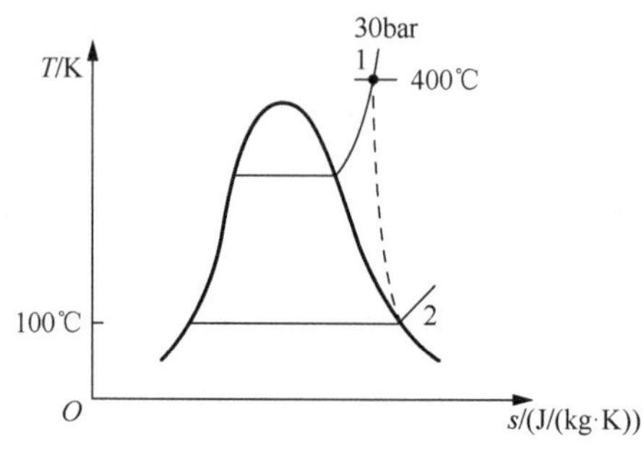

习题 5-7 图

5-8　试证明遵守范德瓦耳斯方程 $p=\dfrac{RT}{v-b}-\dfrac{a}{v^2}$ 的气体有如下关系式：

(1) $\mathrm{d}u=c_v\mathrm{d}T+\dfrac{a}{v^2}\mathrm{d}v$；

(2) $\left(\dfrac{\partial u}{\partial v}\right)_T\neq 0$；

(3) $c_p-c_v=\dfrac{R}{1-\dfrac{2a(v-b)^2}{RTv^3}}$；

(4) c_v 只是温度的函数；

(5) 等温过程的焓变 $(h_2-h_1)_T=p_2v_2-p_1v_1+a\left(\dfrac{1}{v_1}-\dfrac{1}{v_2}\right)$；

(6) 等温过程的熵变 $(s_2-s_1)_T=R\ln\dfrac{v_2-b}{v_1-b}$；

(7) 可逆等温过程的膨胀功为 $w_T=RT\ln\dfrac{v_2-b}{v_1-b}+a\left(\dfrac{1}{v_2}-\dfrac{1}{v_1}\right)$；

(8) 可逆等温过程的热量 $q_T=RT\ln\dfrac{v_2-b}{v_1-b}$。

5-9　温度为 25℃、压强为 0.1MPa 的某气体混合物的摩尔成分是：60%N_2，30%CO_2，10%O_2。试求：

(1) 各成分的质量分数；

(2) 各成分的分压；

(3) 50kg 气体混合物的体积。

5-10　一房间中空气状态为 20℃、98kPa，相对湿度 85%。试计算：

(1) 干空气的分压强；

(2) 空气的含湿量；

(3) 单位质量干空气的焓。

5-11　室内空气的干球、湿球温度分别为 22℃和 16℃，假定空气压强为 100kPa。试计算：

(1) 含湿量；

(2) 相对湿度；

(3) 露点温度。

第 6 章　相转变与相平衡

内容提要　本章主要讲解单元复相系统、相转变与相平衡条件、单元复相系统的相平衡图、克劳修斯-克拉珀龙方程、汽化与凝结过程、曲界面复相系统的相转变与相平衡等。相转变与相平衡是热力学的重要内容之一，它应用热力学原理来研究有关相的变化方向与限度的规律。

基本要求　在本章学习中，要求学生理解单元复相系统的平衡条件和相转变的条件，掌握克劳修斯-克拉珀龙方程，了解曲界面复相系统的相转变与相平衡条件。

物质不同相之间的转变是在自然界、科学研究和工程技术中经常发生的热力过程，它在动力、化工、制冷、冶金、材料、低温、环境、气象、生物和热控制等许多工程技术领域中起着重要的作用。相转变与相平衡的自然规律不断地被揭示，成为自然科学和技术研究的一个重要领域。

相是系统中成分、结构和性能均一，并以界面分开的组成部分。多相系统中，不同相之间一定有明显的分界面，越过界面时，物理性质和化学性质将发生突变。常见的相态有气态、液态和固态，还有等离子态、夸克-胶子等离子态、费米-爱因斯坦凝聚态、费米子凝聚态、超固体态等。但在多数工程问题中，主要涉及的是物质的气相、液相和固相之间的转变，尤其是气-液相变，因此，本章只限于讨论与此三相有关的相转变和相平衡理论。至于其他各种类型的相变问题，可参考有关专著。

6.1　单元复相系统

单元复相系统实际上是复合系统，其中包括若干子系统。每个相构成一个子系统。单元复相系统中，各子系统的性质不同，有自己的状态方程，所以单元复相系统没有统一的状态方程。对于单相系统，前面已给出一系列的热力学关系和分析方法，所以单元复相系统的研究是以子系统热力学分析为基础的。子系统虽然是单相系统，但多数又是因相变而使质量转化的变质量系统，所以应该用质量转化系统的关系式对子系统进行有关分析。

在一定热力学条件(温度、压强)下，单元复相系统内不同相之间发生的相互转变，称为相变过程。本章研究的相变过程主要是指工程实际中常见的汽化与凝结、熔解与凝固和升华与凝华，尤其是气、液两相之间的汽化与凝结过程。在这些相变过程中，相的转变伴有物质聚集态(气态、液态和固态)的变化。但这并不是说相的转变一定伴有聚集态的变化，如用固态石墨作原料生产人造金刚石的过程中，石墨和金刚石构成单元(同一种元素 C)复相(两种性质不同的物质)系，在一定的热力学条件下，发生相变，由石墨转变为金刚石。这里相变时并无聚集态(同为固态)的变化。所以，相与聚集态并不是同义词。

单元复相系统中某种热力学条件下所进行的相变过程，若维持热力学条件不变，与一切过程一样，过程强度将逐渐变弱，最终趋向平衡，相变过程中止。这时不同相之间达到平衡，称相平衡，这种相平衡与给定的热力学条件相对应。若改变热力学条件，原有的相平衡即遭到破坏，新的相转变又将开始。因此相转变和相平衡是密切相关的两个方面。若通过分析找出相平衡的条件，事实上也就找到了相转变的条件。所以 6.2 节将着重讨论相平衡条件，同时也给出相转变的条件。

6.2　相转变与相平衡条件

研究相转变和相平衡条件，归根结底是研究相平衡条件，因为不满足平衡条件本身就是相转变条件。另外，当单元复相系统处于平衡状态时，其中一切过程停止，系统内各相之间也应处于平衡状态。因此要研究相转变与相平衡条件，首先要研究单元复相系统的平衡条件。为此，首先回顾由热力学第二定律所引出的热力过程进行方向的判据和热力学平衡的判据。

6.2.1　过程方向和系统平衡判据

在达到相平衡时，体系中各相的温度、压强是相同的。相平衡的判据是以热力学第二定律为依据，结合其他热力学性质，导出相应的方程进行相平衡的判断。

热力学第二定律指出：孤立系统发生的任何过程总是使体系的熵增大。其表达式为

$$\mathrm{d}S \geqslant 0$$

该式说明，孤立系统一切实际(非平衡)过程必定朝着熵增大的方向进行，只有在极限情况(可逆过程)下，维持熵不变，熵减小的方向是不可能实现的。根据这个原理可用来判断过程的方向。

孤立系统处于平衡状态时，熵具有极大值，且恒定不变，其表达式为

$$\mathrm{d}S = 0$$

这是判断系统是否处于热平衡的判据，称为熵判据。

在热力学第二定律的基础上，对于某些特定过程可以导出其他的判据。

如果将系统与外界交换的功量写成体积功和有效功之和：$\delta W = p\mathrm{d}V + \delta W_\mathrm{e}$，则热力学第一定律可表述为

$$\delta Q = \mathrm{d}U + p\mathrm{d}V + \delta W_\mathrm{e} \tag{6-2-1}$$

热力学第二定律可表述为

$$T\mathrm{d}S \geqslant \delta Q$$

如果系统对外不做有效功，$\delta W_\mathrm{e} = 0$，由式(6-2-1)及热力学第二定律 $T\mathrm{d}S \geqslant \delta Q$ 可得

$$\mathrm{d}U + p\mathrm{d}V - T\mathrm{d}S \leqslant 0 \tag{6-2-2}$$

对于等熵定容过程，$\mathrm{d}S = 0,\ \mathrm{d}V = 0$，由式(6-2-2)得

$$\mathrm{d}U\big|_{S,V} \leqslant 0 \tag{6-2-3}$$

对于等熵定压过程，$\mathrm{d}S = 0,\ p\mathrm{d}V = \mathrm{d}(pV),\ \mathrm{d}U + \mathrm{d}(pV) = \mathrm{d}H$，由式(6-2-2)得

$$\mathrm{d}H\big|_{S,p} \leqslant 0 \tag{6-2-4}$$

对于等温定容过程，$T\mathrm{d}S = \mathrm{d}(TS),\ \mathrm{d}V = 0,\ \mathrm{d}U - \mathrm{d}(TS) = \mathrm{d}F$，由式(6-2-2)得

$$\mathrm{d}F\big|_{T,V} \leqslant 0 \tag{6-2-5}$$

对于等温定压过程，$T\mathrm{d}S=\mathrm{d}(TS)$，$p\mathrm{d}V=\mathrm{d}(pV)$，$\mathrm{d}U+\mathrm{d}(pV)=\mathrm{d}H$，$\mathrm{d}H-\mathrm{d}(TS)=\mathrm{d}G$，由式(6-2-2)得

$$\mathrm{d}G\big|_{T,p}\leqslant 0 \tag{6-2-6}$$

在上述四个特定的过程中，函数 U、H、F 和 G 都是特性函数，式(6-2-3)、式(6-2-4)、式(6-2-5)和式(6-2-6)表明，可以用特性函数对特定过程下的过程方向进行判断。

对于一切实际(不可逆)的等熵定容过程，只能朝着内能减小的方向进行，在极限情况(可逆)下，内能维持不变，而内能增大的过程是不可能发生的。

对于一切实际(不可逆)的等熵定压过程，只能朝着焓减小的方向进行，在极限情况(可逆)下，焓维持不变，而焓增大的过程是不可能发生的。

对于一切实际(不可逆)的等温定容过程，只能朝着自由能减小的方向进行，在极限情况(可逆)下，自由能维持不变，而自由能增大的过程是不可能发生的。

对于一切实际(不可逆)的等温定压过程，只能朝着自由焓减小的方向进行，在极限情况(可逆)下，自由焓维持不变，而自由焓增大的过程是不可能发生的。

与熵判据 $\mathrm{d}S\geqslant 0$ 类似，在这些特定条件下，系统达到平衡时，系统中相应的特性函数一定达极小值，在无外界影响下将恒定不变。

在等熵定容条件下，系统平衡时，定有

$$\mathrm{d}U\big|_{S,V}\equiv 0 \tag{6-2-7}$$

在等熵定压条件下，系统平衡时，定有

$$\mathrm{d}H\big|_{S,p}\equiv 0 \tag{6-2-8}$$

在等温定容条件下，系统平衡时，定有

$$\mathrm{d}F\big|_{T,V}\equiv 0 \tag{6-2-9}$$

在等温定压条件下，系统平衡时，定有

$$\mathrm{d}G\big|_{T,p}\equiv 0 \tag{6-2-10}$$

因此，在各种特定条件下，可以用恒定特性函数恒等式来作为系统平衡的判据。

以上熵判据和特性函数的判据在满足前提条件下可适用于一切系统，因而也适用于单元复相系统。

6.2.2 单元复相系统的平衡条件

复相系统的平衡条件与相界面的形状有关。首先介绍平界面单元复相系统的平衡条件。图 6-2-1 所示的单元二相系中，设 α 为液相，β 为气相，它们的温度分别为 T^{α} 和 T^{β}，压强分别为 p^{α} 和 p^{β}，物质的化学势分别为 μ^{α} 和 μ^{β}。为了运用熵判据，设系统与外界无任何相互作用，因而构成一个孤立系统。

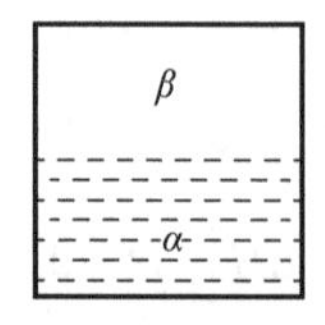

图 6-2-1 单元二相系

这是一个由 α 相和 β 相两个子系统构成的复合系统，其总熵变为两个子系统的熵变之

和，即

$$dS = dS^{\alpha} + dS^{\beta} \tag{6-2-11}$$

每个子系统为质量转化系统，每个子系统可写成：

$$dS^{\alpha} = \frac{dU^{\alpha}}{T^{\alpha}} + \frac{p^{\alpha}}{T^{\alpha}}dV^{\alpha} - \frac{\mu^{\alpha}}{T^{\alpha}}dm^{\alpha}$$

$$dS^{\beta} = \frac{dU^{\beta}}{T^{\beta}} + \frac{p^{\beta}}{T^{\beta}}dV^{\beta} - \frac{\mu^{\beta}}{T^{\beta}}dm^{\beta}$$

因此，系统总熵变为

$$dS = \frac{dU^{\alpha}}{T^{\alpha}} + \frac{dU^{\beta}}{T^{\beta}} + \frac{p^{\alpha}}{T^{\alpha}}dV^{\alpha} + \frac{p^{\beta}}{T^{\beta}}dV^{\beta} - \frac{\mu^{\alpha}}{T^{\alpha}}dm^{\alpha} - \frac{\mu^{\beta}}{T^{\beta}}dm^{\beta} \tag{6-2-12}$$

对于由 α 相和 β 相子系统构成的孤立系统，有

$$dU = dU^{\alpha} + dU^{\beta} = 0\text{，即 } dU^{\beta} = -dU^{\alpha}$$

$$dV = dV^{\alpha} + dV^{\beta} = 0\text{，即 } dV^{\beta} = -dV^{\alpha}$$

$$dm = dm^{\alpha} + dm^{\beta} = 0\text{，即 } dm^{\beta} = -dm^{\alpha}$$

代入式(6-2-12)，可整理成

$$dS = \left(\frac{1}{T^{\alpha}} - \frac{1}{T^{\beta}}\right)dU^{\alpha} + \left(\frac{p^{\alpha}}{T^{\alpha}} - \frac{p^{\beta}}{T^{\beta}}\right)dV^{\alpha} - \left(\frac{\mu^{\alpha}}{T^{\alpha}} - \frac{\mu^{\beta}}{T^{\beta}}\right)dm^{\alpha} \tag{6-2-13}$$

根据孤立系统熵判据，系统处于平衡时，应有 $dS \equiv 0$，即

$$\left(\frac{1}{T^{\alpha}} - \frac{1}{T^{\beta}}\right)dU^{\alpha} + \left(\frac{p^{\alpha}}{T^{\alpha}} - \frac{p^{\beta}}{T^{\beta}}\right)dV^{\alpha} - \left(\frac{\mu^{\alpha}}{T^{\alpha}} - \frac{\mu^{\beta}}{T^{\beta}}\right)dm^{\alpha} \equiv 0 \tag{6-2-14}$$

对于恒等式(6-2-14)，各变量的系数一定为 0，所以有

$$\frac{1}{T^{\alpha}} - \frac{1}{T^{\beta}} = 0,\ \frac{p^{\alpha}}{T^{\alpha}} - \frac{p^{\beta}}{T^{\beta}} = 0,\ \frac{\mu^{\alpha}}{T^{\alpha}} - \frac{\mu^{\beta}}{T^{\beta}} = 0 \tag{6-2-15}$$

由此，得到图 6-2-1 所示的单元二相系平衡的条件为

热平衡条件 $T^{\alpha} = T^{\beta}$

力学平衡条件 $p^{\alpha} = p^{\beta}$

相平衡条件 $\mu^{\alpha} = \mu^{\beta}$

上式表明单元复相系统只有在同时达到热平衡(温度相等)、力学平衡(压强相同)和相平衡(化学势相等)时，整个系统才处于平衡状态。在热平衡和力学平衡的前提下，相平衡的条件是各相的化学势相等。

工程上常见的相变过程是在等温定压下进行的，因此，利用自由焓判据式(6-2-10)可直接得相平衡条件。单元复相系统的自由焓变化量应为

$$dG = dG^{\alpha} + dG^{\beta}$$

在等温定压条件下，各子系统的自由焓变化量分别为

$$dG^{\alpha} = \mu^{\alpha}dm^{\alpha}$$

$$dG^{\beta} = \mu^{\beta}dm^{\beta}$$

所以

$$dG = \mu^{\alpha}dm^{\alpha} + \mu^{\beta}dm^{\beta}$$

系统与外界无质量交换，$\mathrm{d}m^{\beta}=-\mathrm{d}m^{\alpha}$，故有

$$\mathrm{d}G=(\mu^{\alpha}-\mu^{\beta})\mathrm{d}m^{\alpha} \tag{6-2-16}$$

当系统处于平衡态时，由式(6-2-10)，定有

$$(\mu^{\alpha}-\mu^{\beta})\mathrm{d}m^{\alpha}\equiv 0$$

由此可得相平衡条件：

$$\mu^{\alpha}=\mu^{\beta}$$

因此在等温定压条件下，相平衡条件为各相化学势相等。因为在等温定压条件下，各相之间一定处于热平衡和力学平衡状态，所以用自由焓判据和熵判据所得结果完全一致。

每个相为一个单元相系，故有$\mu=g$，而g只是温度T与压强p的函数，所以相平衡条件可以写成：

$$\mu^{\alpha}(T,p)=\mu^{\beta}(T,p) \tag{6-2-17a}$$

或

$$g^{\alpha}(T,p)=g^{\beta}(T,p) \tag{6-2-17b}$$

上面讨论的是只含气、液两相系统的平衡条件和相平衡条件，若系统所含两相为液相(α)和固相(δ)，则相平衡条件为

$$\mu^{\alpha}(T,p)=\mu^{\delta}(T,p) \tag{6-2-18a}$$

或

$$g^{\alpha}(T,p)=g^{\delta}(T,p) \tag{6-2-18b}$$

若系统中含有固相(δ)与气相(β)，则相平衡条件应为

$$\mu^{\delta}(T,p)=\mu^{\beta}(T,p) \tag{6-2-19a}$$

或

$$g^{\delta}(T,p)=g^{\beta}(T,p) \tag{6-2-19b}$$

若系统中含有α、β、δ三相，则相平衡条件应为

$$\mu^{\alpha}(T,p)=\mu^{\beta}(T,p)=\mu^{\delta}(T,p) \tag{6-2-20a}$$

或

$$g^{\alpha}(T,p)=g^{\beta}(T,p)=g^{\delta}(T,p) \tag{6-2-20b}$$

6.2.3　相转变的条件

如果相平衡遭到破坏，就会产生相变过程。在什么条件下过程才能进行？向什么方向进行？应该根据$\mathrm{d}S\geqslant 0$或式(6-2-6)来判定。下面根据式(6-2-6)来进行讨论。

在等温定压条件下，过程进行的方向应满足$\mathrm{d}G\leqslant 0$，其中不等号表示非平衡态下进行的过程，等号表示准平衡态下进行的过程。

先讨论非平衡态下进行的过程，由式(6-2-16)得

$$(\mu^{\alpha}-\mu^{\beta})\mathrm{d}m^{\alpha}<0 \tag{6-2-21}$$

若$\mu^{\alpha}>\mu^{\beta}$，则有$\mathrm{d}m^{\alpha}<0$，表示相变过程中α(液)相质量减少，β(气)相质量增加，过程朝着α相转向β相的方向进行，这就是汽化过程。

若$\mu^{\alpha}<\mu^{\beta}$，则有$\mathrm{d}m^{\alpha}>0$，表示相变过程中β相减少，而α相增加，过程朝β相转向α相方向进行，这就是凝结过程。

总之，在非平衡相变过程中，质量总是从化学势较高的相转化到化学势较低的相。

这一结论不仅适合于气、液两相的汽化和凝结过程，也适合于液、固两相的熔解和凝固过程，适合于气、固两相间的升华和凝华过程。

例 6-2-1　已知水和水蒸气在$t=100℃$和$p=1.0133\mathrm{bar}$时达到两相平衡，它们的比体积和

比熵分别为

$$v^\alpha = 1.0427\times10^{-3}\text{m}^3/\text{kg}, \qquad S^\alpha = 1.03069\text{kJ}/(\text{kg}\cdot\text{K})$$

$$v^\beta = 1.673\text{m}^3/\text{kg}, \qquad S^\beta = 7.3554\text{kJ}/(\text{kg}\cdot\text{K})$$

试证明当温度降低或压强升高时，相变朝着水增多的方向进行。

证明：当 $T = 373.15\text{K}$ 和 $p = 1.0133\text{bar}$ 时，两相平衡，故有

$$\mu_0^\alpha(T,p) = \mu_0^\beta(T,p)$$

当温度变化 $\text{d}T$ 时，两相化学势分别增至

$$\mu^\alpha = \mu_0^\alpha + \left(\frac{\partial\mu^\alpha}{\partial T}\right)_p \text{d}T$$

$$\mu^\beta = \mu_0^\beta + \left(\frac{\partial\mu^\beta}{\partial T}\right)_p \text{d}T$$

对于单元系统，$\mu = g$，而由参数方程可得 $\left(\frac{\partial g^\alpha}{\partial T}\right)_p = -S^\alpha, \left(\frac{\partial g^\beta}{\partial T}\right)_p = -S^\beta$，所以有

$$\mu^\alpha = \mu_0^\alpha - S^\alpha\text{d}T$$

$$\mu^\beta = \mu_0^\beta - S^\beta\text{d}T$$

因为 $\text{d}T < 0$，且 $S^\beta > S^\alpha$，故有 $\mu^\beta > \mu^\alpha$，进行由水蒸气向水转化的凝结过程，使水增多。

当压强增加 $\text{d}p$ 时，两相化学势分别增至

$$\mu^\alpha = \mu_0^\alpha + \left(\frac{\partial\mu^\alpha}{\partial p}\right)_T \text{d}p$$

$$\mu^\beta = \mu_0^\beta + \left(\frac{\partial\mu^\beta}{\partial p}\right)_T \text{d}p$$

因为

$$\left(\frac{\partial\mu^\alpha}{\partial p}\right)_T = \left(\frac{\partial g^\alpha}{\partial p}\right)_T = v^\alpha$$

$$\left(\frac{\partial\mu^\beta}{\partial p}\right)_T = \left(\frac{\partial g^\beta}{\partial p}\right)_T = v^\beta$$

所以有

$$\mu^\alpha = \mu_0^\alpha + v^\alpha\text{d}p$$

$$\mu^\beta = \mu_0^\beta + v^\beta\text{d}p$$

因为 $\text{d}p > 0$，且 $v^\beta > v^\alpha$，则 $\mu^\beta > \mu^\alpha$，亦产生凝结过程而使水增多。

式(6-2-6)中若只取等号则表示过程在可逆条件下进行，相变是在准平衡态下进行的，则称为平衡相变。准平衡态下参数可以当平衡态处理，所以在准平衡态下仍然满足相平衡条件：$\mu^\alpha = \mu^\beta$，且由式(6-2-6)可写出

$$\left(\mu^\alpha - \mu^\beta\right)\text{d}m^\alpha = 0 \tag{6-2-22}$$

由于 $\left(\mu^\alpha - \mu^\beta\right) = 0$，所以无论 $\text{d}m^\alpha > 0$，还是 $\text{d}m^\alpha < 0$，式(6-2-22)都可满足，相变过程都能进行。在两相质量转化过程中，始终保持相平衡状态，这与力学中的“随遇平衡”很相似。

6.3 单元复相系统的相平衡图

图 5-1-1 是单元复相系在 p-v-T 三轴坐标系上的图示。图 6-3-1 是单元系统相平衡时的 p-T 图。

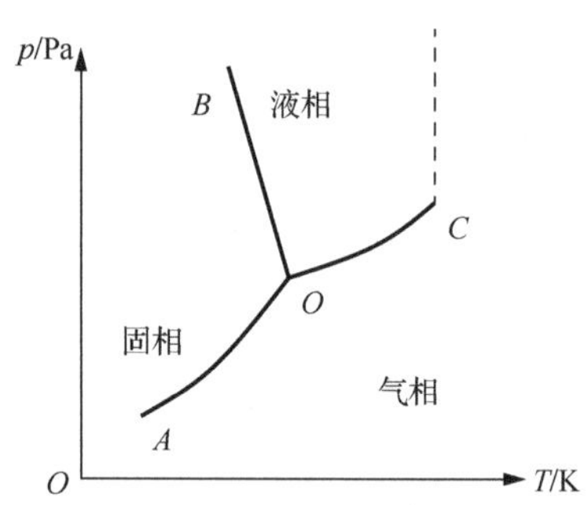

图 6-3-1 单元系统相平衡时的 p-T 图

对于物质的液相 α、气相 β 和固相 δ，任意两相达到平衡时必须满足相平衡条件。例如，气、液两相平衡时，必须满足式(6-2-17a)：

$$\mu^{\alpha}(T,p)=\mu^{\beta}(T,p)$$

该式说明气液两相平衡的系统中，温度与压强不是独立的，而且有一一对应的关系，若将这种关系在 p-T 图上用曲线表示出来，则得图 6-3-1 中的 OC 曲线。

同样，液、固两相平衡时，由式(6-2-18a)可以在 p-T 图上给出曲线 OB。气、固两相平衡时，由式(6-2-19a)可以在 p-T 图上给出曲线 OA。图中 OA、OB、OC，又分别称为升华曲线、熔解曲线和汽化曲线，或统称为两相平衡曲线。处于相平衡状态的系统中物质处于饱和状态，OA、OB、OC 又称为饱和曲线，反映了饱和压强与饱和温度之间的单值关系。所以单凭温度和压强，不能确定相平衡系统的状态。由平衡相变条件式(6-2-22)可知，在平衡相变过程中，压强和温度之间同样存在由饱和曲线规定的单值关系，所以在饱和曲线上，两相的质量可以按任何比例共存。

对于气、液、固三相共存的单元复相系统，当系统达到平衡时，一定满足式(6-2-20a)规定的条件，在这个条件中压强和温度也是对应的，但它不是单值函数的关系，因为式(6-2-20a)可写出相关的两式：

$$\mu^{\alpha}(T,p)=\mu^{\beta}(T,p)$$
$$\mu^{\delta}(T,p)=\mu^{\beta}(T,p)$$

联立求解这两个方程，可以得到一组确定的(T，p)值，对应于系统的一个状态点。这个状态点既满足 OC 曲线关系 $\mu^{\alpha}=\mu^{\beta}$，又满足 OB 曲线 $\mu^{\alpha}=\mu^{\delta}$，也满足 OA 曲线关系 $\mu^{\delta}=\mu^{\beta}$。所以这个确定状态点在图 6-3-1 上就是三条饱和曲线的共同交点 O，这一点称为三相平衡点，简称三相点。三相点所对应的压强和温度用 p_{tr} 和 T_{tr} 表示。

在图 6-3-1 中，一个三相点 O、三条两相饱和曲线 OA、OB 和 OC，将整个图面分割成三个区域：液相 α 区、气相 β 区和固相 δ 区，这三个区称为单相区。虽然在三条饱和曲线上，系统的压强和温度呈现单值函数关系，并不独立。但当系统处于单相区时，其压强和温度却是独立的，因而也就确定了系统的状态。事实上，这又回到前几章所讨论的单相系统，这个结果是必然的。

综上所述，单元系统的相平衡图的特点是一个点（三相点）、三条线（两相平衡线）和三个区（单相区）。虽然有这个共同的特点，但是对于不同的物质，三相点的位置（T_{tr}, p_{tr}），三条线的位置和形状、三个区的范围和形状都是不同的。例如，纯水的三相点，$T_{tr} = 273.16K$，$p_{tr} = 610.748Pa$，而碘的三相点 $T_{tr} = 387.15K$，$p_{tr} = 12000Pa$，所以碘在常温常压下会直接升华。又如，大多数物质的 OB 线右斜，斜率为正，但少数物质，如水却是反常相变，即熔解时体积反而缩小，所以水的 OB 线却左斜，斜率为负。

由于三相点有确定的温度，且易于准确测定，所以水的三相点是国际温标中一个最基本的参考点。

6.4　克劳修斯-克拉珀龙方程

6.4.1　克劳修斯-克拉珀龙方程的建立

对于单元物质系统，当气（β）相和液（α）相处于平衡时，应满足相平衡条件式(6-2-17a)

$$\mu^{\alpha}(T,p) = \mu^{\beta}(T,p)$$

系统沿饱和曲线即相平衡曲线发生任意微小变化时，有

$$\mathrm{d}\mu^{\alpha} = \mathrm{d}\mu^{\beta} \tag{6-4-1}$$

由于 $\mathrm{d}\mu = \mathrm{d}g = v\mathrm{d}p - s\mathrm{d}T$，于是

$$\frac{\mathrm{d}p}{\mathrm{d}T} = \frac{s^{\beta} - s^{\alpha}}{v^{\beta} - v^{\alpha}} \tag{6-4-2}$$

式中，s^{α}、s^{β} 是相变过程前后各相的比熵。对于汽化过程，汽化潜热设为 γ_{v}，由 $\Delta s = \pm\frac{\gamma}{T}$ 可知，等温相变过程中比熵的变化量为

$$s^{\beta} - s^{\alpha} = \frac{\gamma_{\mathrm{v}}}{T} \tag{6-4-3}$$

因此，式(6-4-2)可写成：

$$\frac{\mathrm{d}p}{\mathrm{d}T} = \frac{\gamma_{\mathrm{v}}}{(v^{\beta} - v^{\alpha})T} \tag{6-4-4a}$$

式(6-4-4a)表示汽化曲线 OC 的斜率与饱和参数之间的关系。

同理，由液固两相平衡条件式(6-2-18a)可得

$$\mathrm{d}\mu^{\alpha} = \mathrm{d}\mu^{\delta}$$

可以得到熔解曲线 OB 的斜率与饱和参数之间的关系：

$$\frac{\mathrm{d}p}{\mathrm{d}T} = \frac{\gamma_{\mathrm{m}}}{(v^{\alpha} - v^{\delta})T} \tag{6-4-4b}$$

由气固两相平衡条件式(6-2-19a)可得

$$\mathrm{d}\mu^{\delta} = \mathrm{d}\mu^{\beta}$$

可以得到升华曲线 OA 的斜率与饱和参数之间的关系：

$$\frac{\mathrm{d}p}{\mathrm{d}T} = \frac{\gamma_{\mathrm{s}}}{(v^{\beta} - v^{\delta})T} \tag{6-4-4c}$$

式(6-4-4)称为克劳修斯-克拉珀龙方程。在式(6-4-4)中，α、β 和 δ 分别表示液相、气相

和固相，γ_v、γ_m和γ_s分别表示汽化潜热、熔解潜热和升华潜热。应用克劳修斯-克拉珀龙方程进行计算时，应当注意使用对象是两相平衡或发生平衡相变的系统；计算时要注意相变潜热γ与两相比体积的单位要对应一致，用摩尔潜热则必须用摩尔比体积，用千克潜热则必须相应采用千克比体积。

应用克劳修斯-克拉珀龙方程可以计算出相图中各平衡曲线的斜率，因而可以定性地描绘相平衡曲线。

(1)汽化线 OC。物质气相的比体积通常大于其液相的比体积$(v^\beta - v^\alpha) > 0$，对于汽化过程，$\gamma_v > 0$，所以汽化线的斜率$\left(\dfrac{\mathrm{d}p}{\mathrm{d}T}\right)_v > 0$，因此，相平衡图上的汽化线 OC 是向右上斜的。

(2)熔解线 OB。自然界中的大部分物质由固相变化到液相比体积增大$(v^\alpha - v^\delta) > 0$，表现为正常相变膨胀，对于熔解过程，$\gamma_m > 0$，这时熔解线的斜率$\left(\dfrac{\mathrm{d}p}{\mathrm{d}T}\right)_m > 0$，因此，相平衡图上的 OB 线是向右上斜的；但也有一些固态物质有反常相变膨胀现象，如水、锑、铋等在熔解时体积缩小$(v^\alpha - v^\delta) < 0$，即$\left(\dfrac{\mathrm{d}p}{\mathrm{d}T}\right)_m < 0$，这时熔解线向左上斜的。气、液、固三相的比体积相比较，通常液相和固相的比体积很相近，$v^\alpha \approx v^\delta$，因此不论熔解曲线是向右还是向左倾斜，其斜率的绝对值都是相当大的，在相图上是一条很陡的曲线。

(3)升华线 OA。因为升华过程中$\gamma_s > 0$，$(v^\beta - v^\delta) > 0$，$\left(\dfrac{\mathrm{d}p}{\mathrm{d}T}\right)_s > 0$，相平衡图中升华线 OA 同汽化线一样也是向右上斜的。

在三相点处，由式(6-4-2)和式(6-4-3)可知，

$$\gamma_v = T_{tr}(s^\beta - s^\alpha)$$

同理

$$\gamma_m = T_{tr}(s^\alpha - s^\delta)$$

$$\gamma_s = T_{tr}(s^\beta - s^\delta)$$

因此有

$$\gamma_s = \gamma_m + \gamma_v$$

比较升华线 OA 与汽化线 OC：由于$(v^\beta - v^\alpha) \approx v^\beta$，$(v^\beta - v^\delta) \approx v^\beta$，且$\gamma_s > \gamma_v$。所以

$$\left(\frac{\mathrm{d}p}{\mathrm{d}T}\right)_s > \left(\frac{\mathrm{d}p}{\mathrm{d}T}\right)_v$$

比较升华线 OA 与熔解线 OB，由于$v^\alpha \approx v^\delta$，而$\gamma_m$和$\gamma_s$具有相同的量级，因此

$$\left|\left(\frac{\mathrm{d}p}{\mathrm{d}T}\right)\right|_m \gg \left(\frac{\mathrm{d}p}{\mathrm{d}T}\right)_v$$

上述关于三相点处的分析可以推广到三条曲线的比较，在一般情况下

$$\left|\left(\frac{\mathrm{d}p}{\mathrm{d}T}\right)\right|_m \gg \left(\frac{\mathrm{d}p}{\mathrm{d}T}\right)_s > \left(\frac{\mathrm{d}p}{\mathrm{d}T}\right)_v$$

另外，克劳修斯-克拉珀龙方程是在相平衡条件下建立起来的，方程中参数是饱和状态下的参数，下面应用中，在平相界面的气、液相平衡或气、固相平衡系统中压强称为饱和蒸气

压，用 p_s 表示，其对应的饱和温度用 T_s 表示。其他情况下，仍保持方程中原有的书写形式。

例 6-4-1　已知饱和状态下水蒸气在 $t=10$、100、200℃三种温度的比体积 v^β 分别为 106.4190m³/kg、1.6738m³/kg、0.1271m³/kg，三种温度下水的汽化潜热 γ_v 分别为 2477.4kJ/kg、2257.2kJ/kg、1939.0kJ/kg，而饱和水的比体积 v^α 可视为常数，为 0.0010m³/kg，试求在这三种温度下，水汽化曲线的斜率。

解　$T_1=283.15\text{K}$，$T_2=373.15\text{K}$，$T_3=473.15\text{K}$

$$\left(\frac{\mathrm{d}p}{\mathrm{d}T}\right)_1=\frac{\gamma_{v1}}{T_1(v^\beta-v^\alpha)_1}=\frac{2477.4}{283.15\times(106.4190-0.001)}=0.0822\ (\text{kPa/K})$$

$$\left(\frac{\mathrm{d}p}{\mathrm{d}T}\right)_2=\frac{\gamma_{v2}}{T_2(v^\beta-v^\alpha)_2}=\frac{2577.2}{373.15\times(1.6738-0.001)}=3.616\ (\text{kPa/K})$$

$$\left(\frac{\mathrm{d}p}{\mathrm{d}T}\right)_3=\frac{\gamma_{v3}}{T_3(v^\beta-v^\alpha)_3}=\frac{1939.0}{473.15\times(0.1271-0.001)}=32.52\ (\text{kPa/K})$$

计算表明，汽化曲线的斜率随温度的升高而增大。

6.4.2　克劳修斯-克拉珀龙方程的应用举例

1. 沸点与压强的关系

沸点 T_b 即液态物质沸腾时的温度，当液体的温度达到(或略超过)系统压强所对应的饱和温度时，液体就会开始沸腾。系统的压强不同，沸点也不同，两者的关系与气液两相平衡压强与温度的关系基本相同。因此，它们之间的关系可以由克劳修斯-克拉珀龙方程颠倒分子分母或者相图中的汽化线 OC 来描述。这就是说物质的沸点随压强的增加而升高，随压强的减小而降低。

由于大气压强是随温度的增加而减小的，所以液体的沸点也随海拔的增加而降低。在高原地区，水的沸点低于 100℃，食物不易煮熟，因而一般需要使用压力锅来蒸煮食物。

2. 熔点与压强的关系

熔点即固态物质熔解时的温度，当固态物质的温度达到系统压强所对应的固液平衡温度时，就会开始熔解。在固液相变时，多数物质 $v^\alpha>v^\beta$，$\mathrm{d}p/\mathrm{d}T>0$；少数物质 $v^\alpha<v^\delta$，$\mathrm{d}p/\mathrm{d}T<0$。这就是说，如果物质熔解时体积膨胀，熔点随压强的增加而升高；若熔解时体积缩小，则熔点随压强的增加而降低。

例如，冰在 1atm 下的熔点为 $T_m=273.15\text{K}$，冰和水的比体积分别为 $v^\delta=1.0909\times10^{-3}$ m³/kg，$v^\alpha=1.00021\times10^{-3}\text{m}^3/\text{kg}$，熔解热 $\gamma_m=333.77\text{kJ/kg}$。

由

$$\frac{\mathrm{d}p}{\mathrm{d}T}=\frac{\gamma_m}{T(v^\alpha-v^\delta)}$$

即

$$\frac{\mathrm{d}T_m}{\mathrm{d}p}=\frac{T(v^\alpha-v^\delta)}{\gamma_m}=\frac{-273.15\times0.0906\times10^{-3}}{333.77}=-0.00741\ (\text{K/atm})$$

冰的熔点随压强增加而降低是造成冰川运动的主要原因。冰川的巨大压强，使冰川底部冰的熔点降低而融化，从而使冰川可以流动。与此类似，滑冰时由于冰鞋上冰刀与接触处的压强很大而使冰表层融化，冰刀得到润滑，减小了摩擦。

3. 相变潜热与温度的关系

相变潜热是在等温定压条件下系统发生相变时与外界交换的热量。若以下标 1 表示转变前的相、下标 2 表示转变后的相，潜热等于相变前后的焓差：

$$\gamma = h_2 - h_1$$

$$\frac{\mathrm{d}\gamma}{\mathrm{d}T} = \frac{\mathrm{d}h_2}{\mathrm{d}T} - \frac{\mathrm{d}h_1}{\mathrm{d}T} \tag{6-4-5}$$

由于系统内的每一相都可以视为一个简单可压缩系统，焓 h 是 T、p 的函数，于是由

$$\mathrm{d}h = c_p \mathrm{d}T - \left[T\left(\frac{\partial v}{\partial T}\right)_p - v\right]\mathrm{d}p$$

可得

$$\frac{\mathrm{d}h}{\mathrm{d}T} = c_p - \left[T\left(\frac{\partial v}{\partial T}\right)_p - v\right]\frac{\mathrm{d}p}{\mathrm{d}T}$$

代入式(6-4-5)，则得

$$\frac{\mathrm{d}\gamma}{\mathrm{d}T} = c_{p2} - c_{p1} + (v_2 - v_1)\frac{\mathrm{d}p}{\mathrm{d}T} - T\left[\left(\frac{\partial v_2}{\partial T}\right)_p - \left(\frac{\partial v_1}{\partial T}\right)_p\right]\frac{\mathrm{d}p}{\mathrm{d}T}$$

因为潜热是平衡相变过程中的热效应，$\frac{\mathrm{d}p}{\mathrm{d}T}$ 应由克劳修斯-克拉珀龙方程取代

$$\frac{\mathrm{d}\gamma}{\mathrm{d}T} = c_{p2} - c_{p1} + \frac{\gamma}{T} - \left[\left(\frac{\partial v_2}{\partial T}\right)_p - \left(\frac{\partial v_1}{\partial T}\right)_p\right]\frac{\gamma}{(v_2 - v_1)} \tag{6-4-6}$$

式(6-4-6)为相变潜热随温度的变化率。

对于不同的相变过程，可导出更简便的关系式。

(1)熔解过程。因为 $v^\alpha \approx v^\delta, \left(\frac{\partial v^\alpha}{\partial T}\right)_p \approx \left(\frac{\partial v^\delta}{\partial T}\right)_p$，所以

$$\frac{\mathrm{d}\gamma_\mathrm{m}}{\mathrm{d}T} = c_p^\alpha - c_p^\delta + \frac{\gamma_\mathrm{m}}{T} \tag{6-4-7}$$

(2)汽化过程。因为 $v^\beta \gg v^\alpha$，$\left(\frac{\partial v^\beta}{\partial T}\right)_p \gg \left(\frac{\partial v^\alpha}{\partial T}\right)_p$，所以

$$\frac{\mathrm{d}\gamma_\mathrm{v}}{\mathrm{d}T} = c_p^\beta - c_p^\alpha + \frac{\gamma_\mathrm{v}}{T} - \left(\frac{\partial v^\beta}{\partial T}\right)_p \frac{\gamma_\mathrm{v}}{v^\beta} \tag{6-4-8}$$

(3)升华过程。同样因为 $v^\beta \gg v^\delta$，所以可得到

$$\frac{\mathrm{d}\gamma_\mathrm{s}}{\mathrm{d}T} = c_p^\beta - c_p^\delta + \frac{\gamma_\mathrm{s}}{T} - \left(\frac{\partial v^\beta}{\partial T}\right)_p \frac{\gamma_\mathrm{s}}{v^\beta} \tag{6-4-9}$$

例 6-4-2 已知 $T = 373.15\mathrm{K}$ 时水的汽化潜热为 $\gamma_\mathrm{v} = 2.2574\times10^6\,\mathrm{J/kg}$，水蒸气的比定压热容 $c_p^\beta = 1934\mathrm{J/(kg\cdot K)}$，水的比定压热容 $c_p^\alpha = 4237\mathrm{J/(kg\cdot K)}$，水蒸气的比体积 $v^\beta = 1.673\mathrm{m^3/kg}$，水蒸气的比体积随温度的变化率 $\left(\frac{\partial v^\beta}{\partial T}\right)_p \gg \left(\frac{\partial v^\alpha}{\partial T}\right)_p$，$\left(\frac{\partial v^\beta}{\partial T}\right)_p = 4.813\times10^3\mathrm{m^3/(kg\cdot K)}$，试求该温度下的汽化潜热随温度的变化率。

解　将题中数据代入式(6-4-9)，可以得到

$$\begin{aligned}\frac{\mathrm{d}\gamma_{\mathrm{v}}}{\mathrm{d}T} &= c_p^{\beta} - c_p^{\alpha} + \frac{\gamma_{\mathrm{v}}}{T} - \left(\frac{\partial v^{\beta}}{\partial T}\right)_p \frac{\gamma_{\mathrm{v}}}{v^{\beta}} \\ &= 1934 - 4237 + \frac{2.2574\times10^6}{373.15} - 4.813\times10^3 \times\left(\frac{2.2574\times10^6}{1.673}\right) \\ &= -2.7476(\mathrm{J}/(\mathrm{kg}\cdot\mathrm{K}))\end{aligned}$$

由此例可以看到，汽化潜热随温度的升高而减小。这是因为温度升高时物质分子的平均动能增大，凝聚态的分子更易于跑出来变为气态。

在实际应用中，若已知正常沸点下汽化潜热，则可以用沃森公式方便地计算某温度下的汽化潜热：

$$\gamma_{\mathrm{v}} = \gamma_{\mathrm{v}b}\left(\frac{1-T_r}{1-T_{rb}}\right)^n \tag{6-4-10}$$

式中，$n=0.38$，$T_r = T/T_{\mathrm{c}}$，$T_{rb} = T_b/T_{\mathrm{c}}$，为对比态温度。

在气相物质可以当作理想气体的情况下，$\frac{1}{v^{\beta}}\left(\frac{\partial v^{\beta}}{\partial T}\right)_p = \frac{1}{T}$，所以式(6-4-8)和式(6-4-1)变为

$$\frac{\mathrm{d}\gamma_{\mathrm{v}}}{\mathrm{d}T} = c_p^{\beta} - c_p^{\alpha}$$

$$\frac{\mathrm{d}\gamma_{\mathrm{s}}}{\mathrm{d}T} = c_p^{\beta} - c_p^{\delta}$$

对于理想气体，c_p^{β}是温度的函数，而液相和固相的比热容对温度的敏感性很小，所以汽化潜热与温度的关系和比热容与温度的关系相类似，可表达为幂级数关系，即

$$\gamma_{\mathrm{v}} = a + bT + cT^2 + dT^3 + \cdots \tag{6-4-11}$$

4. 饱和蒸气压方程

在一定温度下，气相与液相或固相处于两相平衡时的蒸气压强称为该温度下的饱和蒸气压。能够把气相与液相或固相达到平衡时的蒸气压强和温度的关系 $p_s = p_s(T_s)$ 表示出来的方程称为饱和蒸气压方程。

在液气两相平衡和固气两相平衡的系统中，蒸气的比体积 v^{β} 比凝聚相的比体积大得多，因而凝聚相的比体积可以忽略，在压强不太高的情况下，蒸气可以近似看作理想气体，即有 $v^{\beta} = \frac{RT_s}{p_s}$。对于气液两相平衡，由式(6-4-4a)可得

$$\frac{\mathrm{d}p_s}{\mathrm{d}T_s} = \frac{\gamma_{\mathrm{v}}}{\frac{RT_s}{p_s}T_s}$$

或

$$\frac{\mathrm{d}p_s}{p_s} = \frac{\gamma_{\mathrm{v}}}{R}\cdot\left(\frac{\mathrm{d}T_s}{T_s^2}\right) \tag{6-4-12}$$

如果所讨论的温度变化范围不大，则可以将潜热当作常数，将式(6-4-12)积分可以得

$$\ln\left(\frac{p_{s2}}{p_{s1}}\right)=-\frac{\gamma_{\mathrm{v}}}{R}\cdot\left(\frac{1}{T_{s2}}-\frac{1}{T_{s1}}\right) \tag{6-4-13a}$$

同理，对于气、固两相平衡，由式(6-4-4c)可得

$$\ln\left(\frac{p_{s2}}{p_{s1}}\right)=-\frac{\gamma_{\mathrm{s}}}{R}\cdot\left(\frac{1}{T_{s2}}-\frac{1}{T_{s1}}\right) \tag{6-4-13b}$$

这是形式较简单的饱和蒸气压方程。按此方程，可以根据某一饱和状态的参考点（p_{s1}，T_{s1}）来确定任意温度T_{s2}所对应的饱和蒸气压p_{s2}。

例 6-4-3　已知冰的三相点温度$T_{\mathrm{tr}}=273.16\mathrm{K}$，压强$p_{\mathrm{tr}}=610.748\mathrm{Pa}$，升华潜热为$\gamma_{\mathrm{s}}=2833.47\mathrm{kJ/kg}$。如果忽略三相点以下冰至蒸气的升华潜热的变化，按饱和蒸气压方程计算当$T_{s2}=233.15\mathrm{K}$时的饱和蒸气压p_{s2}。水蒸气的气体常数$R_{\mathrm{H_2O}}=0.416\mathrm{kJ/(kg\cdot K)}$。

解　依题意γ_{s}为常数，且有$v^{\beta}\gg v^{\alpha}$，应用式(6-4-13b)，有

$$\ln\frac{p_{s2}}{p_{s1}}=\frac{\gamma_{\mathrm{s}}}{R_{\mathrm{H_2O}}}\left(\frac{1}{T_{s2}}-\frac{1}{T_{\mathrm{tr}}}\right)$$

$$=-\frac{2833.47}{0.461}\left(\frac{1}{233.15}-\frac{1}{273.16}\right)=-3.86$$

$$\frac{p_{s2}}{p_{\mathrm{tr}}}=0.211$$

$$p_{s2}=0.211\times p_{\mathrm{tr}}=12.9\mathrm{Pa}$$

从水蒸气的数据表上可以查出由实验得出的p_{s2}为13.094Pa，可见式(6-4-13a)的计算在低压情况下有较好的准确性。

对式(6-4-12)进行积分，其积分式也可写成：

$$\ln p_s=A-\frac{B}{T_s} \tag{6-4-13c}$$

式中，A为积分常数，$B=\gamma_{\mathrm{v}}/R$。

安托尼对式(6-4-13c)作了简单修正，写成：

$$\ln p_s=A-\frac{B}{T_s+C} \tag{6-4-14}$$

式中，A、B、C称为安托尼常数。

由于作了理想气体和潜热为常数的假定，上述饱和蒸气压方程的使用范围很窄，就式(6-4-14)而言，对于大多数情况，可使用的压强范围为 10～1800mmHg。而在不同的温度区间内，A、B、C是不同的。

如果在理想气体假设下，考虑汽化潜热与温度的关系：

$$\gamma_{\mathrm{v}}=a+bT+cT^2$$

对式(6-4-12)进行积分，即可获得如下形式的饱和蒸气压方程：

$$\ln p_s=A-\frac{B}{T}+CT+D\ln T \tag{6-4-15}$$

这种形式的饱和蒸气压方程使用的温度范围则要宽得多。

对于偏离理想气体较远的实际气体，由克劳修斯-克拉珀龙方程还可导出另一种对比态参

数形式的饱和蒸气压方程。物质在它的凝聚相加热变化为蒸气状态时，p-v_M-T 关系可由压缩因子的形式来表示，若摩尔比容和摩尔潜热仍用 v、γ 表示，即有

$$p_s v_g = Z_g R_M T_s$$

$$p_s v_{st} = Z_{st} R_M T_s$$

所以

$$(v_g - v_{st}) = \frac{R_M T_s}{p_s} \Delta Z \tag{6-4-16}$$

将式(6-4-16)代入克劳修斯-克拉珀龙方程

$$\frac{\mathrm{d}p_s}{\mathrm{d}T_s} = \frac{\gamma}{\left(\dfrac{R_M T_s^2}{p_s}\right)\Delta Z} \tag{6-4-17}$$

即

$$\frac{\mathrm{d}\ln p_s}{\mathrm{d}\left(\dfrac{1}{T_s}\right)} = -\frac{\gamma}{R_M \Delta Z} \tag{6-4-18}$$

对以上两式引入对比态参数 $p_{sr} = \dfrac{p_s}{p_c}$ 和 $T_{sr} = \dfrac{T_s}{T_c}$ 可得

$$\frac{\mathrm{d}p_{sr}}{p_{sr}} \Bigg/ \frac{\mathrm{d}T_s}{T_c} = \frac{\gamma}{R_M T_s^2 \Delta Z / T_c}$$

即

$$\frac{\mathrm{d}p_{sr}}{p_{sr}} \Bigg/ \mathrm{d}T_{sr} = \frac{\gamma}{R_M T_{sr}^2 T_c \Delta Z} \tag{6-4-19}$$

或

$$\frac{\mathrm{d}\ln p_{sr}}{\mathrm{d}T_{sr}} = \frac{\gamma}{R_M T_{sr}^2 T_c \Delta Z} \tag{6-4-20}$$

对于平衡相变系统来说，相变潜热是饱和温度或者饱和压强的函数。通常这种 $\gamma = \gamma(T_s)$ 的关系可由实验数据整理给出，最一般的形式是将 γ 与 T_s 表示成幂级数的关系。设

$$\gamma = a + bT_{sr} + cT_{sr}^2 + dT_{sr}^3 \tag{6-4-21}$$

在式(6-4-20)中 ΔZ 是气相与凝聚相的压缩因子之差，当温度范围变化不大时可以假定 ΔZ 为常数，对式(6-4-20)进行积分，可得

$$\ln p_{sr} = A + B\frac{1}{T_{sr}} + C\ln T_{sr} + DT_{sr} + ET_{sr}^2 \tag{6-4-22a}$$

这就是用对比态参数表示的饱和蒸气压方程，式中 A、B、C、D、E 是方程的系数，对于每一种物质都可以由饱和蒸气压的实验数据来确定。实际上，对于给定的物质来说，临界点的参数是一定的，所以它也可以写成

$$\ln p_s = A_1 + B_1\frac{1}{T_s} + C_1\ln T_s + D_1 T_s + E_1 T_s^2 \tag{6-4-22b}$$

式(6-4-22a)或式(6-4-22b)可在较大压强温度范围内计算饱和蒸气压与饱和温度的关系。在潜热为常数的前提下，也可以用式(6-4-13c)形式的饱和蒸气压方程计算在某温度范围的

潜热。

例 6-4-4 在 700～739K 的温度范围内，1mol 固态镁的蒸气压 p 与温度 T 的关系由经验公式

$$\lg p = -\frac{7527}{T} + 13.48$$

给出，式中 p 的单位为 Pa。试求镁的升华潜热 γ_s。

解 设镁的升华潜热为 γ_s。因为 $\ln p_s = 2.303\lg p_s$，所以

$$\ln p_s = 13.48 \times 2.303 - \frac{7527 \times 2.303}{T}$$

对照式(6-4-13c)可知

$$B = 7527 \times 2.303 = \frac{\gamma_s}{R} = \frac{\gamma_s M}{R_M}$$

式中，M 是摩尔质量(其值等于相对分子质量)，镁的相对分子质量为 24.3，所以

$$\gamma_s = \frac{B \times R_M}{M} = \frac{7527 \times 2.303 \times 8.314}{24.3} = 5.93 \times 10^3 (\text{kJ/kg})$$

6.5 汽化与凝结过程

无论是在工程上、生活中还是在大自然中，人们经常遇到汽化与凝结的现象。例如，蒸气动力装置中工质的汽化、燃气动力装置中燃料的汽化、冷凝器中蒸气的凝结等，都涉及汽化和凝结过程。汽化和凝结是方向相反的相变过程，特点相同。所以下面重点讨论汽化过程。工程中汽化过程常在等温或定压条件下进行。因此，下面分等温汽化与定压汽化两种情况进行讨论。

6.5.1 等温汽化与凝结过程

在等温条件下，欲使液体汽化，必须降低压强。在 p-T 图上作三条等温线(1)、(2)和(3)自液相区降压垂直穿过汽化线 OC，并与之相交于 a、b、c 三点，如图 6-5-1(a)所示。以(1)线为例，处于液相区的初态 (p,T_1)，在等温 T_1 条件下降压，达 a 点时，呈饱和状态的液体，试图进一步降压时，压强并无明显变化，在 a 点处饱和液体汽化，比体积增大，直到全部汽化。在 a 点处具有确定的化学势，汽化过程是在 $\mu^\alpha = \mu^\beta$ 条件下进行的，称为平衡相变。平衡相变过程在 p-v 图 6-5-1(b)上，自由饱和状态 a' 开始变化到饱和气态 a'' 的水平直线表示。在 a 点处完全转化为饱和蒸气后，随着压强继续下降，过程进入气相(β)区。在单相区(α 或 β)，等温条件下，随着压强下降，物质比体积增大，而在平衡相变过程 $a'a''$ 中，压强、温度不变，比体积也增大。所以，p-T 图上第(1)条等温线对应 p-v 图上有 $a^0a'a''$ 等温线，称等温线 T_1。

同样，p-T 图上的第(2)条等温线，对应 p-v 图上有 $b^0b'b''$ 等温线，或等温线 T_2。

因为 c 为临界点，p-T 图上过 c 点的等温线对应 p-v 图上临界等温线 T_c，或称临界等温线。

在 p-v 图上，o'、a'、b' 为饱和液相，连线 $o'a'b'c$ 称为饱和液相线。由临界等温线、p 轴与饱和液相线所围的区域称为未饱和液相区。同样，o''、a''、b'' 为饱和气相，连线 $o''a''b''c$ 称为饱和气相线。临界等温线以上和饱和气相线之右，均为未饱和气相或气体，称为未饱和气相区。c 点为临界点，在临界点处，饱和液相与饱和气相具有确定的临界参数 p_c、T_c 和 v_c，

因此两相差别消失，这时物质的潜热为零，液体表面张力为零。

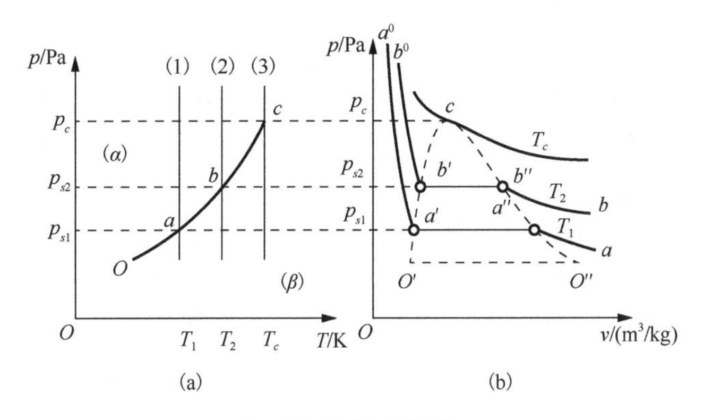

图 6-5-1 p-T 和 p-v 图

由 $o'a'b'cb''a''o''o'$ 连线所围成的区域内，饱和液相和饱和气相两相共存，故称为气液共存区。共存区内压强和温度相互不独立，而是通过饱和蒸气压方程关联起来。

若将 p-v 图上各状态画在 T-s 图(图 6-5-2)上的共存区，共存区内饱和液体与饱和蒸气共存。由 T-s 图可见，在等温条件下，随着压强降低及相变过程的进行，物质的熵将会增大。

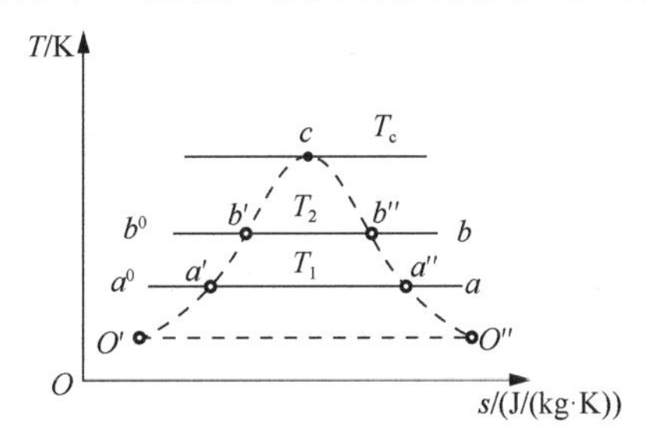

图 6-5-2 T-s 图

p-v 图上的 a' 所对应的饱和液相比体积 v' 即为式(6-4-4a)中的 v^{α}，饱和气相的 a'' 所对应的比体积 v'' 即为式(6-4-4a)中的 v^{β}，所以式(6-4-4a)亦可写成：

$$\frac{\mathrm{d}p}{\mathrm{d}T}=\frac{\gamma_{\mathrm{v}}}{(v''-v')T}$$

或

$$v''-v'=\frac{\gamma_{\mathrm{v}}}{T\left(\dfrac{\mathrm{d}p}{\mathrm{d}T}\right)} \tag{6-5-1}$$

由例 6-4-1 计算结果可知，当温度升高时，$\left(\dfrac{\mathrm{d}p}{\mathrm{d}T}\right)$ 增大，而汽化潜热 γ_{v} 随温度升高而减小。所以，$(v''-v')$ 随着温度升高而缩短，即 $\overline{a'a''}>\overline{b'b''}$，直到临界点 c 处，缩成一个点，$\gamma_{\mathrm{v}}=0$，$v_{\mathrm{c}}''=v_{\mathrm{c}}'$。

如果过程反向进行，即在等温条件下，自气相区压缩升压，蒸气压到 a'' 或 b'' 时，即开始凝结，且在压强不变的情况下全部转化饱和液体 a' 或 b'，机械增压时，进入液相区，比体积减少较小，压强迅速升高。同样，过程沿着 p-v 图上的等温线进行。

6.5.2　定压汽化与凝结过程

在定压条件下，液体的汽化须升温，蒸气的凝结须降温。现以汽化为例进行讨论。在图6-5-3中，对定压过程自液相区M点温度升至气相区N点时，与汽化线OC相交于b点。在b点处先达饱和液相b'，在共存区内经过平衡相变过程全部转化饱和气相b''。在b点，具有与过程压强相对应的饱和温度T_s。N点的温度大于T_s，称为过热状态，这时的蒸气称为过热蒸气，在$b'b''$间为饱和液体和饱和蒸气共存的状态，与饱和液体共存的饱和蒸气称为湿饱和蒸气，而在b''处无液体的饱和蒸气称为干饱和蒸气。所以当液体自M点定压地升温至N的过程中，液体经历过冷液体、饱和液体、湿饱和蒸气、干饱和蒸气和过热蒸气五种状态。

若将定压升温的MN过程，画于T-s图上，则如图6-5-3(c)所示，曲线在共存区内的$b'b''$段仍维持温度不变。

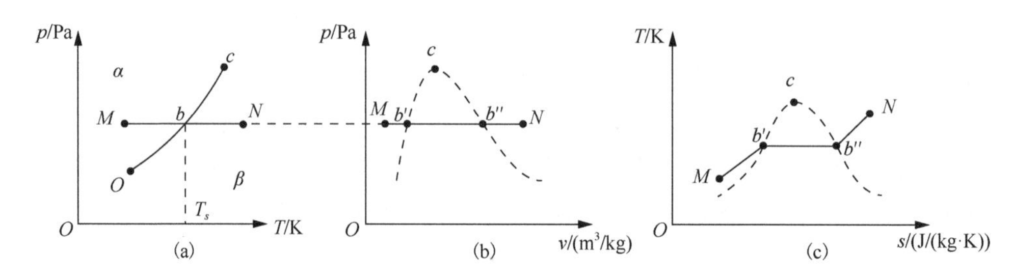

图6-5-3　液体的定压汽化和蒸气的凝结过程

综合以上讨论，可将纯物质的p-v图归纳为一个点(临界点)、两条线(液相线和气相线)、三个区(液相区、气相区和共存区)、五种状态(过冷液体、饱和液体、湿饱和蒸气、干饱和蒸气和过热蒸气)。液体在定压汽化过程中要经历三个区、五种状态。蒸气在凝结过程中，同样经历这三个区、五种状态。例如，在图6-5-3中，自N点降温至M点，蒸气在b''点开始凝结，经过共存区，在b'点全部凝结成饱和液体，而到M点即为过冷液体。

6.5.3　气液共存时的性质计算

1. 干度的概念

系统达到气液两相平衡时，系统的压强p和系统的温度T相互不独立，它们受相平衡条件的约束。然而，气液两相总质量一定的平衡系统构成简单可压缩系统，在第5章曾指出简单可压缩系统必须有两个独立参数才能确定其状态。因此，对于一定质量的湿蒸气，若要确定系统的状态，需要引入系统含饱和水与干饱和蒸气分量的参数，最常用的参数是干度x，参见5.1.2节。它是湿蒸气特有的重要参数，用以表示湿饱和蒸气中所含蒸气的百分率，其定义式为

$$x=\frac{m''}{m'+m''} \tag{6-5-2}$$

式中，m'、m''分别表示湿饱和蒸气中所含的液体和饱和蒸气的质量。干度x的数值范围是0～1。$x=0$代表饱和液体，$x=1$代表干饱和蒸气。可见，x越大，湿蒸气的含水量越小，“干度”的名称很形象地说明了它的含义。

2. 气液共存区性质计算

若系统的状态处于气液两相共存区内，如图 6-5-4 所示 A 点，饱和液体比体积为v'，干饱和蒸气比体积为v''，系统处于 A 点时的比体积为v_x、干度为x。那么，比体积v^x为

$$v^x = v'(1-x) + v''x \tag{6-5-3}$$

因此，干度也可以写成

$$x = \frac{v^x - v'}{v'' - v'} = \frac{\overline{a'A}}{\overline{a'a''}} \tag{6-5-4}$$

即共存区内某点的干度等于共存区内该点所在等温定压线上到饱和液相线的距离与等温定压线总长之比。利用这个关系由等温定压线上 A 的位置可以确定湿蒸气系统的干度。同理，可以很方便地确定系统其他的状态参数：

$$u^x = u'(1-x) + u''x \tag{6-5-5}$$

$$h^x = h'(1-x) + h''x \tag{6-5-6}$$

$$s^x = s'(1-x) + s''x \tag{6-5-7}$$

在式(6-5-3)～式(6-5-7)中，上标为 ′ 和 ″ 分别指饱和液态与饱和气态的状态参数。

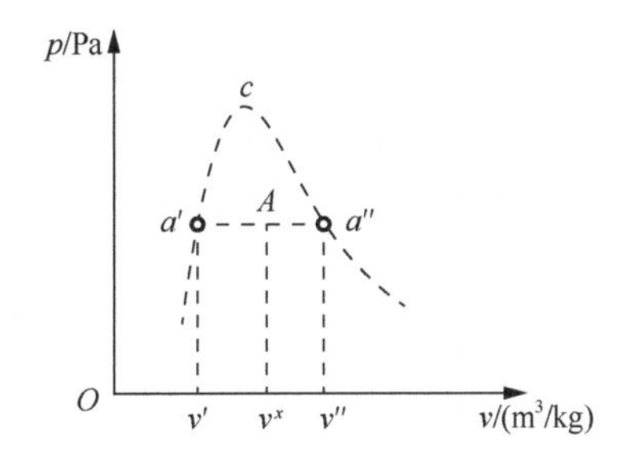

图 6-5-4　气液共存区

例 6-5-1　已知饱和状态 $t=-10℃$ 时，F-12 液体和干蒸气的比焓与比熵分别为

$$h' = 409.469\text{kJ/kg}, \quad h'' = 568.860\text{kJ/kg}$$

$$s' = 4.15280\text{kJ/(kg·K)}, \quad s'' = 4.75859\text{kJ/(kg·K)}$$

试求 $x=0.1$ 和 0.9 时的比焓与比熵。

解　$$h^x = h'(1-x) + h''x, \quad s^x = s'(1-x) + s''x$$

当 $x=0.1$ 时

$$h^x = 409.469\times(1-0.1) + 568.860\times0.1 = 425.41(\text{kJ/(kg·K)})$$

$$s^x = 4.1528\times(1-0.1) + 4.75859\times0.1 = 4.21331(\text{kJ/(kg·K)})$$

当 $x=0.9$ 时

$$h^x = 409.469\times(1-0.9) + 568.860\times0.9 = 552.92(\text{kJ/(kg·K)})$$

$$s^x = 4.1528\times(1-0.9) + 4.75859\times0.9 = 4.6980(\text{kJ/(kg·K)})$$

如果在共存区内从状态 1 经历一过程到状态 2，只要计算出 1、2 两点的参数，其能量转换用热力学第一定律和热力学第二定律所给出的方程进行计算。例如，在例 6-5-1 中，若设 $x=0.1$ 为状态 1，$x=0.9$ 为状态 2，则工质 F-12 在定压过程中汽化时所吸收的热量为

$$q = h_2^x - h_1^x = 552.92 - 425.41 = 127.51(\text{kJ/kg})$$

或者

$$q = T_s(s_2^x - s_1^x) = 263.15 \times (4.6980 - 4.2133) = 127.55(\text{kJ/kg})$$

可见，两种计算的结果是一致的。

6.6　曲界面复相系统的相转变与相平衡

前面讨论的气、液相变，基于两相间界面为平界面或曲率半径较大的相界面。所述的饱和蒸气压强 p_s，是指平界面下气液两相平衡时的蒸气压强。但有些气液两相系统中，气液两相间并非是平界面，而是曲界面，如蒸气中的液滴、液体中的气泡、毛细管中的液面都是曲界面。这种曲界面的气液平衡系统中，表面张力的影响必须加以考虑。

曲界面系统中，两相平衡时的蒸气压强与前面所说饱和蒸气压是不同的，其物理原因就在于曲界面上分子的逸出功与平界面上的分子不同。如图 6-6-1(a)所示，在凹液面的情况下，分子跑出液面时，要多克服图中斜线部分液体分子的引力，所以需要比平液面跑出时的能力更大。因此，在温度相同的条件下单位时间内跑出液面的分子比平界面要少，此时两相平衡时的蒸气压强比平界面的饱和蒸气压强要小。反过来，在凸液面的情况下，分子跑出液体界面时克服液体分子的引力比平界面要小，如图 6-6-1(b)所示，使得分子容易跑出，达到平衡时蒸气压强比平界面饱和蒸气压强要大。但必须指出，由于液体分子的引力作用范围很小，其数量级为10^{-8}m，所以在一般曲面的情况下，其饱和蒸气压与平界面的值的差别可以忽略不计，只是在微小液滴或微小气泡的情况下，这种差别就变得显著而不能忽略了。

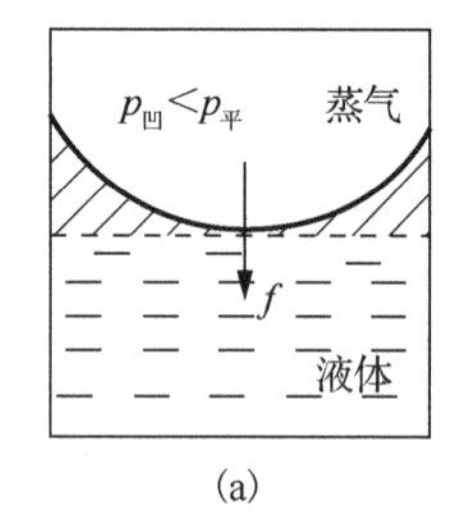

(a)

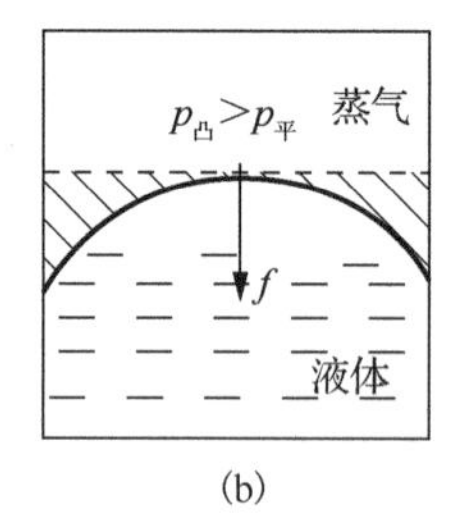

(b)

图 6-6-1　曲界面

6.6.1　曲界面相平衡条件

1. 平衡条件

如图 6-6-2 所示，以 r 为半径的球形界面将某种物质分为 α 相和 β 相。在两相的分界面上，由于存在表面张力，界面与系统中其他部位的物理性质都不同，因此表面液膜构成一个表面相 γ。因为表面液膜极薄，可以认为它所占体积为零，即 $V^\gamma = 0$。假如系统在一定的条件下达到了平衡，那么整个系统必须满足热平衡条件、力学平衡条件和相平衡条件。

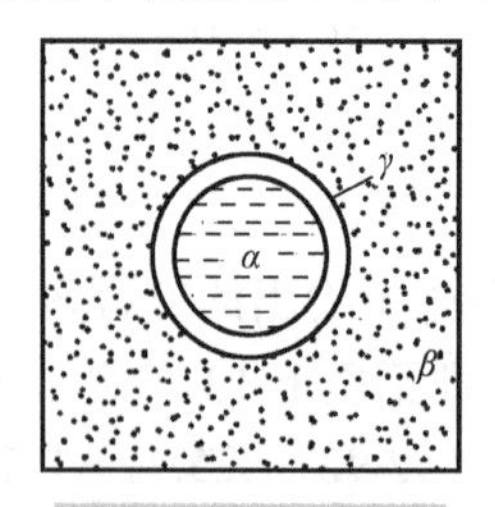

图 6-6-2　球形界面

系统内部达到热平衡时系统内部各部分的温度应一致，即

$$T^{\alpha} = T^{\beta} = T^{\gamma} = T$$

在等温条件下，设整个系统的体积不变，那么由质量转化系统的关系式，各相的自由能可以写成：

$$\mathrm{d}F^{\alpha} = -p^{\alpha}\mathrm{d}V^{\alpha} + \mu^{\alpha}\mathrm{d}m^{\alpha}$$

$$\mathrm{d}F^{\beta} = -p^{\beta}\mathrm{d}V^{\beta} + \mu^{\beta}\mathrm{d}m^{\beta}$$

对于γ相，由于表面张力系数σ只是温度T的函数，在等温条件下：

$$\mathrm{d}F^{\gamma} = \sigma\mathrm{d}A$$

当α相、β相和γ相达到平衡时，在等温定容条件下，由自由能判据式(6-2-9)，系统总自由能为

$$\mathrm{d}F = \mathrm{d}F^{\alpha} + \mathrm{d}F^{\beta} + \mathrm{d}F^{\gamma} \equiv 0$$

即

$$-p^{\alpha}\mathrm{d}V^{\alpha} - p^{\beta}\mathrm{d}V^{\beta} + \sigma\mathrm{d}A + \mu^{\alpha}\mathrm{d}m^{\alpha} + \mu^{\beta}\mathrm{d}m^{\beta} \equiv 0$$

由于

$$\mathrm{d}m^{\beta} = -\mathrm{d}m^{\alpha} \text{和} \mathrm{d}V^{\beta} = -\mathrm{d}V^{\alpha}$$

并设曲界面为球面，则有

$$\mathrm{d}A = \frac{2}{r}\mathrm{d}V^{\alpha}$$

所以

$$\mathrm{d}F = -\left(p^{\alpha} - p^{\beta} - \frac{2\sigma}{r}\right)\mathrm{d}V^{\alpha} + (\mu^{\alpha} - \mu^{\beta})\mathrm{d}m^{\alpha} \equiv 0 \tag{6-6-1}$$

由式(6-6-1)便得到了气液两相平衡的力学平衡条件和相平衡条件：

$$p^{\alpha} = p^{\beta} + \frac{2\sigma}{r} \tag{6-6-2}$$

和

$$\mu^{\alpha}(T, p^{\alpha}) = \mu^{\beta}(T, p^{\beta}) \tag{6-6-3}$$

曲界面的两相平衡同样要满足热平衡条件、力学平衡条件和相平衡条件。由力学平衡条件式(6-6-2)可以看出，以r为半径的球形界面上两相达到平衡时，界面内部的压强要比界面外部的压强大，而且r越小表面张力越大，两者的差值越大。物质的表面张力和界面的几何形状决定了这一平衡状态下的特征。更一般地，如果两相的界面不是球形界面，可以证明两相达到平衡的力学平衡条件为

$$p^{\alpha} - p^{\beta} = \left(\frac{1}{r_1} + \frac{1}{r_2}\right)\sigma$$

式中，r_1、r_2是非球形界面的两个主曲率半径。

2. 曲界面的克劳修斯-克拉珀龙方程

平界面的气液两相平衡，系统内一定的温度对应着一定的饱和压强。而曲界面的气液两相平衡共存时，界面内外两相的压强p^{α}、p^{β}与温度之间的关系可由相平衡条件式(6-6-3)导

出，由于$\mu^{\alpha}=g^{\alpha}$和$\mu^{\beta}=g^{\beta}$，代入相平衡条件关系式：

$$v^{\alpha}\mathrm{d}p^{\alpha}-s^{\alpha}\mathrm{d}T=v^{\beta}\mathrm{d}p^{\beta}-s^{\beta}\mathrm{d}T$$

由式(6-6-2)可得：$\mathrm{d}p^{\alpha}=\mathrm{d}p^{\beta}-\dfrac{2\sigma}{r^{2}}\mathrm{d}r$，代入上式可得

$$\left(s^{\beta}-s^{\alpha}\right)\mathrm{d}T=(v^{\beta}-v^{\alpha})\mathrm{d}p^{\beta}+\frac{2\sigma v^{\alpha}}{r^{2}}\mathrm{d}r \tag{6-6-4}$$

式(6-6-4)称为曲界面的克劳修斯-克拉珀龙方程，它们表征了曲界面两相达到平衡时各相的压强与平衡温度的关系。将式(6-6-4)与平界面的克劳修斯-克拉珀龙方程式(6-4-4)比较可知，式(6-4-4)是式(6-6-4)是在r趋于无穷大时的特例。

6.6.2 液滴与气泡生成和增长的条件

液滴与气泡的生成，应满足曲界面气液两相平衡的条件，因此可由式(6-6-4)给出。液滴和气泡增长是非平衡相变过程，其增长条件由从高化学势向低化学势转变的原则来确定。

1. 液滴存在和增长的条件

在图 6-6-2 中，α相是液相，β相是气相。若假设蒸气是理想气体，并且有$v^{\beta}\gg v^{\alpha}$，$v^{\beta}=\dfrac{RT}{p^{\beta}}$。在等温条件下，由式(6-6-4)可得

$$\frac{\mathrm{d}p^{\beta}}{p^{\beta}}=-\frac{2\sigma v^{\alpha}}{RT}\frac{\mathrm{d}r}{r^{2}} \tag{6-6-5}$$

从平界面积分到曲界面，即压强从p_s到p^{β}，半径从r到∞之间对式(6-6-5)进行积分，则有

$$p^{\beta}=p_s\mathrm{e}^{\frac{2\sigma v^{\alpha}}{RTr}} \tag{6-6-6}$$

$$p^{\alpha}=p_s\mathrm{e}^{\frac{2\sigma v^{\alpha}}{RTr}}+\frac{2\sigma}{r} \tag{6-6-7}$$

式中，$\dfrac{2\sigma}{r}$为由表面张力形成的指向液滴的附加压强。如果将式(6-6-6)和式(6-6-7)所描述的p^{α}、p^{β}与r的关系表示在$p\sim\dfrac{1}{r}$图上，可以得到如图 6-6-3 所示的曲线。

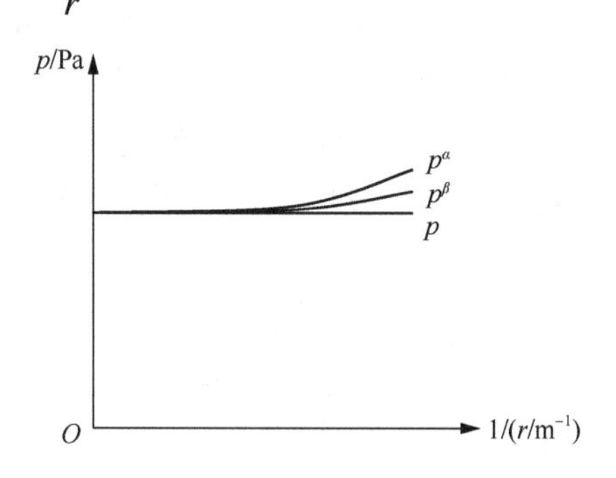

图 6-6-3 液滴存在和增长的$p\sim 1/r$关系图

因为在等温条件下恒有

$$\mathrm{e}^{\frac{2\sigma v^{\alpha}}{RTr}}>1$$

所以对于一定温度条件下液滴与周围的蒸气处于平衡时，正如图 6-6-1(b)所描绘的那样，蒸气的压强总是高于饱和蒸气压，而液滴内部的压强 p^α 则更高，即 $p^\alpha > p^\beta > p^s$ 。这就说明蒸气在凝结时必须处于过冷状态。

式(6-6-6)可以写成

$$\ln\frac{p^\beta}{p_s}=\frac{2\sigma v^\alpha}{RTr} \tag{6-6-8}$$

式(6-6-8)体现了蒸气压强偏离饱和蒸气压的大小，可将它作为蒸气过冷程度的度量。当液滴以较小的尺寸存在于蒸气中时，要求有较大的过冷度才能达到平衡。所以，蒸气的过冷是液滴存在的条件之一。

式(6-6-8)表明，当 $r\to 0$ 时，要求 $\dfrac{p^\beta}{p_s}\to\infty$ ，这是不可能的。所以，对于一定过冷度的蒸气，液滴的初始尺寸有一个最低限度，这个最低限度的半径用 r_0 表示，由式(6-6-6)可得

$$r_0=\frac{2\sigma v^\alpha}{RT\ln\left(\dfrac{p^\beta}{p_s}\right)} \tag{6-6-9}$$

所得的 r_0 是蒸气与液滴达到两相平衡时液滴的半径，也是液滴存在的最小半径，称作平衡半径。

实际的凝结过程是不平衡过程。要使凝结发生，液滴不断增大，气相的化学势必大于液相的化学势 $\mu^\beta > \mu^\alpha$ 。由此容易推出液滴增长的条件为

$$r>r_0=\frac{2\sigma v^\alpha}{RT\ln\left(\dfrac{p^\beta}{p^\alpha}\right)} \tag{6-6-10}$$

式(6-6-10)说明在一定的温度和蒸气压强时，只有那些半径大于平衡半径的液滴才能凝结长大；那些半径小于平衡半径的液滴必然在 $\mu^\beta \leqslant \mu^\alpha$ 的条件下，不断蒸发而缩小直至完全消失。纯净的蒸气中，蒸气开始凝结时的半径总是很小的，要使蒸气发生凝结就必须使蒸气具有相当大的过冷度。但如果蒸气中含有灰尘等杂质情况就不一样了，当这些杂质的表面吸附一层液膜以后，液膜的曲率半径较大，会起着凝结核心的作用，在凝结时对蒸气的过冷度的要求就会大大减小，这时蒸气发生凝结所需的压强常常只需要超过饱和蒸气压的一个微小量。

综上所述，在蒸气中形成液滴并使之增长的条件是：

(1)蒸气必须处于过冷状态。

(2)蒸气中必须存在半径大于平衡半径 r_0 的凝结核心。

2. 气泡的形成与增长的条件

液体中产生气泡是另一类曲界面气液两相系统，但界面内为气相、界面外为液相，表面张力形成的附加压强由外部液相指向内部气相。因此有

$$p^\beta = p^\alpha + \frac{2\sigma}{r_b} \tag{6-6-11a}$$

或

$$p^\alpha = p^\beta + \frac{2\sigma}{-r_b} \tag{6-6-11b}$$

将式(6-6-11b)与式(6-6-2)相比可知，若以 $-r_b$ 取代液滴公式(6-6-5)，即可以得到气泡和液体相平衡公式

$$p^{\beta}=p_s\mathrm{e}^{-\frac{2\sigma v^{\alpha}}{RTr_b}} \tag{6-6-12}$$

$$p^{\alpha}=p_s\mathrm{e}^{-\frac{2\sigma v^{\alpha}}{RTr_b}}-\frac{2\sigma}{r_b} \tag{6-6-13}$$

$$r_{b0}=\frac{2\sigma v^{\alpha}}{RT\ln\left(\dfrac{p_s}{p^{\beta}}\right)} \tag{6-6-14}$$

式中，r_{b0} 称为液体中产生球形气泡的平衡半径。

如果将式(6-6-12)和式(6-6-13)所示的 p^{α}、p^{β} 与 r_b 的关系表示在 $p\sim\dfrac{1}{r_b}$ 图上，可以得到如图 6-6-4 所示的曲线。因为在等温条件下恒有

$$\mathrm{e}^{-\frac{2\sigma v^{\beta}}{RTr_b}}<1$$

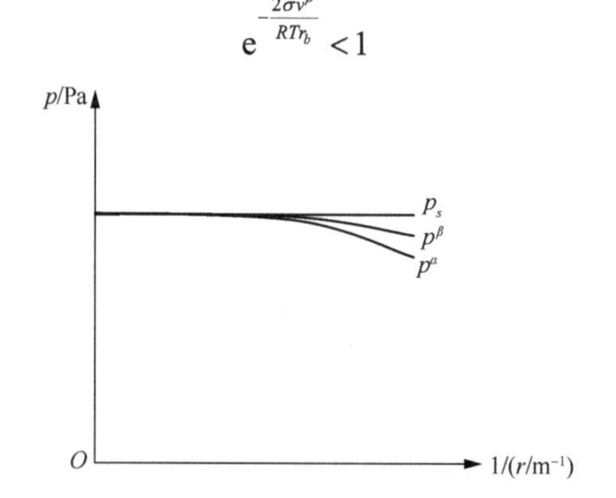

图 6-6-4　气泡形成与增长的 $p\sim1/r$ 关系图

所以对于一定温度条件下气泡与周围的液体处于平衡时，气泡的压强总是小于饱和蒸气压，而液体的压强 p^{α} 则更小。即 $p^{\alpha}<p^{\beta}<p_s$，液体必须处于过热状态。

在一定温度的条件下，压强不变的液体要形成气泡，其初始尺寸有一个最低限度，高于这个限度的气泡能够存在，而低于这个限度的气泡就不能存在。

与凝结过程一样，实际的气泡增长过程是不平衡过程。要使气泡不断增大而气相的化学势必小于液相的化学势 $\mu^{\beta}<\mu^{\alpha}$。同样可以推出气泡增长的条件为

$$r_b>r_{b0}=\frac{2\sigma v^{\alpha}}{RT\ln\left(\dfrac{p_s}{p^{\beta}}\right)} \tag{6-6-15}$$

一定的温度和压强下，只有那些半径大于平衡半径的气泡才能增大，而那些半径小于平衡半径的气泡会缩小直至完全消失。液体中往往含有不凝结气体(如水中的空气)，容器表面总有些凹坑，它们都起着汽化核心的作用。

综上所述，气泡形成或增长的条件是：

(1)液体必须处于过热状态。

(2)液体中必须存在半径大于平衡半径的汽化核心。

例 6-6-1　在常温 $T=291\text{K}$ 时，水的表面张力系数 $\sigma=0.073\text{N/m}$，比体积 $v^{\alpha}=0.001\text{m}^3/\text{kg}$。试确定在此温度下水蒸气分别凝结为 $r_0=10^{-7}\text{m}$、10^{-8}m、10^{-9}m 的水滴时，水蒸气的压强 p^{β} 至少超过饱和蒸气压的多少倍。

解　水的摩尔质量为 18.016kg/kmol，通用气体常数 R_M 为 8.314kJ/(kmol·K)，由式(6-6-8)

$$\ln\left(\frac{p^{\beta}}{p_s}\right)=\frac{2\sigma v^{\alpha}}{RTr_0}$$

代入数据

$$\ln\left(\frac{p^{\beta}}{p_s}\right)=\frac{2\times0.073\times0.001\times18.016}{8.314\times10^3\times291\times r_0}=1.088\times10^9\frac{1}{r_0}$$

$r_0=10^{-7}\text{m}$ 时，　$\dfrac{p^{\beta}}{p_s}=1.011$

$r_0=10^{-8}\text{m}$ 时，　$\dfrac{p^{\beta}}{p_s}=1.115$

$r_0=10^{-9}\text{m}$ 时，　$\dfrac{p^{\beta}}{p_s}=2.968$

计算结果表明，凝结时形成的水滴越小，要求蒸气压强超过饱和压强越大。

6.6.3　液体的过热度

沸腾是液体内部汽化过程，也是气泡生成与长大的过程。由气泡生成和长大的条件可知，在纯净的液体达到的沸点 T_b，即液体的饱和蒸气压为 $p_s(T_b)=p^{\alpha}$ 时，并不能真正沸腾。只有在液体温度达到沸点以后，继续升高温度至 $T=T_b+\Delta T$，使得液体的饱和蒸气压 $p_s(T_b+\Delta T)$：

$$p^{\alpha}<p^{\beta}<p_s(T_b+\Delta T)\tag{6-6-16}$$

成立，沸腾才会发生。液体所达到温度与沸点的差值 $\Delta T=T-T_b$ 称作液体的过热度。

由气泡生成的第二个条件知道，汽化核心的最小尺寸，应由式(6-6-14)所示的平衡半径 r_{b0} 确定，而 r_{b0} 与 $\left(\dfrac{p_s}{p^{\beta}}\right)$ 有关，若过热度 ΔT 大，则比值 $\dfrac{p_s(T_b+\Delta T)}{p^{\beta}}$ 就大，气泡生成所需要的 r_{b0} 也就小。反之，若液体中含有较大的汽化核心，对液体的过热度要求就小，含有较小的汽化核心，则要求较大的过热度。因此，过热度一定与液体中汽化核心的半径有关。下面将导出它们之间的关系。

因 $\mathrm{e}^{-\frac{2\sigma v^{\alpha}}{RTr_b}}<1$，在液体通常拥有的汽化核心条件下，$\dfrac{2\sigma v^{\alpha}}{RTr_b}$ 数值很小，所以式(6-6-12)可写成

$$p^{\beta}=p_s\left(1-\frac{2\sigma v^{\alpha}}{RTr_b}\right)\tag{6-6-17}$$

在相同的温度下，p^{β} 与 p_s 相关甚微，即 $p^{\beta}\approx p_s$。

设泡内蒸气可视为理想气体，$RT=p^{\beta}v^{\beta}\approx p_s v^{\beta}$，式(6-6-17)又可写成：

$$p^{\beta}=p_s\left(1-\frac{2\sigma v^{\beta}}{p_s r_b v^{\beta}}\right)\tag{6-6-18}$$

同理，式(6-6-13)可写成

$$p_s - p^\alpha = \frac{2\sigma}{r_b}\left(1+\frac{v^\alpha}{v^\beta}\right) \tag{6-6-19}$$

系统压强不变，液体压强也不变，且 $p^\alpha = p_s(T_b)$，所以式(6-6-19)相当于温度从 T_b 变到 $T = T_b + \Delta T$ 时，饱和蒸气压沿汽化曲线的改变量。由饱和蒸气压方程(6-3-14a)，可得

$$\ln\frac{p_s}{p^\alpha} = \frac{\gamma_\mathrm{v}}{R}\left(\frac{1}{T_b} - \frac{1}{T}\right) = \frac{\gamma_\mathrm{v}\Delta T}{RT_bT}$$

因为 ΔT 一般很小，$T = T_b + \Delta T \approx T_b$，所以

$$\Delta T = \frac{RT_b^2}{\gamma_\mathrm{v}}\ln\frac{p_s}{p^\alpha} \tag{6-6-20}$$

由式(6-6-19)和式(6-6-20)，可得

$$\Delta T = \frac{RT_b^2}{\gamma_\mathrm{v}}\ln\left[1+\frac{2\sigma}{p^\alpha r_b}\left(1+\frac{v^\alpha}{v^\beta}\right)\right] \tag{6-6-21}$$

式(6-6-21)说明，若系统中具有的汽化核心较大，则过热度较大，反之亦然。同时过热度与物质种类(γ_v)和系统压强$\left(p^\alpha, T_b, v^\beta\right)$亦有关。

当 $v^\beta \gg v^\alpha$，且 $\dfrac{2\sigma}{p^\alpha r_b} \ll 1$ 时，方程(6-6-20)可简化为

$$\Delta T = \frac{RT_b^2}{p^\alpha \gamma_\mathrm{v}}\frac{2\sigma}{r_b} \tag{6-6-22}$$

式(6-6-22)可在对比态压强 $0.01 < p_r < 1$ 范围内使用而无明显误差。

若液体中溶解有非凝结气体，如空气，气泡内亦会含有空气，且空气的分压为 p_a，则力平衡方程应写为

$$p^\beta + p_a - p^\alpha = \frac{2\sigma}{r_b} \tag{6-6-23}$$

这时式(6-6-21)相应地写成

$$\Delta T = \frac{RT_b^2}{\gamma_\mathrm{v}}\ln\left[1+\left(\frac{2\sigma}{p^\alpha r_b} - \frac{p_a}{p^\alpha}\right)\left(1+\frac{v^\alpha}{v^\beta}\right)\right] \tag{6-6-24}$$

与(6-6-22)相对应的公式有

$$\Delta T = \frac{RT_b^2}{p^\alpha \gamma_\mathrm{v}}\left(\frac{2\sigma}{r_b} - p_a\right) \tag{6-6-25}$$

所以溶解气体的存在降低了给定半径下气泡长大所需要的过热度。

曲界面相变理论在工程上有着广泛的应用。例如，人工降雨的机理就是大量的凝结核心飞洒在过冷水蒸气的云层中，使之凝结成雨滴，成为人工造雨。

长时间反复煮沸的水因溶解气体减少，汽化核心也越来越少，因而液体在内部相气泡汽化的量越来越少，这时对液体加入的热量不能全部带走，液体的温度将上升。此时即使液体的温度超过液面所对应的沸点温度很高，也不发生沸腾，形成很高的过热度。由于涨落，某些地方的液体分子会有足够大的能量而彼此推开形成极小的气泡。虽然这种气泡的尺度一般

只有分子间距的几倍，但由于液体已经处于极度过热状态，液体分子的动能较大，能迅速向气泡蒸发，气泡内的蒸气压强迅速大于大气压，随机气泡迅速膨胀，甚至发生爆炸，这种现象称为爆沸。为了避免这种现象发生，常常在对锅炉等蒸气发生设备加热之前，加入一些吸附空气的物质，并在加热过程中不断加入新鲜水，以保证汽化过程稳定地进行。

思 考 题

6-1　对于单元复相系统，若相间温度不同，是否能达到力学平衡和相平衡？

6-2　单元物质的化学势(即比自由焓)只是温度 T 与压强 p 的函数，而相变过程一般是在等温定压下进行的，那么相变过程中两相化学势是否必然相等？

6-3　克劳修斯-克拉珀龙方程用于汽化时，由于 γ_v 为正值，所以 $\frac{\mathrm{d}p}{\mathrm{d}T}>0$。那么，该方程用于凝结时，过程热效应取负值，这时 $\frac{\mathrm{d}p}{\mathrm{d}T}$ 仍然大于零吗？为什么？

6-4　在三相点处，物质潜热之间存在 $\gamma_{\mathrm{s}}=\gamma_{\mathrm{v}}+\gamma_{\mathrm{m}}$ 关系，在相图上其他地方是否也能找到这种关系？

6-5　有人说“一个密封的容器内，若处于两相平衡的液体和气体为同一种物质，那么气相所占的相对体积越大则饱和蒸气压越大”。这种说法对吗？为什么？

6-6　体积不变的容器中存有液相和气相共存的物质，总质量为 1kg，在某温度和压强下处于相平衡状态。对容器加热升温，试根据 p-v 图中共存区特点分析升温时在什么条件下气相增加、在什么条件下液相增加。

6-7　什么是过热蒸气、过冷液体、过冷蒸气与过热液体？试在 p-v 图上以某条等温线为基准，定性地找出它们相应的状态点位置。

6-8　在研究曲界面气液共存的复相系统的平衡时要考虑三相(气相、液相和表面相)之间的平衡，但在平界面气相复相系统中，也有表面相-气液界面，为什么只考虑两相平衡？

6-9　式(6-6-19)是指相同温度下的压差：$p_s(T)-p^{\alpha}(T)$，而式(6-6-20)蒸气压方程中压强比是指不同温度下的 $\left[\frac{p_s(T)}{p^{\alpha}(T_b)}\right]$，为什么可以联立求解而得到式(6-6-21)？

习　题

6-1　在饱和氨蒸气和饱和氟利昂-12 蒸气表(见附表 14 和附表 15)上各选取 $t=-30$℃ 和 $t=-10$℃ 时的有关数据，计算它们的液相化学势和气相化学势，并判断气液两相是否处于平衡状态。

6-2　根据习题 6-1 中所指定的温度和蒸气表中的有关数据，计算这两个温度下 NH_3 和 F-12 汽化曲线的斜率。

6-3　二氧化碳的三相点上，$T=216.55\mathrm{K}$、$p=5.18\mathrm{bar}$、固态比体积 $v^{\delta}=0.661\times10^{-3}\mathrm{m}^3/\mathrm{kg}$、液态比体积 $v^{\alpha}=0.849\times10^{-3}\mathrm{m}^3/\mathrm{kg}$、气态比体积 $v^{\beta}=72.2\times10^{-3}\mathrm{m}^3/\mathrm{kg}$、升华潜热 $\gamma_{\mathrm{s}}=542.76\mathrm{kJ/kg}$、汽化潜热 $\gamma_{\mathrm{v}}=347.85\mathrm{kJ/kg}$。试计算三相点处升华线、熔解线和汽化线的斜率各为多少？

6-4　根据习题 6-3 所列条件，假定潜热不随温度而改变，液相比体积与气相比体积相比可略，且蒸气可视为理想气体，试计算 CO_2 在 $t=-80℃$ 和 $t=-40℃$ 时的饱和蒸气压(查表数据分别为 0.602bar 和 10.05bar)。

6-5　接近 100℃时，每当压强增大 400Pa 时水的沸点升高 0.11℃，水蒸气的比体积 $v^{\beta}=1.671\text{m}^3/\text{kg}$。试求水的汽化潜热。

6-6　固态氨的蒸气压方程和液态氨的蒸气压方程分别为

$$\ln p = 27.93 - \frac{3754}{T}$$

及

$$\ln p = 24.38 - \frac{3063}{T}$$

其中 p 的单位为 Pa。试求：

(1)三相点的压强和温度；

(2)三相点处的汽化热、熔解热和升华热；

(3)在 p-T 图上画出饱和曲线示意图。

6-7　1 个大气压下，5kg 的水在 100℃(正常沸点)条件下全部汽化，设水的正常沸点下的汽化潜热 $\gamma_{\text{v}}=2257.2\text{kJ}/\text{kg}$，水的比体积为 $v^{\alpha}=0.00104\text{m}^3/\text{kg}$，水蒸气比体积 $v^{\beta}=1.6738\text{m}^3/\text{kg}$，试计算过程中系统吸收的热量、对外做的功、内能的变化、焓的变化和熵的变化。

6-8　试证明物质由 α 相平衡变至 β 相平衡时，其比内能变化为

$$\mu^{\beta}-\mu^{\alpha}=\gamma\left(1-\frac{\text{d}\ln T}{\text{d}\ln p}\right)$$

其中，γ 为相变潜热。

6-9　质量 $m=0.027\text{kg}$ 的气体，占有体积 $V=1.0\times10^{-2}\text{m}^3$，温度为 300K。在此温度下液体的密度 $\rho_c=1.3\times10^3\text{kg}/\text{m}^3$，饱和蒸气的比体积为 0.25m³/kg，设用等温压缩的方法将此气体全部压缩成液体，试问：

(1)在什么体积气体开始液化？

(2)在什么体积气体液化结束？

(3)当体积为 $1.0\times10^{-3}\text{m}^3$ 时，液、气各占多少体积？

6-10　参数为 $p=0.04\text{bar}$、$x=0.9$ 的饱和湿蒸气流入冷凝器，并在其中定压地冷凝成饱和水，求冷凝 1kg 饱和湿蒸气需排放多少热量(计算所需有关数据查阅饱和水和饱和蒸气表)。

6-11　食堂用蒸气烧开水，其方法是将压强 $p=1.0133\text{bar}$、干度 $x=0.9$ 的水蒸气与同压强下温度为 20℃的水进行绝热混合。若要供应 4t 开水(100℃)，水和水蒸气各需多少(计算所需有关数据查阅饱和水和饱和蒸气表)？

6-12　在 $T=291\text{K}$ 时，水的表面张力系数 $\sigma=73\times10^{-3}\text{N}/\text{m}$，比体积 $v=0.001\text{m}^3/\text{kg}$。水的气体常数 $R=0.461\text{kJ}/(\text{kg}\cdot\text{K})$。试确定在此温度下若水中气泡分别为 $r=10^{-7}\text{m}$、10^{-8}m、10^{-9}m 时，气泡内的压强分别要超过饱和蒸气压 p_s 的多少倍？

6-13　已知在水中的某个位置离水面是 1m。这个位置的温度为 373K，对应的饱和蒸气压是 1atm。问水面上的气压为多少时才能使该位置的 1 个 0.1mm 大小的气泡增长？已知水在

373K 时表面张力系数 $\sigma = 59\times10^{-3}\,\mathrm{N/m}$ ，水蒸气的比体积 $v^{\beta} = 1.64\mathrm{m}^3/\mathrm{kg}$ 。

6-14　对水加热时，如果水中无足够大的气泡，则水温达到当地压强下沸点时并不沸腾。设在 1atm 下对水加热，水中的气泡内全是蒸气。若要水在沸腾时的过热度不超过 0.1K，则初始气泡的半径 r_{b0} 最小应为多大？已知水在 1atm 下的饱和温度 $T_s = 373\mathrm{K}$ ，汽化热 $\gamma_{\mathrm{v}} = 2.26\times10^5\,\mathrm{J/kg}$ ，表面张力系数 $\sigma = 59\times10^{-3}\,\mathrm{N/m}$ 。

6-15　已知某物质发生气液相变时的饱和蒸气压方程

$$\ln p = A + B\frac{1}{T} + C\ln T + DT + ET^2$$

其中，A、B、C、D、E 为已知常数。编制计算机程序求解以下问题：

(1) 已知饱和温度 T_s 求饱和压强 p_s ；

(2) 已知饱和压强 p_s 求饱和温度 T_s 。

第 7 章　喷管和扩压管的热力学分析

内容提要　应用热力学基本定律分析喷管和扩压管中工质流动过程是热力学的重要内容之一，在工程热力学应用中也具有非常现实的意义。本章内容主要包括工质流动过程的基本方程、声速和马赫数、滞止参数与临界参数、喷管与扩压管中一维稳态流动等。

基本要求　在本章学习中，要求学生理解工质流动过程的基本方程，理解声速、马赫数、滞止状态的概念，掌握滞止参数、临界参数的计算式，了解喷管工作原理。

7.1　预 备 知 识

7.1.1　一维稳态流动的动量方程

分析可压缩流动，除了需要质量守恒原理和能量守恒原理、热力学第二定律、热力学关系式，还需要应用牛顿第二运动定律，表示为

$$\boldsymbol{F}=\frac{\mathrm{d}\left(m\boldsymbol{V}\right)}{\mathrm{d}t}$$

式中，$\boldsymbol{F}$ 是作用于质量为 m 的闭口系统的外力；$\boldsymbol{V}$ 是闭口系统质心的速度。

考虑如图 7-1-1 所示的控制体积，它只有一个入口、一个出口，伴随质量交换的动量随时间变化率可以表示为

$$\begin{bmatrix}\text{伴随质量交换的}\\ \text{动量随时间变化率}\end{bmatrix}=\dot{m}\boldsymbol{V} \tag{7-1-1}$$

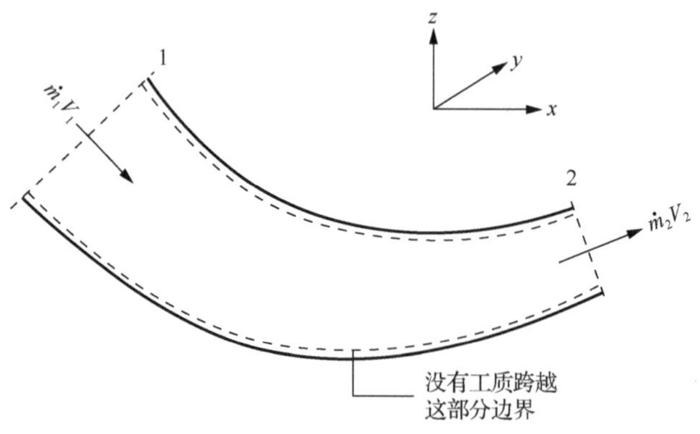

图 7-1-1　一维管道流动示意图

用于控制体积的牛顿第二运动定律可表示为

$$\frac{\mathrm{d}\left(m\boldsymbol{V}\right)_{\mathrm{CV}}}{\mathrm{d}t}=\boldsymbol{F}+\left(\dot{m}_1\boldsymbol{V}_1-\dot{m}_2\boldsymbol{V}_2\right) \tag{7-1-2}$$

对于稳态流动，式(7-1-2)可简化为

$$\boldsymbol{F}=\dot{m}_2\boldsymbol{V}_2-\dot{m}_1\boldsymbol{V}_1 \tag{7-1-3}$$

加上质量守恒，式(7-1-3)变为

$$\boldsymbol{F} = \dot{m}\left(\boldsymbol{V}_2 - \boldsymbol{V}_1\right) \tag{7-1-4}$$

7.1.2　声速和马赫数

声波是由于某一微弱扰动引起的一种纵向机械波，它可以在固体、液体和气体中传播，其传播速度c依赖于传播媒介的特性。声波的传播速度称为声速(velocity of sound)。

如图 7-1-2(a)所示，给活塞一个小扰动，将产生一个速度为c的声波。流体受到干扰之前，其参数为$V=0$、p、T和ρ；受扰动之后，其参数变为ΔV、$p+\Delta p$、$T+\Delta T$和$\rho+\Delta\rho$，这是一个静止观察者所得的结果。对于一个站在声波上的观察者，流体受扰动之前，其参数为c、p、T和ρ；受干扰之后，其参数为$c-\Delta V$、$p+\Delta p$、$T+\Delta T$和$\rho+\Delta\rho$。

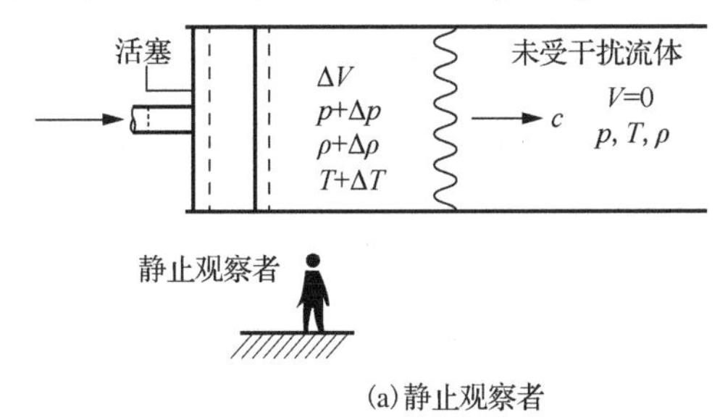

(a)静止观察者

(b)波上观察者

图 7-1-2　声波传播过程示意图

对于稳定状态，图 7-1-2(b)中虚线包围的控制体积系统的质量守恒简化为$\dot{m}_1=\dot{m}_2$，或者

$$\rho Ac = \left(\rho+\Delta\rho\right)A\left(c-\Delta V\right)$$

展开为

$$0 = c\Delta\rho - \rho\Delta V - \Delta\rho\Delta V$$

由于是微弱扰动，二阶小量可以忽略，上式变为

$$\Delta V = c\Delta\rho / \rho \tag{7-1-5}$$

应用动量方程可得

$$pA - \left(p+\Delta p\right)A = \dot{m}\left(c-\Delta V\right) - \dot{m}c = \left(\rho Ac\right)\left(-\Delta V\right)$$

整理为

$$\Delta p = \rho c\Delta V \tag{7-1-6}$$

综合式(7-1-5)和式(7-1-6)求解声速，可表示为

$$c = \sqrt{\frac{\Delta p}{\Delta\rho}} \tag{7-1-7}$$

由于声波是微弱的，声波传播过程是等熵的，取极限时声速为

$$c=\sqrt{\left(\frac{\partial p}{\partial \rho}\right)_s} \tag{7-1-8}$$

以比体积形式表示为

$$c=\sqrt{-v^2\left(\frac{\partial p}{\partial v}\right)_s} \tag{7-1-9}$$

对于理想气体，$pv^k=$常数，于是$(\partial p/\partial v)_s=-kp/v$，代入式(7-1-9)可得

$$c=\sqrt{kpv}=\sqrt{kRT}\ （理想气体） \tag{7-1-10}$$

马赫数定义为流体流速与声速之比，表示为

$$Ma=\frac{V}{c} \tag{7-1-11}$$

当$Ma>1$时，流动是超声速的(supersonic)；当$Ma<1$时，流动是亚声速的(subsonic)；当$Ma=1$时，流动是声速的(sonic)。

7.1.3 滞止状态

滞止状态是流体速度等熵减速到零所对应的流体状态，表示为

$$h_0=h+\frac{V^2}{2} \tag{7-1-12}$$

式中，h_0是滞止焓。滞止压强和滞止温度分别表示成p_0和T_0。

7.2 喷管和扩压管中的一维稳态流动

7.2.1 面积改变的影响

对于喷管或扩压管中控制体积系统稳态流动过程，其质量流量是常数，即

$$\rho AV=常数 \tag{7-2-1}$$

式(7-2-1)两边取对数

$$\ln\rho+\ln A+\ln V=常数 \tag{7-2-2}$$

式(7-2-2)两边微分

$$\frac{\mathrm{d}\rho}{\rho}+\frac{\mathrm{d}A}{A}+\frac{\mathrm{d}V}{V}=0 \tag{7-2-3}$$

假设$\dot{Q}_{\mathrm{CV}}=\dot{W}_{\mathrm{CV}}=0$，忽略重力位能的作用，一维稳态流动的能量方程简化为

$$h_2+\frac{V_2^2}{2}=h_1+\frac{V_1^2}{2}=h_0$$

上式的微分形式为

$$\mathrm{d}h=-V\mathrm{d}V \tag{7-2-4}$$

方程$T\mathrm{d}s=\mathrm{d}h-\mathrm{d}p/\rho$在等熵时可简化为

$$\mathrm{d}h=\frac{1}{\rho}\mathrm{d}p \tag{7-2-5}$$

对于压强 $p=p(\rho,s)$，其全微分为

$$\mathrm{d}p=\left(\frac{\partial p}{\partial \rho}\right)_s \mathrm{d}\rho+\left(\frac{\partial p}{\partial s}\right)_\rho \mathrm{d}s$$

对于等熵过程，上式简化为

$$\mathrm{d}p=c^2\mathrm{d}\rho \tag{7-2-6}$$

由式(7-2-4)和式(7-2-5)可得

$$\frac{1}{\rho}\mathrm{d}p=-V\mathrm{d}V \tag{7-2-7}$$

由式(7-2-6)和式(7-2-7)可得

$$\frac{\mathrm{d}\rho}{\rho}=\frac{-V}{c^2}\mathrm{d}V \tag{7-2-8}$$

将式(7-2-8)代入式(7-2-3)导出

$$\frac{\mathrm{d}A}{A}=-\frac{\mathrm{d}V}{V}\left[1-\left(\frac{V}{c}\right)^2\right]$$

或者

$$\frac{\mathrm{d}A}{A}=-\frac{\mathrm{d}V}{V}\left[1-(Ma)^2\right] \tag{7-2-9}$$

式(7-2-9)的讨论可分为四种情况，如图 7-2-1 所示。

情况 1：亚声速喷管，$\mathrm{d}V>0$，$Ma<1 \Rightarrow \mathrm{d}A<0$，管道渐缩。

情况 2：超声速喷管，$\mathrm{d}V>0$，$Ma>1 \Rightarrow \mathrm{d}A>0$，管道渐扩。

情况 3：超声速扩压管，$\mathrm{d}V<0$，$Ma>1 \Rightarrow \mathrm{d}A<0$，管道渐缩。

情况 4：亚声速扩压管，$\mathrm{d}V<0$，$Ma<1 \Rightarrow \mathrm{d}A>0$，管道渐扩。

从图 7-2-1(a)中可看出，在喷管渐缩段，流体处于亚声速加速区，当马赫数等于 1 时，进一步加速必须在渐扩段实现。从图 7-2-1(b)中可看出，在扩压管渐缩段，流体处于超声速减速区，当马赫数等于 1 时，进一步减速必须在渐扩段实现。所以，无论是喷管还是扩压管，马赫数等于 1 的流动必须发生在管道横截面积最小的地方，也就是喉部(throat)。

一个变截面管道，究竟是喷管还是扩压管，不能从截面变化规律来判断，而是根据气流在管道中的流速及状态参数的变化规律来确定的。**使流体压强下降、流速提高的管道称为喷管；反之，使流体压强升高、流速降低的管道称为扩压管。**

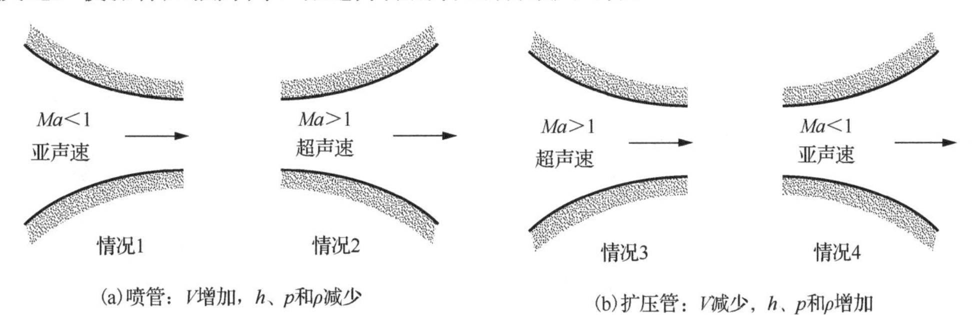

(a)喷管：V增加，h、p和ρ减少　　(b)扩压管：V减少，h、p和ρ增加

图 7-2-1　亚声速和超声速情况下流道面积变化的影响

7.2.2　背压的影响

背压是指喷管出口处外部的压强。

1. 渐缩喷管

如图 7-2-2 所示，喷管入口与稳定气源相连，入口流速可忽略不计，因此入口状态就是滞止状态。

当 $p_B = p_E = p_0$ 时，喷管内部压强处处相等，显然不会发生流动，其中 p_B 为背压，p_E 为喷管出口处气压，p_0 为滞止压强。因此要使渐缩管道按喷管的规律工作，必须降低背压。

当背压稍微降低时，见图 7-2-2 中 b 点和 c 点，由于压差的存在，流体开始在喷管中流动。只要喷管出口的流速是亚声速的，背压区域的波动状态就会向上流传播，形成压强和流速沿流动方向的连续分布。随着背压 p_B 减少，喷管出口速度将增加，马赫数也将增加并最终达到 1。当马赫数为 1 时，对应的喷管出口压强称为临界压强(critical pressure)，用符号表示为 p^*，见图 7-2-2 中 d 点。

当背压进一步降低时，小于 p^* 时，见图 7-2-2 中 e 点，喷管出口流速等于声速，背压区域的扰动状态不会向上游传播，所以 $p_B < p^*$ 对喷管流动没有影响，包括压强和质量流量都不会改变，此时喷管被认为是壅塞的(choked)。当喷管是壅塞的时，对于给定的滞止状态，质量流量达到最大。

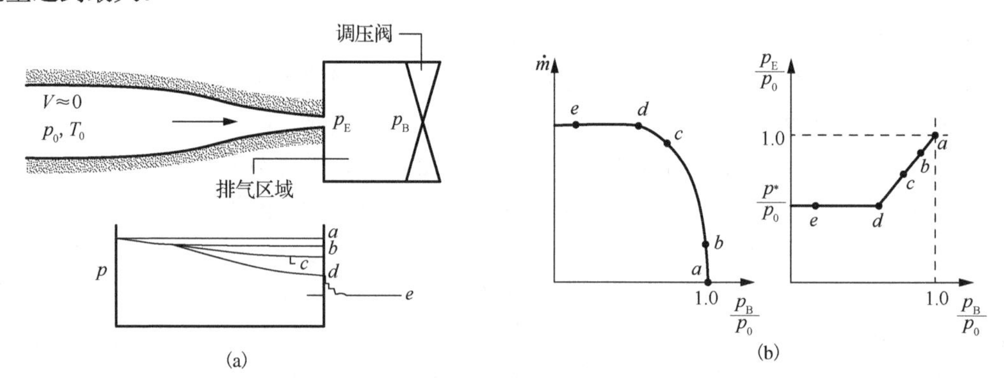

图 7-2-2　背压对渐缩喷管工作过程的影响

2. 渐缩—渐扩喷管

如图 7-2-3 所示的渐缩—渐扩喷管，当 $p_B = p_E = p_0$ 时，喷管内部压强处处相等，同样不会发生流动。

当 p_B 降低时，使之稍微小于 p_0，见图 7-2-3 中 b，在喷管中开始出现流动，但整个喷管的流动都是亚声速的，最大速度和最小压强位于喉部。当背压进一步降低，喉部的流速和质量流量变大，但整个流动还是亚声速的，见图 7-2-3 中 c。当背压再降低，喉部马赫数继续增加直到为 1 时，这将是喉部最大流速和最低压强，喷管是壅塞的，见图 7-2-3 中 d。

对于图 7-2-3 中 e、f 和 g，在渐扩段某处将产生一个正激波(当流体以超声速流动时，扰动来不及传到流动流体的前面去，其结果是流体受到突跃式的压缩，形成集中的强扰动，这时出现一个强烈压缩过程的界面，称为激波)，使得压强有一个快速的和不可逆的增加，在激波上游是超声速流动，在激波下游是亚声速流动。在激波下游渐扩段，喷管相当于扩压管，以使压强升高从而达到背压。

当背压进一步降低时，见图 7-2-3 中 h、i 和 j，渐扩段都是超声速流动，背压将对喷管的流动不再有影响。

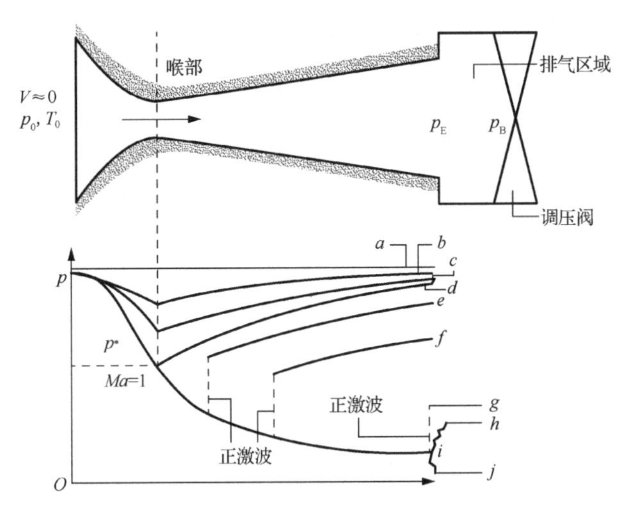

图 7-2-3　背压对渐缩-渐扩喷管工作过程的影响

7.2.3　正激波的方程组

图 7-2-4 表示一个包围正激波的控制体积系统。假设控制体积系统处于稳定状态，$\dot{Q}_{CV}=0$，$\dot{W}_{CV}=0$，忽略重力位能的作用，则表示上游和下游参数关系的方程组为

$$\rho_x V_x = \rho_y V_y \tag{7-2-10}$$

$$h_x + \frac{V_x^2}{2} = h_y + \frac{V_y^2}{2} \tag{7-2-11}$$

$$p_x - p_y = \rho_y V_y^2 - \rho_x V_x^2 \tag{7-2-12}$$

$$s_y - s_x = \dot{\sigma}_{CV} / \dot{m} \tag{7-2-13}$$

它们分别是连续方程、能量方程、动量方程和熵方程。

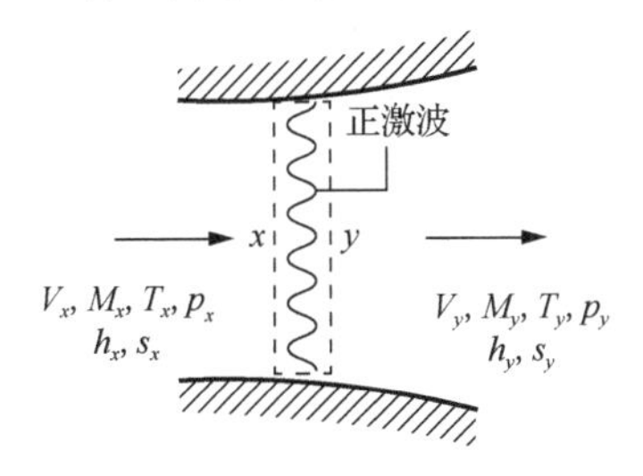

图 7-2-4　用于分析正激波的控制体积系统

7.3　喷管和扩压管中定比热容理想气体的流动

7.3.1　滞止参数

对于理想气体，滞止状态的参数可表示为

$$V_0 = 0\text{，}\quad c_0 = \sqrt{kRT_0}\text{，}\quad (Ma)_0 = \frac{V_0}{c_0} = 0$$

$$p_0,\quad T_0,\quad v_0 = RT_0 / p_0,\quad h_0,\quad s_0$$

式中，Ma 是马赫数。

对于定比热容的理想气体，其能量方程为

$$T_0 = T + \frac{V^2}{2c_p}$$

由于理想气体的比定压热容为$c_p = kR/(k-1)$，有

$$\frac{T_0}{T} = 1 + \frac{(k-1)V^2}{2kRT} = 1 + \frac{k-1}{2}\frac{V^2}{c^2} = 1 + \frac{k-1}{2}(Ma)^2 \tag{7-3-1}$$

对于等熵过程

$$\frac{p_0}{p} = \left(\frac{T_0}{T}\right)^{k/(k-1)},\quad \frac{v}{v_0} = \left(\frac{T_0}{T}\right)^{1/(k-1)}$$

于是

$$\frac{p_0}{p} = \left[1 + \frac{k-1}{2}(Ma)^2\right]^{k/(k-1)} \tag{7-3-2}$$

$$\frac{\rho_0}{\rho} = \frac{v}{v_0} = \left[1 + \frac{k-1}{2}(Ma)^2\right]^{1/(k-1)} \tag{7-3-3}$$

由能量方程$T_0 = T + V^2/(2c_p)$可得

$$V = \sqrt{2c_p(T_0 - T)} = \sqrt{2\frac{kRT_0}{k-1}\left(1 - \frac{T}{T_0}\right)} = \sqrt{2\frac{kRT_0}{k-1}\left[1 - \left(\frac{p}{p_0}\right)^{(k-1)/k}\right]} \tag{7-3-4}$$

根据连续方程，任意截面上的质量流量可表示为

$$\begin{aligned} \dot{m} = \frac{AV}{v} &= A\sqrt{2\frac{kp_0v_0}{(k-1)v^2}\left[1 - \left(\frac{p}{p_0}\right)^{(k-1)/k}\right]} \\ &= A\sqrt{\frac{2k}{k-1}\frac{p_0}{v_0}\left(\frac{v_0}{v}\right)^2\left[1 - \left(\frac{p}{p_0}\right)^{(k-1)/k}\right]} \\ &= A\sqrt{\frac{2k}{k-1}\frac{p_0}{v_0}\left[\left(\frac{p}{p_0}\right)^{2/k} - \left(\frac{p}{p_0}\right)^{(k+1)/k}\right]} \end{aligned} \tag{7-3-5}$$

令$x = p/p_0$，质量流量方程可表示为$\dot{m} = c\sqrt{x^{2/k} - x^{(k+1)/k}}$，令其导数等于零

$$\frac{\mathrm{d}\dot{m}}{\mathrm{d}x} = c\left(\frac{1}{2\sqrt{x^{2/k} - x^{(k+1)/k}}}\right)\left(\frac{2}{k}x^{(2/k)-1} - \frac{k+1}{k}x^{1/k}\right) = 0$$

可得

$$x^{(1-k)/k} = \frac{k+1}{2}$$

即

$$x=\frac{p}{p_0}=\left(\frac{k+1}{2}\right)^{k/(1-k)}$$

$$\frac{p_0}{p}=\left(\frac{k+1}{2}\right)^{k/(k-1)}，\quad \frac{T_0}{T}=\frac{k+1}{2}$$

这就是最大质量流量所对应的压强比和温度比。

7.3.2　临界参数

对于理想气体，临界状态的参数可表示为

$$V^*=c^*=\sqrt{kRT^*}，\quad (Ma)^*=\frac{V^*}{c^*}=1$$

$$p^*，\ T^*，\ v^*=RT^*/p^*，\ h^*，\ s^*$$

以 $(Ma)^*=1$ 分别代入式(7-3-1)、式(7-3-2)和式(7-3-3)，可得

$$\frac{T_0}{T^*}=\frac{k+1}{2} \tag{7-3-6}$$

$$\frac{p_0}{p^*}=\left(\frac{k+1}{2}\right)^{k/(k-1)} \tag{7-3-7}$$

$$\frac{\rho_0}{\rho^*}=\frac{v^*}{v_0}=\left(\frac{k+1}{2}\right)^{1/(k-1)} \tag{7-3-8}$$

以上几式证明喷管或扩压管喉部的临界质量流量就是最大质量流量。当滞止状态确定时，临界状态就完全确定了。

任意截面上的参数与临界参数之间的关系为

$$\frac{T}{T^*}=\frac{T}{T_0}\frac{T_0}{T^*}=\left[\frac{2}{2+(k-1)(Ma)^2}\right]\left(\frac{k+1}{2}\right)=\frac{k+1}{2+(k-1)(Ma)^2} \tag{7-3-9}$$

$$\frac{p}{p^*}=\left[\frac{k+1}{2+(k-1)(Ma)^2}\right]^{k/(k-1)} \tag{7-3-10}$$

$$\frac{\rho}{\rho^*}=\frac{v^*}{v}=\left[\frac{k+1}{2+(k-1)(Ma)^2}\right]^{1/(k-1)} \tag{7-3-11}$$

$$\begin{aligned}\frac{A}{A^*}&=\frac{\rho^*V^*}{\rho V}=\frac{\rho^*c^*}{\rho(Ma)c}=\frac{\rho^*}{\rho(Ma)}\sqrt{\frac{T^*}{T}}\\&=\frac{1}{Ma}\left[\frac{2+(k-1)(Ma)^2}{k+1}\right]^{1/(k-1)}\left[\frac{2+(k-1)(Ma)^2}{k+1}\right]^{1/2}\\&=\frac{1}{Ma}\left[\frac{2+(k-1)(Ma)^2}{k+1}\right]^{(k+1)/2(k-1)}\end{aligned} \tag{7-3-12}$$

图 7-3-1 给出等熵指数 $k=1.4$ 时面积比 A/A^* 随马赫数 Ma 的变化。由图可知，对于某一给定的面积比 A/A^*，有两个马赫数与之对应，其中一个是超声速，另一个是亚声速。面积比最小的地方对应马赫数等于 1。

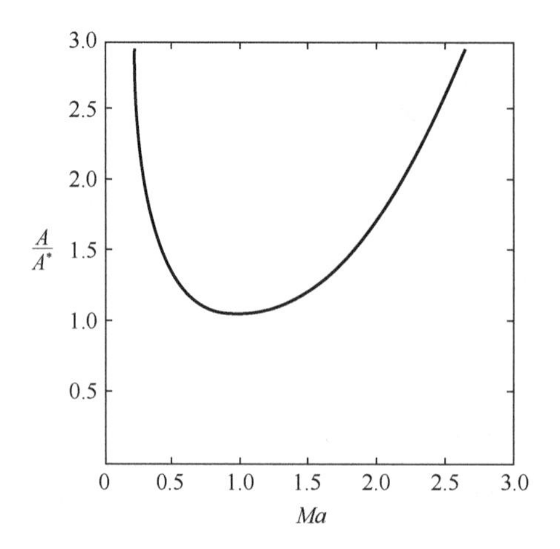

图 7-3-1　面积比 A/A^* 随马赫数变化情况（k=1.4 等熵流动）

7.3.3　正激波的参数

对于流动中 x、y 两个截面，由能量方程推出

$$\frac{T_y}{T_x}=\frac{T_0}{T_x}\Bigg/\left(\frac{T_0}{T_y}\right)=\frac{1+\dfrac{k-1}{2}(Ma)_x^2}{1+\dfrac{k-1}{2}(Ma)_y^2} \tag{7-3-13}$$

由动量方程 $p_x-p_y=\rho_y V_y^2-\rho_x V_x^2$ 变形为

$$p_y\left(1+\frac{\rho_y V_y^2}{p_y}\right)=p_x\left(1+\frac{\rho_x V_x^2}{p_x}\right)$$

$$\frac{p_y}{p_x}=\frac{1+\dfrac{\rho_x V_x^2}{p_x}}{1+\dfrac{\rho_y V_y^2}{p_y}}=\frac{1+k(Ma)_x^2}{1+k(Ma)_y^2} \tag{7-3-14}$$

由连续方程导出

$$\rho_y c_y (Ma)_y=\rho_x c_x (Ma)_x$$

$$\Rightarrow \frac{\rho_y}{\rho_x}=\frac{c_x}{c_y}\frac{(Ma)_x}{(Ma)_y}$$

$$\Rightarrow \frac{p_y/T_y}{p_x/T_x}=\sqrt{\frac{T_x}{T_y}}\frac{(Ma)_x}{(Ma)_y}$$

$$\Rightarrow \frac{p_y}{p_x}=\sqrt{\frac{T_y}{T_x}}\frac{(Ma)_x}{(Ma)_y} \tag{7-3-15}$$

由式(7-3-13)、式(7-3-14)和式(7-3-15)可得

$$(Ma)_y^2=\frac{(Ma)_x^2+\dfrac{2}{k-1}}{\dfrac{2k}{k-1}(Ma)_x^2-1} \tag{7-3-16}$$

激波前后的滞止压强之比为

$$\frac{p_{0y}}{p_{0x}}=\frac{p_{0y}}{p_y}\bigg/\left(\frac{p_{0x}}{p_x}\right)\frac{p_y}{p_x}=\frac{(Ma)_x}{(Ma)_y}\left(\frac{1+\frac{k-1}{2}(Ma)_y^2}{1+\frac{k-1}{2}(Ma)_x^2}\right)^{(k+1)/[2\times(k-1)]} \tag{7-3-17}$$

从式(7-3-12)和式(7-3-17)可以导出

$$\frac{A_x^*}{A_y^*}=\frac{p_{0y}}{p_{0x}} \tag{7-3-18}$$

从式(7-3-16)可知，只要$(Ma)_x$已知，$(Ma)_y$就确定了，接着T_y/T_x、p_y/p_x和ρ_y/ρ_x也就都可计算了。可以把这些函数都事先计算好，到时候查表就可以得到具体数值，见表 7-3-1。

表 7-3-1　一维可压缩流动函数(k=1.4 理想气体)

(a)等熵流动				(b)正激波函数				
Ma	T/T_0	p/p_0	A/A^*	$(Ma)_x$	$(Ma)_y$	p_y/p_x	T_y/T_x	p_{0y}/p_{0x}
0	1.000 00	1.000 00	∞	1.00	1.000 00	1.0000	1.0000	1.000 00
0.10	0.998 00	0.993 03	5.8218	1.10	0.911 77	1.2450	1.0649	0.998 92
0.20	0.992 06	0.972 50	2.9635	1.20	0.842 17	1.5133	1.1280	0.992 80
0.30	0.982 32	0.939 47	2.0351	1.30	0.785 96	1.8050	1.1909	0.979 35
0.40	0.968 99	0.895 62	1.5901	1.40	0.739 71	2.1200	1.2547	0.958 19
0.50	0.952 38	0.843 02	1.3398	1.50	0.701 09	2.4583	1.3202	0.929 78
0.60	0.932 84	0.784 00	1.1882	1.60	0.668 44	2.8201	1.3880	0.895 20
0.70	0.910 75	0.720 92	1.094 37	1.70	0.640 55	3.2050	1.4583	0.855 73
0.80	0.886 52	0.656 02	1.038 23	1.80	0.616 50	3.6133	1.5316	0.812 68
0.90	0.860 58	0.591 26	1.008 86	1.90	0.595 62	4.0450	1.6079	0.767 35
1.00	0.833 33	0.528 28	1.000 00	2.00	0.577 35	4.5000	1.6875	0.720 88
1.10	0.805 15	0.468 35	1.007 93	2.10	0.561 28	4.9784	1.7704	0.674 22
1.20	0.776 40	0.412 38	1.030 44	2.20	0.547 06	5.4800	1.8569	0.628 12
1.30	0.747 38	0.360 92	1.066 31	2.30	0.534 41	6.0050	1.9468	0.583 31
1.40	0.718 39	0.314 24	1.1149	2.40	0.523 12	6.5533	2.0403	0.540 15
1.50	0.689 65	0.272 40	1.1762	2.50	0.512 99	7.1250	2.1375	0.499 02
1.60	0.661 38	0.235 27	1.2502	2.60	0.503 87	7.7200	2.2383	0.460 12
1.70	0.633 72	0.202 59	1.3376	2.70	0.495 63	8.3383	2.3429	0.423 59
1.80	0.606 80	0.174 04	1.4390	2.80	0.488 17	8.9800	2.4512	0.389 46
1.90	0.580 72	0.149 24	1.5552	2.90	0.481 38	9.6450	2.5632	0.357 73
2.00	0.555 56	0.127 80	1.6875	3.00	0.475 19	10.333	2.6790	0.328 34
2.10	0.531 35	0.109 35	1.8369	4.00	0.434 96	18.500	4.0469	0.138 76
2.20	0.508 13	0.093 52	2.0050	5.00	0.415 23	29.000	5.8000	0.061 72
2.30	0.485 91	0.079 97	2.1931	10.00	0.387 57	116.50	20.388	0.003 04
2.40	0.464 68	0.068 40	2.4031	∞	0.377 96	∞	∞	0.0

例 7-3-1　如图所示，有一出口面积为 0.001m^2 的渐缩喷管，其入口压强为 1.0MPa，入口温度为 360K，喷管入口处工质流速可忽略不计。假设理想气体在喷管中的流动是等熵的，等熵指数 k=1.4。试求背压分别为 500kPa 或 784kPa 时喷管质量流量和出口马赫数。

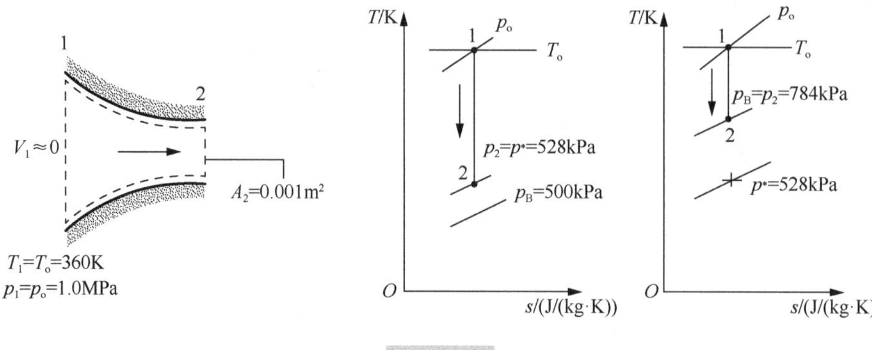

例 7-3-1 图

解　根据等熵指数 k=1.4 和 $p^* / p_0 = [2/(k+1)]^{k/(k-1)}$，可以计算出临界压强比 p^* / p_0=0.528。既然总压 $p_0 = 1.0\text{MPa}$，则临界压强 p^*=528kPa。

(1) 既然背压 p_B=500kPa 小于临界压强 p^*=528kPa，则喷管是壅塞的，喷管出口马赫数为 1。结合状态方程，喷管质量流量可表示为

$$\dot{m} = \rho_2 A_2 V_2 = \frac{p_2}{RT_2} A_2 V_2$$

喷管出口温度为

$$T_2 = \frac{T_0}{1+\dfrac{k-1}{2}(Ma)_2^2} = \frac{360}{1+\dfrac{1.4-1}{2}\times 1^2} = 300(\text{K})$$

喷管出口流速为

$$V_2 = \sqrt{kRT_2} = \sqrt{1.4\times\frac{8314}{28.97}\times 300} = 347.2(\text{m/s})$$

于是

$$\dot{m} = \frac{528\times10^3\times10^{-3}\times347.2}{\dfrac{8314}{28.97}\times300} = 2.13(\text{kg/s})$$

(2) 既然背压 p_B=784kPa 大于临界压强 p^*=528kPa，则整个喷管流动是亚声速的。喷管出口马赫数为

$$(Ma)_2 = \sqrt{\frac{2}{k-1}\left[\left(\frac{p_0}{p}\right)^{(k-1)/k}-1\right]} = \sqrt{\frac{2}{1.4-1}\left[\left(\frac{10^6}{7.84\times10^5}\right)^{(1.4-1)/1.4}-1\right]} = 0.6$$

喷管出口温度为

$$T_2 = \frac{T_0}{1+\dfrac{k-1}{2}(Ma)^2} = \frac{360}{1+\dfrac{1.4-1}{2}\times0.6^2} = 336(\text{K})$$

喷管出口流速为

$$V_2 = (Ma)_2\sqrt{kRT_2} = 0.6\times\sqrt{1.4\times\frac{8314}{28.97}\times336} = 220.5(\text{m/s})$$

于是

$$\dot{m}=\frac{784\times10^{3}\times10^{-3}\times220.5}{\dfrac{8314}{28.97}\times336}=1.79(\mathrm{kg/s})$$

思　考　题

7-1　声速和流体运动速度有何联系和区别？声速是物理常数、物性参数还是状态参数？为什么说声速在分析气体流动中具有重要的意义？马赫数呢？

7-2　试证明理想气体马赫数的平方与气体的动能和热力学能(或焓)之比成正比。

7-3　以下说法是否正确？

(1) 载人飞船以 7.9km/s 的速度绕地球飞行，因此其飞行马赫数为 23。

(2) 1 马赫就是 340m/s。

7-4　什么是滞止参数？在研究气体流动中，滞止参数有什么作用？

7-5　在给定的等熵流动中，流道各截面的滞止参数是否相同？为什么？

7-6　下列两式各自的适用条件是什么？

$$h_0=h+\frac{V^2}{2},\quad T_0=T+\frac{V^2}{2c_p}$$

7-7　在喷管尺寸不变的情况下，喷管达到壅塞状态是否意味着质量流量永远无法增加？

7-8　拉瓦尔喷管达到壅塞状态后，继续使背压 p_b 下降，可以增加出口速度，但流量却无法增加。试解释其物理机制。

7-9　何为临界压强比？临界压强比在分析气体在喷管中的流动状况方面起什么作用？可以用临界温度比或临界密度比等来判断喷管的流动状况吗？为什么？

7-10　气体在喷管中加速既要满足力学条件，又要满足几何条件，如何才能同时满足这两个条件？

7-11　气体在喷管中加速时，为什么会出现要求喷管截面积扩大的情况？这似乎与常识不符。如河道窄处水流急，河道宽处水流缓，却从未见过河道宽处水流急的情况，为什么？

7-12　绝热节流过程是否能称为定焓过程？为什么？定焓过程的过程方程应怎样表示？

7-13　工质在绝热节流过程中并未对外做功，能量大小是不变的，做功能力却下降了，那么工质的做功能力跑到哪里去了？由此是否能更深刻地理解热力学第二定律的意义？

习　　题

7-1　已知进气道入口截面积为 $0.3\mathrm{m}^2$、入口压强为 0.9MPa、温度为 250K，若空气流量为 40kg/s，求入口处空气流速。

7-2　我国西气东输工程天然气输气管道输送天然气(甲烷)的压强为 10MPa，温度为 10℃，管道内径为 0.99m，每年向东部输送天然气 $1.2\times10^{10}\mathrm{m}^3$(标准状态下)，问管道内气体速度是多少？

7-3　航天飞机重返大气层时在大气层边缘的马赫数是 25，试计算此刻其迎风面上气体的最高温度大约是多少？

7-4　某飞机在海平面(大气温度为 288K)附近以 Ma=1.0 的速度飞行，在 18000m 的高空

则以 Ma=1.15 的速度飞行，试求：这架飞机在海平面附近和 18000m 高空的飞行速度各是多少？

7-5　由陕西飞机制造公司研制的运-8 运输机，为中型四发涡轮螺桨多用途运输机，其最大起飞重量为 61000kg，长为 34m，翼展为 38m。它的起飞离地速度为 238km/h，巡航速度为 550km/h，最大平飞速度为 662km/h，最大飞行高度为 10400m，着陆速度为 240km/h。假设起飞和着陆都在海平面上，求该型飞机的最大和最小马赫数。

7-6　现用温度计测得管道中空气气流温度为 68℃，若管道中空气流速分别为 30m/s，150m/s，300m/s，试分别求在这三种情况下空气的实际温度？若测温误差要求小于 2%，管道中气流马赫数不超过多少就不必考虑速度对温度的影响？

7-7　某发动机的压气机出口面积 $A_2 = 0.064\text{m}^2$，总压 $p_{02} = 0.794\text{MPa}$，总温 $T_{02} = 530\text{K}$，静压 $p_2 = 0.745\text{MPa}$。求该截面上的静温、流速和流量。

7-8　空气在收缩形喷管中作等熵绝能流动，若已知进口的密度、压强和面积分别为 ρ_1、p_1 和 A_1，出口的压强和面积分别为 p_2 和 A_2，试证明：出口速度为

$$V_2 = \sqrt{\frac{\dfrac{2k}{k-1}\dfrac{p_1}{\rho_1}\left[1-\left(\dfrac{p_2}{p_1}\right)^{\frac{k-1}{k}}\right]}{1-\left(\dfrac{A_2}{A_1}\right)\left(\dfrac{p_2}{p_1}\right)^{\frac{2}{k}}}}$$

7-9　空气流经喷管做绝能等熵流动。已知进口截面参数：$p_1 = 0.6\text{MPa}$，$t_1 = 600$ ℃，$V_1 = 120\text{m/s}$，出口截面压强 $p_2 = 0.1\text{MPa}$，质量流量 $\dot{m} = 5\text{kg/s}$。求喷管出口截面上的温度 t_2、比体积 v_2、流速 V_2、出口截面积 A_2 和喷管的喉部面积 A_t。

7-10　空气流经收缩形喷管做绝能等熵流动。已知进口截面参数 $p_1 = 0.6\text{MPa}$、$t_1 = 700$ ℃、$V_1 = 260\text{m/s}$，出口截面积 $A_2 = 30\text{mm}^2$。试确定滞止参数、临界参数、最大质量流量及可以达到最大质量流量的最高背压。

7-11　压强为 0.6MPa、温度为 327℃的空气(初始速度可忽略不计)，经一个拉瓦尔喷管流入压强为 0.1MPa 的空间，若喷管的最小截面为 6cm^2，试求喷管出口处的气流速度、气流流量和出口截面积。若改用出口截面积为 6cm^2 的收敛形喷管，试问气体流量是否变化？出口速度是否变化？

7-12　空气流经管道做绝能等熵流动。已知进口截面空气参数 $p_1 = 2\text{MPa}$、$t_1 = 160$ ℃、进口面积 $A_1 = 70\text{mm}^2$，出口截面马赫数 $(Ma)_2 = 2.3$、质量流量 $\dot{m} = 2\text{kg/s}$。

(1) 求管道出口截面的压强 p_2、温度 t_2、截面积 A_2 和临界截面积 A_{cr}，这是一个什么管道？

(2) 求喷管出口的速度和压强。

7-13　初态 $p_1 = 0.185\text{MPa}$、$t_1 = 560$ ℃的氦气(初速忽略)，在收缩形喷管中等熵绝能膨胀，出口背压为 0.1MPa，喷管出口截面积为 40cm^2，求出口的速度和流量。若出口背压升为 0.11MPa，则结果有何变化？

7-14　已知压缩空气的温度为 327℃、压强为 0.6MPa，喷管出口背压为 0.1MPa、空气流量为 1kg/s。试求喷管出口流速，选取喷管的形状，并确定其尺寸(最小截面面积、直径，出口截面面积、直径)，若扩张部分锥角为 10°，试确定扩张段管长。

7-15　压强为 0.2MPa、温度为 20℃的空气，流经扩压管后升压至 0.24MPa，试问进入扩压管中的初速度至少要多大？

7-16　欲使流速为 600m/s 的氢气降速增压，已知氢气的压强为 0.3MPa，温度为 27℃，试确定扩压管形状并计算氢气所能达到的最大压强。

7-17　压强和温度分别为 90kPa 和 260K 的空气以 250m/s 的速度进入飞机的进气道，质量流量为 12kg/s。若进气道出口速度为 70m/s，流动为等熵流动，求出口的压强、温度和出口面积。

7-18　压强为 0.6MPa、温度为 100℃的空气流经阀门时，由于节流效应使空气的体积增加了 1 倍。试求节流过程中熵的增加、节流后的压强及节流过程中功的损失。环境温度为 20℃。

7-19　压强为 1.5MPa、温度为 20℃的某理想气体经绝热节流后，压强降为 0.1MPa。节流前后气流速度相等，试求节流后的温度和节流前后的管道直径比。

7-20　流量为 15kg/s 的空气稳定地流入压气机，由 0.1MPa 在 18℃被压缩至 0.8MPa，若压气机输入的实际功率为 4040kW，求气体的出口温度及压气机所损失的功率。

7-21　燃烧室进出口截面上的气流参数分别为：$p_2 = 0.80\text{MPa}$，$T_2 = 600\text{K}$，$V_2 = 150\text{m/s}$，$p_3 = 0.73\text{MPa}$，$T_3 = 1750\text{K}$。试计算空气的加热量，分为考虑和不考虑进出口动能两种情况，并比较之，工质为定比热容空气。

第 8 章　化学热力学基础

内容提要　本章讨论化学反应过程的热力学基本定律，包括燃烧过程、反应系统的能量守恒、绝热火焰温度、绝对熵和热力学第三定律、化学平衡等。应用热力学第一定律讨论化学反应过程生成焓的概念与计算方法，应用化学势讨论化学反应过程平衡常数的概念与计算方法，应用热力学第三定律讨论化学反应过程绝对熵的概念与计算方法。

基本要求　在本章学习中，要求学生理解化学反应过程生成焓、绝热火焰温度、绝对熵和化学势的概念，掌握任意状态下焓的计算式，掌握理想气体绝对熵的计算式，掌握平衡常数的计算式。

化学反应系统的热力分析是对热力学定律的有力补充。虽然基本原则没有变化，包括质量守恒、能量守恒和熵平衡，但是需要修正比焓、内能和熵的计算方法。

8.1　燃 烧 过 程

当化学反应发生时，反应物的分子键被打破了，核外电子重新分布，正负离子重新组合，形成新的反应产物，并且伴随着快速的氧化反应过程释放大量的能量。一般工业过程中三种主要的易燃化学元素是碳、氢和硫，其中硫不是释放能量的重要贡献者，但它是引起环境污染和侵蚀的始作俑者。

在空气环境中，一般工业领域的完全燃烧是指燃料中的碳全部燃烧成二氧化碳、氢全部燃烧成水、硫全部燃烧成二氧化硫，如果这些情况不能全部满足就是不完全燃烧。

燃烧反应的化学方程可写为

$$燃料+氧化剂 === 产物$$

例如，氢气和氧气完全燃烧的化学方程为

$$1H_2+\frac{1}{2}O_2 === 1H_2O$$

用摩尔数表示为

$$1kmolH_2+\frac{1}{2}kmolO_2 === 1kmolH_2O$$

或用质量表示为

$$2kgH_2+16kgO_2 === 18kgH_2O$$

1. 燃料

燃料是一类易燃的物质，主要是指碳氢化合物，其存在形式可能是液体、气体或固体。

液态碳氢化合物主要来自原油的蒸馏和裂化过程，包括汽油(C_8H_{18})、柴油($C_{12}H_{26}$)和煤油等。

气态碳氢化合物主要来自天然气井或者产生于化学过程，其主要成分是甲烷(CH_4)。

煤是主要的固态燃料，它的成分随产地而变。

2. 空气

空气的成分可简化为 21%(以摩尔为计量单位)的氧气和 79%的氮气，也就是说，氮气与氧气的摩尔比是 0.79/0.21=3.76。当氧气用于燃烧反应时，1mol 的氧气伴随着 3.76mol 的氮气。

燃烧时空气量与燃料量的比值称为空燃比，若以质量计量，称为质量空燃比，表示为

$$\mathrm{AF}=\frac{\text{空气质量}}{\text{燃料质量}}=\frac{\text{空气摩尔数}}{\text{燃料摩尔数}}\frac{M_{\mathrm{air}}}{M_{\mathrm{fuel}}}=\overline{\mathrm{AF}}\frac{M_{\mathrm{air}}}{M_{\mathrm{fuel}}}$$

式中，$\overline{\mathrm{AF}}$ 是摩尔空燃比；下标 air 表示空气，fuel 表示燃料。

燃料完全燃烧时所需氧气的最少空气量称为理论空气量。在理论空气量下完全燃烧的化学反应方程称为该燃料的当量方程。以甲烷在空气中燃烧为例，根据当量方程的定义，不难写出

$$\mathrm{CH_4}+a(\mathrm{O_2}+3.76\mathrm{N_2}) = b\mathrm{CO_2}+c\mathrm{H_2O}+d\mathrm{N_2}$$

根据反应前后每一种元素的摩尔数相等，可得

C:　$b=1$

H:　$2c=4$

O:　$2b+c=2a$

N:　$2d=2\times 3.76a$

求解方程组，得到系数 a、b、c、d，则当量方程为

$$\mathrm{CH_4}+2(\mathrm{O_2}+3.76\mathrm{N_2}) = \mathrm{CO_2}+2\mathrm{H_2O}+7.52\mathrm{N_2}$$

空气与燃料的质量比为

$$\mathrm{AF}=\overline{\mathrm{AF}}\left(\frac{M_{\mathrm{air}}}{M_{\mathrm{fuel}}}\right)=\frac{2+3.76\times 2}{1}\frac{28.97}{16.04}=17.19$$

如果实际空气量低于理论空气量，如 80%理论空气量，或称 20%不足空气量，由于缺氧，不可能完全燃烧，燃烧产物中必定有多余的燃料。为了尽可能使燃烧完全，实际空气量总是大于理论空气量，如 150%理论空气量，或称 50%过余空气量。当甲烷以 150%理论空气量燃烧时，其化学反应方程变为

$$\mathrm{CH_4}+1.5\times 2(\mathrm{O_2}+3.76\mathrm{N_2}) = \mathrm{CO_2}+2\mathrm{H_2O}+\mathrm{O_2}+11.28\mathrm{N_2}$$

3. 产物

燃烧是一系列复杂的和快速的化学反应的结果，其产物的形成依赖于许多因素。当燃料在内燃机气缸中燃烧时，产物随气缸中的压强和温度而变。另外，即使在实际燃烧过程中有足够的氧气供应，在燃烧产物中还是会出现一定量的一氧化碳和氧气，因为混合不充分和燃烧时间不够长同样会引起不完全燃烧。

一个实际燃烧过程的燃烧产物及其相对值可以通过仪器来实验测定，如气体分析仪、气体色谱仪、红外线分析仪和火焰电离探测器等。

由于产物中包含水蒸气，在压强保持不变的情况下，产物温度下降到露点(某个压强下对应的水蒸气饱和温度)时，水蒸气开始凝结。

例 8-1-1　甲烷(CH_4)在干空气中燃烧，其燃烧产物的摩尔相对成分分别为：CO_2，9.7%；CO，0.5%；O_2，2.95%；N_2，86.85%。试求：(1)摩尔空燃比和质量空燃比；(2)在大气压强为 1atm 时燃烧产物的露点温度。

解　(1)取 100kmol 的燃烧产物，化学方程为

$$a\mathrm{CH_4}+b(\mathrm{O_2}+3.76\mathrm{N_2})=\!=\!=9.7\mathrm{CO_2}+0.5\mathrm{CO}+2.95\mathrm{O_2}+86.85\mathrm{N_2}+c\mathrm{H_2O}$$

由碳元素、氢元素、氧元素的质量守恒可得

C:　$9.7+0.5=a$

H:　$2c=4a$

O:　$9.7\times2+0.5+2.95\times2+c=2b$

解方程求得 $a=10.2$，$b=23.1$，$c=20.4$。因此，化学反应方程可写为

$$10.2\mathrm{CH_4}+23.1(\mathrm{O_2}+3.76\mathrm{N_2})=\!=\!=9.7\mathrm{CO_2}+0.5\mathrm{CO}+2.95\mathrm{O_2}+86.85\mathrm{N_2}+20.4\mathrm{H_2O}$$

摩尔空燃比为

$$\overline{\mathrm{AF}}=\frac{23.1\times4.76}{10.2}=10.78$$

质量空燃比为

$$\mathrm{AF}=10.78\times\left(\frac{28.97}{16.04}\right)=19.47$$

(2)水蒸气的摩尔分数为

$$y_{\mathrm{v}}=\frac{20.4}{100+20.4}=0.169$$

水蒸气的分压为

$$p_{\mathrm{v}}=y_{\mathrm{v}}p=0.169\times1=0.169(\mathrm{atm})=0.1712\mathrm{bar}$$

由附表 2 内插，可得露点温度 $T_{\mathrm{d}}=57℃$。

8.2　反应系统的能量守恒

热力学第一定律对于有化学反应的热力学系统同样是适用的，只是应注意两个关键性问题：化学反应过程是“旧质消失、新质产生”的过程，组成各种化合物的化学键发生了变化，因此必须考虑化学能对焓及内能变化的影响；在化学反应过程中，不同的化合物出现在同一化学反应方程中，因此在能量分析中必须采用统一的基准。

1. 生成焓

在标准参考状态($T_{\mathrm{ref}}=298.15\mathrm{K}$，$p_{\mathrm{ref}}=1\mathrm{atm}$)下，从稳定元素化合成 1kmol 化合物的过程中所交换的热量，称为该物质的生成焓。化合过程中若放热，生成焓为负；吸热则生成焓为正。

在标准参考状态($T_{\mathrm{ref}}=298.15\mathrm{K}$，$p_{\mathrm{ref}}=1\mathrm{atm}$)下，所有稳定的化学元素或稳定的单质分子，其焓值都统一定义为零。这就是化学反应过程中对焓基准的定义。

因为各种化合物都是由确定的单质元素化合而成的；在化学反应过程中，任何元素的数量是守恒的；同种元素出现在各种不同的化合物时，其焓基准是相同的。所以有了上述焓基准之后，就把各种物质的焓值都统一到相同的焓基准上来了，这样为计算不同化合物的焓值

提供了相同的数值基础。

下面以氧气与碳化合成二氧化碳为例说明生成焓的定义(图 8-2-1)，其化学反应方程为

$$C + O_2 = CO_2 \tag{8-2-1}$$

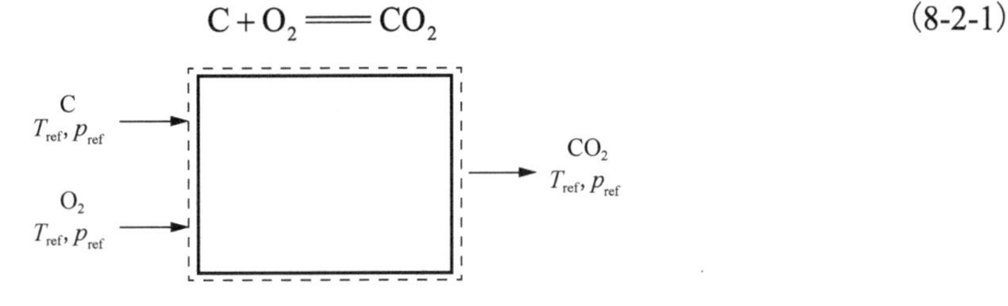

图 8-2-1　生成焓概念的引入示例

对于稳态过程，其能量方程为

$$0 = \dot{Q}_{CV} + \dot{n}_C \overline{h}_C + \dot{n}_{O_2} \overline{h}_{O_2} - \dot{n}_{CO_2} \overline{h}_{CO_2} \tag{8-2-2}$$

二氧化碳的生成焓为

$$\overline{h}_{CO_2} = \frac{\dot{Q}_{CV}}{\dot{n}_{CO_2}} + \frac{\dot{n}_C}{\dot{n}_{CO_2}} \overline{h}_C + \frac{\dot{n}_{O_2}}{\dot{n}_{CO_2}} \overline{h}_{O_2} = \frac{\dot{Q}_{CV}}{\dot{n}_{CO_2}} + \overline{h}_C + \overline{h}_{O_2} \tag{8-2-3}$$

由于在标准参考状态下，碳和氧气是稳定元素，所以 $\overline{h}_C = \overline{h}_{O_2} = 0$，式(8-2-3)变为

$$\overline{h}_{CO_2} = \frac{\dot{Q}_{CV}}{\dot{n}_{CO_2}} \tag{8-2-4}$$

这就是标准参考状态下二氧化碳的生成焓，经过精密仪器的测量，它等于−393520kJ/kmol，见附表 30。

任意状态下物质的比焓为

$$\overline{h}(T,p) = \overline{h}_f^0 + \left[\overline{h}(T,p) - \overline{h}(T_{ref}, p_{ref})\right] = \overline{h}_f^0 + \Delta\overline{h}(T,p) \tag{8-2-5}$$

式中，$\overline{h}_f^0$ 是标准参考状态下的生成焓；$\Delta\overline{h}$ 是同种物质的任意状态与标准状态之间的焓差，也称为物理焓。

2. 反应系统的能量平衡

如图 8-2-2 所示，碳氢燃料 C_aH_b 在空气中完全燃烧的化学反应方程为

$$C_aH_b + \left(a + \frac{b}{4}\right)(O_2 + 3.76N_2) = aCO_2 + \frac{b}{2}H_2O + \left(a + \frac{b}{4}\right)3.76N_2 \tag{8-2-6}$$

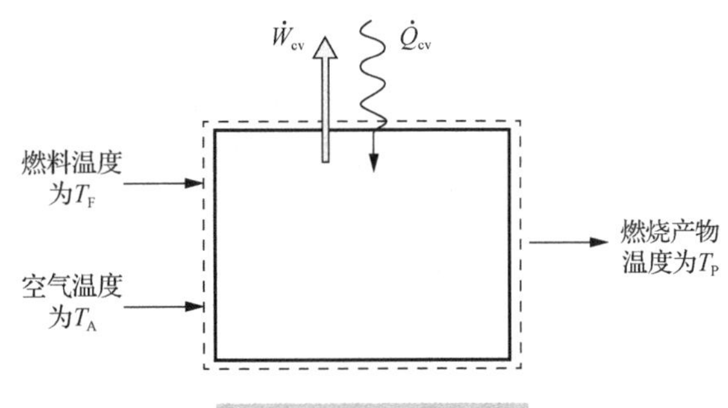

图 8-2-2　稳态燃烧过程

忽略宏观动能和重力位能的变化，由控制体积系统的能量方程有

$$0=\dot{Q}_{CV}-\dot{W}_{CV}+\dot{n}_F\left[\bar{h}_F+\left(a+\frac{b}{4}\right)\bar{h}_{O_2}+\left(a+\frac{b}{4}\right)3.76\bar{h}_{N_2}\right]$$
$$-\dot{n}_F\left[a\bar{h}_{CO_2}+\frac{b}{2}\bar{h}_{H_2O}+\left(a+\frac{b}{4}\right)3.76\bar{h}_{N_2}\right]$$

或

$$\begin{aligned}\frac{\dot{Q}_{CV}}{\dot{n}_F}-\frac{\dot{W}_{CV}}{\dot{n}_F}&=\left[a\bar{h}_{CO_2}+\frac{b}{2}\bar{h}_{H_2O}+\left(a+\frac{b}{4}\right)3.76\bar{h}_{N_2}\right]\\&\quad-\left[\bar{h}_F+\left(a+\frac{b}{4}\right)\bar{h}_{O_2}+\left(a+\frac{b}{4}\right)3.76\bar{h}_{N_2}\right]\\&=\bar{h}_P-\bar{h}_R\end{aligned}\tag{8-2-7}$$

式中，$\bar{h}_P$ 和 $\bar{h}_R$ 分别是1mol燃料参与反应的情况下生成物和反应物的焓。式(8-2-7)也可写成

$$\frac{\dot{Q}_{CV}}{\dot{n}_F}-\frac{\dot{W}_{CV}}{\dot{n}_F}=\sum_P n_e\left(\bar{h}_f^0+\Delta\bar{h}\right)_e-\sum_R n_i(\bar{h}_f^0+\Delta\bar{h})_i\tag{8-2-8}$$

式中，n_e 和 n_i 分别是化学反应方程中反应物和生成物前对应的系数。

3. 燃烧焓

燃烧焓定义为完全燃烧时在给定温度和压强下生成物的焓与反应物的焓之差，表示为

$$\bar{h}_{RP}=\sum_P n_e\bar{h}_e-\sum_R n_i\bar{h}_i\tag{8-2-9}$$

式(8-2-8)可改写为

$$\frac{\dot{Q}_{CV}}{\dot{n}_F}-\frac{\dot{W}_{CV}}{\dot{n}_F}=\underline{\sum_P n_e\left(\bar{h}_f^0\right)_e-\sum_R n_i\left(\bar{h}_f^0\right)_i}+\sum_P n_e\left(\Delta\bar{h}\right)_e-\sum_R n_i\left(\Delta\bar{h}\right)_i$$

则

$$\frac{\dot{Q}_{CV}}{\dot{n}_F}-\frac{\dot{W}_{CV}}{\dot{n}_F}=\bar{h}_{RP}^0+\sum_P n_e(\Delta\bar{h})_e-\sum_R n_i(\Delta\bar{h})_i\tag{8-2-10}$$

式中，$\bar{h}_{RP}^0$ 是标准参考状态下的燃烧焓。

8.3 绝热火焰温度

假设一个燃烧反应系统处于稳定状态，系统与外界没有功量交换，忽略宏观动能和重力位能的变化，这样燃烧反应释放的能量一方面用于加热燃烧产物，另一方面用于与外界进行热交换。如果热交换程度越小，则释放能量对燃烧产物加热的温度越高，在绝热情况下，燃烧产物的温度达到最大值，此时这个温度称为绝热火焰温度。由式(8-2-8)可得

$$\sum_P n_e(\bar{h}_f^0+\Delta\bar{h})_e=\sum_R n_i(\bar{h}_f^0+\Delta\bar{h})_i\tag{8-3-1}$$

例 8-3-1 25℃、1atm的液态辛烷与同温同压的空气进入某一绝热反应器进行燃烧。在稳态工作以及忽略宏观动能和重力位能变化的情况下，在(1)理论空气量；(2)400%理论空气量条件下，试求辛烷完全燃烧时的绝热火焰温度。

解　在稳态燃烧时，控制体积系统的能量方程为

$$0=\frac{\dot{Q}_{CV}}{\dot{n}_F}-\frac{\dot{W}_{CV}}{\dot{n}_F}+\sum_{R}n_i\left(\bar{h}_f^0+\Delta\bar{h}\right)_i-\sum_{P}n_e\left(\bar{h}_f^0+\Delta\bar{h}\right)_e$$

整理为　　　　　　0　　0

$$\sum_{P}n_e\left(\Delta\bar{h}\right)_e=\sum_{R}n_i\left(\bar{h}_f^0\right)_i+\sum_{R}n_i\left(\Delta\bar{h}\right)_i-\sum_{P}n_e\left(\bar{h}_f^0\right)_e$$

由于反应物处于标准参考状态，上式可简化为

$$\sum_{P}n_e\left(\Delta\bar{h}\right)_e=\sum_{R}n_i\left(\bar{h}_f^0\right)_i-\sum_{P}n_e\left(\bar{h}_f^0\right)_e$$

(1) 对于理论空气量，其化学方程为

$$C_8H_{18}(l)+12.5O_2+47N_2=\!=\!=8CO_2+9H_2O(g)+47N_2$$

引入化学反应方程的系数，能量方程变为

$$8\left(\Delta\bar{h}\right)_{CO_2}+9\left(\Delta\bar{h}\right)_{H_2O(g)}+47\left(\Delta\bar{h}\right)_{N_2}=\left(\bar{h}_f^0\right)_{C_8H_{18}(l)}-8\left(\bar{h}_f^0\right)_{CO_2}-9\left(\bar{h}_f^0\right)_{H_2O(g)}$$

上式右边的焓值由附表 30 可得

$$\begin{aligned}&8\left(\Delta\bar{h}\right)_{CO_2}+9\left(\Delta\bar{h}\right)_{H_2O(g)}+47\left(\Delta\bar{h}\right)_{N_2}\\&=\left(\bar{h}_f^0\right)_{C_8H_{18}(l)}-8\left(\bar{h}_f^0\right)_{CO_2}-9\left(\bar{h}_f^0\right)_{H_2O(g)}\\&=5074630\text{kJ/kmol}\end{aligned}$$

针对不同的绝热火焰温度，计算出燃烧产物的焓值见表 8-3-1，通过插值可得绝热火焰温度 T_P=2395K。

表 8-3-1　燃烧产物的焓值

燃烧产物	2500K	2400K	2350K
$8\left(\Delta\bar{h}\right)_{CO_2}$	975408	926304	901816
$9\left(\Delta\bar{h}\right)_{H_2O(g)}$	890676	842436	818478
$47\left(\Delta\bar{h}\right)_{N_2}$	3492664	3320597	3234869
$\sum_{P}n_e\left(\Delta\bar{h}\right)_e$	5358748	5089337	4955163

(2) 对于 400%理论空气量，其化学方程为

$$C_8H_{18}(l)+50O_2+188N_2=\!=\!=8CO_2+9H_2O(g)+37.5O_2+188N_2$$

引入化学反应方程的系数，能量方程变为

$$8\left(\Delta\bar{h}\right)_{CO_2}+9\left(\Delta\bar{h}\right)_{H_2O(g)}+37.5\left(\Delta\bar{h}\right)_{O_2}+188\left(\Delta\bar{h}\right)_{N_2}=\left(\bar{h}_f^0\right)_{C_8H_{18}(l)}-8\left(\bar{h}_f^0\right)_{CO_2}-9\left(\bar{h}_f^0\right)_{H_2O(g)}$$

即能量方程可简化为

$$8(\Delta\bar{h})_{CO_2}+9(\Delta\bar{h})_{H_2O(g)}+37.5(\Delta\bar{h})_{O_2}+188(\Delta\bar{h})_{N_2}=5074630\text{kJ/kmol}$$

采用(1)中同样的方法，可求得绝热火焰温度 T_P=962K。

8.4　绝对熵和热力学第三定律

1. 反应系统熵的计算

热力学第三定律描述为：**在 1atm、T=0K 时，任何元素及化合物的熵值为零。**根据这个熵基准，任何状态下的熵值都可称为绝对熵。

任意状态下的熵为

$$\bar{s}(T,p)=\bar{s}(T,p_{ref})+[\bar{s}(T,p)-\bar{s}(T,p_{ref})]$$

如果是理想气体，则熵为

$$\bar{s}(T,p)=\bar{s}^0(T)-\bar{R}\ln\frac{p}{p_{ref}} \tag{8-4-1}$$

对于理想气体混合物中第 i 种成分的熵为

$$\bar{s}_i(T,p_i)=\bar{s}_i^0(T)-\bar{R}\ln\frac{y_ip}{p_{ref}} \tag{8-4-2}$$

2. 反应系统的熵平衡

对于图 8-2-2 所示的碳氢燃料燃烧反应，其稳态过程的熵平衡方程为

$$\begin{aligned}0=\sum_j\frac{\dot{Q}_j/\dot{n}_F}{T_j}&+\left[\bar{s}_F+\left(a+\frac{b}{4}\right)\bar{s}_{O_2}+\left(a+\frac{b}{4}\right)3.76\bar{s}_{N_2}\right]\\&-\left[a\bar{s}_{CO_2}+\frac{b}{2}\bar{s}_{H_2O}+\left(a+\frac{b}{4}\right)3.76\bar{s}_{N_2}\right]+\frac{\dot{\sigma}_{CV}}{\dot{n}_F}\end{aligned} \tag{8-4-3}$$

例 8-4-1　如图所示，25℃、1atm 的液态辛烷与同温同压的空气进入某一绝热反应器进行燃烧，燃烧产物出口处压强为 1atm。在稳态工作以及忽略宏观动能和重力位能变化的情况下，试求辛烷完全燃烧时的熵产率：(1)理论空气量；(2)400%理论空气量。

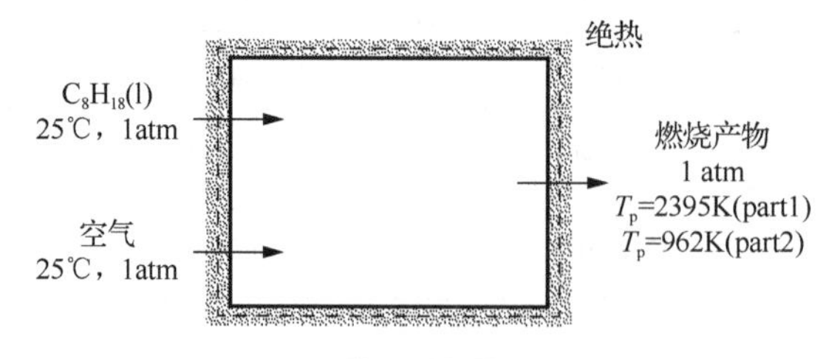

例 8-4-1 图

解　(1)对于理论空气量，其化学反应方程为

$$C_8H_{18}(l)+12.5O_2+47N_2 = 8CO_2+9H_2O(g)+47N_2$$

对于稳态过程，其熵方程为

$$0=\sum_j\frac{\dot{Q}_j/\dot{n}_F}{T_j}+\left[\bar{s}_F+12.5\bar{s}_{O_2}+47\bar{s}_{N_2}\right]-\left[8\bar{s}_{CO_2}+9\bar{s}_{H_2O(g)}+47\bar{s}_{N_2}\right]+\frac{\dot{\sigma}_{CV}}{\dot{n}_F}$$

整理为

$$\frac{\dot{\sigma}_{CV}}{\dot{n}_F}=\left(8\bar{s}_{CO_2}+9\bar{s}_{H_2O(g)}+47\bar{s}_{N_2}\right)-\left(\bar{s}_F+12.5\bar{s}_{O_2}+47\bar{s}_{N_2}\right)$$

对于标准参考状态，由附表 30 查得液态辛烷的绝对熵为

$$\bar{s}_F=360.79[kJ/(kmol\cdot K)]$$

氧气和氮气的绝对熵分别为

$$\bar{s}_{O_2}=\bar{s}_{O_2}^0\left(T_{ref}\right)-\bar{R}\ln\frac{y_{O_2}p_{ref}}{p_{ref}}=205.03-8.314\ln 0.21=218.01[kJ/(kmol\cdot K)]$$

$$\bar{s}_{N_2}=\bar{s}_{N_2}^0\left(T_{ref}\right)-\bar{R}\ln\frac{y_{N_2}p_{ref}}{p_{ref}}=191.5-8.314\ln 0.79=193.46[kJ/(kmol\cdot K)]$$

在 1atm、2395K 状态下燃烧产物的摩尔分数分别是：$y_{CO_2}=8/64=0.125$，$y_{H_2O(g)}=9/64=0.1406$，$y_{N_2}=0.7344$。由附表 23、附表 25 和附表 27，可得

$$\bar{s}_{CO_2}=\bar{s}_{CO_2}^0\left(T_p\right)-\bar{R}\ln y_{CO_2}=320.173-8.314\ln 0.125=337.46[kJ/(kmol\cdot K)]$$

$$\bar{s}_{H_2O}=273.986-8.314\ln 0.1406=290.30[kJ/(kmol\cdot K)]$$

$$\bar{s}_{N_2}=258.503-8.314\ln 0.7344=261.07[kJ/(kmol\cdot K)]$$

代入以上比熵值，熵产率为

$$\begin{aligned}\frac{\dot{\sigma}_{CV}}{\dot{n}_F}&=\left(8\times 337.46+9\times 290.30+47\times 261.07\right)\\&\quad-\left(360.79+12.5\times 218.01+47\times 193.46\right)\\&=5404[kJ/(kmol\cdot K)]\end{aligned}$$

(2) 对于 400%理论空气量，其化学反应方程为

$$C_8H_{18}(l)+50O_2+188N_2=\!=\!=8CO_2+9H_2O(g)+37.5O_2+188N_2$$

熵方程可写为

$$\dot{\sigma}_{CV}/\dot{n}_F=\left(8\bar{s}_{CO_2}+9\bar{s}_{H_2O(g)}+37.5\bar{s}_{O_2}+188\bar{s}_{N_2}\right)-\left(\bar{s}_F+50\bar{s}_{O_2}+188\bar{s}_{N_2}\right)$$

代入比熵值，可得

$$\dot{\sigma}_{CV}/\dot{n}_F=9754[kJ/(kmol\cdot K)]$$

8.5 化学平衡

1. 平衡标准

如果一个系统与其环境隔离并且没有宏观上可观测的温度变化，那么这个系统被认为处于热平衡状态。

下面分析一个简单可压缩系统，其温度和压强随空间分布是均匀的。若不考虑系统的宏观运动和重力的影响，其能量方程的微分形式为

$$dU=\delta Q-\delta W$$

或写成

$$\delta Q=dU+pdV$$

若简单可压缩系统的温度是均匀的，其熵方程的微分形式为

$$\mathrm{d}S=\frac{\delta Q}{T}+\delta\sigma$$

以上两式消去 δQ 可得

$$T\mathrm{d}S-\mathrm{d}U-p\mathrm{d}V=T\delta\sigma \tag{8-5-1}$$

由热力学第二定律可知，对于任何实际过程，熵产总是存在的，所以

$$T\mathrm{d}S-\mathrm{d}U-p\mathrm{d}V\geqslant 0 \tag{8-5-2}$$

对于 $\mathrm{d}U=0$ ， $\mathrm{d}V=0$ 的过程满足

$$\mathrm{d}S\big|_{U,V}\geqslant 0 \tag{8-5-3}$$

式(8-5-3)说明对于定容定内能过程，其系统状态只能沿熵增加方向变化，当系统达到平衡时，其熵最大。

此外，前面已经定义的吉布斯函数为

$$G=H-TS=U+pV-TS$$

两边求微分并整理为

$$\mathrm{d}G-V\mathrm{d}p+S\mathrm{d}T=-(T\mathrm{d}S-\mathrm{d}U-p\mathrm{d}V)$$

由式(8-5-2)可得

$$\mathrm{d}G-V\mathrm{d}p+S\mathrm{d}T\leqslant 0 \tag{8-5-4}$$

对于等温和定压过程

$$\mathrm{d}G\big|_{T,p}\leqslant 0 \tag{8-5-5}$$

此不等式说明：对于等温定压不可逆过程，系统的吉布斯函数总是变小的；当系统达到平衡时，吉布斯函数为最小值，即

$$\mathrm{d}G\big|_{T,p}=0 \tag{8-5-6}$$

这是系统达到平衡的充要条件。

2. 化学势

吉布斯函数是广延量，对于多成分系统，它是温度、压强和各成分摩尔数的函数，表示为

$$G=G\left(T,p,n_1,n_2,\cdots,n_j\right)=\sum_{i=1}^{j}G_i(T,p,n_i)$$

两边同时乘以任一量 α ，并且由于温度 T 和压强 p 是强度量，摩尔数 n_i 是广延量，可得

$$\begin{aligned}\alpha G(T,p,n_1,n_2,\cdots,n_j)&=\alpha\sum_{i=1}^{j}G_i\left(T,p,n_i\right)\\&=\sum_{i=1}^{j}\alpha G_i\left(T,p,n_i\right)\\&=\sum_{i=1}^{j}G_i\left(T,p,\alpha n_i\right)\\&=G\left(T,p,\alpha n_1,\alpha n_2,\cdots,\alpha n_j\right)\end{aligned}$$

两边对 α 求偏微分，导出

$$G=\frac{\partial G}{\partial(\alpha n_1)}n_1+\frac{\partial G}{\partial(\alpha n_2)}n_2+\cdots+\frac{\partial G}{\partial(\alpha n_j)}n_j$$

不妨取 $\alpha=1$，有

$$G=\sum_{i=1}^{j}n_i\left(\frac{\partial G}{\partial n_i}\right)_{T,p,n_l} \tag{8-5-7}$$

式中，下标 n_l 表示微分时 $n_{i'}\left(i'=1,2,\cdots,j,i'\neq i\right)$ 保持不变。

成分 i 的化学势定义为

$$\mu_i=\left(\frac{\partial G}{\partial n_i}\right)_{T,p,n_l} \tag{8-5-8}$$

化学势是一个强度特性参数，由式(8-5-7)和式(8-5-8)可得

$$G=\sum_{i=1}^{j}n_i\mu_i \tag{8-5-9}$$

在定压等温过程，对吉布斯函数 $G\left(T,p,n_1,n_2,\cdots,n_j\right)$ 取全微分

$$\mathrm{d}G\Big|_{T,p}=\sum_{i=1}^{j}\left(\frac{\partial G}{\partial n_i}\right)_{T,p,n_l}\mathrm{d}n_i$$

表示成化学势的形式

$$\mathrm{d}G\Big|_{T,p}=\sum_{i=1}^{j}\mu_i\mathrm{d}n_i \tag{8-5-10}$$

根据平衡标准式(8-5-6)：$\mathrm{d}G\Big|_{T,p}=0$，导出

$$\sum_{i=1}^{j}\mu_i\mathrm{d}n_i=0 \tag{8-5-11}$$

对于单相纯物质，式(8-5-9)变为

$$G=n\mu$$

或

$$\mu=\frac{G}{n}=\overline{g} \tag{8-5-12}$$

对于理想气体混合物，焓和熵可表示为

$$H=\sum_{i=1}^{j}n_i\overline{h}_i(T)，\quad S=\sum_{i=1}^{j}n_i\overline{s}_i(T,p_i)$$

式中，$p_i=y_ip$ 是成分 i 的分压。

理想气体混合物的吉布斯函数表示为

$$\begin{aligned}G=H-TS&=\sum_{i=1}^{j}n_i\overline{h}_i(T)-T\sum_{i=1}^{j}n_i\overline{s}_i\left(T,p_i\right)\\&=\sum_{i=1}^{j}n_i\left[\overline{h}_i(T)-T\,\overline{s}_i(T,p_i)\right]\end{aligned} \tag{8-5-13}$$

引入成分 i 的摩尔吉布斯函数

$$\overline{g}_i(T,p_i)=\overline{h}_i(T)-T\overline{s}_i(T,p_i) \tag{8-5-14}$$

式(8-5-13)可改写为

$$G=\sum_{i=1}^{j}n_i\overline{g}_i(T,p_i) \tag{8-5-15}$$

对比式(8-5-15)和式(8-5-9)，可得

$$\mu_i = \bar{g}_i(T, p_i) \tag{8-5-16}$$

展开为

$$\begin{aligned}\mu_i &= \bar{h}_i(T) - T\bar{s}_i(T, p_i) \\ &= \bar{h}_i(T) - T\left(\bar{s}_i^0(T) - \bar{R}\ln\frac{y_i p}{p_{\text{ref}}}\right) \\ &= \bar{h}_i(T) - T\bar{s}_i^0(T) + \bar{R}T\ln\frac{y_i p}{p_{\text{ref}}} \\ &\overset{\Delta}{=} \bar{g}_i^0(T) + \bar{R}T\ln\frac{y_i p}{p_{\text{ref}}}\end{aligned} \tag{8-5-17}$$

式中，$\bar{g}_i^0(T)$ 是成分 i 在温度为 T 和压强为 1atm 下的摩尔吉布斯函数。

3. 反应平衡方程

考虑一个闭口系统，它由 A、B、C、D 和 E 五种成分组成。只有 A、B、C 和 D 参与反应，E 是惰性气体，不参与化学反应。它们的化学平衡方程表示为

$$v_{\text{A}}\text{A} + v_{\text{B}}\text{B} \leftrightarrow v_{\text{C}}\text{C} + v_{\text{D}}\text{D} \tag{8-5-18}$$

对于化学反应系统，每一种成分的摩尔数的微分与其分子式前系数 $v_i(i = \text{A,B,C,D})$ 成正比，即满足关系

$$\frac{-\text{d}n_{\text{A}}}{v_{\text{A}}} = \frac{-\text{d}n_{\text{B}}}{v_{\text{B}}} = \frac{\text{d}n_{\text{C}}}{v_{\text{C}}} = \frac{\text{d}n_{\text{D}}}{v_{\text{D}}} \tag{8-5-19}$$

既然 E 是惰性气体，那么该成分的摩尔数保持不变，因此 $\text{d}n_{\text{E}} = 0$。引入一个比例因子 $\text{d}\varepsilon$，使式(8-5-19)可表示为

$$\text{d}n_{\text{A}} = -v_{\text{A}}\text{d}\varepsilon，\ \text{d}n_{\text{B}} = -v_{\text{B}}\text{d}\varepsilon，\ \text{d}n_{\text{C}} = v_{\text{C}}\text{d}\varepsilon，\ \text{d}n_{\text{D}} = v_{\text{D}}\text{d}\varepsilon \tag{8-5-20}$$

由式(8-5-10)可写出

$$\text{d}G\big|_{T,p} = \mu_{\text{A}}\text{d}n_{\text{A}} + \mu_{\text{B}}\text{d}n_{\text{B}} + \mu_{\text{C}}\text{d}n_{\text{C}} + \mu_{\text{D}}\text{d}n_{\text{D}} + \mu_{\text{E}}\text{d}n_{\text{E}}$$

代入式(8-5-20)，并注意到 $\text{d}n_{\text{E}} = 0$，上式变为

$$\text{d}G\big|_{T,p} = \left(-v_{\text{A}}\mu_{\text{A}} - v_{\text{B}}\mu_{\text{B}} + v_{\text{C}}\mu_{\text{C}} + v_{\text{D}}\mu_{\text{D}}\right)\text{d}\varepsilon$$

在平衡时 $\text{d}G\big|_{T,p} = 0$，所以有

$$v_{\text{A}}\mu_{\text{A}} + v_{\text{B}}\mu_{\text{B}} = v_{\text{C}}\mu_{\text{C}} + v_{\text{D}}\mu_{\text{D}} \tag{8-5-21}$$

这就是反应平衡方程。

4. 平衡常数

对于理想气体混合物，式(8-5-21)可重写为

$$\begin{aligned}&v_{\text{A}}\left(\bar{g}_{\text{A}}^0(T) + \bar{R}T\ln\frac{y_{\text{A}}p}{p_{\text{ref}}}\right) + v_{\text{B}}\left(\bar{g}_{\text{B}}^0(T) + \bar{R}T\ln\frac{y_{\text{B}}p}{p_{\text{ref}}}\right) \\ &= v_{\text{C}}\left(\bar{g}_{\text{C}}^0(T) + \bar{R}T\ln\frac{y_{\text{C}}p}{p_{\text{ref}}}\right) + v_{\text{D}}\left(\bar{g}_{\text{D}}^0(T) + \bar{R}T\ln\frac{y_{\text{D}}p}{p_{\text{ref}}}\right)\end{aligned}$$

整理为

$$\left[v_{\mathrm{C}}\bar{g}_{\mathrm{C}}^{0}(T)+v_{\mathrm{D}}\bar{g}_{\mathrm{D}}^{0}(T)-v_{\mathrm{A}}\bar{g}_{\mathrm{A}}^{0}(T)-v_{\mathrm{B}}\bar{g}_{\mathrm{B}}^{0}(T)\right]$$

$$=-\bar{R}T\left(v_{\mathrm{C}}\ln\frac{y_{\mathrm{C}}p}{p_{\mathrm{ref}}}+v_{\mathrm{D}}\ln\frac{y_{\mathrm{D}}p}{p_{\mathrm{ref}}}-v_{\mathrm{A}}\ln\frac{y_{\mathrm{A}}p}{p_{\mathrm{ref}}}-v_{\mathrm{B}}\ln\frac{y_{\mathrm{B}}p}{p_{\mathrm{ref}}}\right)$$

令

$$\Delta G^{0}(T)=v_{\mathrm{C}}\bar{g}_{\mathrm{C}}^{0}(T)+v_{\mathrm{D}}\bar{g}_{\mathrm{D}}^{0}(T)-v_{\mathrm{A}}\bar{g}_{\mathrm{A}}^{0}(T)-v_{\mathrm{B}}\bar{g}_{\mathrm{B}}^{0}(T) \tag{8-5-22}$$

式中，$\Delta G^{0}(T)$表示化学反应的吉布斯函数的变化。所以有

$$-\frac{\Delta G^{0}(T)}{\bar{R}T}=\ln\left[\frac{y_{\mathrm{C}}^{v_{\mathrm{C}}}y_{\mathrm{D}}^{v_{\mathrm{D}}}}{y_{\mathrm{A}}^{v_{\mathrm{A}}}y_{\mathrm{B}}^{v_{\mathrm{B}}}}\left(\frac{p}{p_{\mathrm{ref}}}\right)^{v_{\mathrm{C}}+v_{\mathrm{D}}-v_{\mathrm{A}}-v_{\mathrm{B}}}\right] \tag{8-5-23}$$

若定义反应平衡常数为

$$K(T)=\frac{y_{\mathrm{C}}^{v_{\mathrm{C}}}y_{\mathrm{D}}^{v_{\mathrm{D}}}}{y_{\mathrm{A}}^{v_{\mathrm{A}}}y_{\mathrm{B}}^{v_{\mathrm{B}}}}\left(\frac{p}{p_{\mathrm{ref}}}\right)^{v_{\mathrm{C}}+v_{\mathrm{D}}-v_{\mathrm{A}}-v_{\mathrm{B}}} \tag{8-5-24}$$

则式(8-5-23)可写为

$$-\frac{\Delta G^{0}(T)}{\bar{R}T}=\ln K(T) \tag{8-5-25}$$

对于式(8-5-18)的反过程表示为

$$v_{\mathrm{C}}\mathrm{C}+v_{\mathrm{D}}\mathrm{D}\longleftrightarrow v_{\mathrm{A}}\mathrm{A}+v_{\mathrm{B}}\mathrm{B} \tag{8-5-26}$$

其平衡常数为

$$K^{*}(T)=\frac{y_{\mathrm{A}}^{v_{\mathrm{A}}}y_{\mathrm{B}}^{v_{\mathrm{B}}}}{y_{\mathrm{C}}^{v_{\mathrm{C}}}y_{\mathrm{D}}^{v_{\mathrm{D}}}}\left(\frac{p}{p_{\mathrm{ref}}}\right)^{v_{\mathrm{A}}+v_{\mathrm{B}}-v_{\mathrm{C}}-v_{\mathrm{D}}} \tag{8-5-27}$$

由式(8-5-24)和式(8-5-27)推出

$$K^{*}(T)=\frac{1}{K(T)}$$

即

$$\lg K^{*}(T)=-\lg K(T) \tag{8-5-28}$$

此即正逆反应的反应平衡常数之间的关系。此外，式(8-5-24)也可表示成摩尔数形式

$$K(T)=\frac{n_{\mathrm{C}}^{v_{\mathrm{C}}}n_{\mathrm{D}}^{v_{\mathrm{D}}}}{n_{\mathrm{A}}^{v_{\mathrm{A}}}n_{\mathrm{B}}^{v_{\mathrm{B}}}}\left(\frac{p}{np_{\mathrm{ref}}}\right)^{v_{\mathrm{C}}+v_{\mathrm{D}}-v_{\mathrm{A}}-v_{\mathrm{B}}} \tag{8-5-29}$$

一些反应平衡常数的对数值$\lg K(T)$在附表 32 中可查。

例 8-5-1 1kmol 一氧化碳与 0.5kmol 氧气反应形成 CO_2、CO 和 O_2 的平衡混合物，其平衡温度为 2500K，压强分别为：(1) 1atm；(2) 10atm。试分别求平衡混合物的摩尔分数。

解 (1)根据题意，化学反应方程可以写为

$$1\mathrm{CO}+\frac{1}{2}\mathrm{O}_2=\!=\!=z\mathrm{CO}+\frac{z}{2}\mathrm{O}_2+(1-z)\mathrm{CO}_2$$

式中，z是平衡混合物的摩尔数。

总的摩尔数n可表示为

$$n=z+z/2+(1-z)=(2+z)/2$$

于是，平衡混合物的摩尔分数分别表示为

$$y_{CO}=\frac{2z}{2+z}，\quad y_{O_2}=\frac{z}{2+z}，\quad y_{CO_2}=\frac{2(1-z)}{2+z}$$

对于化学平衡，可写出反应平衡方程 $CO_2 \rightleftharpoons CO+\frac{1}{2}O_2$。于是，平衡常数可写为

$$K=\frac{\left(\frac{2z}{2+z}\right)\left(\frac{z}{2+z}\right)^{1/2}}{\left[\frac{2(1-z)}{2+z}\right]}\left(\frac{p}{p_{ref}}\right)^{1+(1/2)-1}=\frac{z}{1-z}\left(\frac{z}{2+z}\right)^{1/2}\left(\frac{p}{p_{ref}}\right)^{1/2}$$

对于温度 2500K，由附表 32 查得 $\lg K=-1.44$，因此 $K=0.0363$。上式可变为

$$0.0363=\frac{z}{1-z}\left(\frac{z}{2+z}\right)^{1/2}\left(\frac{p}{p_{ref}}\right)^{1/2}$$

(1) 当 $p=1\text{atm}$ 时，平衡常数表达式为

$$0.0363=\frac{z}{1-z}\left(\frac{z}{2+z}\right)^{1/2}$$

解方程可得 $z=0.129$，于是平衡混合物的摩尔分数分别为

$$y_{CO}=\frac{2\times0.129}{2+0.129}=0.121，\quad y_{O_2}=\frac{0.129}{2.129}=0.061，\quad y_{CO_2}=\frac{2(1-0.129)}{2.129}=0.818$$

(2) 当 $p=10\text{atm}$ 时，平衡常数表达式为

$$0.0363=\frac{z}{1-z}\left(\frac{z}{2+z}\right)^{1/2}10^{1/2}$$

解方程可得 $z=0.062$，于是平衡混合物的摩尔分数分别为

$$y_{CO}=0.06，\quad y_{O_2}=0.03，\quad y_{CO_2}=0.91$$

5. 范托夫方程

方程 $-\Delta G^0(T)=\bar{R}T\ln K(T)$ 可展开为

$$\bar{R}T\ln K(T)=-\left[\left(\nu_C\bar{h}_C+\nu_D\bar{h}_D-\nu_A\bar{h}_A-\nu_B\bar{h}_B\right)-T\left(\nu_C\bar{s}_C^0+\nu_D\bar{s}_D^0-\nu_A\bar{s}_A^0-\nu_B\bar{s}_B^0\right)\right] \tag{8-5-30}$$

对温度取微分有

$$\begin{aligned}\bar{R}T\frac{\mathrm{d}\ln K(T)}{\mathrm{d}T}+\bar{R}\ln K(T)=&-\left[\nu_C\left(\frac{\mathrm{d}\bar{h}_C}{\mathrm{d}T}-T\frac{\mathrm{d}\bar{s}_C^0}{\mathrm{d}T}\right)+\nu_D\left(\frac{\mathrm{d}\bar{h}_D}{\mathrm{d}T}-T\frac{\mathrm{d}\bar{s}_D^0}{\mathrm{d}T}\right)\right.\\&\left.-\nu_A\left(\frac{\mathrm{d}\bar{h}_A}{\mathrm{d}T}-T\frac{\mathrm{d}\bar{s}_A^0}{\mathrm{d}T}\right)-\nu_B\left(\frac{\mathrm{d}\bar{h}_B}{\mathrm{d}T}-T\frac{\mathrm{d}\bar{s}_B^0}{\mathrm{d}T}\right)\right]\\&+\left(\nu_C\bar{s}_C^0+\nu_D\bar{s}_D^0-\nu_A\bar{s}_A^0-\nu_B\bar{s}_B^0\right)\end{aligned}$$

又因为 $s^0(T)-0=\int_0^T c_p(T)\frac{\mathrm{d}T}{T}-R\ln\frac{1}{1}=\int_0^T c_p(T)\frac{\mathrm{d}T}{T}$（以 kg 为计量单位），于是 $\frac{\mathrm{d}\bar{s}^0}{\mathrm{d}T}=\frac{\bar{c}_p}{T}$（以 mol 为计量单位），另外有 $\mathrm{d}\bar{h}/\mathrm{d}T=\bar{c}_p$，所以

$$\bar{R}T\frac{\mathrm{d}\ln K(T)}{\mathrm{d}T}+\bar{R}\ln K(T)=\left(\nu_C\bar{s}_C^0+\nu_D\bar{s}_D^0-\nu_A\bar{s}_A^0-\nu_B\bar{s}_B^0\right) \tag{8-5-31}$$

式(8-5-31)两边同时乘以 T 并代入式(8-5-30)可得

$$\bar{R}T^2\frac{\mathrm{d}\ln K(T)}{\mathrm{d}T}=\left(v_\mathrm{C}\bar{h}_\mathrm{C}+v_\mathrm{D}\bar{h}_\mathrm{D}-v_\mathrm{A}\bar{h}_\mathrm{A}-v_\mathrm{B}\bar{h}_\mathrm{B}\right) \tag{8-5-32}$$

或表示为

$$\frac{\mathrm{d}\ln K(T)}{\mathrm{d}T}=\frac{\Delta H(T)}{\bar{R}T^2} \tag{8-5-33}$$

这方程就是范托夫方程，$\Delta H(T)$ 是反应焓。

对式(8-5-33)积分可得

$$\ln\frac{K_2}{K_1}=\frac{\Delta H(T)}{\bar{R}}\left(\frac{1}{T_2}-\frac{1}{T_1}\right) \tag{8-5-34}$$

由于反应焓 $\Delta H(T)$ 在一个比较大的温度范围内几乎不变，于是 $\ln K$ 与 $1/T$ 基本保持线性关系，因此在实践中上述方程可以用于计算反应焓 $\Delta H(T)$。

思　考　题

8-1　什么是化学反应过程的生成焓？

8-2　什么是化学势和平衡常数?

8-3　熵、自由能和自由焓的变化，都可用来作为化学反应进行方向的判据，试说明它们各适用于什么情况？

8-4　什么是碳氢燃料的完全燃烧？

8-5　什么是空燃比、氧燃比和组元比？

8-6　化学反应过程中系统的焓与无化学反应的物理过程中的焓的含义有何不同？化学反应过程中的焓变化能否直接利用各物质的热物性表计算？

习　　题

8-1　基于(1)质量分数或(2)摩尔分数，一个容器装有 34% O_2 和 66% CO 的混合物。试分别确定是否有足够的氧气支持一氧化碳完全燃烧。

8-2　煤炭的质量分数为 88% C、6% H、4% O、1% N、1% S。煤炭在空气中完全燃烧，试求：

(1)每千克煤炭燃烧产生的 SO_2 的量；

(2)质量空燃比。

8-3　下面各种燃料按 200%理论空气量在空气中燃烧。反应物入口参数为 25℃和 1atm，试求稳定燃烧的绝热火焰温度：

(1)碳；

(2)氢气；

(3)液态辛烷(C_8H_{18})。

8-4　由附表 32 查得数据后，计算 2500K 的 $\lg K$：

(1) $H_2O = H_2+\frac{1}{2}O_2$；

(2) $H_2+\frac{1}{2}O_2 = H_2O$；

(3) $2H_2O = 2H_2 + O_2$ 。

8-5　考虑如下反应：

$CO_2 + H_2 = CO + H_2O$ ；

$CO_2 = CO + \frac{1}{2}O_2$ ；

$H_2O = H_2 + \frac{1}{2}O_2$ 。

(1) 证明 $K_1 = K_2 / K_3$ ；

(2) 基于(1)中公式，计算 298K 和 1atm 的 $\lg K_1$。

8-6　一个容器初始装有 1kmol 的 CO 和 4.76kmol 的干空气，经过燃烧形成的平衡混合物包含 CO_2、CO、O_2、N_2，平衡混合物的温度为 3000K、压强为 1atm。试求平衡混合物中各成分的摩尔分数。

第 9 章　空天动力循环过程的热力学分析

内容提要　热能与其他形式能量之间的相互转换是通过热力循环来实现的。将航天工程中的各种实际热力循环抽象为相应的理想热力循环，并利用热力学定律分析能量的转换效率是航天热能工程的重要内容之一。本章讨论循环过程的热力学分析，主要包括热力学分析方法、典型空天发动机循环等。

基本要求　在本章学习中，要求学生了解热力循环的分类，理解热力学分析法，掌握各种空天发动机循环效率的概念及计算方法，熟悉各类发动机热力循环的效率计算方法。

在连续工作的热力学装置中，热与功的转换及能量的转移都是通过工质的循环过程实现的。在第 2 章中通过热力学基础知识的介绍，已经建立了热力循环的基本概念：热力循环是实现连续的热功转换的基本条件和手段。本章将应用热力学分析法研究发动机循环过程中能量损失的原因及大小，讨论如何合理地将各种发动机或动力装置的实际工作过程简化成理想气体的动力循环，进行热力学计算分析，并探讨提高循环效率的途径。

9.1　空天发动机分类

发动机作为飞行器动力系统的核心部件，从热力学角度上来讲，要求其不仅具有较高的热效率，还要求其具有较高的推进效率。因此，空天发动机是热机与推进器合二为一的热力装置。由于不同的飞行器对推进装置的要求不同，从而产生了不同类型、不同特点的推进装置。根据所有空天发动机最普遍和最重要的特点，最常见的推进装置主要分为三类：①吸气式发动机；②火箭发动机；③组合循环发动机。

9.1.1　吸气式发动机

吸气式发动机是一种利用周围环境中的空气与燃料燃烧产生推力或输出做功的发动机，可分为内燃机和航空航天用吸气式发动机等类型。本书不详细讨论内燃机的工作原理，用于空天飞行器的吸气式发动机主要有：①燃气涡轮发动机；②冲压喷气发动机；③脉冲爆震发动机三类。

1. 燃气涡轮发动机

在低速飞行中，活塞式内燃机虽然在低功率水平可能具有更高的效率，但燃气涡轮发动机在为大型推进器提供动力时更具优势，因为此类发动机在输出相同单位功率时质量却轻得多，这与给定发动机尺寸时燃气涡轮发动机能适应更大进气流量的能力是息息相关的。喷气发动机甚至可以在超声速条件下运行，相比内燃机，燃气涡轮发动机的主要优势是能进行高速飞行。

如图 9-1-1 所示，燃气涡轮发动机所具有的不同形式取决于其核心机，即基本燃气发生器(图 9-1-1(a))中增加的燃烧室部件。燃气发生器的功率输出可完全以简单排气推进喷管的形式实现(图 9-1-1(b))，或者在发动机喷管气流膨胀之前，增加额外的涡轮级(图 9-1-1(c))用于驱动风扇，从而使大量进入外涵道的气流加速。通过风扇的气流流量能达到核心机流量的 5～6 倍。发动机的推力由发动机核心机喷出的高温气体和外涵道冷气流的加速共同产生。

如图 9-1-1(d)所示，涡桨发动机概念的发展早于涡扇发动机，可以认为涡扇是这种概念的延伸。通过螺旋桨的空气流量可能是通过核心机流量的 25～30 倍。齿轮减速器是必需的，以便使螺旋桨和核心机均工作在最优转速条件。对于亚声速飞行，从涡喷发动机过渡到涡扇发动机，效率得到了大幅改善。在相对低的飞行速度条件下，涡桨发动机仍然可以更有效，但无外涵道螺旋桨的使用限制了涡桨发动机在相对低的飞行速度条件下的应用。

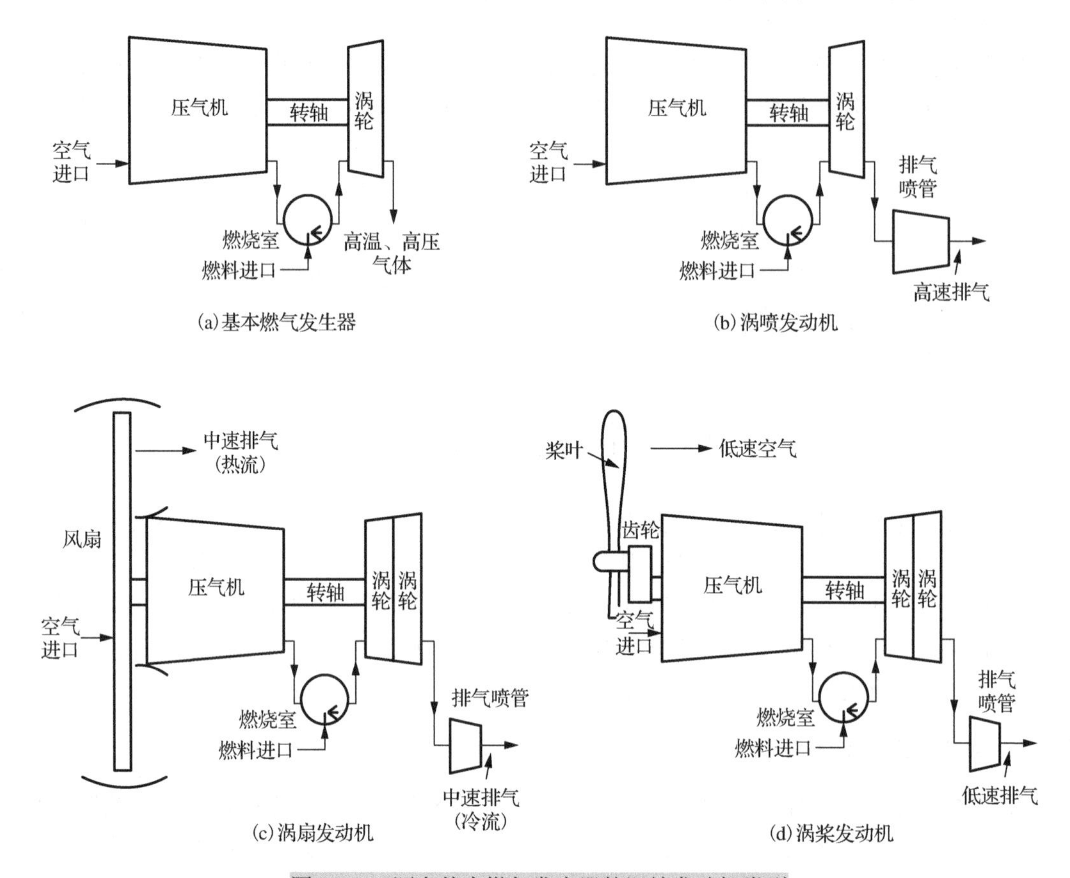

图 9-1-1　源自基本燃气发生器的涡轮发动机类型

涡轴发动机的工作过程与涡桨发动机几乎完全相同，可认为是一种只产生轴功率的燃气涡轮发动机，如图 9-1-2 所示。涡轴发动机多用于直升机，通过发动机轴带动直升机的旋翼。涡轴、涡桨发动机与活塞式发动机相比，它们的质量轻和尺寸小的优点更有吸引力。

从热力学的观点来看，涡扇发动机、涡桨发动机、涡轴发动机与涡喷发动机没有任何本质差别，它们的理想循环完全相同，均由两个定压过程和两个等熵过程组成，其不同点只在于循环功的用途方面，对于不同用途的飞机，其循环功分配比例不同。涡轮喷气发动机的循环功完全用于增加气流动能；涡轴发动机的循环功完全用于带动直升机螺旋桨的旋翼；涡桨喷气发动机的循环功绝大部分用于带动螺旋桨，很小一部分用于增加流经喷管气流的动能，而涡扇喷气发动机循环功的分配与涵道比(流过外涵道和内涵道的空气流量之比)密切相关。

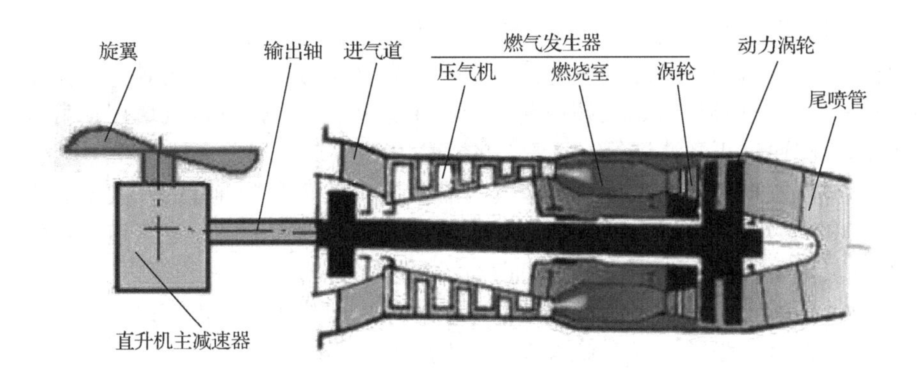

图 9-1-2　涡轴发动机示意图

2. 冲压发动机

随着燃气温度逐渐提高，工质的总增压比也相应增大，因而发动机推力不断增大，飞机飞行速度也不断提高，气流在进气道中的速度增压占总增压比(进气道增压+压气机增压)的份额也迅速提高。当飞行速度继续提高到一定程度后，高速气流在进气道绝热滞止，导致空气的温度和压力大幅度提高，由于受到叶片材料温度的限制，这时再继续用压气机对空气增压会产生一些不利影响，因此应该取消压气机和涡轮，即采用冲压喷气发动机，简称冲压发动机。

冲压发动机是一种利用迎面气流进入发动机后减速，使空气静压提高的一种空气喷气发动机。如图 9-1-3 所示，它通常由进气道、燃烧室、喷管三个很简单的管道形的部件构成。冲压发动机没有压气机，因此也不需要燃气涡轮，具有结构简单、质量轻、推力大、推重比大以及制造成本低等一系列优点，因此有较高的经济性，非常适合于高空高速飞行。其缺点是不能在静止情况下启动飞行，须用其他发动机作为助推器，而且只有飞行器达到一定飞行速度后才能有效工作。

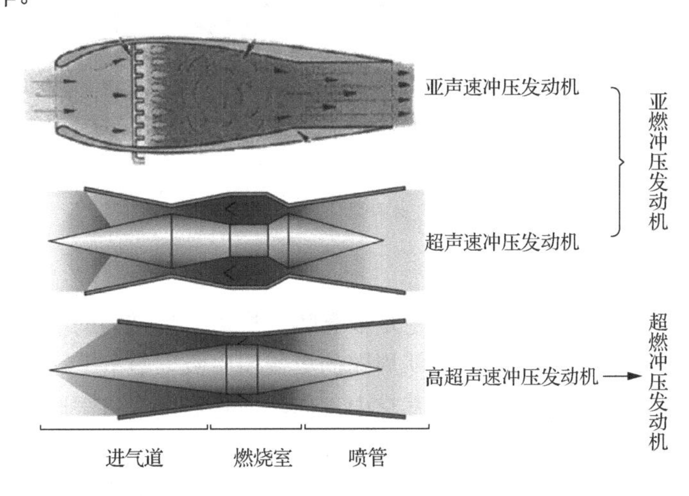

图 9-1-3　冲压发动机示意图

根据飞行速度的不同，冲压发动机可分为亚声速冲压发动机、超声速冲压发动机和高超声速冲压发动机。其中，前两种发动机的燃烧室内部流动为亚声速，也称为亚燃冲压发动机(ramjet)；后一种发动机的燃烧室内部流动为超声速，称为超燃冲压发动机(scramjet)。冲压发动机进气道的作用是提高迎面气流滞止时的静压，其压缩空气的方法是靠飞行器高速飞行时的相对气流进入发动机进气道中减速，将动能转变成压力势能。

亚声速冲压发动机的进气道是一个扩张通道，当气流与管壁无分离时，气流速度降低，静压相应地提高。若这种进气道在超声速 $Ma > 1.0$ 情况下工作，则进气道在正常状态下工作时，空气的滞止将通过正激波进行，正激波的产生在进气道进口前，或者在进口截面上。

在超声速冲压发动机的进气道中，空气的滞止是在激波系中进行的，波系取决于进气道锥的几何形状和马赫数，之后在通道的扩散段内过渡到亚声速流。在进气道的最佳工作状态下，在飞行马赫数 Ma 的工作范围内，向亚声速过渡通常在进气道喉道区内完成。

高超声速冲压发动机进气道的特点是：气流的减速增压实际上仅在进气道锥的绕流下进行，如果没有亚声速扩张段，气流减速增压后仍是超声速。

3. 脉冲爆震发动机

脉冲爆震发动机(palse detonation engine，PDE)是一种利用间歇式或脉冲式爆震波产生的高温高压燃气来产生推力的全新概念的动力装置。PDE 具有循环热效率高、燃料消耗率低、结构简单、重量轻、推重比高、比冲大、推力可调等优点，具有较高的技术效益和宽广的军事应用前景，成为当今发动机领域一大研究热点。脉冲爆震燃烧是一种非稳态燃烧，燃烧室中的压力、温度、燃烧产物及组分浓度等参数高频变化，快速、准确地获取燃烧室内参数的变化规律对研究脉冲爆震发动机非常重要。

如图 9-1-4 所示，脉冲爆震发动机工作过程分为四个步骤。第一，爆震燃烧室充满可爆混合物。第二，在燃烧室的开口或闭口端激发爆震波。第三，爆震波在燃烧室内传播，并在开口端排出。第四，燃烧产物通过一个清空过程从燃烧室中排出。

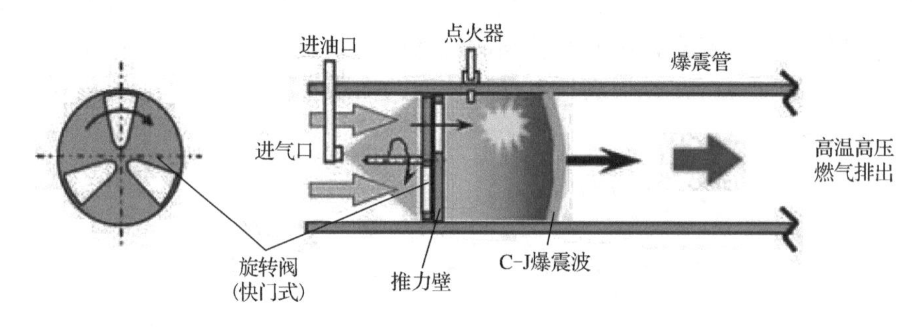

图 9-1-4　脉冲爆震发动机原理图

9.1.2　火箭发动机

像吸气式发动机一样，火箭发动机也是依靠喷气推进产生推力的动力装置，所不同的是它自身既带燃料，又带氧化剂，不需要从周围的大气层中吸取氧气。所以它不但能在大气层内工作，而且也可在大气层之外的宇宙真空中工作，飞行高度没有限制，这是任何吸气式发动机都做不到的。因此，火箭发动机是不依赖外界空气的、可在大气层以外空间工作的发动机之一，可以作为人造卫星、月球飞船，以及各种宇宙飞行器所用的推进装置，同时也是各型战术和战略导弹的发动机。

按照所用能源的不同，火箭发动机可分为化学火箭发动机、冷气火箭发动机、电火箭发动机、核火箭发动机和太阳能火箭发动机等。最常见的是化学火箭发动机，它是利用燃料化学燃烧产生的高温高压气体经喷管膨胀加速，将热能转化为气流动能，高速地从喷管排出，产生推力。按照推进剂(燃料和氧化剂的合称)形态的不同，又分为液体火箭发动机(图 9-1-5)、固体火箭发动机和混合推进剂火箭发动机。

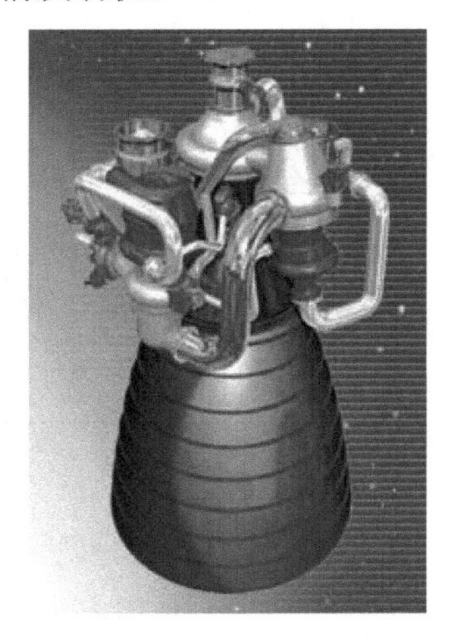

图 9-1-5　液体火箭发动机

9.1.3　组合循环发动机

毫无疑问，推进系统性能的好坏直接影响整个飞行器的设计方案是否能够付诸成功。对于大气层内作超声速飞行的飞行器来说，有着多种可供选择的推进形式，如火箭发动机、脉冲爆震发动机、冲压发动机和涡轮发动机等。

根据各类发动机的比冲参数可以知道，不同的发动机适应不同的飞行任务，正如图 9-1-6 和图 9-1-7 所示，涡喷发动机最有效的工作马赫数范围是 0～3，亚燃冲压发动机的工作马赫数上限是 6，超燃冲压发动机的工作马赫数上限是 15 或更高，而火箭发动机则不受飞行空间的限制。由于高超声速飞行器工作范围极其宽广(亚声速、跨声速、超声速和高超声速)，无法使用常规的单工作循环推进系统。就目前的技术条件而言，基于不同类型发动机具有各自有效工作范围的特点，必须采用以涡轮、火箭、冲压、脉冲爆震等发动机为基础的各种形式的组合发动机。目前组合循环推进系统主要有三种形式(图 9-1-8)：涡轮基组合循环(turbojet based combined cycle，TBCC)发动机，涡轮发动机在低速时提供推力；空气涡轮火箭(air turbo rocket，ATR)发动机，由涡轮发动机、冲压发动机和火箭发动机组成；火箭基组合循环(rocket based combined cycle，RBCC)发动机，在低速阶段使用火箭发动机启动。

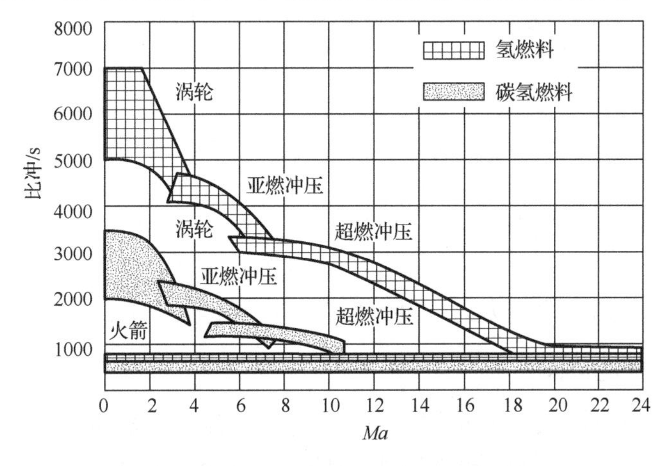

图 9-1-6　吸气式发动机比冲随马赫数的变化

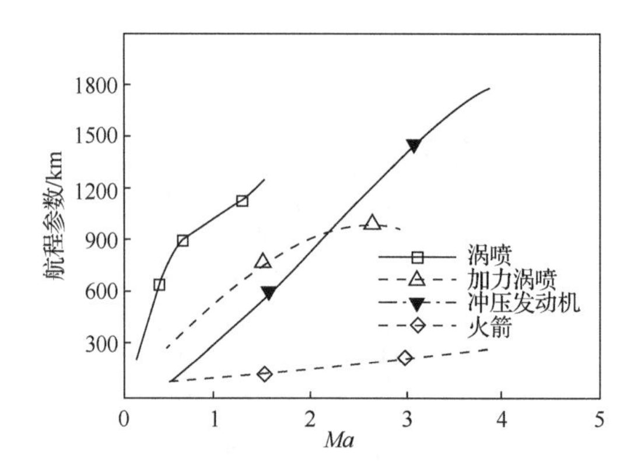

图 9-1-7　发动机航程参数随马赫数的变化

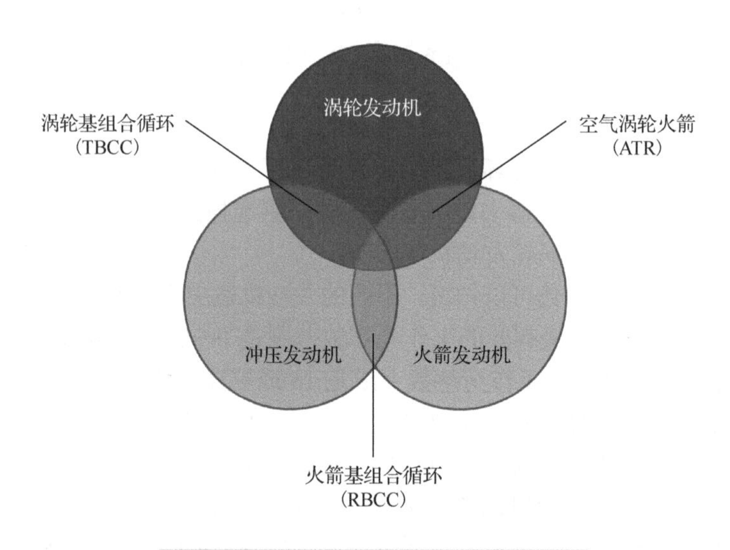

图 9-1-8　基于不同发动机工作循环的组合

1. 涡轮基组合循环发动机

由涡喷发动机(或涡扇发动机)与冲压发动机有机结合而成，在各种马赫数条件下都具有良好的性能。以串联式涡轮基组合循环发动机为例，这种发动机的周围是一个涵道，前部具有可调进气道，后部则是带可调喷口的加力喷管(图 9-1-9)。起飞和高速飞行期间，其加力冲压燃烧室工作，该发动机以常规加力涡喷发动机的循环原理工作。在低马赫数的其他飞行状态，加力冲压燃烧室不工作(图 9-1-9(a))。当飞行器加速通过马赫数为 3 时，涡喷发动机关闭，进气道的空气借助模态选择阀绕过压气机，直接流入加力喷管，该加力喷管成为冲压发动机的燃烧室(图 9-1-9(b))，这时该发动机以冲压发动机的循环原理工作。涡轮基组合循环发动机兼有涡喷发动机在小马赫数时和冲压发动机在马赫数大于 3 时的优越性能。

2. 空气涡轮火箭发动机

用火箭发动机作为涡喷发动机的燃气发生器驱动涡轮做功带动压气机旋转。高速旋转的压气机压缩来流空气，与经过涡轮的富油状态的燃气混合，在燃烧室燃烧，经喷管排出产生推力。涡轮火箭组合循环发动机单位推力和推重比大，但耗油率高。其最重要的特点是固体和液体燃料均可使用。图 9-1-10 所示为涡轮火箭组合循环发动机工作原理图。

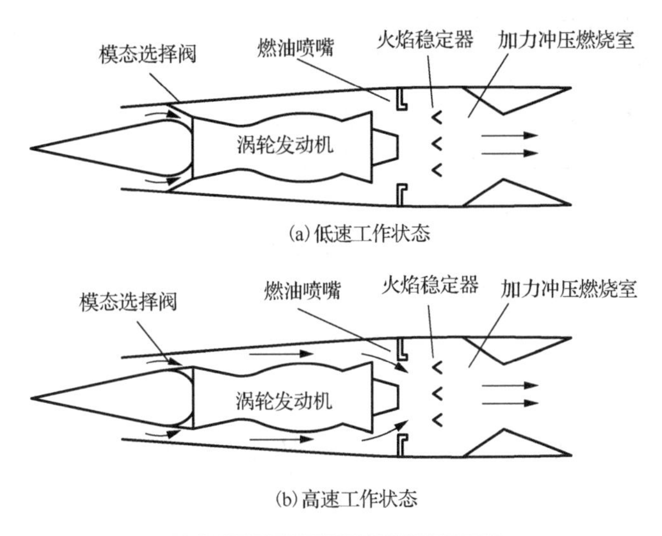

图 9-1-9　涡轮基组合循环发动机

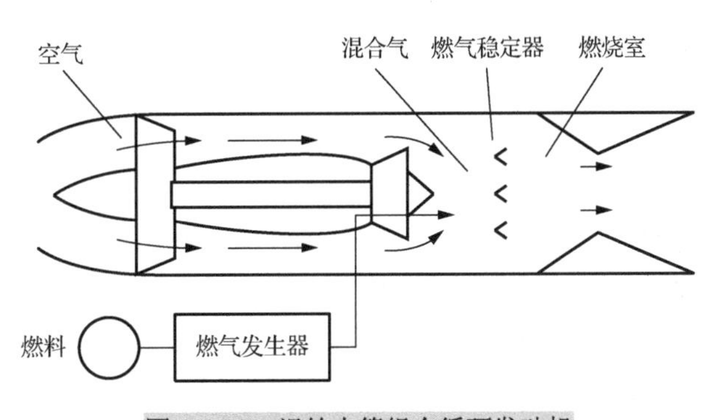

图 9-1-10　涡轮火箭组合循环发动机

3. 火箭基组合循环发动机

用火箭发动机作为冲压发动机的高压燃气发生器，它可以在较大的空气燃料比范围内工作，适宜于超声速或高超声速飞行(图 9-1-11)。火箭基组合发动机典型的工作模态有四种：引射模态、亚燃冲压模态、超燃冲压模态和纯火箭模态。

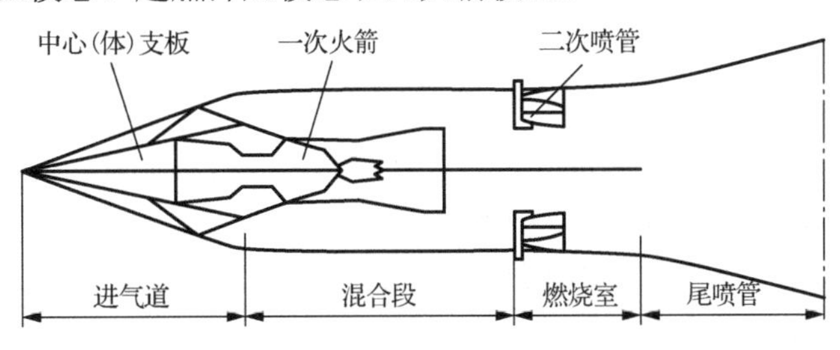

图 9-1-11　火箭基组合循环发动机

引射模态工作速度范围为 0 到 3 马赫。嵌于流道中的火箭发动机工作，通过其高速气流的引射抽吸作用，引入二次空气流，并在流道的燃烧室内组织二次燃烧，在纯火箭的基础上增加推力，提高发动机比冲。在低速条件下主火箭的引射作用占主导地位，而较高马赫数下则是来流的冲压作用。

亚燃冲压模态简称亚燃模态，主要工作速度范围为3～6 马赫。火箭发动机关闭，利用来流空气的速度冲压，在流道的燃烧室内组织亚声速燃烧，实现对飞行器的推动。

超燃冲压模态简称超燃模态，主要工作速度范围为6～8 马赫。由于飞行速度的进一步提高，如果再将来流降低到亚声速后组织燃烧，将会导致总压损失很严重。

纯火箭模态主要工作速度范围为 8 马赫以上。随着飞行器逐渐飞出大气层，来流空气量逐渐降低并趋于零，此时关闭进气道，结束超燃冲压模态，并再次点燃火箭发动机，利用火箭发动机将飞行器推入预定轨道，完成航天任务。

9.2　喷气发动机理想循环

航空喷气发动机有多种类型，本节将介绍它们的热力循环等问题。

在本节中，我们将一些发动机部件看作“黑匣子”，在这个意义上，仅限于讨论工质的进口和出口条件，不考虑产生状态变化的内部机理。目的是研究发动机众多部件的内在机理，以描述性能受限的因素。

燃气涡轮发动机的热力循环像任何其他热机一样，由工质的压缩过程、加热过程和膨胀过程等组成。

在本节中将描述发动机部件特性，不同部件的性能将利用性能指标来描述，这将使考虑损失的循环分析能有效地实现。然而，应注意到，对这些性能指标进行正确的数量评估，以及在设计部件时减小其损失都是很必要的。

为了讨论方便，图 9-2-1 以带加力燃烧室的涡喷发动机为例，规定了具体站位。

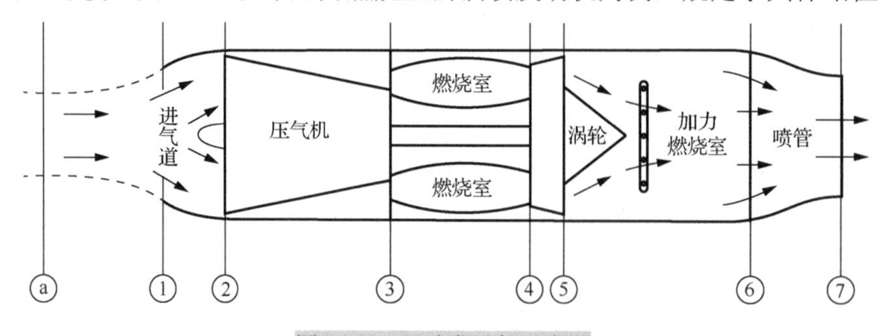

图 9-2-1　涡喷发动机示意图

a～1：空气从很远的上游流入进气道，该处空气速度相对于发动机的速度是飞行速度，空气被引入进气道，通常伴随着气流加速或减速。

1～2：空气流入压气机进口，由于通过进气道，空气流速降低、压力升高。

2～3：在旋转的压气机中空气被压缩。

3～4：由于与燃油掺混和燃烧，空气被“加热”。

4～5：空气通过涡轮膨胀以获得动力来驱动压气机。

5～6：如果通过在加力燃烧室添加和燃烧更多的燃油，空气可能会进一步被“加热”。

6～7：空气被加速，并通过喷管排出。

9.2.1　喷气发动机的性能参数

航空喷气发动机既是热机又是推进器。作为热机，热能转变为气流动能的有效程度称为热效率，它主要取决于空气温度、燃气最高温度、增压比以及工质的热力学性能等物理量，增压比对发动机的做功能力和热效率有重要影响。

作为推进器，将气流的动能增量转变为推动飞机前进所做的功。这种转换的有效程度用推进效率衡量。作为衡量推进器质量优劣的性能参数还有推力和单位性能参数，下面分别对喷气发动机的性能参数做详细介绍。

1. 单位推力

单位推力又称比推力，定义为每千克空气通过发动机时做功产生的推力，用符号 R 表示。运用动量方程推导发动机推力公式时，须作如下假设：

(1) 流量系数等于 1，即发动机远前方气流截面积等于进气道入口截面积（$A_a = A_1$）；

(2) 发动机外表面受均匀压力，且等于外界大气压力 p_a；

(3) 不考虑燃料附加的质量流量，即 $\dot{m}_a = \dot{m}_7 = \dot{m}$；

(4) 气体流经发动机外表面时，没有摩擦阻力。

根据以上假设条件，可画出计算发动机推力用的简图，如图 9-2-2 所示。

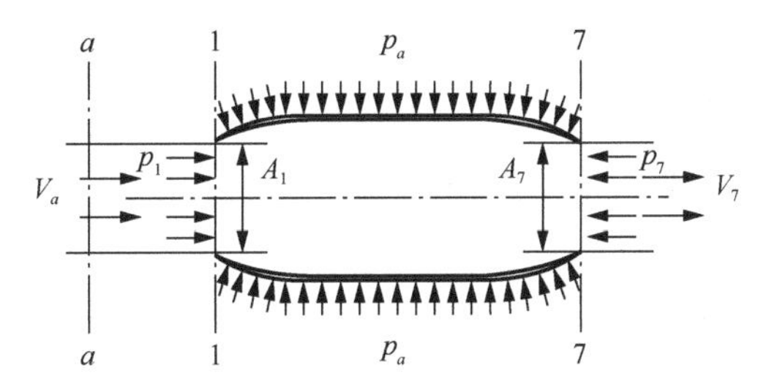

图 9-2-2　发动机推力计算简图

用 F_{in} 表示发动机内表面对气流的作用力，根据动量定理，周界上作用于气体的力应等于每秒流出和流进发动机的动量差，即

$$F_{\text{in}} + p_1A_1 - p_7A_7 = \dot{m}\left(V_7 - V_1\right) \tag{9-2-1}$$

由于 $A_a = A_1$，则

$$p_1A_1 + \dot{m}V_1 = p_aA_a + \dot{m}V_a \tag{9-2-2}$$

于是式 (9-2-1) 可改写为

$$F_{\text{in}} = \dot{m}\left(V_7 - V_a\right) + p_7A_7 - p_aA_a \tag{9-2-3}$$

作用在发动机外表面的力用 F_{out} 表示，可得

$$F_{\text{out}} = \left(A_7 - A_a\right)p_a \tag{9-2-4}$$

根据发动机推力的定义，发动机推力是作用在发动机内外表面所有力的合力，因此得

$$F = F_{\text{in}} + F_{\text{out}} = \dot{m}\left(V_7 - V_a\right) + A_7\left(p_7 - p_a\right) \tag{9-2-5}$$

当燃气在喷管内完全膨胀时，$p_7 = p_a$，推力公式可进一步简化为如下简单形式：

$$F = \dot{m}\left(V_7 - V_a\right) \tag{9-2-6}$$

则比推力 R 的计算公式为

$$R = V_7 - V_a \tag{9-2-7}$$

2. 推进效率

推进效率也称飞行效率，它是推进功与动能增量之比，其数学表达式为

$$\eta_{\mathrm{p}} = \frac{RV_a}{\frac{1}{2}\left(V_7^2 - V_a^2\right)} \tag{9-2-8}$$

推进效率越高，则气流的动能损失越小。

3. 总效率

总效率是推动飞行器前进的推进功与外界加给发动机的热量之比，即

$$\eta_0 = \frac{RV_a}{q_1} = \frac{L_{id}}{q_1}\frac{RV_a}{L_{id}} \tag{9-2-9}$$

式中，循环有效功 L_{id} 在数值上等于发动机进出口动能的增量，即 $L_{id} = \left(u_7^2 - u_a^2\right)/2$，则

$$\eta_0 = \frac{L_{id}}{q_1}\frac{RV_a}{L_{id}} = \eta_{\mathrm{th}}\eta_p \tag{9-2-10}$$

式中，η_{th} 为热效率。

9.2.2 循环分析基本假设

(1)在循环的各过程，工质是热力学上的完全气体，具有恒定不变的比定压热容 c_p 和比定容热容 c_v。

(2)发动机部件的效率或损失系数皆等于 1.0，即在进气道和压气机中进行的压缩过程是等熵压缩，在涡轮和喷管中的膨胀过程是等熵膨胀，在燃烧室中进行的是等压加热过程，放热过程实际上是在发动机之外进行的，也假定是等压放热过程。

(3)假设发动机每个部件内的气流是一维定常的，喷管完全膨胀，其出口的静压等于外界大气压力($p_7 = p_a$)。

(4)不考虑燃料附加的质量流量，即 $\dot{m}_a = \dot{m}_7 = \dot{m}$。

9.2.3 涡轮喷气发动机循环

在涡轮喷气发动机中进行的过程工质并没有完成闭合的循环。而且所进行的过程十分复杂，其中工质与外界有热量和功的交换，流动过程存在摩擦损失，还进行了化学反应，工质由空气变为了燃气，所有这些都给研究发动机的热力循环分析带来困难。

如图 9-2-3 所示，涡轮喷气发动机理想循环由四个过程组成(站点位置编号见图 9-2-1)。

在图 9-2-3 中，a～3 是等熵压缩过程，其中，a～2 表示气流在进气道前和进气道内压缩；2～3 表示气流在压气机中压缩。整个压缩过程中气流压力增加，温度上升而比体积减小，在进气道中靠气流速度减小增压，在压气机中对气流做功进一步增压。

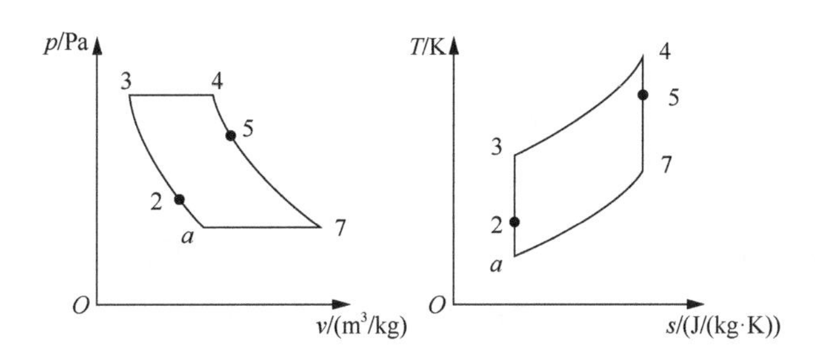

图 9-2-3　涡轮喷气发动机的理想循环

3～4 对应燃烧室中燃油燃烧释放热能对气流的加热过程，理想循环不考虑工质成分和质量的变化，假设外界对空气等压加热。压缩过程终了时的总温为 479～820K，由于涡轮叶片材料和冷却条件的限制，燃烧室出口的气流总温 T_{04} 限制在 1400～1950K，故要求燃烧室对气流加热的温升应在 930～1130K。

4～7 表示等熵膨胀过程，其中，4～5 表示在涡轮内膨胀，5～7 表示在喷管中膨胀。

7～a 是在外界大气中进行的定压排热过程。假设排到大气中的工质冷却并回到初始状态之后又重新进入发动机进行循环，这样构成一个封闭的热力学循环。

具有以上特点的循环称为布雷敦循环。在涡喷发动机中，涡轮用于带动压气机，而在涡轮螺桨和涡轮轴等发动机中，涡轮除了带动压气机，还必须带动螺旋桨或旋翼等部件。高温高压的气流吹动涡轮高速旋转，经过涡轮后气流的压力和温度降低，然后经喷管进一步膨胀以一定的速度排出发动机。涡喷发动机依靠很大的排气速度产生反作用推力；而涡轮螺桨发动机排气速度较小，只产生较小的喷气反作用推力，大部分的推力由螺旋桨产生；涡轴发动机基本上不产生喷气反作用推力。根据发动机类型的不同，喷管进口气流的总温在 823～1123K，若采用加力燃烧室则可达 1873K 甚至更高。

1. 循环各节点参数计算

1) 已知参数

p_a 为进气静压；T_a 为进气静温；π 为循环过程的总增压比（$\pi=\dfrac{p_{03}}{p_a}$）；τ 为循环过程的加热比（$\tau=\dfrac{T_{04}}{T_a}$）。

2) 压气机出口参数

$$p_{03}=p_a\pi \tag{9-2-11}$$

$$T_{03}=T_a\left(\frac{p_{03}}{p_a}\right)^{\frac{k-1}{k}}=T_a\pi^{\frac{k-1}{k}} \tag{9-2-12}$$

工质在压气机中得到的机械功

$$L_{\mathrm{c}}=h_{03}-h_{02}=h_{03}-h_{0a}=c_p\left(T_{03}-T_{0a}\right) \tag{9-2-13}$$

3) 燃烧室出口参数

$$p_{04}\approx p_{03}=p_a\pi \tag{9-2-14}$$

$$T_{04}=T_a\tau \tag{9-2-15}$$

吸热量

$$q_1 = c_p\left(T_{04} - T_{03}\right) = c_p T_a\left(\tau - \pi^{\frac{k-1}{k}}\right) \tag{9-2-16}$$

4) 涡轮出口参数

工质在涡轮中对涡轮做的机械功 L_{T}，它在数值上恰好等于 L_{c}

$$L_{\mathrm{T}} = L_{\mathrm{c}} = h_{03} - h_{0a} = c_p\left(T_{04} - T_{05}\right) \tag{9-2-17}$$

$$T_{05} = T_a\left(\tau - \pi^{\frac{k-1}{k}} + 1\right) \tag{9-2-18}$$

涡轮增压比

$$\pi_{\mathrm{T}} = \frac{p_{04}}{p_{05}} = \left(\frac{\tau}{\tau - \pi^{\frac{k-1}{k}} + 1}\right)^{\frac{k}{k-1}} \tag{9-2-19}$$

$$p_{05} = \frac{p_{04}}{\pi_{\mathrm{T}}} = p_a \pi\left(\frac{\tau - \pi^{\frac{k-1}{k}} + 1}{\tau}\right)^{\frac{k}{k-1}} \tag{9-2-20}$$

5) 喷管出口参数

假设喷管完全膨胀， $p_7 = p_a$

$$T_7 = T_{05}\left(\frac{p_a}{p_{05}}\right)^{\frac{k-1}{k}} = T_a\left(\tau - \pi^{\frac{k-1}{k}} + 1\right)\left[\pi\left(\frac{\tau - \pi^{\frac{k-1}{k}} + 1}{\tau}\right)^{\frac{k}{k-1}}\right]^{\frac{1-k}{k}} = \frac{T_a \tau}{\pi^{\frac{k-1}{k}}} \tag{9-2-21}$$

由式(9-2-20)，得

$$V_7 = \sqrt{2 c_p T_{05}\left[1 - \left(p_a / p_{05}\right)^{(k-1)/k}\right]} \tag{9-2-22}$$

放热量

$$q_2 = c_p\left(T_7 - T_a\right) = c_p T_a\left(\frac{\tau}{\pi^{\frac{k-1}{k}}} - 1\right) \tag{9-2-23}$$

2. 循环性能参数计算

1) 循环功

理想循环功在涡喷发动机中完全用于增加气流的动能，其大小等于从喷管排出气流的动能 $V_7^2/2$ 与进入发动机空气的动能 $V_a^2/2$ 之差，即

$$L_{id} = q_1 - q_2 = \frac{1}{2}\left(V_7^2 - V_a^2\right) \tag{9-2-24}$$

将式(9-2-16)、式(9-2-23)代入式(9-2-24)，则得理想循环功

$$L_{id} = q_1 - q_2 = c_p T_a\left(\tau - \pi^{\frac{k-1}{k}}\right) - c_p T_a\left(\frac{\tau}{\pi^{\frac{k-1}{k}}} - 1\right)$$

$$=c_pT_a\left(\pi^{\frac{k-1}{k}}-1\right)\left(\frac{\tau}{\pi^{\frac{k-1}{k}}}-1\right) \tag{9-2-25}$$

2) 比推力

将式(9-2-22)代入比推力计算公式(9-2-7)，得

$$R=\sqrt{2c_pT_{05}\left[1-\left(p_a/p_{05}\right)^{(k-1)/k}\right]}-V_a \tag{9-2-26}$$

3) 热效率

a～3 为等熵压缩过程，则由等熵过程关系式得

$$T_{03}=T_a\left(\frac{p_{03}}{p_a}\right)^{\frac{k-1}{k}}=T_a\pi^{\frac{k-1}{k}} \tag{9-2-27}$$

4～7 为等熵膨胀过程，假设燃烧室内流动速度可以忽略不计，则有 $p_{04}\approx p_4=p_3\approx p_{03}$，故

$$T_7=T_{04}\left(\frac{p_7}{p_{04}}\right)^{\frac{k-1}{k}}\approx T_{04}\left(\frac{p_a}{p_{03}}\right)^{\frac{k-1}{k}}=\frac{T_{04}}{\pi^{\frac{k-1}{k}}} \tag{9-2-28}$$

由式(9-2-27)和式(9-2-28)，可得

$$\frac{T_7}{T_a}=\frac{T_{04}}{T_{03}} \tag{9-2-29}$$

由热效率公式并利用上述关系，得布雷敦循环的热效率为

$$\eta_{\text{th}}=\frac{L_{id}}{q_1}=\frac{q_1-q_2}{q_1}=1-\frac{c_p\left(T_7-T_a\right)}{c_p\left(T_{04}-T_{03}\right)}=1-\frac{T_a\left(\frac{T_7}{T_a}-1\right)}{T_{03}\left(\frac{T_{04}}{T_{03}}-1\right)}=1-\frac{1}{\pi^{\frac{k-1}{k}}} \tag{9-2-30}$$

式(9-2-30)说明：布雷敦循环的热效率主要取决于循环过程的总增压比 π，π 越大，热效率越高。此外，随着等熵指数 k 增大，η_{th} 亦增大。由式(9-2-30)还可知，一旦循环各转折点的温度定了，循环热效率也就确定了。实际上，在布雷敦循环中，由于在 T-s 图上两条定压线 3～4 和 7～a 相互平行，因此 T_a/T_{03} 恰好代表了平均放热温度和平均吸热温度之比，而循环热效率只取决于平均放热温度和平均吸热温度之比，所以热效率就只取决于 T_a/T_{03}。而 π 正反映了 T_a/T_{03}，在放热过程 7～a 不变的条件下，π 增大使气体的平均吸热温度增大，从而使热效率增加。

4) 推进效率

如式(9-2-8)所示，推进效率 η_{p} 定义为推进功和动能增量(循环功)之比，即

$$\eta_{\text{p}}=\frac{RV_a}{\frac{1}{2}\left(V_7^2-V_a^2\right)}=\frac{2V_a\left(V_7-V_a\right)}{\left(V_7+V_a\right)\left(V_7-V_a\right)}=\frac{2V_a}{V_7+V_a}=\frac{2}{1+\frac{V_7}{V_a}} \tag{9-2-31}$$

因比推力 $R=u_7-u_a$，可得

$$\eta_{\text{p}}=\frac{2V_a}{V_7+V_a}=\frac{2V_a}{R+2V_a}=\frac{1}{1+\frac{R}{2V_a}} \tag{9-2-32}$$

由式(9-2-32)可知，对于给定的飞行速度V_a，可以通过降低比推力R来提高推进效率。

5) 总效率

根据总效率的计算公式(9-2-10)，得

$$\eta_0 = \eta_p \eta_{th} = \frac{2}{1+\dfrac{V_7}{V_a}}\left(1-\frac{1}{\pi^{\frac{k-1}{k}}}\right) \tag{9-2-33}$$

9.2.4 加力式涡喷发动机的理想循环

由前面分析可知，提高加热比是提高涡喷发动机循环功的主要措施。但是涡轮叶片材料所能承受的燃气温度是有限制的，在这种情况下为了更进一步加大循环功就出现了加力式燃气涡轮发动机。

在涡轮和喷管之间，安装一个加力燃烧室(图 9-2-2)，注入燃料，利用从涡轮出来的燃气中剩余的氧气，再进行一次定压燃烧，以增加燃气焓，把温度由涡轮出口的T_4提高到T_6。然后再进入喷管膨胀到点 7。

图 9-2-4 为加力涡轮喷气发动机理想循环的p-v图和T-s图，与不加力涡轮喷气发动机一样，图中 a～2 为气流工质在进气道内的理想绝热滞止过程，2～3 为工质在压气机中理想绝热压缩过程，3～4 为工质在燃烧室内的定压加热过程，4～5 为工质在涡轮等熵膨胀过程，工质在此过程膨胀所做的功正好等于它在压缩过程 2～3 所消耗的功。5～6 为工质在加力燃烧室中的定压加热过程，再次加热后的工质温度明显高于第一次加热后的温度。6～7 为工质在喷管中理想绝热膨胀过程，7～a 为定压排热过程。

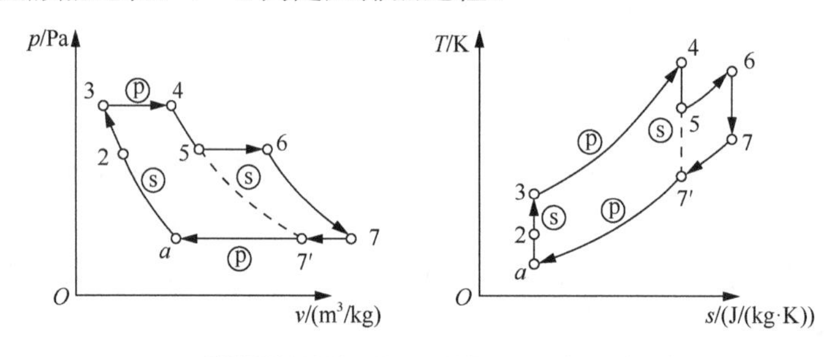

图 9-2-4　加力涡轮喷气发动机循环

加力燃烧循环与未加力燃烧循环($a23457'a$)相比多了面积$A_{5677'}$，因而循环功增加。由于喷管中没有像涡轮那样复杂而又旋转的零件，因而T_6可以比涡轮进口温度T_4更高些，如T_4为 1600K 时，T_6可达到 2000K 左右。平均吸热温度的提高可以增大循环功，从而增加发动机的推力和功率。然而，从图 9-2-4 中的等压加热过程可以看出，气流经过涡轮膨胀后进入加力燃烧室，其压力p_6远小于主燃烧室中的压力p_4。由于在低压下加热的热效率低，故总的来说，采用加力燃烧室的热效率比不加力的涡喷发动机的热效率低。

加力式涡轮喷气发动机与不加力涡轮喷气发动机的唯一差别，是在涡轮后面增加了加力燃烧室(或称补燃室)，当燃气经涡轮膨胀到中间压强p_{05}后，利用加力燃烧室，重新对燃气加热，然后在喷管内膨胀到大气压强，这样就能在更高燃气温度下进行膨胀，从而使循环功显著增加。

由于加力式涡轮喷气发动机总的热效率有所降低，所以飞机巡航时一般不打开加力燃烧，

只在作战追击时使用，这样可以在战斗时增加飞机的机动性。起飞时打开加力也可以减少滑跑距离，因此，补燃加力是战斗机经常使用的方法。

1. 循环功

采用加力燃烧室增加的循环功相当于图 9-2-4 中点 a、2、3、4、5、6 和 7 所围成的面积。主燃烧室及加力燃烧室加给工质的总热量为

$$q_1 = c_p\left(T_{04} - T_{03}\right) + c_p\left(T_{06} - T_{05}\right) = c_p\left(T_{04} - T_{03} + T_{06} - T_{05}\right) \tag{9-2-34}$$

由涡轮与压气机共同工作条件 $h_{04} - h_{05} = h_{03} - h_{02}$，得

$$T_{05} = T_{04} - T_{03} + T_{02} \tag{9-2-35}$$

定义工质在加力燃烧室加热后的总温 T_{06} 与它在主燃烧室加热后的总温 T_{04} 之比为加力比，用符号 λ 表示，即

$$\lambda = \frac{T_{06}}{T_{04}} \quad 或 \quad T_{06} = \lambda T_{04} \tag{9-2-36}$$

将式(9-2-35)、式(9-2-36)代入式(9-2-34)，得

$$\begin{aligned} q_1 &= c_p\left(T_{04} - T_{03}\right) + c_p\left(T_{06} - T_{05}\right) = c_p\left(T_{04} - T_{03} + \lambda T_{04} - T_{04} + T_{03} - T_{02}\right) \\ &= c_p\left(\lambda T_{04} - T_{02}\right) = c_p\left(T_{06} - T_{0a}\right) \end{aligned} \tag{9-2-37}$$

这里得出一个有趣的结论，即加给单位质量工质的热量仅与 T_{0a}（由飞行马赫数和飞行高度决定）以及 T_{06} 有关，而与压气机的增压比 π（即压缩终点温度 T_{03}）无关。

工质的排热量为

$$q_2 = c_p\left(T_7 - T_a\right) \tag{9-2-38}$$

则工质的循环功为

$$L_{id} = q_1 - q_2 = c_p\left[\lambda T_{04} - T_7 - \left(T_{02} - T_a\right)\right] \tag{9-2-39}$$

由于工质的总压缩比等于总膨胀比，可确定工质离开喷管时的温度为

$$T_7 = \frac{T_a T_{04}}{T_{03}} \cdot \frac{T_{06}}{T_{05}} = \frac{\lambda T_a T_{04}^2}{T_{03}\left[T_{04} - \left(T_{03} - T_{02}\right)\right]} \tag{9-2-40}$$

将式(9-2-40)代入式(9-2-39)得

$$\begin{aligned} L_{id} &= c_p\left\{\lambda T_{04} - \lambda T_a \frac{T_{04}^2}{T_{03}\left[T_{04} - \left(T_{03} - T_{02}\right)\right]} - \left(T_{02} - T_a\right)\right\} \\ &= c_p T_a\left[\lambda \frac{T_{04}}{T_a} - \lambda \frac{\dfrac{T_{04}^2}{T_a^2}}{\dfrac{T_{03}}{T_a}\left(\dfrac{T_{04}}{T_a} - \dfrac{T_{03}}{T_a} + \dfrac{T_{02}}{T_a}\right)} - \left(\frac{T_{02}}{T_a} - 1\right)\right] \\ &= c_p T_a\left\{\lambda\tau - \frac{\lambda\tau^2}{\pi^{\frac{k-1}{k}}\left[\tau - \pi^{\frac{k-1}{k}} + 1 - \dfrac{k-1}{2}(Ma)_a^2\right]} - \frac{k-1}{2}(Ma)_a^2\right\} \end{aligned} \tag{9-2-41}$$

式(9-2-41)给出了一般形式的循环功公式，它揭示了温度比 τ、加力比 λ、飞行马赫数

$(Ma)_a$、增压比 π 和工质热力学参数 c_p 与 k 等物理量对循环功的影响。

2. 单位推力

当工质在喷管中完全膨胀时，单位推力为

$$R = V_7 - V_a = V_7 - a_a (Ma)_a \tag{9-2-42}$$

式中，a_a 为自由来流声速，其计算式为

$$a_a = \sqrt{(k-1)c_p T_a} \tag{9-2-43}$$

工质在喷管出口处的速度为

$$\begin{aligned} V_7 &= \sqrt{2(h_{05}-h_7)} = \sqrt{2c_p\left\{\lambda T_{04} - \frac{\lambda T_a T_{04}^2}{T_{03}\left[T_{04}-(T_{03}-T_{02})\right]}\right\}} \\ &= \sqrt{2\lambda\tau c_p T_a\left\{1-\frac{\tau}{\pi^{\frac{k-1}{k}}\left[\tau-\pi^{\frac{k-1}{k}}+1+\frac{k-1}{2}(Ma)_a^2\right]}\right\}} \end{aligned} \tag{9-2-44}$$

从而

$$R = \sqrt{2\lambda\tau c_p T_a\left\{1-\frac{\tau}{\pi^{\frac{k-1}{k}}\left[\tau-\pi^{\frac{k-1}{k}}+1+\frac{k-1}{2}(Ma)_a^2\right]}\right\}} - (Ma)_a\sqrt{(k-1)c_p T_a} \tag{9-2-45}$$

3. 热效率

根据热效率计算公式，可得

$$\begin{aligned} \eta_{\text{th}} &= \frac{L_{id}}{q_1} = \frac{q_1-q_2}{q_1} = \frac{(T_{06}-T_7)-(T_{02}-T_a)}{T_{06}-T_{02}} \\ &= \frac{\lambda T_{04} - \lambda\dfrac{T_a T_{04}^2}{T_{03}\left[T_{04}-(T_{03}-T_{02})\right]} - (T_{02}-T_a)}{\lambda T_{04}-T_{02}} \\ &= \frac{\lambda\dfrac{T_{04}}{T_a} - \lambda\dfrac{\dfrac{T_{04}^2}{T_a^2}}{\dfrac{T_{03}}{T_a}\left[\dfrac{T_{04}}{T_a}-\dfrac{T_{02}}{T_a}\left(\dfrac{T_{03}}{T_{02}}-1\right)\right]} - \left(\dfrac{T_{02}}{T_a}-1\right)}{\lambda\dfrac{T_{04}}{T_a}-\dfrac{T_{02}}{T_a}} \\ &= \frac{\lambda\tau - \dfrac{\lambda\tau^2}{\pi^{\frac{k-1}{k}}\left[\tau-\pi^{\frac{k-1}{k}}+1-\dfrac{k-1}{2}(Ma)_a^2\right]} - \dfrac{k-1}{2}(Ma)_a^2}{\lambda\tau-\left[1+\dfrac{k-1}{2}(Ma)_a^2\right]} \end{aligned} \tag{9-2-46}$$

式(9-2-46)表明，循环热效率除与τ、π、k和$(Ma)_a$等物理量有关，还与加热比λ有关，λ越大，则循环热效率越低，这是因为补燃后工质的温度T_{06}大于T_{04}，其膨胀比又小于增压比，因此加力涡轮喷气循环热效率低于无加力涡轮喷气发动机循环的热效率。

4. 推进效率

根据式(9-2-8)，推进效率η_{p}计算公式的一般形式为

$$\eta_{\mathrm{p}} = \frac{RV_a}{\frac{1}{2}\left(V_7^2 - V_a^2\right)} = \frac{2(Ma)_a}{(Ma)_a + \frac{V_7}{a_a}}$$

将式(9-2-44)代入上式，得

$$\eta_{\mathrm{p}} = \frac{2(Ma)_a}{(Ma)_a + \sqrt{\frac{2}{k-1}\lambda\tau\left\{1 - \frac{\tau}{\pi^{\frac{k-1}{k}}\left[\tau - \pi^{\frac{k-1}{k}} + 1 + \frac{k-1}{2}(Ma)_a^2\right]}\right\}}} \tag{9-2-47}$$

5. 总效率

根据总效率的定义，理想加力涡轮喷气发动机的总效率为

$$\eta_0 = \frac{V_a\left(V_7 - V_a\right)}{c_p\left(\lambda T_{04} - T_{02}\right)} = \frac{a_a^2\left[\frac{V_7}{a_a}(Ma)_a - (Ma)_a^2\right]}{c_p\left(T_{04} - T_{02}\right)} = (k-1)\frac{\frac{V_7}{a_a}(Ma)_a - (Ma)_a^2}{\lambda\tau - \left[1 + \frac{k-1}{2}(Ma)_a^2\right]}$$

$$= (k-1)(Ma)_a\frac{\sqrt{\frac{2}{k-1}\lambda\tau\left[1 - \frac{\tau}{\pi^{\frac{k-1}{k}}\left[\tau - \pi^{\frac{k-1}{k}} + 1 + \frac{k-1}{2}(Ma)_a^2\right]}\right]} - (Ma)_a}{\lambda\tau - \left[1 + \frac{k-1}{2}(Ma)_a^2\right]} \tag{9-2-48}$$

9.2.5 涡轮风扇发动机的理想循环

热力学理论表明，提高各种热力学发动机性能参数(主要是增大循环功和提高热效率)的根本措施是提高工质的最高温度，降低工质的最低温度，以及选定合适的增压比。对于航空涡轮喷气发动机而言，提高燃气温度是提高热效率和单位推力的有效方法。然而，不同于地面燃气轮机，航空发动机既是热机又是推进器，提高燃气温度不仅增加了热损失，还损失了大量动能，这两种能量损失的程度，可分别用热效率和推进效率来衡量，随着工质最高温度的提高，发动机单位推力可以增大，但与此同时，由于排气速度提高，动能损失增大，从而使推进效率和总效率下降，发动机油耗增加。

为了解决发动机在亚声速飞行的经济性问题，人们研制了涡轮螺桨喷气发动机，但它不能适应超声速飞行。涡轮风扇发动机可以使发动机既具有大的单位推力和良好的经济性，又可使飞机既可作亚声速飞行又可作超声速飞行。

涡轮风扇喷气发动机又称双涵涡轮喷气发动机，如图 9-2-5 所示，空气从进气道进入发动机，一部分流经风扇被压缩后从外涵道流过，到达外涵道的环形喷管，将工质的压力能转变为动能，以较高的流速离开喷管而产生推力。其余空气则进入内涵道压气机进一步增压，随后进入燃烧室与燃油混合燃烧形成高温高压气体，然后进入涡轮膨胀做功并带动风扇和压气机工作。最后压力和温度较低的燃气在内涵道喷管膨胀产生反作用力。

通过外涵风扇的空气流量与通过内涵燃气发生器的空气流量之比称为涡轮风扇发动机的涵道比，用符号 B 表示（$B=\dot{m}_{\mathrm{II}}/\dot{m}_{\mathrm{I}}$），它是影响发动机性能的重要参数。本节我们将研究不带加力燃烧室、分开排气理想涡轮风扇发动机的热力循环过程。

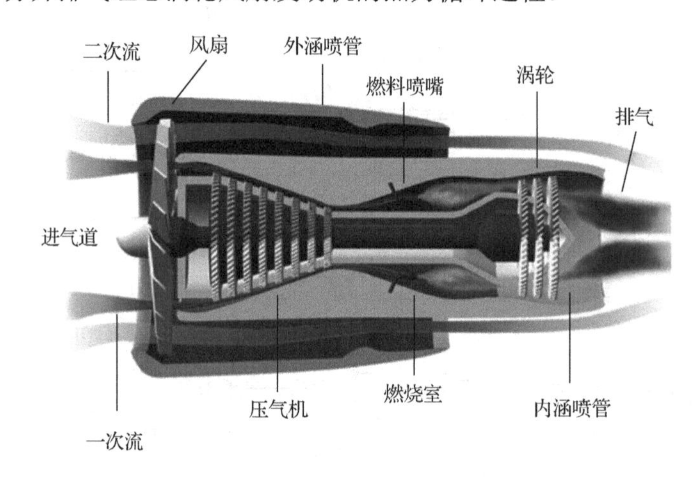

图 9-2-5　涡轮风扇发动机示意图

各种涡轮喷气发动机的性能参数主要取决于工质的最低温度 T_a、最高温度 T_{04}（即加热比 τ）和增压比 π。对涡轮风扇发动机而言，还取决于涵道比 B 和风扇增压比 $\pi_{0,\mathrm{II}}$。其中 $\pi_{0,\mathrm{II}}$ 能确定内涵道的循环功传递给流经外涵风扇的空气流量，这就使得选择涡轮风扇发动机基本参数的问题复杂化。

1. 循环功

设传递给外涵气流的循环功 $L_{id,\mathrm{II}}$ 与发动机总循环功 L_{id} 之比称为循环功的分配系数，用符号 χ 表示，则

$$\chi=\frac{L_{id,\mathrm{II}}}{L_{id}} \tag{9-2-49}$$

从而得

$$L_{id,\mathrm{II}}=\chi L_{id} \tag{9-2-50}$$

留给内涵气流的循环功为

$$L_{id,\mathrm{I}}=L_{id}-L_{id,\mathrm{II}}=(1-\chi)L_{id} \tag{9-2-51}$$

由于内涵气流循环功等于气流动能的增加，则

$$L_{id,\mathrm{I}}=c_pT_a\left(\pi^{\frac{k-1}{k}}-1\right)\left(\frac{\tau}{\pi^{\frac{k-1}{k}}}-1\right) \tag{9-2-52}$$

则循环功

$$L_{id}=\frac{L_{id,\mathrm{I}}}{1-\chi}=\frac{c_pT_a\left(\pi^{\frac{k-1}{k}}-1\right)\left(\frac{\tau}{\pi^{\frac{k-1}{k}}}-1\right)}{1-\chi} \tag{9-2-53}$$

2. 单位推力

涡轮风扇发动机的推力等于内涵气流产生的推力 F_{I} 与外涵气流产生的推力 F_{II} 之和，即

$$\begin{aligned}F&=F_{\mathrm{I}}+F_{\mathrm{II}}=\dot{m}_{\mathrm{I}}\left(V_{7,\mathrm{I}}-V_a\right)+\dot{m}_{\mathrm{II}}\left(V_{7,\mathrm{II}}-V_a\right)\\&=\dot{m}_{\mathrm{I}}\left[\left(V_{7,\mathrm{I}}-V_a\right)+B\left(V_{7,\mathrm{II}}-V_a\right)\right]\end{aligned} \tag{9-2-54}$$

式中，各物理量下标符号 I 和 II 分别表示内涵和外涵的物理量；$\dot{m}_{\mathrm{I}}$ 与 $\dot{m}_{\mathrm{II}}$ 分别为流经内涵和外涵的气体流量；$V_{7,\mathrm{I}}$ 与 $V_{7,\mathrm{II}}$ 分别为气体离开内涵喷管和外涵喷管的速度；V_a 为飞机的飞行速度。

将式(9-2-54)除以流经内涵的气体流量，得总单位推力为

$$R=\left(V_{7,\mathrm{I}}-V_a\right)+B\left(V_{7,\mathrm{II}}-V_a\right) \tag{9-2-55}$$

从而气流离开内涵喷管的速度为

$$V_{7,\mathrm{I}}=\sqrt{2\left(1-\chi\right)L_{id}+V_a^2} \tag{9-2-56}$$

同理，气流离开外涵喷管的速度为

$$V_{7,\mathrm{II}}=\sqrt{\frac{\eta_F}{B}2\chi L_{id}+V_a^2} \tag{9-2-57}$$

式中，η_{F} 为外涵风扇效率，将式(9-2-56)和式(9-2-57)代入式(9-2-55)，涡扇喷气发动机总单位推力为

$$\begin{aligned}R&=\sqrt{2\left(1-\chi\right)L_{id}+V_a^2}+\sqrt{2B\eta_{\mathrm{F}}\chi L_{id}+V_a^2}-\left(1+B\right)V_a\\&=V_{7,\mathrm{I}}+\sqrt{B\eta_{\mathrm{F}}\frac{\left[\chi V_{7,\mathrm{I}}^2-(2\chi-1)V_a^2\right]}{1-\chi}}-\left(1+B\right)V_a\end{aligned} \tag{9-2-58}$$

3. 热效率

根据热效率定义式，可知

$$\eta_{\mathrm{th}}=\frac{L_{id}}{q_1}=\frac{L_{id,\mathrm{I}}}{q_1\left(1-\chi\right)}=\frac{c_pT_a\left(\pi^{\frac{k-1}{k}}-1\right)\left(\frac{\tau}{\pi^{\frac{k-1}{k}}}-1\right)}{c_pT_a\left(\tau-\pi^{\frac{k-1}{k}}\right)\left(1-\chi\right)}=\frac{\pi^{\frac{k-1}{k}}-1}{\left(1-\chi\right)\pi^{\frac{k-1}{k}}} \tag{9-2-59}$$

4. 推进效率

根据推进效率的定义，其计算公式为

$$\eta_{\mathrm{p}}=\frac{2\left[\left(V_{7,\mathrm{I}}-V_a\right)+m\left(V_{7,\mathrm{II}}-V_a\right)\right]V_a}{L_{id}} \tag{9-2-60}$$

将式(9-2-53)、式(9-2-56)和式(9-2-57)代入式(9-2-60)，得循环功任意分配时推进效率公式一

般的形式为

$$\eta_{\mathrm{p}}=\frac{(1-\chi)\left[\sqrt{2\Omega+V_a^2}+\sqrt{2\Omega\frac{\chi\eta_{\mathrm{F}}B}{1-\chi}+V_a^2}-(1+B)V_a\right]V_a}{\Omega} \tag{9-2-61}$$

式中，$\Omega=c_pT_a\left(\pi^{\frac{k-1}{k}}-1\right)\left(\frac{\tau}{\pi^{\frac{k-1}{k}}}-1\right)$。

式(9-2-61)揭示了温度比τ、内涵压气机的增压比π、飞行速度V_a、涵道比B、风扇效率η_F、循环功分配系数χ及工质的热力学参数c_p、k等物理量对推进效率的影响。

5. 总效率

根据总效率定义，涡扇喷气发动机总效率的计算式为

$$\begin{aligned}\eta_0=\eta_{\mathrm{th}}\eta_{\mathrm{p}}&=\left(\frac{\pi^{\frac{k-1}{k}}-1}{\pi^{\frac{k-1}{k}}}\right)\frac{\left[\sqrt{2\Omega+V_a^2}+\sqrt{2\Omega\frac{\chi\eta_{\mathrm{F}}B}{1-\chi}+V_a^2}-(1+B)V_a\right]V_a}{\Omega}\\&=\frac{\left[\sqrt{2\Omega+V_a^2}+\sqrt{2\Omega\frac{\chi\eta_{\mathrm{F}}B}{1-\chi}+V_a^2}-(1+B)V_a\right]V_a}{c_pT_a\left(\tau-\pi^{\frac{k-1}{k}}\right)}\end{aligned} \tag{9-2-62}$$

9.2.6 脉冲爆震发动机(PDE)理想热力循环

1. 理想的 PDE 循环

脉冲爆震发动机目前之所以得到广泛的重视，是因为它的热效率比现有的以等压循环为基础的推进系统高。由于脉冲爆震发动机固有的非定常流特性，很难将它们的性能与现有的稳态推进系统进行比较。因此，非常需要发展一种较为简单的脉冲爆震发动机热力循环分析模型，以便与其他热力循环作比较。

下面介绍稳态爆震极限模型，它是基于经典的热力学闭式循环分析。该模型基于 C-J 点的爆震波，燃气通过准稳态喷管排出，它反映了脉冲爆震发动机的理想性能。此模型是在温熵图上建立的，可用总压和总温解释。这个模型是对脉冲爆震发动机循环时间平均性能的近似，为性能对比提供了初步研究工具。

图 9-2-6 为脉冲爆震发动机理想热力学循环温熵图。为比较方便起见，图中还给出理想等容循环和理想等压循环的温熵图。0～3 表示绝热、等熵压缩过程，气体温度从自由来流的静温T_a升到燃烧室进口静温T_3。此压缩过程可以通过自由来流减速扩压(冲压)或叶轮机械压缩(压气机)实现。循环的静温比T_3/T_a是循环分析中常用的热力学量，它的定义为$\varphi=T_3/T_a$。3～4 通常可以用脉冲爆震推进系统中的爆震波模型描述，也就是可以用 ZND 模型。这是复合波，它是由在未扰动燃料-空气混合物(在燃烧室进口接近静止状态)中传播的前导激波(点 3a)和释放显热的爆燃波(终止于点 4)组成的。3～3a，前导激波的强度(马赫数、压力比或温度比)由初始条件和加入的热量唯一确定。整个过程受到 C-J 条件限制，即在加热终止处(点

4) 的当地马赫数等于 1(声速或壅塞流)。加热区后面紧跟着很复杂的非定常膨胀波的等面积区。从未扰动流到加热过程结束，ZND 波结构在爆震波坐标系中是不动的。4～10 表示绝热、等熵膨胀过程，气体的压力从燃烧室出口静压 p_4 降到自由来流静压 $p_{10}=p_a$。10～0 通过理想的等压无摩擦过程使热力学循环封闭。在此过程中有足够的热量从排出的燃气中释放到环境中，从而回到原来的热力学状态。为了保证最大的循环性能，进一步假设：

(1) 已爆震的混合物非定常膨胀(点 4～点 10) 是等熵的。

(2) 每个流体粒子均经历相同的爆震过程。

(3) 循环无能量损失，虽然爆震起始需要火花或点火炬。

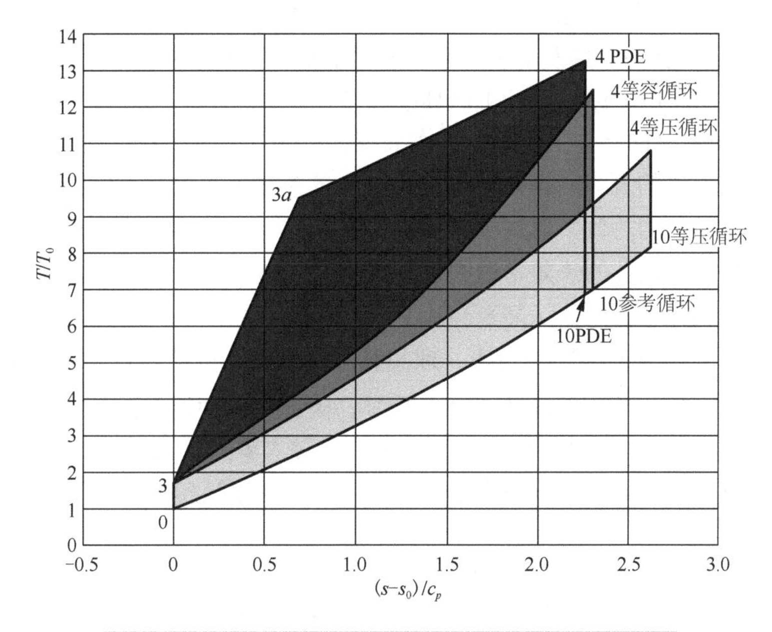

图 9-2-6　理想 PDE 循环、等压循环及等容循环的 T-s 图

2. 理想循环热效率计算公式

热力学循环效率 η_{th} 定义为循环对外界做的功与工质实际吸收的热能 q_1 之比。由于假设理想循环中所有分过程都没有损失，则热效率由下式确定：

$$\eta_{th}=\frac{q_1-q_2}{q_1}=1-\frac{q_2}{fh_{pr}} \tag{9-2-63}$$

式中，f 是燃料空气质量比，h_{pr} 是燃料的热值，q_2 是向环境排出的热量。

爆震波的 C-J 马赫数和熵增可表示为

$$(Ma)_{CJ}^2=(k+1)\frac{\tilde{q}}{\varphi}+1+\sqrt{\left[(k+1)\frac{\tilde{q}}{\varphi}+1\right]^2-1} \tag{9-2-64}$$

$$\frac{s_4-s_3}{c_p}=-\ln\left\{(Ma)_{CJ}^2\left[\frac{k+1}{1+k(Ma)_{CJ}^2}\right]^{\frac{k+1}{k}}\right\} \tag{9-2-65}$$

式中，无因次加热量 $\tilde{q}=\dfrac{f\cdot h_{pr}}{c_pT_a}$。

等压过程放热量为

$$q_2 = c_p\left(T_{10} - T_a\right) = c_p T_a\left(\mathrm{e}^{\frac{s_4 - s_3}{c_p}} - 1\right) = c_p T_a\left\{\frac{1}{(Ma)_{\mathrm{CJ}}^2}\left[\frac{1 + k(Ma)_{\mathrm{CJ}}^2}{k+1}\right]^{\frac{k+1}{k}} - 1\right\} \tag{9-2-66}$$

最终得到理想脉冲爆震发动机循环热效率为

$$\eta_{\mathrm{th}} = \frac{q_1 - q_2}{q_1} = 1 - \frac{\left\{\frac{1}{(Ma)_{\mathrm{CJ}}^2}\left[\frac{1 + k(Ma)_{\mathrm{CJ}}^2}{k+1}\right]^{\frac{k+1}{k}} - 1\right\}}{\varphi\tilde{q}} \tag{9-2-67}$$

由图 9-2-6 可见：脉冲爆震发动机循环的熵增最低，等容循环次之，等压循环最高。这从热力学循环角度指明了脉冲爆震发动机循环的经济性。

图 9-2-7 表示 $\tilde{q} = 10$ 的条件下理想脉冲爆震发动机循环、理想等容循环和理想等压循环的热效率随静温比 φ 变化的规律。理想等压热力循环的热效率仅与 φ 有关。理想脉冲爆震发动机循环和理想等容循环的热效率取决于 φ 和 $\tilde{q}$。图 9-2-7 表明：当 $1 < \varphi < 3$ 时，理想脉冲爆震发动机循环和理想等容循环的热效率远大于等压循环。随着 φ 增大，特别当 $\varphi > 3$ 时，理想脉冲爆震发动机循环和理想等容循环的热效率大于等压循环的优势逐渐减弱。图 9-2-7 还表示了在没有机械压缩或速度冲压(即 $\varphi = 1$)下，理想脉冲爆震发动机循环和理想等容循环仍有较高的热效率。但这时，理想等压循环的热效率为零。因此，脉冲爆震发动机循环和等容循环这一特点使它们在 $1 < Ma < 3$ 范围内有很大的吸引力。对大多数碳氢燃料，如煤油，$\tilde{q}$ 值在 10 左右。假设压缩过程是等熵的，φ 相应于机械压缩比或来流马赫数的冲压或它们的组合。

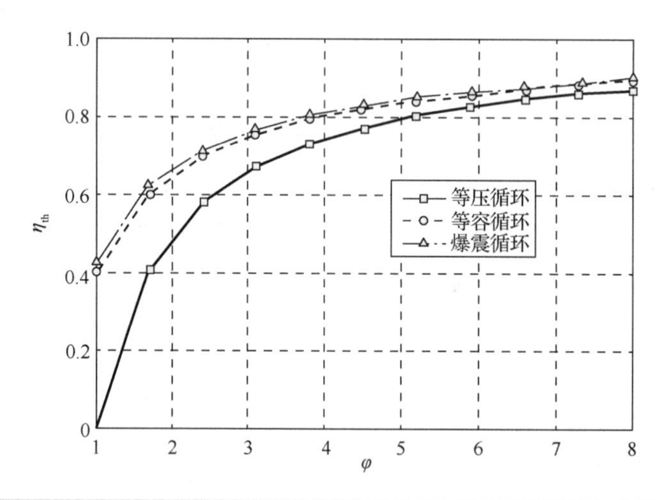

图 9-2-7 在不同马赫数下脉冲爆震及理想循环热效率与等容、等压循环的比较

虽然脉冲爆震发动机理想热力学性能优于其他两种循环，但实际脉冲爆震发动机能否保持这样的优势呢？因为实际脉冲爆震发动机热力学循环存在各种损失，如实际的压缩过程、燃烧过程、膨胀过程均有损失。通常用压缩效率、燃烧效率、膨胀效率来考虑这些损失。另外，实际脉冲爆震发动机还存在部件损失，如进气道损失、喷管损失、阀门损失等。进气道损失用进气道总压恢复系数表示，喷管损失用喷管总的推力系数表示。在计算中假设以上三

种循环各分过程及部件的效率相等。计算结果表明，实际热力学循环性能低于理想热力学循环，减少的程度取决于各分过程的效率。提高膨胀效率，能使脉冲爆震发动机循环的热效率大于等容循环；等容循环热效率大于等压循环热效率的情况保持到$\varphi > 5$。提高释热率，能大大提高以上三个循环热效率。PDE 循环比等压循环增加得更多，此等容循环增加得最多。在当量比附近，PDE 循环与等容循环热效率几乎相同。压缩效率对实际 PDE 循环与等压循环之间的差别影响不大。改变压缩效率 5%，它们之间的差别小于 1%。由于涡轮喷气发动机的燃烧效率和膨胀效率已接近 1，如何提高脉冲爆震发动机的燃烧效率和膨胀效率，有效地降低阀门损失，是对 PDE 设计师的一个严峻挑战，也是能否实现 PDE 预期的优良性能的关键。

由以上分析可见：

(1) 对典型的碳氢燃料(如煤油、汽油)，脉冲爆震发动机热力循环效率在 0.4～0.8，相应的比冲为 3000～5000s。在所有条件下，特别是在接近静止条件下(地面起动)，脉冲爆震发动机热力循环效率均大于等压循环效率，脉冲爆震发动机热力循环效率略高于等容循环效率。

(2) 在各分过程实际效率相同的条件下，实际脉冲爆震发动机的热力循环效率继续高于等容热力循环效率和等压热力循环效率。

(3) 现有的涡轮喷气发动机的燃烧效率和膨胀效率已接近 1，如何提高脉冲爆震发动机的燃烧效率和膨胀效率，有效地降低阀门损失，是能否实现 PDE 预期的优良性能的关键。

9.2.7　超燃冲压发动机的理想循环

与涡轮喷气发动机一样，冲压发动机也是按照由两个定压过程和两个绝热过程组成的循环工作的。它们之间的差别只在于工质的压缩过程是在冲压发动机的进气道内完成的，而膨胀过程仅在喷管内进行。其他喷气发动机工质的压缩过程是在进气道和压缩机两个部件中完成的，而其膨胀过程是分别在涡轮和喷管两个部件中实现的。但从工质的状态变化过程来看，两类发动机是完全一样的，也就是说，它们的理想循环是相同的。

但对于高超声速($Ma > 5$)冲压发动机而言，由于进气道及隔离段(压缩段，见图 9-2-8(a))内流动存在强烈的激波相互作用以及附面层分离等物理现象，因此等熵流动的假设会对发动机热力性能的分析带来极大的误差；此外燃烧室内的流动状态为超声速(超燃冲压发动机)，燃烧过程将产生较大的总压损失，因此其内部的静参数与滞止参数不能像上述其他动力系统那样简单地认为近似相等。

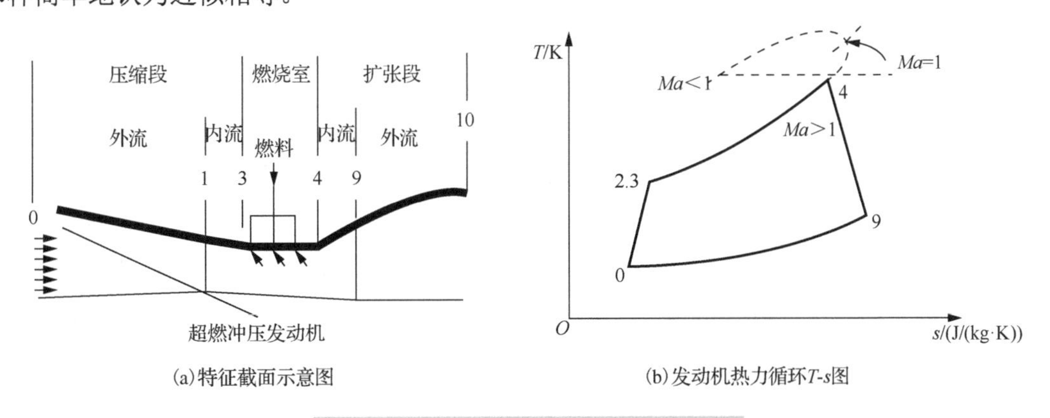

(a) 特征截面示意图　(b) 发动机热力循环 T-s 图

图 9-2-8　超燃冲压发动机热力循环分析图

1. 亚/超燃冲压发动机热力循环对比

如图 9-2-8(b)所示为超燃冲压发动机实际循环的 T-s 图。

0 为发动机前未扰动状态。

0～2 为发动机气流在进气道和隔离段中减速增压，但进气道出口气流仍为超声速。

3～4 为燃烧室中的燃烧过程，燃烧室进口气流的马赫数 $(Ma)_3>1$；在给定的燃烧室截面变化情况下，加热量增加则出口马赫数减小，极限加热量对应 $(Ma)_4=1$；此时若继续加热则产生加热堵塞，使燃烧室进口气流变为亚声速。

4～9 为气流在喷管中的膨胀过程。

亚燃冲压发动机与超燃冲压发动机的循环不同点是，前者燃烧室进口的 $(Ma)_3<1$，燃烧在亚声速气流中进行；后者燃烧室进口 $(Ma)_3>1$，燃烧在超声速气流中进行。图 9-2-9 所示为两者的区别。0 表示大气状态，0^*表示总参数，1～2 为气流在进气道中的压缩过程；超燃时压缩到 1，气流为超声速，相应的滞止状态为 1^*；亚燃时，气流在进气道中压缩到 2，气流为亚声速，相应的滞止状态为 2^*。1^*～Y 对应超声速燃烧，熵增加较快；2^*～C 对应亚声速燃烧，熵增加较慢；两曲线相交于 PQ。

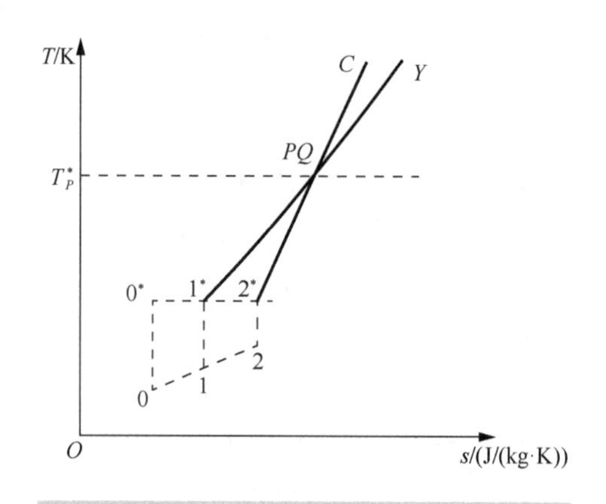

图 9-2-9　亚燃与超燃冲压发动机循环的比较

(1) 如果燃烧室出口总温的限制恰好是 T_P，并假定喷管的效率是相同的，则两种情况有相同的推力。

(2) 如果总温的限制小于 T_P，则超燃时喷管进口的总压较大，具有较大的推力。

(3) 如果总温的限制大于 T_P，则亚燃时发动机的推力较大。

(4) 在相同的燃烧室出口总温限制下，亚燃情况下的静温高。这一点可用等截面加热管流的温熵图解释。如图 9-2-10 所示为等截面加热管流的温熵图，即瑞利线。图中，0～1 为超燃时气流在进气道中的压缩过程，1～P 是超声速加热过程，马赫数逐渐减小；0～2 为亚燃时气流在进气道中的压缩过程，2～Q 是亚声速加热过程，马赫数逐渐增加。可见，Q 的静温高于 P 的静温，静温高则分解损失加大。

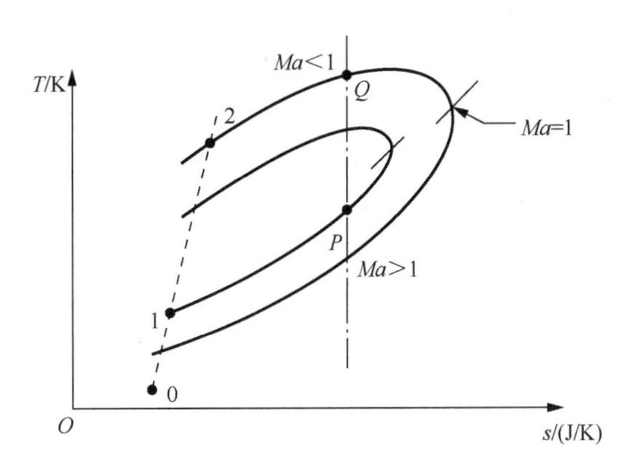

图 9-2-10　等截面加热管流的温熵图

2. 超燃冲压发动机热力循环性能

由 9.2.3 节可知，冲压发动机燃烧室内可存在四种典型模式的燃烧过程，即等压燃烧、等截面燃烧、等马赫数燃烧以及等静温燃烧。本节将对此四种典型工况进行热力循环的性能分析。

1) 等压（$p = \text{constant}$）加热循环

根据热效率的一般表达式，确定等压加热循环热效率

$$\eta_{\text{th}} = \frac{L_{id}}{q_1} = \frac{q_1 - q_2}{q_1} = 1 - \frac{c_p\left(T_7 - T_a\right)}{c_p\left(T_{04} - T_{03}\right)} = 1 - \frac{T_a\left(\dfrac{T_7}{T_a} - 1\right)}{T_{03}\left(\dfrac{T_{04}}{T_{03}} - 1\right)} \tag{9-2-68}$$

由于压缩系统(进气道)与膨胀系统(喷管)均假定为等熵流动，则得

$$T_7 = T_{04}\left(\frac{p_a}{p_{04}}\right)^{\frac{k-1}{k}} \quad 和 \quad T_a = T_{03}\left(\frac{p_a}{p_{03}}\right)^{\frac{k-1}{k}} \tag{9-2-69}$$

将式(9-2-69)代入式(9-2-68)，得

$$\eta_{\text{th}} = 1 - \left(\frac{p_a}{p_{03}}\right)^{\frac{k-1}{k}} \frac{\left(\dfrac{p_{03}}{p_{04}}\right)^{\frac{k-1}{k}} \tau - 1}{\tau - 1} \tag{9-2-70}$$

式中，$\tau_b = \dfrac{T_{04}}{T_{03}}$ 定义为燃烧室内的气体加热比。已定义总增压比 $\pi = \dfrac{p_{03}}{p_a}$ 和燃烧室总压恢复系数 $\sigma_b = \dfrac{p_{04}}{p_{03}}$，则式(9-2-66)可改写为

$$\eta_{\text{th}} = 1 - \frac{1}{\pi^{\frac{k-1}{k}}} \frac{\left(\dfrac{1}{\sigma_b}\right)^{\frac{k-1}{k}} \tau_b - 1}{\tau_b - 1} \tag{9-2-71}$$

σ_b 的值与加热条件有关，而且首先与 Ma 和 τ_b 有关。静止气体在加热时 $\sigma_b = 1$，如果是亚声

速运动的气体，则实际上在很多情况下，也可以近似地认为$\sigma_b=1$，则

$$\eta_{\text{th}}=1-\frac{1}{\pi^{\frac{k-1}{k}}} \tag{9-2-72}$$

式(9-2-72)与涡轮喷气发动机等压燃烧循环的热效率表达式一致。

在估算发动机部件的损失和整个冲压发动机的损失时，最常用的是π。对涡轮喷气发动机系统而言，主要是用π来估算压缩系统的损失。而对于超燃冲压发动机而言，热效率还主要取决于燃烧过程的总压损失系数σ_b。这是因为在超声速流动时，加热段内的σ_b已经不能认为接近于 1。实际上σ_b与τ_b存在明显的依赖关系，σ_b可以比 1 小得多。当τ_b下降时，σ_b将明显上升，因此在这种情况下，不能认为σ_b与τ_b关系不大。

根据式(9-2-35)

$$\sigma_b=\frac{\left[1+\frac{k-1}{2}(Ma)_4^2\right]^{\frac{k}{k-1}}}{\left[1+\frac{k-1}{2}(Ma)_3^2\right]^{\frac{k}{k-1}}}$$

可知，如果燃烧室入口截面参数已知，则$(Ma)_4$可以很容易地用$(Ma)_3$和τ_b来表示，由质量守恒关系式得

$$\frac{(Ma)_4^2}{1+\frac{k-1}{2}(Ma)_4^2}T_{04}=\frac{(Ma)_3^2}{1+\frac{k-1}{2}(Ma)_3^2}T_{03} \tag{9-2-73}$$

因此，

$$(Ma)_4^2=\frac{(Ma)_3^2}{\tau_b+\frac{k-1}{2}(Ma)_3^2(\tau_b-1)}T_{03} \tag{9-2-74}$$

将式(9-2-74)代入式(9-2-35)，得

$$\sigma_b=\left[\frac{\tau_b}{\tau_b+\frac{k-1}{2}(Ma)_3^2(\tau_b-1)}\right]^{\frac{k}{k-1}} \tag{9-2-75}$$

将式(9-2-75)代入式(9-2-71)，得

$$\eta_{\text{th}}=1-\frac{1}{\pi^{\frac{k-1}{k}}}\left[1+\frac{k-1}{2}(Ma)_3^2\right] \tag{9-2-76}$$

由式(9-2-76)可知，当$(Ma)_3\approx 0$时，即燃烧室入口马赫数(或流动速度)低至可以忽略不计时，式(9-2-72)蜕变为涡轮喷气发动机热效率计算公式。

2)等温($T=\text{constant}$)加热循环

将式(9-2-43)、式(9-2-44)代入式(9-2-70)，得

$$\eta_{\text{th}}=1-\frac{1}{\pi^{\frac{k-1}{k}}}\frac{\mathrm{e}^{\frac{k}{k-1}(\tau_b-1)\left(1+\frac{k-1}{2}M_3^2\right)}-1}{\tau_b-1} \tag{9-2-77}$$

3) 等截面（$A=\text{constant}$）加热循环

循环热效率式(9-2-71)为

$$\eta_{\text{th}}=1-\frac{1}{\pi^{\frac{k-1}{k}}}\frac{\left(\dfrac{1}{\sigma_b}\right)^{\frac{k-1}{k}}\tau_b-1}{\tau_b-1}$$

但不同于 $p=\text{constant}$ 和 $T=\text{constant}$ 这种特殊情况，依据上式所做的热效率表达式的进一步简化是较为困难的。σ_b 是 $(Ma)_3$ 和 τ_b 的复杂函数，其函数形式推导如下。

在等截面燃烧室中加热时，气体速度增加，静压下降。

取 $\Delta p/p$ 为静压的相对变化作为气流的主要参数，根据它的变化来确定所有其他参数的变化。选择这个参数作为说明过程的主要参数并不是偶然的。静压的测量比较简单，与气体加热有关的静压降，往往决定了试验所必需的条件。因此，选择静压作为说明过程的主要参数，实际上证明是完全正确的。

利用以下方程确定加热后的气体参数。

(1) 连续方程

$$\rho V=\frac{\dot{m}}{A}=\tilde{m}=\text{constant} \tag{9-2-78}$$

式中，$\tilde{m}=\dfrac{\dot{m}}{A}$ 定义为密流，即单位面积上的质量流量。

(2) 动量方程

$$-v\mathrm{d}p=\mathrm{d}\left(\frac{V^2}{2}\right) \tag{9-2-79}$$

(3) 状态方程

$$pv=RT \tag{9-2-80}$$

(4) 热力学第一定律方程式

$$\mathrm{d}q=c_p\mathrm{d}T-v\mathrm{d}p \tag{9-2-81}$$

为了确定静压降与气流起始参数和加入热量的关系，必须把热力学第一定律中的 T 和 v，用 p 来表示。

把状态方程式微分，可写成

$$R\mathrm{d}T=p\mathrm{d}v+v\mathrm{d}p \tag{9-2-82}$$

由此

$$\mathrm{d}q=\frac{c_p}{R}p\mathrm{d}v+\frac{c_v}{R}v\mathrm{d}p \tag{9-2-83}$$

式(9-2-78)可以写成 $V=v\tilde{m}$，代入式(9-2-79)，得

$$-\mathrm{d}p=\tilde{m}^2\mathrm{d}v \tag{9-2-84}$$

由此得

$$-\mathrm{d}v=\frac{1}{\tilde{m}^2}\mathrm{d}p \text{ 和 } (v-v_3)=\frac{1}{\tilde{m}^2}(p_3-p)$$

把 dv 和 v 值代入式(9-2-83)，则得

$$\mathrm{d}q=\frac{c_v}{R}\left(\frac{p_3}{\tilde{m}^2}+v_3\right)\mathrm{d}p-\frac{\left(c_p+c_v\right)}{R}\frac{p}{\tilde{m}^2}\mathrm{d}p \tag{9-2-85}$$

用 A 和 B 相应地表示 dp 和 pdp 的系数，并对式(9-2-85)从 0 到 q 和从 p_3 到 p 范围内进行积分，则得

$$q=A\left(p-p_3\right)-B\frac{p^2-p_3^2}{2} \tag{9-2-86}$$

用 Δp 表示 p_3-p，可以写成下面的二次方程式：

$$\frac{B}{2}\Delta p^2-\left(Bp_3-A\right)\Delta p+q=0 \tag{9-2-87}$$

这个方程对 Δp 的解为

$$\Delta p=\left(p_3-\frac{A}{B}\right)\pm\sqrt{\left(p_3-\frac{A}{B}\right)^2-\frac{2}{B}q} \tag{9-2-88}$$

式中，+号对应燃烧室进口是超声速情况，−号对应亚声速情况。

把系数 A 和 B 表示成便于求解的形式。假定 k 和 c_v 为常数，则得

$$A=c_v\frac{1+k(Ma)_3^2}{k(Ma)_3^2}\frac{T_3}{p_3} \tag{9-2-89}$$

相应地系数 B 为

$$B=c_v\frac{1+k}{k(Ma)_3^2}\frac{T_3}{p_3^2} \tag{9-2-90}$$

把得到的 A 和 B 的表达式代入式(9-2-88)，并进行一些基本变换，将得到静压降的最后表达式

$$\frac{\Delta p}{p_3}=\frac{k}{k+1}\left[1-(Ma)_3^2\right]\pm\sqrt{\left\{\frac{k}{k+1}\left[1-(Ma)_3^2\right]\right\}^2-2\frac{k^2}{k+1}(Ma)_3^2\left(1+\frac{k-1}{2}\right)(Ma)_3^2\frac{q}{c_pT_{03}}} \tag{9-2-91}$$

显然，加热后的静压为

$$p_4=p_3-\Delta p \tag{9-2-92}$$

则 $\sigma_b=f\left((Ma)_3,\tau_b\right)$ 可求，循环热效率可求。

4) 等马赫数（$Ma=\text{constant}$）加热循环

将式(9-2-44)代入式(9-2-67)得

$$\eta_{\text{th}}=1-\frac{1}{\pi^{\frac{k-1}{k}}}\frac{\tau_b^{\frac{k(k-1)(Ma)^2}{2k}+1}-1}{\tau_b-1} \tag{9-2-93}$$

最后对所研究过的加热过程和循环进行某些定量的评价。

应预先说明，相比较的条件对组成热力循环的各种加热过程效率的评价有很大影响。初看起来，加热前的截面上在条件相同的情况下研究过程效率可能给出不很典型的结果。实际上，从一般概念和上述情况看来很清楚，加热时静压越高，热的利用效率也越高。由此可见，在相同的进口条件下，没有其他限制时，从热机循环中有效地利用能量的观点看，所研究的过程应按下列次序安排：$A=\text{constant}$、$p=\text{constant}$（在 $(Ma)_4<1$ 时）、$Ma=\text{constant}$ 和 $T=\text{constant}$。但同时还有一个不清楚的问题：由于通道截面与加热之间存在着单值关系，为

什么应用好处较小、而困难较大的 $p,Ma,T=\text{constant}$ 过程，而这些问题在 $A=\text{constant}$ 过程中并不存在。原因在于 $A=\text{constant}$ 的通道中加热量会受到限制(加热壅塞)，这是上面所研究的其他过程没有的。

在表 9-2-1 中对各种加热过程的热力循环效率和参数进行了比较。

表 9-2-1　不同加热过程效率的比较($(Ma)_a=10$)

参数	$(Ma)_3=3$				$(Ma)_3=1$		
	$A=\text{constant}$	$p=\text{constant}$	$Ma=\text{constant}$	$T=\text{constant}$	$p=\text{constant}$	$Ma=\text{constant}$	$T=\text{constant}$
τ_b	3.57	2.54	1.53	1.0	1.656	1.53	1.0
$(Ma)_4$	1.0	1.9	3.0	4.05	0.74	1.0	2.045
p_4/p_3	5.67	1.0	0.0686	0.00512	1.0	0.743	0.454
σ_b	0.292	0.183	0.0686	0.0253	0.758	0.743	0.48
A_4/A_3	1.0	2.48	17.8	130	1.656	1.67	2.42
η_{th}	0.895	0.866	0.796	0.697	0.9414	0.9398	0.92

可以看出，在加热比($\tau_b=1.53$)和燃烧室进口 Ma($(Ma)_3=3$)相同时，在等截面燃烧室内加热最有利。

如果在加热开始时 $(Ma)_3=1$，在 $A=\text{constant}$ 条件下加热是不可能的，则最大值对应于 $p=\text{constant}$ 过程(在加热时，气流可以滞止到 $Ma<1$ 的条件下)。注意到，如果具体地研究超燃冲压发动机的燃烧室，在这种燃烧室里加热时，气流不可能在扩张段内滞止到 $Ma<1$ (有超临界压降时)。

下面简单地讨论一下分段加热过程。

显然，在理论上和实践上都可能出现下述情况：由于加热时通道发生堵塞，或是由于达到最大温度限制条件，在等截面通道内($A=\text{constant}$)不能完成要求的加热量 $q(\tau_b)$。

避免这种情况的方法是部分热量加在 $A=\text{constant}$ 的通道内，部分热量可用所研究过程的任何一种方法加在扩张通道内。可以预先说明，如果对温度没有限制，则在所研究的范围内，最有利的组合是：$A=\text{constant}$ 和 $p=\text{constant}$ 的组合(当 $(Ma)_4<1$)及 $A=\text{constant}$ 和 $Ma=1.0$ 的组合(当 $(Ma)_4=1$)(图 9-2-11)。

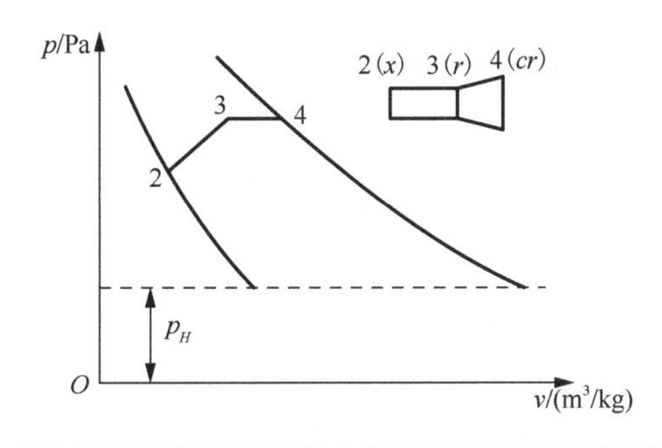

图 9-2-11　$A=\text{constant}$ (2-3) 和 $p=\text{constant}$ (3-4) 分段加热过程示意图

这种分段过程的参数计算显然是不困难的。根据临界条件 $(Ma)_{cr}=1$，计算归结为确定 τ_{cr}、p_{cr}、T_{cr} 等。

根据 $A=\text{constant}$ 段内已知的热量和在两段加热过程分界面内的气体参数可以计算我们

感兴趣的出口截面内的所有数值。总压损失可由两截加热段总压损失的乘积得到。

当工质温度被限制在某数值T_{max}时，出现另外一些情况。在这种情况下，在等截面通道内过程进行到某一温度$T<T_{max}$是可能的，并且是有利的。如果实现条件$T_{cr}=T_{max}$，则可以在$T_{cr}=T_{max}=\text{constant}$情况下继续加热，这近似地相当于有严重离解时的自然变化过程。

加热也可以按其他方案进行。比如，在等截面通道内加入相应于$T<T_{max}$的部分热量，以使在扩张燃烧室内继续加热，使温度的提高（$p=\text{constant}$或者$Ma=\text{constant}$）（图 9-2-12）最终达到T_{max}。

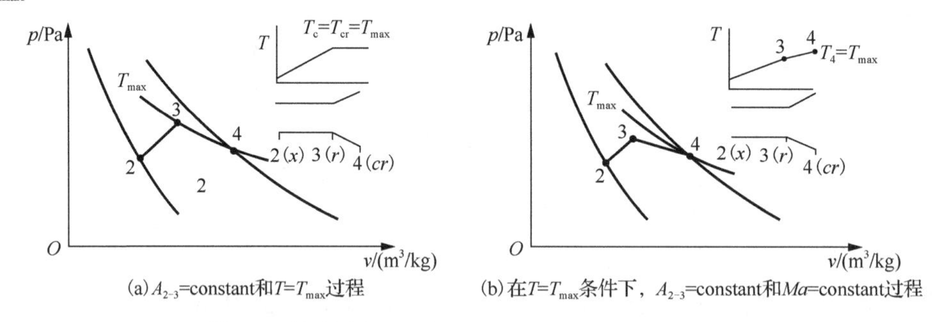

(a) A_{2-3}=constant和$T=T_{max}$过程　　(b) 在$T=T_{max}$条件下，A_{2-3}=constant和Ma=constant过程

图 9-2-12　限制温度$T_{cr}=T_{max}$时分段加热过程的说明

表征这种分段循环参数的计算也十分简单。实际上，如果认为进口条件和加热比τ是已知的，则可以确定所有情况下的$(Ma)_{cr}$、τ_{cr-4}等。

得到分段界面的气体状态后，知道了τ_{3-cr}，就可确定出口截面的参数。分段循环总压损失由$\sigma=\sigma_{3-cr}\sigma_{cr-4}$构成。

对冲压燃烧室分级加热循环进行比较，可以做出下面的重要结论：

当$(Ma)_3>1$（超燃）时，在等截面燃烧室内（$A=\text{constant}$）应加热到尚未出现对加热的某些限制时为止（$(Ma)_{cr}=1.0$或$T_{cr}=T_{max}$）。在这种限制下，继续加热过程应当在扩张燃烧室内进行。

9.3　液体火箭发动机循环

液体火箭发动机和固体火箭发动机的工作原理和主要部件基本相同，因此这里主要介绍液体火箭发动机的理想循环。

液体火箭发动机的循环如图 9-3-1 所示。其中 0～2 为推进剂在泵内的压缩过程，由于推进剂为液体，在压缩过程中，比体积变化很小，几乎为定容过程，所消耗的泵功$w_{t,02}=-\int_{p_0}^{p_2}v\mathrm{d}p$与气体膨胀过程 3～5 所做的技术功相比很小，可以忽略不计，即 0～2 与p轴重合。2～3 为燃烧室内定压燃烧过程，简化为定压加热过程。3～5 为燃气在喷管内的绝热膨胀过程，膨胀所做功全部转化为气体的宏观动能，而燃气在喷管进口的动能几乎为零。由绝能流动能量方程式得

$$w_{t,35}=-\int_{p_3}^{p_5}V\mathrm{d}p=h_3-h_5=\frac{1}{2}\left(V_{f,5}^2-V_{f,3}^2\right)\approx\frac{1}{2}V_{f,5}^2$$

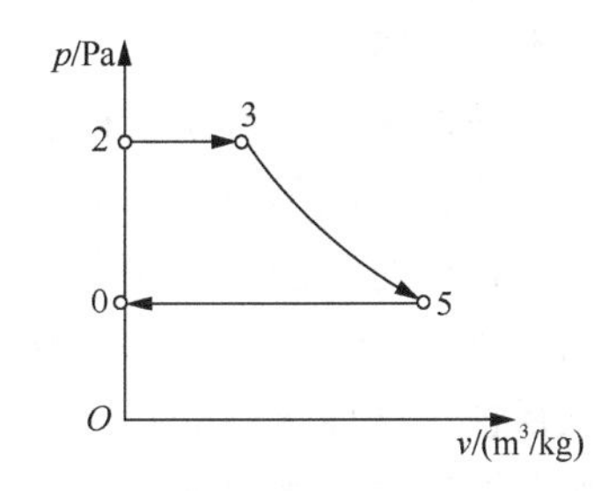

图 9-3-1　液体火箭发动机循环

燃气降压后被排入大气，经历在大气中向环境的放热过程 5～0，构成一个封闭的循环。由于 2～3 和 5～0 过程均不做技术功，因此，整个循环过程的循环功为

$$w_0 = w_{t,02} + w_{t,23} + w_{t,35} + w_{t,50} \\ = -\int_{p_0}^{p_2} v\mathrm{d}p - \int_{p_3}^{p_5} v\mathrm{d}p \approx h_3 - h_5 = \frac{1}{2}(V_{f,5}^2 - V_{f,3}^2) \approx \frac{1}{2}V_{f,5}^2 \tag{9-3-1}$$

加热量为

$$q_1 = h_3 - h_2 \approx h_3 \tag{9-3-2}$$

在式(9-3-2)推导中，应用了 $w_{t,02} = -\int_{p_0}^{p_2} v\mathrm{d}p = h_2 - h_0 \approx 0$，且取 $h_2 \approx h_0 \approx 0$ 的假设，则由热效率及定比热容假设，得热效率为

$$\eta_t = \frac{w_0}{q_1} \approx \frac{h_3 - h_5}{h_3} = 1 - \frac{h_5}{h_3} = 1 - \frac{T_5}{T_3} = 1 - \frac{1}{\left(\dfrac{p_3}{p_5}\right)^{\frac{k-1}{k}}} = 1 - \frac{1}{\pi_{\mathrm{N}}^{\frac{k-1}{k}}} \tag{9-3-3}$$

式中，喷管的压强比或降压比为

$$\pi_{\mathrm{N}} = \frac{p_3}{p_5} \tag{9-3-4}$$

可见，火箭发动机的热效率随喷管内降压比的增加而增大。式(9-3-3)与燃气轮机理想循环热效率式(9-2-30)的形式完全相同，表明它们随循环参数的变化规律是相同的。但注意这里的 π_{N} 取决于火箭喷管的设计与制造，而燃气轮机中增压比 π 则取决于压气机的设计与制造，对冲压发动机则取决于进口马赫数和扩压管的设计与制造，见式(9-3-4)，各个压比所对应的部件是不同的。

目前，对化学火箭发动机的改进主要集中在研制和选取能量密度更高、低毒或无毒、环保的推进剂上。如美国已合成分子中不含氯的推进剂，密度达 2.08g/cm³；液体推进剂则倾向于采用价格便宜的液(气)氧/煤油(酒精)、LNG。低成本、高可靠、无污染已成为火箭发动机发展的基本要求和趋势。

9.4　组合发动机循环

9.4.1　涡轮基组合发动机热力性能计算

本节将采用零维模型进行涡轮基组合循环发动机热力性能计算分析，首先必须建立涡轮模态、冲压模态和涡轮冲压转换模态的性能计算模型。其中详细的发动机涡轮和冲压模态性能计算可参考以上相关章节，这里不再赘述。

在涡轮基组合循环发动机中，涡轮冲压模态转换过程的性能计算流程相对于涡轮模态和冲压模态的计算流程更为复杂。以串联式涡轮基组合循环发动机为例，模态转换过程是涡轮发动机和冲压发动机同时工作的过程，此时，流过涡轮涵道的燃气流和流过冲压涵道的纯空气流在加力/冲压燃烧室前的混合段进行混合。在这一模态转换区间，必须保证涡轮发动机的工作状态不受影响。另外，还必须保证混合段进口的涡轮涵道和冲压涵道的压力平衡关系。在模态转换过程中热力循环参数和性能计算步骤如下。

(1) 根据模态转换区间的高度和马赫数及给定的涡轮发动机控制规律，基于部件匹配关系，计算涡轮发动机热力循环参数。

(2) 根据涡轮发动机涡轮部件出口的静压和进气道出口的总压，计算冲压涵道出口的速度。

(3) 根据流量调节阀的开度和计算得到的冲压涵道出口速度，计算流过冲压涵道的纯空气流量。

(4) 根据涡轮发动机涡轮部件出口参数和冲压涵道出口参数，计算混合段出口参数。计算方法如下。

取控制体，如图 9-4-1 中虚线所示，5 表示涡轮发动机涡轮出口气流，出口气流的参数 $T_{t,5}$、$p_{t,5}$、$\dot{m}_5$ 是已知的，25 表示冲压涵道气流，气流参数 $T_{t,25}$、$p_{t,25}$、$\dot{m}_{25}$ 是已知的，同时，$c_{p,5}$、$c_{p,25}$ 可通过温度求出，6 为混合后的气流。为了简单起见，认为壁面与气流之间的摩擦不计，并假设气流与外界没有热量交换，而且 $A_6 = A_5 + A_{25}$，对该控制体写出能量方程

$$\dot{m}_5 c_{p,5} T_{t,5} + \dot{m}_{25} c_{p,25} T_{t,25} = \dot{m}_6 c_{p,6} T_{t,6} \tag{9-4-1}$$

可求得 $T_{t,6}$。

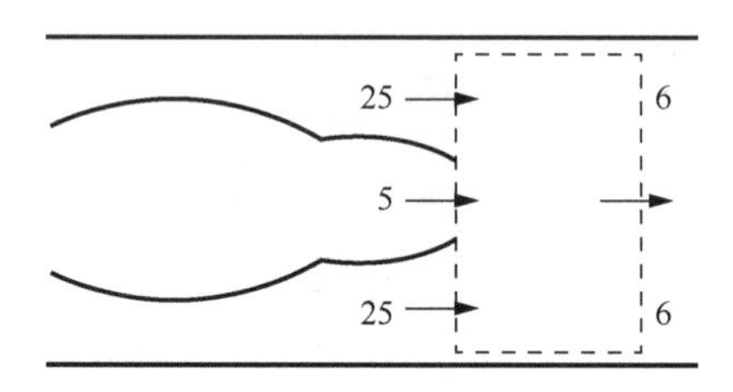

图 9-4-1　串联式涡轮基组合循环发动机气流混合段参数计算模型

由流量公式，得

$$q(\lambda_5) = \frac{\dot{m}_5 \sqrt{T_{t,5}}}{K p_{t,5} A_5} \tag{9-4-2}$$

$$q(\lambda_{25}) = \frac{\dot{m}_{25} \sqrt{T_{t,25}}}{K p_{t,25} A_{25}} \tag{9-4-3}$$

由气动函数，得 λ_5、λ_{25}、$(Ma)_5$、$(Ma)_{25}$。

对于所取控制体，沿轴向的动量方程可以写成

$$p_5 A_5 + p_{25} A_{25} - p_6 A_6 = \dot{m}_6 V_6 - \left(\dot{m}_5 V_5 + \dot{m}_{25} V_{25}\right) \tag{9-4-4}$$

整理得

$$\left(p_5 A_5 + \dot{m}_5 V_5\right) + \left(p_{25} A_{25} + \dot{m}_{25} V_{25}\right) = p_6 A_6 + \dot{m}_6 V_6 \tag{9-4-5}$$

引入冲量函数 $z(\lambda)$，式(9-4-5)化为

$$\dot{m}_5 c_{\mathrm{cr},5} z(\lambda_5) + \dot{m}_{25} c_{\mathrm{cr},25} z(\lambda_{25}) = \dot{m}_6 c_{\mathrm{cr},6} z(\lambda_6) \tag{9-4-6}$$

可求得 $z(\lambda_6)$，由气动函数，得 λ_6，$(Ma)_6$。

至此，可用 $f(\lambda)$ 函数求得总压 $p_{t,6}$。

$$p_{t,5} A_5 f(\lambda_5) + p_{t,25} A_{25} f(\lambda_{25}) = p_{t,6} A_6 f(\lambda_6) \tag{9-4-7}$$

(5) 根据混合段出口参数和加力/冲压燃烧室的供油规律，按照计算冲压/加力燃烧室出口和喷管出口参数的方法，计算得到加力/冲压燃烧室出口参数和喷管出口参数，并计算模态转换过程组合发动机的性能参数。

对于涡轮基组合循环发动机来说，最重要的设计是如何使发动机在涡轮模态、冲压模态两种工作模态之间平稳地转换，同时又能保持适当的性能以维持整个高超声速飞行器的飞行状态，这也是涡轮基组合循环发动机研究中最困难的所在。在整个共同工作模态计算中，确定工作模态的转换点是最为关键的。

9.4.2　空气涡轮火箭发动机热力循环

ATR 发动机热力循环最重要的特点就在于其涡轮流路分离设计，可采用独立于空气来流的火箭燃气发生器循环方式产生富燃燃气驱动涡轮带动压气机，进气道来流畸变敏感性降低，系统调节规律得以简化，对空气来流进行预冷却或与冲压发动机集成为多模态后可进一步拓宽发动机的工作空域和速域。

1. ATR 发动机理想热力循环过程

对如图 9-4-2 所示的 ATR 热力循环特征截面进行说明：0 为远前方气流未受扰动状态截面；1 为进气道入口截面；2 为进气道出口，同时也是压气机进口截面；3 为压气机出口截面；4 为涡轮入口，同时也是燃气发生器出口截面；5 为涡轮出口截面；6 为富燃燃气与增压空气的宏观尺度混合截面；7 为燃烧室内空气和富燃燃气掺混燃烧结束截面；8 为尾喷管喉部截面；9 为尾喷管出口截面。

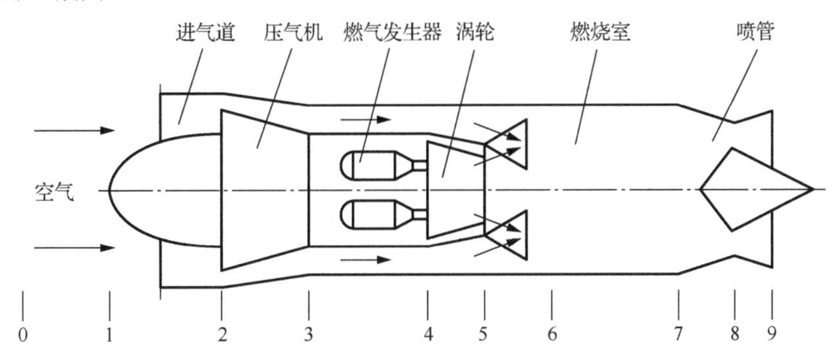

图 9-4-2　ATR 热力循环特征截面

首先将 ATR 动力循环抽象简化为可逆理论循环，在此采用空气标准假设：假定循环工质是理想气体，且具有与空气相同的热力性质；将燃料定压燃烧过程简化为可逆的定压加热过程，排气过程简化成向低温热源的可逆定压放热过程；忽略膨胀、压缩及混合过程中的熵增等次要因素；高温的内涵富燃燃气与温度相对较低的外涵空气在燃烧室入口处的压力相等或近似相等，在下游发生掺混和燃烧。

将 ATR 发动机热力循环用一系列基本热力过程来表征，其理想热力循环如图 9-4-3 所示，其中质量 m 的液体推进剂经 0′-2′-4-5-6-7-9-0′ 完成液体火箭发动机理想循环，单位质量空气经 0-2-3-6-7-9-0 完成航空燃气涡轮发动机理想循环。

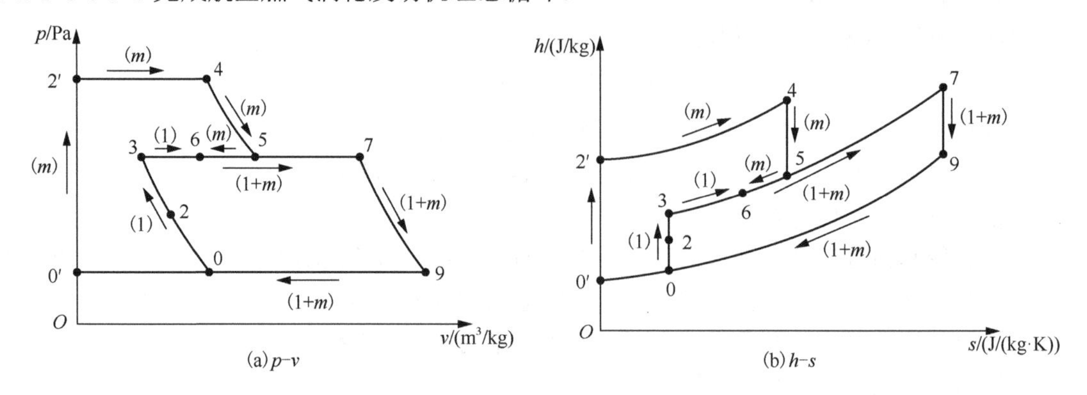

图 9-4-3　ATR 理想热力循环 p-v 图和 h-s 图

理想热力循环中的基本热力过程如下：0′～2′ 质量 m 的液体推进剂在供应系统中的定容增压过程；2′～4 为推进剂在发生器中的等压燃烧过程；4～5 为燃气在涡轮中的等熵膨胀过程；5～6 为质量 m 燃气在气气掺混过程中的等压放热过程；0～2 为单位质量空气在进气道中的等熵压缩过程；2～3 为单位质量空气在压气机中的等熵压缩过程；3～6 为单位质量空气在气气掺混过程中的等压吸热过程；5～6 为混合燃气(1+m)在燃烧室中的等压燃烧过程；7～9 为混合燃气(1+m)在尾喷管中的等熵膨胀过程；9～0 为混合燃气(1+m)在大气中的等压放热过程。

2. ATR 发动机理想热力循环性能

热力系统的加热量等于系统焓的增量与多方压缩功之差，图 9-4-3 所示的理想热力循环 p-v 过程曲线所包围的面积即理想循环功：

$$w=\frac{Q_1-Q_2}{1+m}=c_p\frac{m\left[\left(T_7-T_5\right)+\left(T_4-T_{2'}\right)\right]+\left(T_7-T_3\right)-\left(1+m\right)\left(T_9-T_0\right)}{1+m} \tag{9-4-8}$$

式中，Q_1 为等压加热过程的总加热量；Q_2 为等压放热过程的总放热量。

理想循环的热效率定义为系统净加热量与等压加热量之比，即有

$$\eta_{\text{th}}=1-\frac{Q_2}{Q_1}=1-\frac{\left(1+m\right)\left(T_9-T_0\right)}{m\left[\left(T_7-T_5\right)+\left(T_4-T_{2'}\right)\right]+\left(T_7-T_3\right)} \tag{9-4-9}$$

定义五个热力学特征参数如下：发生器温比 τ_{gg}，燃烧室温比 τ_{c}，进气道冲压比 π_{i}，压气机压比 π_{c} 和涡轮落压比 π_{t}，即有

$$\tau_{\text{gg}}=\frac{T_4}{T_0},\quad \tau_{\text{c}}=\frac{T_7}{T_0},\quad \pi_{\text{i}}=\frac{p_2}{p_0},\quad \pi_{\text{c}}=\frac{p_3}{p_2},\quad \pi_{\text{t}}=\frac{p_4}{p_5} \tag{9-4-10}$$

式中，τ_{gg} 和 τ_{c} 分别为火箭发动机循环和组合循环的最高温度与最低温度之比，即循环总增温比。

假设气体动力循环工质均为理想气体，定压比热容：

$$c_p=\frac{k}{k-1}R_g \tag{9-4-11}$$

式中，k 为循环工质(空气和燃气)的比热比，R_g 为气体常数。

进气道内的等熵压缩过程：

$$T_2 = T_0\left(\frac{p_2}{p_0}\right)^{\frac{k-1}{k}} = T_0\pi_i^{\frac{k-1}{k}} \tag{9-4-12}$$

压气机等熵压缩过程：

$$T_3 = T_2\left(\frac{p_3}{p_2}\right)^{\frac{k-1}{k}} = T_0\left(\pi_i\pi_c\right)^{\frac{k-1}{k}} \tag{9-4-13}$$

涡轮等熵膨胀过程：

$$T_5 = T_4\pi_t^{\frac{1-k}{k}} = T_0\tau_{gg}\pi_t^{\frac{k-1}{k}} \tag{9-4-14}$$

尾喷管中的等熵膨胀过程：

$$T_9 = T_7\left(\frac{p_9}{p_7}\right)^{\frac{k-1}{k}} = T_7\left(\frac{p_3}{p_0}\right)^{\frac{k-1}{k}} = T_0\tau_c\left(\pi_i\pi_c\right)^{\frac{1-k}{k}} \tag{9-4-15}$$

质量 m 液体推进剂的定容增压过程：

$$T_{2'} \approx T_{0'} = T_0 \tag{9-4-16}$$

涡轮与压气机功率平衡：

$$mc_p\left(T_4 - T_5\right) = c_p\left(T_3 - T_2\right) \tag{9-4-17}$$

将式(9-4-13)～式(9-4-16)代入式(9-4-17)，可得理想热力循环中的燃料(液体推进剂)质量：

$$m = \frac{\pi_i^{\frac{k-1}{k}}\left(\pi_c^{\frac{k-1}{k}} - 1\right)}{\tau_{gg}\left(1 - \pi_t^{\frac{k-1}{k}}\right)} \tag{9-4-18}$$

将式(9-4-13)～式(9-4-17)分别代入式(9-4-8)和式(9-4-9)后可得

$$w = \frac{k}{k-1}R_gT_0\left\{\tau_c\left[1 - \left(\pi_i\pi_c\right)^{\frac{1-k}{k}}\right] + \frac{1 - \pi_i^{\frac{k-1}{k}}}{1+m}\right\} \tag{9-4-19}$$

$$\eta_{th} = 1 - \frac{\left(1+m\right)\left[\tau_c\left(\pi_i\pi_c\right)^{\frac{1-k}{k}} - 1\right]}{m\left(\tau_c - 1\right) + \tau_c - \pi_i^{\frac{k-1}{k}}} \tag{9-4-20}$$

热力循环工质一定，ATR 理想热力循环性能仅取决于式(9-4-10)所定义的五个热力学特征参数。

9.4.3　火箭基组合发动机热力循环

RBCC 将火箭发动机和冲压发动机这两种循环有机地结合在一起。先经历不同的热力过程，然后混合再经历相同的热力过程。本节在推导过程中不考虑具体的火箭、发动机的尺寸等，并且只针对引射混合过程进行热力分析。与 TBCC 热力循环分析一样，这里仅对引射模态的热力过程进行分析。

1. 模型假设

RBCC 引射模态模型如图 9-4-4 所示。发动机由五部分组成：进气道、等截面混合室、扩压段、燃烧室、尾喷管。

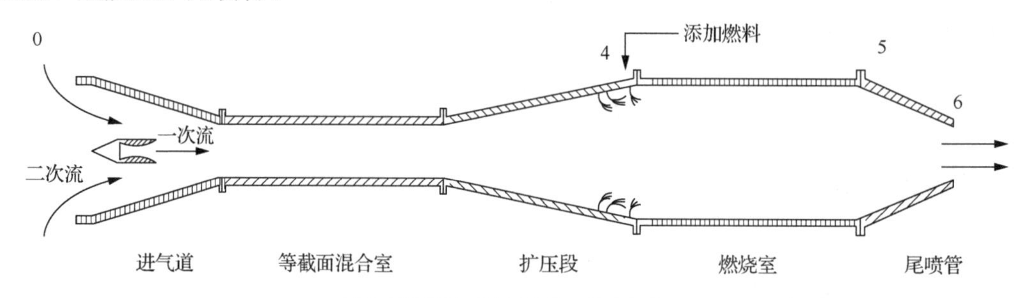

图 9-4-4　RBCC 引射模态原理图

气流从发动机入口处开始分成两股。一股气流(一次流)进入火箭发动机内经过定容压缩、等压加热过程，在火箭尾喷管内绝热膨胀至其喷管出口。另一股气流(二次流)被引射入发动机通道内与一次流混合，在混合室混合完成。随后在混合气流中，喷入燃油进行二次燃烧。最后气流通过尾喷管绝热膨胀排入大气。

由以上引射模态的过程，可以得到该过程的温熵图，如图 9-4-5 所示，各曲线定义如下。

(1) 0—a—b 表示一次气流经过压缩、燃烧过程变成高温高压燃气。

(2) b—c 表示高温高压气体在火箭喷管的等熵膨胀过程。

(3) c—4 和 0—4 表示高温高压气体与被引射的空气的混合过程。

(4) 4—5 表示混合气体的等压燃烧过程。

(5) 5—6 表示混合气体在发动机喷管的等熵膨胀过程。

(6) 6—0 表示混合气体在大气环境中等压放热过程。

在进行循环分析之前，先要进行一些假设。

(1) 所有气体都是定比热理想气体。

(2) 燃油流量远小于一次流和二次流流量，计算时忽略燃油流量。

(3) 在发动机出口，气体膨胀到环境大气压。

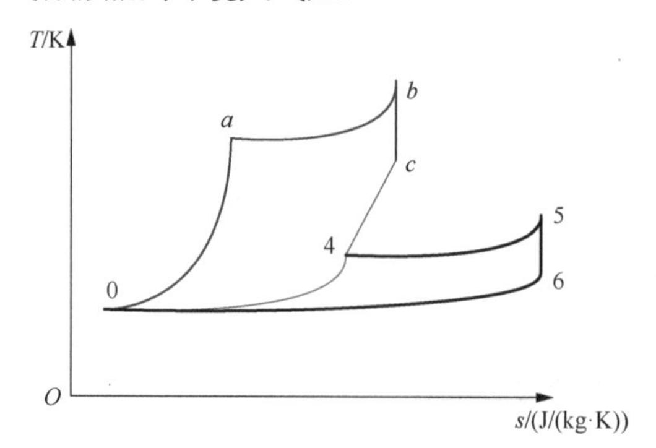

图 9-4-5　RBCC 引射模态 T-s 图

2. 循环性能参数计算

吸气式发动机的推力为

$$F = m_6 V_6 - m_0 V_0 + A_6 \left(p_6 - p_0 \right) \tag{9-4-21}$$

对于理想发动机而言，$p_6 = p_0$。当忽略燃油质量时，$m_6 = m_0$。因此，$F = m_6 \left(V_6 - V_0 \right)$。

发动机出口的总压 p_{t6} 可以表示为

$$p_{t6} = p_0 \frac{p_{t0}}{p_0} \frac{p_{t4}}{p_{t0}} \frac{p_{t5}}{p_{t4}} \frac{p_{t6}}{p_{t5}} \tag{9-4-22}$$

根据假设，位置 5 处的总压 p_{t5} 与位置 4 和 6 处的总压相等。即 $p_{t6} = p_{t5} = p_{t4}$，因此

$$p_{t6} = p_0 \frac{p_{t0}}{p_0} \frac{p_{t4}}{p_{t0}} \tag{9-4-23}$$

利用式(9-4-23)，发动机出口总压与静压之比为

$$\frac{p_{t6}}{p_6} = \frac{p_{t6}}{p_0} = \frac{p_{t0}}{p_0} \frac{p_{t4}}{p_{t0}}$$

发动机出口的马赫数 $(Ma)_6$ 可以表示为

$$(Ma)_6^2 = \frac{2}{k-1} \left[\left(\frac{p_{t6}}{p_6} \right)^{\frac{k-1}{k}} - 1 \right] = \frac{2}{k-1} \left[\left(\frac{p_{t0}}{p_0} \frac{p_{t4}}{p_{t0}} \right)^{\frac{k-1}{k}} - 1 \right] \tag{9-4-24}$$

发动机出口处压力与温度的关系表示为

$$\frac{T_{t6}}{T_6} = \left(\frac{p_{t6}}{p_6} \right)^{\frac{k-1}{k}} \tag{9-4-25}$$

$$\frac{T_6}{T_0} = \frac{T_{t6}/T_0}{T_{t6}/T_6} = \frac{T_{t6}/T_0}{\left(\frac{p_{t6}}{p_6} \right)^{\frac{k-1}{k}}} \tag{9-4-26}$$

利用上述方程，发动机出口速度可以表示为

$$V_6 = Ma_6 c_6 = \sqrt{\frac{2}{k-1} \left[\left(\frac{p_{t0}}{p_0} \frac{p_{t4}}{p_{t0}} \right)^{\frac{k-1}{k}} - 1 \right]} \sqrt{kR_g \frac{T_{t6}}{\left(\frac{p_{t0}}{p_0} \frac{p_{t4}}{p_{t0}} \right)^{\frac{k-1}{k}}}} \tag{9-4-27}$$

根据热力学第一定律，对图 9-4-6 所示的控制体列能量方程

$$c_p \dot{m}_3 T_{t4} + \dot{m}_f h_{\text{pr}} = c_p \left(\dot{m}_3 + \dot{m}_f \right) T_{t5} \tag{9-4-28}$$

对于理想发动机而言，有

$$\dot{m}_3 + \dot{m}_f \approx \dot{m}_3$$

所以能量方程变为

$$c_p \dot{m}_3 T_{t4} + \dot{m}_f h_{\text{pr}} = c_p \dot{m}_3 T_{t5}$$

油气比被定义为

$$\frac{\dot{m}_f}{\dot{m}_2} = \frac{(1+f) c_p}{f h_{\text{pr}}} \left(T_{t5} - T_{t4} \right)$$

根据假设，发动机尾喷管出口的静压与周围大气压相等，因此推力公式可以写成：

$$F=\left(\dot{m}_0+\dot{m}_f\right)V_6-\dot{m}_0V_0 \tag{9-4-29}$$

当飞行速度为零时，推力表达式变为

$$F=\left(\dot{m}_0+\dot{m}_f\right)V_6 \tag{9-4-30}$$

所以由单位质量流量的一次流产生的推力：

$$R=\frac{F}{\dot{m}_0}=(1+f)V_6=(1+f)\sqrt{\frac{2}{k-1}\left[\left(\frac{p_{t0}}{p_0}\frac{p_{t4}}{p_{t0}}\right)^{\frac{k-1}{k}}-1\right]}\sqrt{kR_g\frac{T_{t6}}{\left(\frac{p_{t0}}{p_0}\frac{p_{t4}}{p_{t0}}\right)^{\frac{k-1}{k}}}} \tag{9-4-31}$$

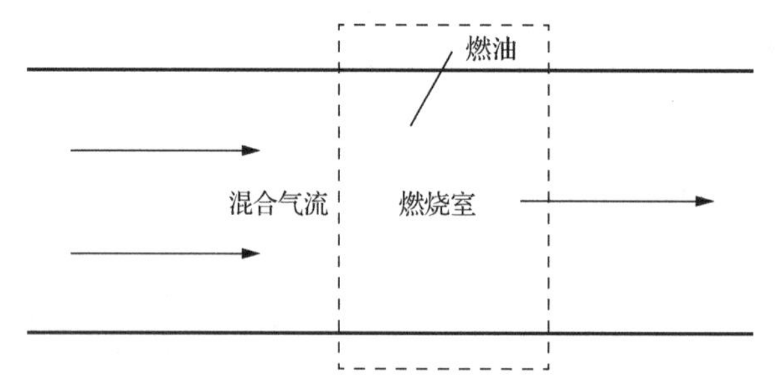

图 9-4-6　燃烧室控制体模型

由于飞行速度为零，所以 $p_{t0}=p_0$。

$$R=\frac{F}{\dot{m}_0}=(1+f)V_6=(1+f)\sqrt{\frac{2}{k-1}\left[\left(\frac{p_{t4}}{p_{t0}}\right)^{\frac{k-1}{k}}-1\right]}\sqrt{kR_g\frac{T_{t6}}{\left(\frac{p_{t4}}{p_{t0}}\right)^{\frac{k-1}{k}}}} \tag{9-4-32}$$

至此推力的表达式已经得到，下面推导循环效率的表达式。

从温熵图可以看出，吸收的热量包括两部分：1—2 和 4—5。分别为一次流在火箭内吸收的热量和混合气体在补燃室吸收的热量。因此吸收的热量可以表示成：

$$q_1=h_2-h_1+(1+f)(h_5-h_4) \tag{9-4-33}$$

在该过程中释放的热量只包括一部分，因此放热量可以表示成

$$q_2=(1+f)(h_6-h_0) \tag{9-4-34}$$

尾喷管出口静温可以表示成

$$\frac{T_6}{T_0}=\frac{T_6}{T_{t5}}\frac{T_{t5}}{T_0}=\left(\frac{p_6}{p_{t5}}\right)^{\frac{k-1}{k}}\frac{T_{t5}}{T_0}=\left(\frac{p_0}{p_{t4}}\right)^{\frac{k-1}{k}}\frac{T_{t5}}{T_0}$$

所以，最终可以得到循环效率的表达式

$$\eta_{\text{th}}=1-\frac{(1+f)\left[\left(\frac{p_0}{p_{t4}}\right)^{\frac{k-1}{k}}\frac{T_{t5}}{T_0}-1\right]}{\frac{T_2-T_1}{T_0}+(1+f)\left(\frac{T_{t5}}{T_0}-\frac{T_{t4}}{T_0}\right)} \tag{9-4-35}$$

思　考　题

9-1　理想热力循环与实际热力循环有何区别和联系？

9-2　为了提高涡轮喷气发动机的性能，为什么要设法提高涡轮前总温？又为什么在提高涡轮前总温的同时要增大压气机的设计增压比？

9-3　为什么说等截面燃烧室不是好的超燃发动机燃烧系统？

9-4　航空发动机循环的热效率低于对应温度范围内可逆循环的热效率，为什么？提高热效率的措施有哪些？

9-5　加力燃烧涡轮喷气发动机理论循环的热效率比定压燃烧喷气发动机循环的热效率提高还是降低？为什么？

习　　题

9-1　假设在标准大气条件下 $T_a = 288\text{K}$，涡轮喷气发动机增压比 $\pi = 40$，涡轮进口前总温 $T_{04} = 1700\text{K}$，试计算理想循环的热效率和理想循环的循环功。

9-2　在习题 9-1 条件下，计算压缩终了时的总温和在燃烧室中对每千克空气的加热量。

9-3　涡轮喷气发动机装置的定压加热理想循环中，工质为理想空气，进入压缩系统的温度 $T_a = 27℃$，压力 $p_a = 0.1\text{MPa}$，循环过程总增压比 $\pi = \dfrac{p_{03}}{p_a} = 4$。在燃烧室中加入热量 $q_1 = 333\text{kJ/kg}$，经绝热膨胀到 $p_7 = 0.1\text{MPa}$。设比热容为定值，试求：

(1) 循环的最高温度；

(2) 循环功；

(3) 循环热效率；

(4) 吸热平均温度和放热平均温度。

9-4　某涡轮喷气发动机装置，工质性质与空气近似相同，进气压力 $p_a = 90\text{kPa}$，温度 $T_a = 290\text{K}$，循环过程总增压比 $\pi = \dfrac{p_{03}}{p_a} = 14$，气体进入涡轮的温度 $T_{04} = 1500\text{K}$，排出喷管的气体压力为 $p_7 = 90\text{kPa}$，试求进入喷管时气体的压力及离开喷管时气流的速度。

9-5　给定理想涡喷发动机(所有效率均为 1)，不计燃油质量流量，试推导如下喷管排气马赫数计算关系式。

$$(Ma)_7^2 = \frac{2}{k-1}\left[\left(\frac{p_{03}}{p_{02}}\right)^{\frac{k-1}{k}}\left(1+\frac{k-1}{2}(Ma)_a^2\right)\left\{1-\frac{1+\dfrac{k-1}{2}(Ma)_a^2}{\dfrac{T_{04}}{T_a}}\left[\left(\frac{p_{03}}{p_{02}}\right)^{\frac{k-1}{k}}-1\right]\right\}-1\right]$$

9-6　利用对热力学循环的理解，证明：

(1) 当没有压缩过程时，发动机不产生推力；

(2) 当没有加热时，发动机产生负推力或阻力。

参 考 文 献

巴扎洛夫，1988. 热力学[M]. 沙振舜，张毓昌，译. 北京：高等教育出版社.

蔡祖恢，1994. 工程热力学[M]. 北京：高等教育出版社.

陈军，王栋，封锋，2013. 现代飞行器推进原理与进展[M]. 北京：清华大学出版社.

HILL P, PETERSON C，2015. 推进力学和热力学[M]. 侯敏杰，吴锋，译. 北京：航空工业出版社.

李文龙，郭海波，南向谊，2015. 空气涡轮火箭发动机热力循环特性分析[J]. 火箭推进, 41(4): 48-54.

廉筱纯，吴虎，2005. 航空发动机原理[M]. 西安：西北工业大学出版社.

刘桂玉，刘志刚，阴建民，等，1998. 工程热力学[M]. 北京：高等教育出版社.

庞麓鸣，汪孟乐，冯海仙，1984. 工程热力学[M]. 北京：高等教育出版社.

POLING B E, PRAUSNITZ J M, O'CONNELL J P, 2006. 气液物性估算手册[M]. 赵红玲，王凤坤，陈圣坤，等，译. 北京：化学工业出版社.

沈维道，郑佩芝，蒋淡安，1983. 工程热力学[M]. 2 版. 北京：高等教育出版社.

沈维道，蒋智敏，童钧耕，等，2001. 工程热力学[M]. 北京：高等教育出版社.

苏长荪，1987. 高等工程热力学[M]. 北京：高等教育出版社.

王丰，2014. 热力学循环优化分析[M]. 北京：国防工业出版社.

王竹溪，1960. 热力学[M]. 北京：高等教育出版社.

吴沛宜，马元，1983. 变质量系统热力学及其应用[M]. 北京：高等教育出版社.

谢锐生，1980. 热力学原理[M]. 北京：人民教育出版社.

辛明道，1987. 沸腾传热及其强化[M]. 重庆：重庆大学出版社.

徐济鋆，2001. 沸腾传热和气液两相流[M]. 北京：原子能出版社.

严传俊，范玮，2005. 脉冲爆震发动机原理及关键技术[M]. 西安：西北工业大学出版社.

严家騄，1989. 工程热力学[M]. 北京：高等教育出版社.

杨海，车驰东，张小卿，2009. 工程热力学[M]. 北京：国防工业出版社.

张祉佑，1991. 低温技术热力学[M]. 西安：西安交通大学出版社.

郑令仪，孙祖国，赵静霞，1993. 工程热力学[M]. 北京：兵器工业出版社.

周继珠，等，1999. 工程热力学[M]. 长沙：国防科技大学出版社.

朱明善，刘颖，史琳，等，1989. 工程热力学题型分析[M]. 北京：清华大学出版社.

朱明善，刘颖，林兆庄，等，1995. 工程热力学[M]. 北京：清华大学出版社.

GRANET I, BLUESTEIN M, 2000. Thermodynamics and Heat Power [M]. Upper Saddle River, N. J.: Prentice Hall.

JONES J B, DUGAN R E, 1996. Engineering Thermodynamics [M]. Englewood Cliffs, N. J.: Prentice Hall.

MORAN M J, HOWARD N, SHAPIRO M, 1995. Fundamentals Engineering Thermodynamics [M]. New York: Wiley.

WARK K, 1983. Thermodynamics [M]. New York: McGraw-Hill Book Company.

附　录

附表 1　常用元素和化合物的分子量、临界参数和压缩因子

物质	分子式	摩尔质量 M/(kg/(kmol))	临界温度 T_c /K	临界压强 p_c /bar	压缩因子 $Z=\frac{p_c v_c}{RT_c}$
乙炔	C_2H_2	26.04	309	62.8	0.274
空气	—	28.97	133	37.7	0.284
氨	NH_3	17.04	406	112.8	0.242
氩	Ar	39.94	151	48.6	0.290
苯	C_6H_6	78.11	563	49.3	0.274
丁烷	C_4H_{10}	58.12	425	38.0	0.274
碳	C	12.01	—	—	—
二氧化碳	CO_2	44.01	304	73.9	0.276
一氧化碳	CO	28.01	133	35.0	0.294
铜	Cu	63.54	—	—	—
乙烷	C_2H_6	30.07	305	48.8	0.285
酒精	C_2H_5OH	46.07	516	63.8	0.249
乙烯	C_2H_4	28.05	283	51.2	0.270
氦	He	4.003	5.2	2.3	0.300
氢气	H_2	2.018	33.2	13.0	0.304
甲烷	CH_4	16.04	191	46.4	0.290
甲醇	CH_3OH	32.05	513	79.5	0.220
氮气	N_2	28.01	126	33.9	0.291
辛烷	C_8H_{18}	14.22	569	24.9	0.258
氧气	O_2	32.00	154	50.5	0.290
丙烷	C_3H_8	44.09	370	42.7	0.276
丙烯	C_3H_6	42.08	365	46.2	0.276
制冷剂 12	CCl_2F_2	120.92	385	41.2	0.278
制冷剂 22	$CHClF_2$	86.48	369	49.8	0.278
制冷剂 134a	CF_3CH_2F	102.03	374	40.7	0.260
二氧化硫	SO_2	64.06	431	78.7	0.268
水	H_2O	18.02	647.3	220.9	0.233

附表 2　饱和水(液-气)的特性参数(随温度变化)

温度 /℃	压强 /bar	比体积 /(m³/kg)		比内能 /(kJ/kg)		比焓 /(kJ/kg)			比熵 /(kJ/(kg·K))	
		饱和液体 $v_f\times10^3$	饱和蒸气 v_g	饱和液体 u_f	饱和蒸气 u_g	饱和液体 h_f	相变焓差 Δh_{fg}	饱和蒸气 h_g	饱和液体 s_f	饱和蒸气 s_g
0.01	0.00611	1.0002	206.136	0.00	2375.3	0.01	2501.3	2501.4	0.0000	9.1562
4	0.00813	1.0001	157.232	16.77	2380.9	16.78	2491.9	2508.7	0.0610	9.0514
5	0.00872	1.0001	147.120	20.97	2382.3	20.98	2489.6	2510.6	0.0761	9.0257
6	0.00935	1.0001	137.734	25.19	2383.6	25.20	2487.2	2512.4	0.0912	9.0003
8	0.01072	1.0002	120.917	33.59	2396.4	33.60	2482.5	2516.1	0.1212	8.9501
10	0.01228	1.0004	106.379	42.00	2389.2	42.01	2477.7	2519.8	0.1510	8.9008
11	0.01312	1.0004	99.857	46.20	2390.5	46.20	2475.4	2521.6	0.1658	8.8765
12	0.01402	1.0005	93.784	50.41	2391.9	50.41	2473.0	2523.4	0.1806	8.8524
13	0.01497	1.0007	88.124	54.60	2393.3	54.60	2470.7	2525.3	0.1953	8.8285
14	0.01598	1.0008	82.848	58.79	2394.7	58..80	2468.3	2527.1	0.2099	8.8048
15	0.01705	1.0009	77.926	62.99	2396.1	62.99	2465.9	2528.9	0.2245	8.7814
16	0.01818	1.0011	73.333	67.18	2397.4	67.19	2463.6	2530.8	0.2390	8.7582
17	0.01938	1.0012	69.044	71.38	2398.8	71.38	2461.2	2532.6	0.2535	8.7351
18	0.02064	1.0014	65.038	75.57	2400.2	75.58	2458.8	2534.4	0.2679	8.7123
19	0.02198	1.0016	31.293	79.76	2401.6	79.77	2456.5	2536.2	0.2823	8.6897
20	0.02198	1.0018	57.791	83.95	2402.9	83.96	2454.1	2538.1	0.2966	8.6672
21	0.02487	1.0020	54.514	88.14	2404.3	88.14	2451.8	2539.9	0.3109	8.6450
22	0.02645	1.0022	51.447	92.32	2405.7	92.33	2499.4	2541.7	0.3251	8.6229
23	0.02810	1.0024	48.574	96.51	2407.0	96.52	2447.0	2543.5	0.3393	8.6011
24	0.02985	1.0027	45.883	100.70	2408.4	100.70	2444.7	2545.4	0.3534	8.5794
25	0.03169	1.0029	43.360	104.88	2409.8	104.89	2442.3	2547.2	03674	8.5580
26	0.03363	1.0032	40.994	109.06	2411.1	109.07	2439.9	2549.0	0.3814	8.5367
27	0.03567	1.0035	38.774	113.25	2412.5	113.25	2437.6	2550.8	0.3954	8.5156
28	0.03782	1.0037	36.690	117.42	2413.9	117.43	2425.2	2552.6	0.4093	8.4946
29	0.04008	1.0040	34.733	121.60	2415.2	121.61	2432.8	2554.5	0.4231	8.4739
30	0.04246	1.0043	32.894	125.78	2416.6	125.79	2430.5	2556.3	0.4369	8.4533
31	0.04496	1.0046	31.165	129.96	2418.0	129.97	2428.1	2558.1	0.4507	8.4329
32	0.04759	1.0050	29.540	134.14	2419.3	134.15	2425.7	2559.9	0.4644	8.4127
33	0.05034	1.0053	28.011	138.32	2420.7	138.32	2423.4	2561.7	0.4781	8.3927
34	0.05324	1.0056	26.571	142.50	2422.0	142.50	2421.0	2563.5	0.4917	8.3728
35	0.05628	1.0060	25.216	146.67	2423.4	146.68	2418.6	2565.3	0.5053	8.3531
36	0.05947	1.0063	23.940	150.85	2424.7	150.86	2416.2	2567.1	0.5188	8.3336
38	0.06632	1.0071	21.602	159.20	2427.4	159.21	2411.5	2570.7	0.5458	8.2950
40	0.07384	1.0078	19.523	167.56	2430.1	167.57	2406.7	2574.3	0.5725	8.2570
45	0.09593	1.0099	15.258	188.44	2436.8	188.45	2394.8	2583.2	0.6387	8.1648

附表 2　(续)

温度 /℃	压强 /bar	比体积 /(m³/kg)		比内能 /(kJ/kg)		比焓 /(kJ/kg)			比熵 /(kJ/(kg·K))	
		饱和液体 $v_f \times 10^3$	饱和蒸气 v_g	饱和液体 u_f	饱和蒸气 u_g	饱和液体 h_f	相变焓差 Δh_{fg}	饱和蒸气 h_g	饱和液体 s_f	饱和蒸气 s_g
50	.1235	1.0121	12.032	209.32	2443.5	209.33	2382.7	2592.1	0.7038	8.0763
55	.1576	1.0146	9.568	230.21	2450.1	230.23	2370.7	2600.9	0.7679	7.9913
60	.1994	1.0172	7.671	251.11	2456.6	251.13	2358.5	2609.6	0.8312	7.9096
65	.2503	1.0199	6.197	272.02	2463.1	272.06	2346.2	2618.3	0.8935	7.8310
70	.3119	1.0228	5.042	292.95	2469.6	292.98	2333.8	2626.8	0.9549	7.7553
75	.3858	1.0259	4.131	313.90	2475.9	313.93	2321.4	2635.3	1.0155	7.6824
80	.4739	1.0291	3.407	334.86	2482.2	334.91	2308.8	2643.7	1.0753	7.6122
85	.5783	1.0325	2.828	355.84	2488.4	355.90	2296.0	2651.9	1.1343	7.5445
90	.7014	1.0360	2.361	376.85	2494.5	376.92	2283.2	2660.1	1.1925	7.4791
95	.8455	1.0397	1.982	397.88	2500.6	397.96	2270.2	2668.1	1.2500	7.4159
100	1.014	1.0435	1.673	418.94	2506.5	419.04	2257.0	2676.1	1.3069	7.3549
110	1.433	1.0516	1.210	4.61.14	2518.1	461.30	2230.2	2691.5	1.1419	7.2387
120	1.985	1.0603	0.8919	503.50	2529.3	503.71	2202.6	2706.3	1.5276	7.1296
130	2.701	1.0697	0.6685	546.02	2539.9	546.31	2174.2	2720.5	1.6344	7.0269
140	3.613	1.0797	0.5089	588.74	2550.0	589.13	2144.7	2733.9	1.7391	6.9299
150	4.758	1.0905	0.3928	631.68	2559.5	632.20	2114.3	2746.5	1.8418	6.8379
160	6.178	1.1020	0.3071	647.86	2568.4	675.55	2082.6	2758.1	1.9427	6.7502
170	7.917	1.1143	0.2428	718.33	2576.5	719.21	2049.5	2468.7	2.0419	6.6663
180	10.02	1.1274	0.1941	762.09	2583.7	763.22	2015.0	2778.2	2.1396	6.5857
190	12.54	1.1414	0.1565	806.19	2590.0	807.62	1978.8	2786.4	2.2359	6.5079
200	15.51	1.1565	0.1274	850.65	2595.3	852.45	1940.7	2793.2	2.3309	6.4323
210	19.06	1.1726	0.1044	895.53	2599.5	897.76	1900.7	2798.5	2.4248	6.3585
220	23.18	1.1900	0.08619	940.87	2602.4	943.62	1858.5	2802.1	2.5178	6.2861
230	27.95	1.2088	0.07158	986.74	2603.9	990.12	1813.8	2804.0	2.6099	6.2146
240	33.44	1.2291	0.05976	1033.2	2604.0	1037.3	1766.5	2803.8	2.7015	6.1437
250	39.73	1.2512	0.15013	1080.4	2602.4	1085.4	1716.2	2801.5	2.7927	6.0730
260	46.88	1.2755	0.04221	1128.4	2599.0	1134.4	1662.5	2796.6	2.8838	6.0019
270	54.99	1.3023	0.03564	1177.4	2593.7	1184.5	1605.2	2789.7	2.9751	5.9301
280	64.12	1.3321	0.03017	1277.5	2586.1	1236.0	1543.6	2779.6	3.0668	5.8571
290	74.36	1.3656	0.02557	1278.9	2576.0	1289.1	1477.1	2766.2	3.1594	5.7821
300	85.81	1.4036	0.02167	1332.0	2563.0	1344.0	1404.9	2749.0	3.2534	5.7045
320	112.7	1.4988	0.01549	1444.6	2525.5	1461.5	1238.6	2700.1	3.4480	5.5362
340	145.9	1.6379	0.01080	1570.3	2464.6	1594.2	1027.9	2622.0	3.6594	5.3357
360	186.5	1.8925	0.003945	1725.2	2351.5	1760.5	720.5	2481.0	3.9147	5.0526
374.14	220.9	3.155	0.003155	2029.6	2029.6	2099.3	0.000	2099.3	4.4298	4.4298

附表 3　饱和水(液-气)的特性参数(随压强变化)

压强 /bar	温度 /℃	比体积 /(m^3/kg)		比内能 /(kJ/kg)		比焓 /(kJ/kg)			比熵 /(kJ/(kg·K))	
		饱和液体 $v_f\times10^3$	饱和蒸气 v_g	饱和液体 u_f	饱和蒸气 u_g	饱和液体 h_f	相变焓差 Δh_{fg}	饱和蒸气 h_g	饱和液体 s_f	饱和蒸气 s_g
0.04	28.96	1.0040	34.800	121.45	2415.2	121.46	2432.9	2554.4	0.4226	8.4746
0.06	36.16	1.0064	23.739	151.53	2425.0	151.53	2415.9	2567.4	0.5210	8.3304
0.08	41.51	1.0084	18.103	173.87	2432.2	173.88	2403.1	2577.0	0.5926	8.2287
0.10	45.81	1.0102	14.674	191.82	2437.9	191.83	2392.8	2584.7	0.6493	8.1502
0.20	60.06	1.0172	7.6490	251.38	2456.7	251.40	2358.3	2609.7	0.8320	7.9085
0.30	69.10	1.0223	5.2290	289.20	2468.4	289.23	2336.1	2625.3	0.9439	7.7689
0.40	75.87	1.0265	3.9930	317.53	2477.0	317.58	2319.2	2636.8	1.0259	7.6700
0.50	81.33	1.0300	3.2400	340.44	2483.9	340.49	2305.4	2645.9	1.0910	7.5939
0.60	85.94	1.0331	2.7320	359.79	2489.6	359.86	2293.6	2653.5	1.1453	7.5320
0.70	89.95	1.0360	2.3650	376.63	2494.5	376.70	2283.3	2660.0	1.1919	7.4797
0.80	93.50	1.0380	2.0870	391.58	2498.8	391.66	2274.1	2665.8	1.2329	7.4346
0.90	96.71	1.0410	1.8690	405.06	2502.6	405.15	2265.7	2670.9	1.2695	7.3949
1.00	99.63	1.0432	1.6940	417.36	2506.1	417.46	2258.0	2675.5	1.3026	7.3594
1.50	111.4	1.0528	1.1590	466.94	2519.7	467.11	2226.5	2693.6	1.4336	7.2233
2.00	120.2	1.0605	0.8857	504.49	2529.5	504.70	2201.9	2706.7	1.5301	7.1271
2.50	127.1	1.0672	0.7187	535.10	2537.2	535.37	2181.5	2716.9	1.6072	7.0527
3.00	133.6	1.0732	0.6058	561.15	2543.6	561.47	2163.8	2725.6	1.6718	6.9919
3.50	138.9	1.0786	0.5243	583.95	2546.9	584.33	2148.1	2732.4	1.7275	6.9405
4.00	143.6	1.0836	0.4625	604.31	2553.6	604.74	2133.8	2738.6	1.7766	6.8959
4.50	147.9	1.0882	0.4140	622.25	2557.6	623.25	2120.7	2743.9	1.8207	6.8565
5.00	151.9	1.0926	0.3749	639.68	2561.2	640.23	2108.5	2748.7	1.8607	6.8212
6.00	158.9	1.1006	0.3157	669.90	2567.4	670.56	2086.3	2756.8	1.9312	6.7600
7.00	165.0	1.1080	0.2729	696.44	2572.5	697.22	2066.3	2763.5	1.9922	6.7080
8.00	170.4	1.1148	0.2404	720.22	2576.8	721.11	2048.0	2769.1	2.0462	6.6628
9.00	175.4	1.1212	0.2150	741.83	2580.5	742.83	2031.1	2773.9	2.0946	6.6226
10.0	179.9	1.1273	0.1944	761.68	2583.6	762.81	2015.3	2778.1	2.1387	6.5863
15.0	198.3	1.1539	0.1318	843.16	2594.5	844.84	1947.3	2792.2	2.3150	6.4448
20.0	212.4	1.1767	0.09963	906.44	2600.3	908.79	1890.7	2799.5	2.4474	6.3409
25.0	224.0	1.1973	0.07998	959.11	2603.1	962.11	1841.0	2803.1	2.5547	6.2575
30.0	233.9	1.2165	0.06668	1004.8	2064.1	1008.4	1795.7	2804.2	2.6457	6.1869
35.0	242.6	1.2347	0.05707	1045.4	2603.7	1049.8	1753.7	2803.4	2.7253	6.1253
40.0	250.4	1.2522	0.04978	1082.3	2602.3	1087.3	1714.1	2801.4	2.7964	6.0701
45.0	257.5	1.2692	0.04406	1116.2	2600.1	1121.9	1676.4	2798.3	2.8610	6.0199
50.0	264.0	1.2859	0.03944	1147.8	2597.1	1154.2	1640.1	2794.3	2.9202	5.9734
60.0	275.6	1.3187	0.03244	1205.4	2589.7	1213.4	1571.0	2784.3	3.0267	5.8892
70.0	285.9	1.3513	0.02737	1257.6	2580.5	1267.0	1505.1	2772.1	3.1211	5.8133

附表 3　(续)

压强 /bar	温度 / ℃	比体积 /(m³/kg) 饱和液体 $v_f \times 10^3$	饱和蒸气 v_g	比内能 /(kJ/kg) 饱和液体 u_f	饱和蒸气 u_g	比焓 /(kJ/kg) 饱和液体 h_f	相变焓差 Δh_{fg}	饱和蒸气 h_g	比熵 /(kJ/(kg·K)) 饱和液体 s_f	饱和蒸气 s_g
80.00	295.1	1.3842	0.02352	1305.6	2569.8	1316.6	1441.3	2758.0	3.2068	5.7432
90.00	303.4	1.4178	0.02048	1350.5	2557.8	1363.3	1378.9	2742.1	3.2858	5.6772
100.0	311.1	1.4524	0.01803	1393.0	2544.4	1407.6	1317.1	2724.7	3.3596	5.6141
110.0	318.2	1.4886	0.01599	1433.7	2529.8	1450.1	1255.5	2705.6	3.4295	5.5527
120.0	324.8	1.5267	0.01426	1473.0	2513.7	1491.3	1193.6	2684.9	3.4962	5.4924
130.0	330.9	1.5671	0.01278	1511.1	2496.1	1531.5	1130.7	2662.2	3.5606	5.4323
140.0	336.8	1.6107	0.01149	1548.6	2476.8	1571.1	1066.5	2637.6	3.6232	5.3717
150.0	342.4	1.6581	0.01034	1585.6	2455.5	1610.5	1000.0	2610.5	3.6848	5.3098
160.0	374.4	1.7107	0.009306	1622.7	2431.7	1650.1	930.6	2580.6	3.7461	5.2455
170.0	352.4	1.7702	0.008364	1620.2	2405.0	1690.3	856.9	2547.2	3.8079	5.1777
180.0	357.1	1.8397	0.007489	1698.9	2374.3	1732.0	777.1	2509.1	3.8715	5.1044
190.0	361.5	1.9243	0.006657	1739.9	2338.1	1776.5	688.0	2464.5	3.9388	5.0228
200.0	365.8	2.036	0.005834	1785.6	2293.0	1826.3	583.4	2409.7	4.0139	4.9269
220.9	374.1	3.155	0.003155	2029.6	2029.6	2099.3	0.000	2099.3	4.4298	4.4298

附表 4　过热水蒸气的特性参数

温度 t / ℃	比体积 v /(m³/kg)	比内能 u /(kJ/kg)	比焓 h /(kJ/kg)	比熵 s /(kJ/(kg·K))	比体积 v /(m³/kg)	比内能 u /(kJ/kg)	比焓 h /(kJ/kg)	比熵 s /(kJ/(kg·K))
	p=0.06bar=0.006MPa (t_{sat}=36.16℃)				p=0.35bar=0.035MPa (t_{sat}=72.69℃)			
饱和	23.739	2425.0	2567.4	8.3304	4.526	2473.0	2631.4	7.7158
80	27.132	2487.3	2650.1	8.5804	4.625	2483.7	2645.6	7.7564
120	30.219	2544.7	2726.0	8.7840	5.163	2542.4	2723.1	7.9644
160	33.302	2602.7	2802.5	8.9693	5.696	2601.2	2800.6	8.1519
200	36.383	2661.4	2879.7	9.1398	6.228	2660.4	2878.4	8.3237
240	39.462	2721.0	2957.8	9.2982	6.758	2720.3	2956.8	8.4828
280	42.540	2781.5	3036.8	9.4464	7.287	2780.9	3036.0	8.6314
320	45.618	2843.0	3116.7	9.5859	7.815	2842..5	3116.1	8.7712
360	48.696	2905.5	3197.7	9.7180	8.344	2905.1	3197.1	8.9034
400	51.774	2969.0	3279.6	9.8435	8.872	2968.6	3279.2	9.0291
440	54.851	3033.5	3362.6	9.9633	9.400	3033.2	3362.2	9.1490
500	59.467	3132.3	3489.1	10.1336	10.192	3132.1	3488.8	9.3194

附表 4　(续)

温度 t / ℃	比体积 v / (m^3/kg)	比内能 u / (kJ/kg)	比焓 h / (kJ/kg)	比熵 s / (kJ/(kg·K))	比体积 v / (m^3/kg)	比内能 u / (kJ/kg)	比焓 h / (kJ/kg)	比熵 s / (kJ/(kg·K))
	p=0.70bar=0.07MPa (t_{sat}=89.95℃)				p=1.0bar=0.10MPa (t_{sat}=99.63℃)			
饱和	2.365	2494.5	2660.0	7.4797	1.694	2506.1	2675.5	7.3594
100	2.434	2509.7	2680.0	7.5341	1.696	2506.7	2676.2	7.3614
120	2.571	2539.7	2719.6	7.6375	1.793	2537.3	2716.6	7.4668
160	2.841	2599.4	2798.2	7.8279	1.984	2597.8	2796.2	7.6597
200	3.108	2659.1	2876.7	8.0012	2.172	2658.1	2875.3	7.8343
240	3.374	2719.3	2955.5	8.1611	2.359	2718.5	2954.5	7.9949
280	3.640	2780.2	3035.0	8.3162	2.546	2779.6	3034.2	8.1445
320	3.905	2842.0	3115.3	8.4504	2.732	2841.5	3114.6	8.2849
360	4.170	2904.6	3196.5	8.5828	2.917	2904.2	3195.9	8.4175
400	4.434	2968.2	3278.6	8.7086	3.103	2967.9	3278.2	8.5435
440	4.698	3032.9	3361.8	8.8286	3.288	3032.6	3361.4	8.6636
500	5.095	3131.8	3488.5	8.9991	3.565	3131.6	3488.1	8.8342
	p=1.5bar=0.15MPa (t_{sat}=111.37℃)				p=3.0bar=0.30MPa (t_{sat}=133.55℃)			
饱和	1.159	2519.7	2693.6	7.2233	0.606	2543.6	2725.3	6.9919
120	1.188	2533.3	2711.4	7.2693				
160	1.317	2595.2	2792.8	7.4665	0.651	2587.1	2782.3	7.1276
200	1.444	2656.2	2872.9	7.6433	0.716	2650.7	2865.5	7.3115
240	1.570	2717.2	2952.7	7.8052	0.781	2713.1	2947.3	7.4774
280	1.695	2778.6	3032.8	7.9555	0.844	2775.4	3028.6	7.6299
320	1.819	2840.6	3113.5	8.0964	0.907	2838.1	3140.1	7.7722
360	1.943	2903.5	3195.0	8.2293	0.969	2901.4	3192.2	7.9061
400	2.067	2967.3	3277.4	8.3555	1.032	2965.6	3275.0	8.0330
440	2.191	3032.1	3360.7	8.4757	1.094	3030.6	3358.7	8.1538
500	2.376	3131.2	3487.6	8.6466	1.187	3130.0	3486.0	8.3251
600	2.685	3301.7	3704.3	8.9101	1.341	3300.8	3703.2	8.5892
	p=5.0bar=0.50MPa (t_{sat}=151.86℃)				p=7.0bar=0.70MPa (t_{sat}=164.97℃)			
饱和	0.3749	2561.2	2748.7	6.8213	0.2729	2572.5	2763.5	6.7080
180	0.4045	2609.7	2812.0	6.9556	0.2847	2599.8	2799.1	6.7880
200	0.4249	2642.9	2855.4	7.0592	0.2999	2634.8	2844.8	6.8865
240	0.4646	2707.6	2939.9	7.2307	0.3292	2701.8	2932.2	7.0641
280	0.5034	2771.2	3022.9	7.3865	0.3574	2766.9	3017.1	7.2233
320	0.5416	2834.7	3105.6	7.5308	0.3852	2831.3	3100.9	7.3697
360	0.5796	2898.7	3188.4	7.6660	0.4126	2895.8	3184.7	7.5063
400	0.6173	2963.2	3271.9	7.7938	0.4397	2960.9	3268.7	7.6350
440	0.6548	3028.6	3356.0	7.9152	0.4667	3026.6	3353.3	7.7571
500	0.7109	3128.4	3483.9	8.0873	0.5070	3126.8	3481.7	7.9299
600	0.8041	3299.6	3701.7	8.3522	0.5738	3298.5	3700.2	8.1956
700	0.8969	3477.5	3925.9	8.5952	0.6403	3476.6	3924.8	8.4391

附表 4 （续）

温度 t / ℃	比体积 v / (m^3/kg)	比内能 u / (kJ/kg)	比焓 h / (kJ/kg)	比熵 s / (kJ/(kg·K))	比体积 v / (m^3/kg)	比内能 u / (kJ/kg)	比焓 h / (kJ/kg)	比熵 s / (kJ/(kg·K))
	p=10.0bar=1.0MPa (t_{sat}=179.91℃)				p=15.0bar=1.5MPa (t_{sat}=198.32℃)			
饱和	0.1994	2583.6	2778.1	6.5865	0.1318	2594.5	2792.2	6.4448
200	0.2060	2621.9	2827.9	6.6940	0.1325	2598.1	2796.8	6.4546
240	0.2275	2692.9	2920.4	6.8817	0.1483	2676.9	2899.3	6.6628
280	0.2480	2760.2	3008.2	7.0465	0.1627	2748.6	2992.7	6.8381
320	0.2678	2826.1	3093.9	7.1962	0.1765	2817.1	3081.9	6.9938
360	0.2873	2891.6	3178.9	7.4651	0.2030	2951.3	3473.1	7.5698
400	0.3066	2957.3	3263.9	7.4651	0.2030	2951.3	3255.8	7.2690
440	0.3257	3023.6	3178.9	7.3349	0.1899	2884.4	3169.2	7.1363
500	0.3541	3124.4	3478.5	7.7622	0.2352	3120.3	3473.1	7.5698
540	0.3729	3192.6	3565.6	7.8720	0.2478	3189.1	3560.9	7.6805
600	0.4011	3296.8	3697.9	8.0290	0.2668	3293.9	3694.0	7.8385
640	0.4198	3367.4	3787.2	8.1290	0.2793	3364.8	3783.8	7.9391

温度 t / ℃	比体积 v / (m^3/kg)	比内能 u / (kJ/kg)	比焓 h / (kJ/kg)	比熵 s / (kJ/(kg·K))	比体积 v / (m^3/kg)	比内能 u / (kJ/kg)	比焓 h / (kJ/kg)	比熵 s / (kJ/(kg·K))
	p=10.0bar=1.0MPa (t_{sat}=179.91℃)				p=15.0bar=1.5MPa (t_{sat}=198.32℃)			
饱和	0.1994	2583.6	2778.1	6.5865	0.1318	2594.5	2792.2	6.4448
200	0.2060	2621.9	2827.9	6.6940	0.1325	2598.1	2796.8	6.4546
240	0.2275	2692.9	2920.4	6.8817	0.1483	2676.9	2899.3	6.6628
280	0.2480	2760.2	3008.2	7.0465	0.1627	2748.6	2992.7	6.8381
320	0.2678	2826.1	3093.9	7.1962	0.1765	2817.1	3081.9	6.9938
360	0.2873	2891.6	3178.9	7.4651	0.2030	2951.3	3473.1	7.5698
400	0.3066	2957.3	3263.9	7.4651	0.2030	2951.3	3255.8	7.2690
440	0.3257	3023.6	3178.9	7.3349	0.1899	2884.4	3169.2	7.1363
500	0.3541	3124.4	3478.5	7.7622	0.2352	3120.3	3473.1	7.5698
540	0.3729	3192.6	3565.6	7.8720	0.2478	3189.1	3560.9	7.6805
600	0.4011	3296.8	3697.9	8.0290	0.2668	3293.9	3694.0	7.8385
640	0.4198	3367.4	3787.2	8.1290	0.2793	3364.8	3783.8	7.9391

温度 t / ℃	比体积 v / (m^3/kg)	比内能 u / (kJ/kg)	比焓 h / (kJ/kg)	比熵 s / (kJ/(kg·K))	比体积 v / (m^3/kg)	比内能 u / (kJ/kg)	比焓 h / (kJ/kg)	比熵 s / (kJ/(kg·K))
	p=20.0bar=2.0MPa (t_{sat}=212.42℃)				p=30.0bar=3.0MPa (t_{sat}=233.90℃)			
饱和	0.0996	2600.3	2799.5	6.3409	0.0667	2604.1	2804.2	6.1869
240	0.1085	2659.6	2876.5	6.4952	0.0682	2619.7	2824.3	6.2265
280	0.1200	2736.4	2976.4	6.6828	0.0771	2709.9	2941.3	6.4462
320	0.1308	2807.9	3069.5	6.8452	0.0850	2788.4	3043.4	6.6245
360	0.1411	2877.0	3159.3	6.9917	0.0923	2861.7	3138.7	6.7801
400	0.1512	2945.2	3247.6	7.1271	0.0994	2932.8	3230.9	6.9212
440	0.1611	3013.4	3335.5	7.2540	0.1062	3002.9	3321.5	7.0520
500	0.1757	3116.2	3467.6	7.4317	0.1162	3108.0	3456.5	7.2338
540	0.1853	3185.6	3556.1	7.5434	0.1227	3178.4	3546.6	7.3474
600	0.1996	3290.9	3690.1	7.7024	0.1324	3285.0	3682.3	7.5085
640	0.2091	3362.2	3780.4	7.8035	0.1388	3357.0	3773.5	7.6106
700	0.2232	3470.9	3917.4	7.9487	0.1484	3466.5	3911.7	7.7571

附表 4 （续）

温度 t / ℃	比体积 v /(m^3/kg)	比内能 u /(kJ/kg)	比焓 h /(kJ/kg)	比熵 s /(kJ/(kg·K))	比体积 v /(m^3/kg)	比内能 u /(kJ/kg)	比焓 h /(kJ/kg)	比熵 s /(kJ/(kg·K))
	p=40.0bar=4.0MPa (t_{sat}=250.40℃)				p=60.0bar=6.0MPa (t_{sat}=275.64℃)			
饱和	0.04978	2602.3	2801.4	6.0701	0.03244	2589.7	2784.3	5.8892
280	0.05546	2680.0	2901.8	6.2568	0.03317	2605.2	2804.2	5.9252
320	0.06199	2767.4	3015.4	6.4553	0.03876	2720.0	2952.6	6.1846
360	0.06788	2845.7	3117.2	6.6215	0.04331	2811.2	3071.1	6.3782
400	0.07341	2919.9	3213.6	6.7690	0.04739	2892.9	3177.2	6.5408
440	0.07872	2992.2	3307.1	6.9041	0.05122	2970.0	3277.3	6.6853
500	0.08643	3099.5	3445.3	7.0901	0.05665	3082.2	3422.2	6.8803
540	0.09145	3171.1	3536.9	7.2056	0.06015	3156.1	3517.0	6.9999
640	0.1037	3351.8	3766.6	7.4720	0.06859	3341.0	3752.6	7.2731
700	0.1110	3462.1	3905.9	7.6198	0.07352	3453.1	3894.1	7.4234
740	0.1157	3536.6	3999.6	7.7141	0.07677	3528.3	3989.2	7.5190
	p=80.0bar=8.0MPa (t_{sat}=295.06℃)				p=100.0bar=10.0MPa (t_{sat}=311.06℃)			
饱和	0.02352	2569.8	2758.0	5.7432	0.01803	2544.4	2724.7	5.6141
320	0.02682	2662.7	2877.2	5.9489	0.01925	2588.8	2781.3	5.7103
360	0.03089	2772.7	3019.8	6.1819	0.02331	2729.1	2962.1	6.0060
400	0.03432	2863.8	31138.3	6.3634	0.02641	2832.4	3096.5	6.2120
440	0.03742	2946.7	3246.1	6.5190	0.02911	2922.1	3213.2	6.3805
480	0.04034	3025.7	3348.4	6.6586	0.03160	3055.4	3321.4	6.5282
520	0.04313	3102.7	3447.7	6.7871	0.03394	3085.6	3425.1	6.6622
560	0.04582	3178.7	3545.3	6.9072	0.03619	3164.1	3526.0	6.7864
600	0.04845	3254.4	3642.0	7.0206	0.03837	3241.7	3625.3	6.9029
640	0.05102	3330.1	3738.3	7.1283	0.04048	3318.9	3723.7	7.0131
700	0.05481	3443.9	3882.4	7.2812	0.04358	3434.7	3870.5	7.1687
740	0.05729	3520.4	3978.7	7.3782	0.04560	3512.1	3968.1	7.2670
	p=120.0bar=12.0MPa (t_{sat}=324.75℃)				p=140.0bar=14.0MPa (t_{sat}=336.75℃)			
饱和	0.01426	2513.7	2684.9	5.4924	0.01149	2476.8	2637.6	5.3717
360	0.01811	2678.4	2895.7	5.8361	0.01422	2617.4	2816.5	5.6602
400	0.02108	2798.3	3051.3	6.0747	0.01722	2760.9	3001.9	5.9448
440	0.02355	2896.1	3178.7	6.2586	0.01954	2868.6	3142.2	6.1474
480	0.02576	2984.4	3293.5	6.4154	0.02157	2962.5	3264.5	6.3143
520	0.02781	3068.0	3401.8	6.5555	0.02343	3049.8	3377.8	6.4610
560	0.02977	3149.0	3506.2	6.6840	0.02517	3133.6	3486.0	6.5941
600	0.03164	3228.7	3608.3	6.8037	0.02683	3215.4	3591.1	6.7172
640	0.03345	3307.5	3709.0	6.9164	0.02843	3296.0	3694.1	6.8326
700	0.03610	3425.2	3858.4	7.0749	0.03075	3415.7	3846.2	6.9939
740	0.03781	3503.7	3957.4	7.1746	0.03225	3495.2	3946.2	7.0952

附表 4　(续)

温度 t / ℃	比体积 v /(m^3/kg)	比内能 u /(kJ/kg)	比焓 h /(kJ/kg)	比熵 s /(kJ/(kg·K))	比体积 v /(m^3/kg)	比内能 u /(kJ/kg)	比焓 h /(kJ/kg)	比熵 s /(kJ/(kg·K))
	p=160.0bar=16.0MPa (tsat=347.44℃)				p=180.0bar=18.0MPa (tsat=357.06℃)			
饱和	0.00931	2431.7	2580.6	5.2455	0.00749	2374.3	2509.1	5.1044
360	0.01105	2539.0	2715.8	5.4614	0.00809	2418.9	2564.5	5.1922
400	0.01426	2719.4	2947.6	5.8175	0.01190	2672.8	2887.0	5.6887
440	0.01652	2839.7	3103.7	6.0429	0.01414	2808.2	3062.8	5.9428
480	0.01842	2939.7	3234.4	6.2215	0.01596	2915.9	3203.2	6.1345
520	0.02013	3031.1	3353.3	6.3752	0.01757	3011.8	3378.0	6.2960
560	0.02172	3117.8	3465.4	6.5132	0.01904	3101.7	3444.4	6.4392
600	0.02323	3201.8	3573.5	6.6399	0.02042	3188.0	3555.6	6.5696
640	0.02467	3284.2	3678.9	6.7580	0.02174	3272.3	3663.6	6.5696
700	0.02674	3406.0	3833.9	6.9224	0.02362	3396.3	3821.5	6.8580
740	0.02808	3486.7	3935.9	7.0251	0.02483	3478.0	3925.0	6.9623
	p=200.0bar=20.0MPa (t_{sat}=365.81℃)				p=240bar=24.0MPa			
饱和	0.00583	2293.0	2409.7	4.9269				
400	0.00994	2619.3	2818.1	5.5540	0.00673	2477.8	2639.4	5.2393
440	0.01222	2774.9	3019.4	5.8450	0.00929	2700.6	2923.4	5.6506
480	0.01399	2891.2	3170.8	6.0518	0.01100	2838.3	3102.3	5.8950
520	0.01551	2992.0	3302.2	6.2218	0.01241	2950.5	3248.5	6.0842
560	0.01689	3085.2	3423.0	6.3705	0.01366	3051.1	3379.0	6.2448
600	0.01818	3174.0	3537.6	6.5048	0.01481	3145.2	3500.7	6.3875
640	0.01940	3260.2	3648.1	6.6286	0.01588	3235.5	3616.7	6.5174
700	0.02113	3386.4	3809.0	6.7993	0.01739	3366.4	3783.8	6.6947
740	0.02224	3469.3	3914.1	6.9052	0.01835	3451.7	3892.1	6.8038
800	0.02385	3592.7	4069.7	7.0544	0.01974	3578.0	4051.6	6.9567
	p=280bar=28.0MPa				p=320bar=32.0MPa			
400	0.00383	2223.5	2330.7	4.7494	0.00236	1980.4	2055.9	4.3239
440	0.00712	2613.2	2812.6	5.4494	0.00544	2509.0	2683.0	5.2327
480	0.00885	2780.8	3028.5	5.7446	0.00722	2718.1	2949.2	5.5968
520	0.01020	2906.8	3192.3	5.9566	0.00853	2860.7	3133.7	5.8357
560	0.01136	3015.7	3333.7	6.1307	0.00963	2979.0	3287.2	6.0246
600	0.01241	3115.6	3463.0	6.2823	0.01061	3085.3	3424.6	6.1858
640	0.01338	3210.3	3584.8	6.4187	0.01150	3184.5	3552.5	6.3290
700	0.01473	3346.1	3758.4	6.6029	0.01273	3325.4	3732.8	6.5203
740	0.01558	3433.9	3870.0	6.7153	0.01350	3415.9	3847.8	6.6361
800	0.01680	3563.1	4033.4	6.8720	0.01460	3548.0	4015.8	6.7966
900	0.01873	3774.3	4298.8	7.1084	0.01633	3762.7	4285.1	7.0372

附表 5　压缩液态水的特性参数

温度 t / ℃	比体积 v /(m^3/kg)	比内能 u /(kJ/kg)	比焓 h /(kJ/kg)	比熵 s /(kJ/(kg·K))	比体积 v /(m^3/kg)	比内能 u /(kJ/kg)	比焓 h /(kJ/kg)	比熵 s /(kJ/(kg·K))
	p=25.0bar=2.5MPa (t_{sat}=223.99℃)				p=50.0bar=5.0MPa (t_{sat}=263.99℃)			
20	1.0006	83.80	86.30	0.2961	0.9995	83.65	88.65	0.2956
40	1.0067	167.25	169.77	0.5715	1.0056	166.95	171.97	0.5705
80	1.0280	334.29	336.86	1.0737	1.0268	333.72	338.85	1.0720
100	1.0423	418.24	420.85	1.3050	1.0410	417.52	422.72	1.3030
140	1.0784	587.82	590.52	1.7369	1.0768	586.76	592.15	1.7343
180	1.1261	761.16	763.97	2.1375	1.1240	759.63	765.25	2.1341
200	1.1555	849.9	852.8	2.3294	1.1530	848.1	853.9	2.3255
220	1.1898	940.7	943.7	2.5174	1.1866	938.4	944.4	2.5128
饱和	1.1973	95931	962.1	2.5546	1.2859	1147.8	1154.2	2.9202
	p=75.0bar=7.5MPa (t_{sat}=290.59℃)				p=100.0bar=10.0MPa (t_{sat}=311.06℃)			
20	0.9984	83.50	90.99	0.2950	0.9972	83.36	93.33	0.2945
40	1.0045	166.64	174.18	0.5696	1.0034	166.35	176.38	0.5686
80	1.0256	333.15	340.84	1.0704	1.0245	332.59	342.83	1.0688
100	1.0397	416.81	424.62	1.3011	1.0385	416.12	426.50	1.2992
140	1.0752	585.72	593.78	1.731	1.0737	584.68	595.42	1.7292
180	1.1219	758.13	766.55	2.1308	1.1199	756.65	767.84	2.1275
220	1.1835	936.2	945.1	2.5083	1.1805	934.1	945.9	2.5039
260	1.2696	1124.4	1134.0	2.8763	1.2645	1121.1	1133.7	2.8699
饱和	1.3677	1282.0	1292.2	3.1649	1.4524	1393.0	1407.6	3.3596
	p=150.0bar=15.0MPa (t_{sat}=324.24℃)				p=200.0bar=20.0MPa (t_{sat}=365.81℃)			
20	0.9950	83.06	97.99	0.2934	0.9928	82.77	102.62	0.2923
40	1.0013	165.76	180.78	0.5666	0.9992	165.17	185.16	0.5646
80	1.0222	331.48	346.81	1.0656	1.0199	330.40	350.80	1.0624
100	1.0361	414.74	430.28	1.2955	1.0337	413.39	434.06	1.2917
140	1.0707	582.66	598.72	1.7242	1.0678	580.69	602.04	1.7193
180	1.1159	753.76	770.50	2.1210	1.1120	750.95	773.20	2.1147
220	1.1748	929.9	947.5	2.4953	1.1693	925.9	949.3	2.4870
260	1.2550	1114.6	1133.4	2.8576	1.2462	1108.6	1133.5	2.8459
300	1.3770	1316.6	1337.3	3.2260	1.3596	1306.1	1333.3	3.2071
饱和	1.6581	1585.6	1610.5	3.6848	2.036	1785.6	1826.3	4.0139
	p=250bar=25.0MPa				p=300bar=30.0MPa			
20	0.9907	82.47	107.24	0.2911	0.9886	82.17	111.84	0.2899
40	0.9971	164.60	189.52	0.5626	0.9951	164.04	193.89	0.5607
100	1.0313	412.08	437.85	1.2881	1.0290	410.78	441.66	1.2844
200	1.1344	834.5	862.8	2.2961	1.1302	831.4	865.3	2.2893
300	1.3442	1296.6	1330.2	3.1900	1.3304	1287.9	1327.8	3.1741

附表 6　饱和水的特性参数(固-气)

温度 /℃	压强 /kPa	比体积 /(m^3/kg)		比内能 /(kJ/kg)			比焓 /(kJ/kg)			比熵 /(kJ/(kg·K))		
		饱和液体 $v_f \times 10^3$	饱和蒸气 v_g	饱和固体 u_i	相变焓差 Δu_{ig}	饱和蒸气 u_g	饱和固体 h_i	相变焓差 Δh_{ig}	饱和蒸气 h_g	饱和固体 s_i	相变焓差 Δs_{ig}	饱和蒸气 s_g
0.01	0.6113	1.0908	206.1	−333.40	2708.7	2375.3	−333.40	2834.8	2501.4	−1.221	10.378	9.156
0	0.6108	1.0908	206.3	−333.43	0708.8	2375.3	−333.43	2834.8	2501.3	−1.221	10.378	9.157
−2	0.5176	1.0904	241.7	−337.62	2710.2	2372.6	−337.62	2835.3	2497.7	−1.237	10.456	9.219
−4	0.4375	1.0901	283.8	−341.78	2711.6	2369.8	−341.78	2835.7	2494.0	−1.253	10.536	9.283
−6	0.3689	1.0898	334.2	−345.91	2712.9	2367.0	−345.91	2836.2	2490.3	−1.268	10.616	9.348
−8	0.3102	1.0894	394.4	−350.02	2714.2	2364.2	−350.02	2836.6	2486.6	−1.284	10.698	9.414
−10	0.2602	1.0891	466.7	−354.09	2715.5	2361.4	−354.09	2837.0	2482.9	−1.299	10.781	9.481
−12	0.2176	1.0888	553.7	−358.14	2716.8	2358.7	−358.14	2837.3	2479.2	−1.315	10.865	9.550
−14	0.1815	1.0884	658.8	−362.15	2718.0	2355.9	−362.15	2837.6	2475.5	−1.331	10.950	9.619
−16	0.1510	1.0881	786.0	−366.14	2719.2	2353.1	−366.14	2837.9	2471.8	−1.346	11.036	9.690
−18	0.1252	1.0878	940.5	−370.10	2720.4	2350.3	−370.10	2838.2	2468.1	−1.362	11.123	9.762
−20	0.1035	1.0874	1128.6	−374.03	2721.6	2347.5	−374.03	2838.4	2564.3	−1.377	11.212	9.835
−22	0.0853	1.0871	1358.4	−377.93	2722.7	2344.7	−377.93	2838.6	2460.6	−1.393	11.302	9.909
−24	0.0701	1.0868	1640.1	−381.80	2723.7	2342.0	−381.80	2838.7	2456.9	−1.408	11.394	9.985
−26	0.0574	1.0864	1986.4	−385.64	2724.8	2339.2	−385.64	2838.9	2453.2	−1.424	11.486	10.062
−28	0.0469	1.0861	2413.7	−389.45	2725.8	2336.4	−389.45	2839.0	2449.5	−1.439	11.580	10.141
−30	0.0381	1.0858	2943	−393.23	2726.8	2333.6	−293.23	2839.0	2445.8	−1.455	11.676	10.221
−32	0.0309	1.0854	3600	−396.98	2727.8	2330.8	−396.98	2839.1	2442.1	−1.471	11.773	10.303
−34	0.0250	1.0851	4419	−100.71	2728.7	2328.0	−400.71	2839.1	2438.4	−1.486	11.872	10.386
−36	0.0201	1.0848	5444	−404.40	2729.6	2325.2	−404.40	2839.1	2434.7	−1.501	11.972	10.470
−38	0.0161	1.0844	6731	−408.06	2730.5	2322.4	−408.06	2839.0	2430.9	−1.517	12.073	10.556
−40	0.0129	1.0841	8354	−411.70	2731.3	2319.6	−411.70	2838.9	2427.2	−1.532	12.176	10.644

附表 7　饱和制冷剂 12（液-气）的特性参数（随温度变化）

温度 /℃	压强 /bar	比体积 /(m³/kg)		比内能 /(kJ/kg)		比焓 /(kJ/kg)			比熵 /(kJ/(kg·K))	
		饱和液体 $v_f\times10^3$	饱和蒸气 v_g	饱和液体 u_f	饱和蒸气 u_g	饱和液体 h_f	相变焓差 Δh_{fg}	饱和蒸气 h_g	饱和液体 s_f	饱和蒸气 s_g
−40	0.6417	0.6595	0.24191	−0.04	154.07	0.00	169.59	169.59	0.0000	0.7274
−35	0.8071	0.6656	0.19540	4.37	156.13	4.42	167.48	171.90	0.0187	0.7219
−30	0.0041	0.6720	0.15938	8.79	158.20	8.86	165.33	174.20	0.0371	0.7170
−28	1.0927	0.6746	0.14728	10.58	159.02	10.65	164.46	175.11	0.0444	0.7153
−26	1.1872	0.6773	0.13628	12.35	159.84	12.43	163.59	176.02	0.0517	0.7135
−25	1.2368	0.6786	0.13117	13.25	160.26	13.33	163.15	176.48	0.0552	0.7126
−24	1.2880	0.6800	0.12628	14.13	160.67	14.22	162.71	176.93	0.0589	0.7119
−22	1.3953	0.6827	0.11717	15.92	161.48	16.02	161.82	177.83	0.0660	0.7103
−20	1.5093	0.6855	0.10885	17.72	162.31	17.82	160.92	178.74	0.0731	0.7087
−18	1.6304	0.6883	0.10124	19.51	163.12	19.62	160.01	179.63	0.0802	0.7073
−15	1.8260	0.6926	0.09102	22.20	164.35	22.33	158.64	180.97	0.0906	0.7051
−10	2.1912	0.7000	0.07665	26.72	166.39	26.87	156.31	183.19	0.1080	0.7019
−5	2.6096	0.7080	0.06496	31.27	168.42	31.45	153.93	185.37	0.1251	0.6991
0	3.0861	0.7159	0.05539	35.83	170.44	36.05	153.48	187.53	0.1420	0.6965
4	3.5124	0.7227	0.04895	39.51	172.04	39.76	149.47	189.23	0.1553	0.6946
8	3.9815	0.7297	0.04340	43.21	173.63	43.50	147.41	190.91	0.1686	0.6929
12	4.4962	0.7370	0.03860	46.93	175.20	47.26	145.30	192.56	0.1817	0.6912
16	5.0591	0.7446	0.03442	50.67	176.78	51.05	143.14	194.19	0.1948	0.6898
20	5.6729	0.7525	0.03078	54.44	178.32	54.87	140.91	195.78	0.2078	0.6884
24	6.3405	0.7607	0.02759	58.25	179.85	58.73	138.61	197.34	0.2207	0.6871
26	6.6954	0.7650	0.02614	60.17	180.61	60.68	137.44	198.11	0.2271	0.6865
28	7.0648	0.7694	0.02478	62.09	181.36	62.63	136.24	198.87	0.2335	0.6859
30	7.4490	0.7739	0.02351	64.01	182.11	64.59	135.03	199.62	0.2400	0.6853
32	7.8485	0.7785	0.02231	65.96	182.85	66.57	133.79	200.36	0.2463	0.6847
34	8.2636	0.7832	0.02118	67.90	183.59	68.55	132.53	201.09	0.2527	0.6842
36	8.6948	0.7880	0.02012	69.86	184.31	70.55	131.25	201.80	0.2591	0.6836
38	9.1423	0.7929	0.01912	71.84	185.03	72.56	129.94	202.51	0.2655	0.6831
40	9.6065	0.7980	0.01817	73.82	185.74	74.59	128.61	203.20	0.2718	0.6825
42	10.088	0.8033	0.01728	75.82	186.45	76.63	127.25	203.88	0.2782	0.6820
44	10.587	0.8086	0.01644	77.82	187.13	76.68	125.87	204.54	0.2845	0.6814
48	11.639	0.8199	0.01488	81.88	188.51	82.83	123.00	205.83	0.2973	0.6802
52	12.766	0.8318	0.01349	86.00	189.83	87.06	119.99	207.05	0.3101	0.6791
56	13.972	0.8445	0.01224	90.18	191.10	91.36	116.84	208.20	0.3229	0.6779
60	15.259	0.8581	0.01111	94.43	192.31	95.74	113.52	209.26	0.3358	0.6765
112	41.155	1.7920	0.00179	175.98	175.95	183.35	0.000	183.35	0.5687	0.5687

附表 8 饱和制冷剂 12(液-气)的特性参数(随压强变化)

压强 /bar	温度 /℃	比体积 /(m³/kg)		比内能 /(kJ/kg)		比焓 /(kJ/kg)			比熵 /(kJ/(kg・K))	
		饱和液体 $v_f\times10^3$	饱和蒸气 v_g	饱和液体 u_f	饱和蒸气 u_g	饱和液体 h_f	相变焓差 Δh_{fg}	饱和蒸气 h_g	饱和液体 s_f	饱和蒸气 s_g
0.6	−41.42	0.6578	0.2575	−1.29	153.49	−1.25	170.19	168.94	−0.0054	0.7290
1.0	−30.10	0.6719	0.1600	8.71	158.15	8.78	165.37	174.15	0.0368	0.7171
1.2	−25.74	0.6776	0.1349	12.58	159.95	12.66	163.48	176.14	0.0526	0.7133
1.4	−21.91	0.6828	0.1168	15.99	161.52	16.09	161.78	177.87	0.0663	0.7102
1.6	−18.49	0.6876	0.1031	19.07	162.91	19.18	160.23	179.41	0.0784	0.7076
1.8	−15.38	0.6921	0.09225	21.86	164.19	21.98	158.82	180.80	0.0893	0.7054
2.0	−12.53	0.6962	0.08354	24.43	165.36	24.57	157.50	182.07	0.0992	0.7035
2.4	−7.42	0.7040	0.07033	29.06	167.44	29.23	155.09	184.32	0.1168	0.7004
2.8	−2.93	0.7111	0.06076	33.15	169.26	33.35	152.92	186.27	0.1321	0.6980
3.2	1.11	0.7177	0.05351	36.85	170.88	37.08	150.92	188.00	0.1457	0.6960
4.0	8.15	0.7299	0.04321	43.35	173.69	43.64	147.33	190.97	0.1691	0.6928
5.0	15.60	0.7438	0.03482	50.30	176.61	50.67	143.35	194.02	0.1935	0.6899
6.0	22.00	0.7566	0.02913	56.35	179.09	56.80	139.77	196.57	0.2142	0.6878
7.0	27.65	0.7686	0.02501	61.75	181.23	62.29	136.45	198.74	0.23240	0.6860
8.0	32.74	0.7802	0.02188	66.68	183.13	67.30	133.33	200.63	0.2487	0.6845
9.0	37.37	0.7914	0.01942	71.22	184.81	71.93	130.36	202.29	0.2634	0.6832
10.0	41.64	0.8023	0.01744	75.46	186.32	76.26	127.50	203.76	0.2770	0.6820
12.0	49.31	0.8237	0.01441	83.22	188.95	84.21	122.03	206.24	0.3015	0.6799
14.0	56.09	0.8448	0.01222	90.28	191.11	91.46	116.76	208.22	0.3232	0.6778
16.0	62.19	0.8660	0.01054	96.80	192.95	98.19	111.62	209.81	0.3329	0.6758

附表 9 制冷剂 12 过热蒸气的特性参数

温度 t / ℃	比体积 v /(m³/kg)	比内能 u /(kJ/kg)	比焓 h /(kJ/kg)	比熵 s /(kJ/(kg・K))	比体积 v /(m³/kg)	比内能 u /(kJ/kg)	比焓 h /(kJ/kg)	比熵 s /(kJ/(kg・K))
	p=0.6bar=0.06MPa (t_{sat}= −41.42℃)				p=1.0bar=0.10MPa (t_{sat}= −30.10℃)			
饱和	0.2575	153.49	168.94	0.7290	0.1600	158.15	174.15	0.7171
−40	0.2593	154.16	169.72	0.7324				
−20	0.2838	163.91	180.94	0.7785	0.1677	163.22	179.99	0.7406
0	0.3079	174.05	192.52	0.8225	0.1827	173.50	191.77	0.7854
10	0.3198	179.26	198.45	0.8439	0.1900	178.77	197.77	0.8070
20	0.3317	184.57	204.47	0.8647	0.1973	184.12	203.85	0.8281
30	0.3435	189.96	210.57	0.8852	0.2045	189.57	210.02	0.8488
40	0.3552	195.46	216.77	0.9053	0.2117	195.09	216.26	0.8691
50	0.3670	201.02	223.04	0.9251	0.2188	200.70	222.58	0.8889
60	0.3787	206.69	229.41	0.9444	0.2260	206.38	228.98	0.9084
80	0.4020	218.25	242.37	0.9822	0.2401	218.00	242.01	0.9464

附表 9 （续）

温度 t / ℃	比体积 v / (m³/kg)	比内能 u / (kJ/kg)	比焓 h / (kJ/kg)	比熵 s / (kJ/(kg·K))	比体积 v / (m³/kg)	比内能 u / (kJ/kg)	比焓 h / (kJ/kg)	比熵 s / (kJ/(kg·K))
	p=1.4bar=0.14MPa (t_{sat}= −21.91℃)				p=1.8bar=0.18MPa (t_{sat}= −15.38℃)			
饱和	0.1168	161.52	177.87	0.7102	0.0922	164.20	180.80	0.7054
−20	0.1179	162.50	179.01	0.7147				
−10	0.1235	167.69	184.97	0.7378	0.0925	164.39	181.03	0.7181
0	0.1289	172.94	190.99	0.7602	0.0991	172.37	190.21	0.7408
10	0.1343	178.28	197.08	0.7821	0.1034	177.77	196.38	0.7630
20	0.1397	183.67	203.23	0.8035	0.1076	183.23	202.60	0.7846
30	0.1449	189.17	209.46	0.8243	0.1118	188.77	208.89	0.8057
40	0.1502	194.72	215.75	0.8447	0.1160	194.35	215.23	0.8263
50	0.1553	200.38	222.12	0.8648	0.1201	200.02	221.64	0.8464
60	0.1605	206.08	228.55	0.8844	0.1241	205.78	228.12	0.8662
80	0.1707	217.74	241.64	0.9225	0.1322	217.47	217.27	0.9045
100	0.1809	229.67	255.00	0.9593	0.1402	229.45	254.69	0.9414
	p=2.0bar=0.20MPa (t_{sat}= −12.53℃)				p=2.4bar=0.24MPa (t_{sat}= −7.42℃)			
饱和	0.0835	165.37	182.07	0.7035	0.0703	167.45	184.32	0.7004
0	0.0886	172.08	189.08	0.7325	0.0729	171.49	188.99	0.7177
10	0.0926	177.50	196.02	0.7548	0.0763	176.98	195.29	0.7404
20	0.0964	183.00	202.28	0.7766	0.0796	182.53	201.63	0.7624
30	0.1002	188.56	208.60	0.7978	0.0828	188.14	208.01	0.7838
40	0.1040	194.17	214.97	0.8184	0.0860	193.80	214.44	0.8047
50	0.1077	199.86	221.40	0.8387	0.0892	199.51	220.92	0.8251
60	0.1114	205.62	227.90	0.8585	0.0923	205.31	227.46	0.8450
80	0.1187	217.35	241.09	0.8969	0.0985	217.07	240.71	0.8836
100	0.1259	229.35	254.53	0.9339	0.1045	229.12	254.20	0.9208
120	0.1331	241.59	268.21	0.9696	0.1105	241.41	267.93	0.9566
	p=2.8bar=0.28MPa (t_{sat}= −2.93℃)				p=3.2bar=0.32MPa (t_{sat}= −1.11℃)			
饱和	0.06076	169.26	186.27	0.6980	0.05351	170.88	188.00	0.6960
0	0.06166	170.89	188.15	0.7049				
10	0.6464	176.45	194.55	0.7279	0.05590	175.90	193.79	0.7167
20	0.06755	182.06	200.97	0.7502	0.05852	181.57	200.30	0.7393
30	0.07040	187.71	207.42	0.7718	0.06106	187.28	206.82	0.7612
40	0.07319	193.42	213.91	0.7928	0.06355	193.02	213.36	0.7824
50	0.07594	199.18	220.44	0.8134	0.06600	198.82	219.94	0.8031
60	0.07865	205.00	227.02	0.8334	0.06841	204.68	226.57	0.8233
80	0.08399	216.82	240.34	0.8772	0.07314	216.55	239.96	0.8623
100	0.08924	228.29	253.88	0.9095	0.07778	228.66	253.55	0.8997
120	0.09443	241.21	267.65	0.9455	0.08236	241.00	267.36	0.9358

附表 9　(续)

温度 t / ℃	比体积 v / (m^3/kg)	比内能 u / (kJ/kg)	比焓 h / (kJ/kg)	比熵 s / (kJ/(kg・K))	比体积 v / (m^3/kg)	比内能 u / (kJ/kg)	比焓 h / (kJ/kg)	比熵 s / (kJ/(kg・K))
	p=4.0bar=0.40MPa (t_{sat}=8.15℃)				p=5.0bar=0.50MPa (t_{sat}=15.60℃)			
饱和	0.04321	173.69	190.97	0.6928	0.03482	176.61	194.02	0.6899
10	0.04363	174.76	192.21	0.6972				
20	0.04584	180.57	198.91	0.7204	0.03565	179.26	197.08	0.7004
30	0.04797	186.39	205.58	0.7428	0.03746	185.23	203.96	0.7235
40	0.05005	192.23	212.25	0.7645	0.03922	191.20	210.81	0.7457
50	0.05207	198.11	218.94	0.7855	0.04091	197.19	217.64	0.7672
60	0.05406	204.03	225.65	0.8060	0.04257	203.20	224.48	0.7881
80	0.05791	216.03	239.19	0.8454	0.04578	215.32	238.21	0.8281
100	0.06173	228.20	252.89	0.8831	0.04889	227.61	252.05	0.8662
120	0.06546	240.61	266.79	0.9194	0.05193	240.10	266.06	0.9028
140	0.06913	253.23	280.88	0.9544	0.05492	252.77	280.23	0.9379
	p=6.0bar=0.60MPa (t_{sat}=22.00℃)				p=7.0bar=0.70MPa (t_{sat}=27.65℃)			
饱和	0.02913	179.09	196.57	0.6878	0.02501	181.23	198.74	0.6860
30	0.03042	184.01	202.26	0.7068	0.02535	182.72	200.46	0.6917
40	0.03197	190.13	209.31	0.7297	0.02676	189.00	207.73	0.7153
50	0.03345	196.23	216.30	0.7516	0.02810	195.23	214.90	0.7378
60	0.03489	202.34	223.27	0.7729	0.02939	201.45	222.02	0.7595
80	0.03765	214.61	237.20	0.8135	0.03184	213.88	236.17	0.8008
100	0.04032	227.01	251.20	0.8520	0.03419	226.40	250.33	0.8398
120	0.04291	239.57	265.32	0.8889	0.03646	239.05	264.57	0.8769
140	0.04545	252.31	279.58	0.9243	0.03867	251.85	278.92	0.9125
160	0.04794	265.25	294.01	0.9584	0.04085	264.83	293.42	0.9468
	p=8.0bar=0.80MPa (t_{sat}=32.74℃)				p=9.0bar=0.90MPa (t_{sat}=37.37℃)			
饱和	0.02188	183.13	200.63	0.6845	0.01942	184.81	202.29	0.6832
40	0.02283	187.81	206.07	0.7021	0.01974	186.55	204.32	0.6897
50	0.02407	194.19	213.45	0.7253	0.02091	193.10	211.92	0.7136
60	0.02525	200.52	220.72	0.7474	0.02201	199.56	219.37	0.7363
80	0.02748	213.13	235.11	0.7894	0.02407	212.37	234.03	0.7790
100	0.02959	225.77	249.44	0.8289	0.02601	225.13	245.54	0.8190
120	0.03162	238.51	263.81	0.8664	0.02785	237.97	263.03	0.8569
140	0.03359	251.39	278.26	0.9022	0.02964	250.90	277.58	0.8930
160	0.03552	264.41	292.83	0.9367	0.03138	263.99	292.23	0.9276
180	0.03742	277.60	307.54	0.9699	0.03309	277.23	307.01	0.9609

附表 9 (续)

温度 t /℃	比体积 v /(m^3/kg)	比内能 u /(kJ/kg)	比焓 h /(kJ/kg)	比熵 s /(kJ/(kg·K))	比体积 v /(m^3/kg)	比内能 u /(kJ/kg)	比焓 h /(kJ/kg)	比熵 s /(kJ/(kg·K))
	p=10.0bar=1.00MPa (t_{sat}=41.64℃)				p=12.0bar=1.20MPa (t_{sat}=49.31℃)			
饱和	0.01744	186.32	203.76	0.6820	0.01441	188.95	206.24	0.6799
50	0.01837	191.95	210.32	0.7026	0.01448	189.43	206.81	0.6816
60	0.01941	198.56	217.97	0.7259	0.01546	196.41	214.96	0.7065
80	0.02134	211.57	232.91	0.7695	0.01722	209.91	230.57	0.7520
100	0.02313	224.48	247.61	0.8100	0.01881	223.13	245.70	0.7937
120	0.02484	237.41	262.25	0.8482	0.02030	236.27	260.63	0.8326
140	0.02647	250.43	276.90	0.8845	0.02172	249.45	275.51	0.8696
160	0.02807	263.56	291.63	0.9193	0.02309	263.70	290.41	0.9048
180	0.02963	276.84	306.47	0.9528	0.02443	276.05	305.37	0.9385
200	0.03116	290.26	321.42	0.9851	0.02574	289.55	320.44	0.9711
	p=14.0bar=1.40MPa (t_{sat}=56.09℃)				p=16.0bar=1.60MPa (t_{sat}=62.19℃)			
饱和	0.01222	191.11	208.22	0.6778	0.01054	192.95	209.81	0.6758
60	0.01258	194.00	211.61	0.6881				
80	0.01425	208.11	228.06	0.7360	0.01198	206.17	225.34	0.7209
100	0.01571	221.70	243.69	0.7791	0.01337	220.19	241.58	0.7656
120	0.01705	235.09	258.96	0.8189	0.01461	233.84	257.22	0.8065
140	0.01832	248.43	274.08	0.8564	0.01577	247.38	272.61	0.8447
160	0.01954	261.80	289.16	0.8921	0.01686	260.90	287.88	0.8808
180	0.02071	275.27	304.26	0.9262	0.01792	274.47	303.14	0.9152
200	0.02186	288.84	319.44	0.9589	0.01895	288.11	318.43	0.9482
220	0.02299	302.51	334.70	0.9905	0.01996	301.84	333.78	0.9800

附表 10 饱和制冷剂 134a(液-气)的特性参数(随温度变化)

温度 /℃	压强 /bar	比体积 /(m^3/kg)		比内能 /(kJ/kg)		比焓 /(kJ/kg)			比熵 /(kJ/(kg·K))	
		饱和液体 $v_f \times 10^3$	饱和蒸气 v_g	饱和液体 u_f	饱和蒸气 u_g	饱和液体 h_f	相变焓差 Δh_{fg}	饱和蒸气 h_g	饱和液体 s_f	饱和蒸气 s_g
−40	0.5164	0.7055	0.3569	−0.04	204.45	0.00	222.88	222.88	0.0000	0.9560
−36	0.6332	0.7113	0.2947	4.680	206.73	4.73	220.67	225.40	0.0201	0.9506
−32	0.7704	0.7172	0.2451	9.470	209.01	9.52	218.37	227.90	0.0401	0.9456
−28	0.9305	0.7233	0.2052	14.31	211.29	14.37	216.01	230.38	0.0600	0.9411
−26	1.0199	0.7265	0.1882	16.75	212.43	16.82	214.80	231.62	0.0699	0.9390
−24	1.1160	0.7296	0.1728	19.21	213.57	19.29	213.57	232.85	0.0798	0.9370
−22	1.2192	0.7328	0.1590	21.68	214.70	21.77	212.32	234.08	0.0897	0.9351

附表10 (续)

温度/℃	压强/bar	比体积/(m³/kg)		比内能/(kJ/kg)		比焓/(kJ/kg)			比熵/(kJ/(kg·K))	
		饱和液体 $v_f\times10^3$	饱和蒸气 v_g	饱和液体 u_f	饱和蒸气 u_g	饱和液体 h_f	相变焓差 Δh_{fg}	饱和蒸气 h_g	饱和液体 s_f	饱和蒸气 s_g
−20	1.3299	0.7361	0.1464	24.17	215.84	24.26	211.05	235.31	0.0996	0.9332
−18	1.4483	0.7395	0.1350	26.67	216.97	26.77	209.76	236.53	0.1094	0.9315
−16	1.5748	0.7428	0.1247	29.18	218.10	29.30	208.45	237.74	0.1192	0.9298
−12	1.8540	0.7498	0.1068	34.25	220.36	34.39	205.77	240.15	0.1388	0.9267
−8	2.1704	0.7569	0.0919	39.38	222.60	39.54	203.00	242.54	0.1583	0.9239
−4	2.5274	0.7644	0.0794	44.56	224.84	44.75	200.15	244.90	0.1777	0.9213
0	2.9282	0.7721	0.0689	49.79	227.06	50.02	197.21	247.23	0.1970	0.9190
4	3.3765	0.7801	0.0600	55.08	229.27	55.35	194.19	249.53	0.2162	0.9169
8	3.3856	0.7884	0.0525	60.43	231.46	60.73	191.07	251.80	0.2354	0.9150
12	4.4294	0.7971	0.0460	65.83	233.63	66.18	187.85	254.03	0.2545	0.9132
16	5.0416	0.8062	0.0405	71.29	235.78	71.69	184.52	256.22	0.2735	0.9116
20	5.7160	0.8157	0.0358	76.80	237.91	77.26	181.09	258.36	0.2924	0.9102
24	6.4566	0.8257	0.0317	82.37	240.01	82.90	177.55	260.45	0.3113	0.9089
26	6.8530	0.8309	0.0298	85.18	241.05	85.75	175.73	261.48	0.3208	0.9082
28	7.2675	0.8362	0.0281	88.80	242.08	88.61	173.89	262.50	0.3302	0.9076
30	7.7006	0.8417	0.0265	90.84	243.10	91.49	172.00	263.50	0.3396	0.9070
32	8.1528	0.8473	0.0250	93.70	244.12	94.39	170.09	264.48	0.3490	0.9064
34	8.6247	0.8530	0.0236	96.58	245.12	97.31	168.14	265.45	0.3584	0.9058
36	9.1168	0.8590	0.0223	99.47	246.11	100.25	166.15	266.40	0.3678	0.9053
38	9.6298	0.8651	0.0210	102.38	247.09	103.21	164.12	267.33	0.3772	0.9047
40	10.164	0.8714	0.0199	105.30	248.06	106.19	162.05	268.24	0.3866	0.9041
42	10.720	0.8780	0.0188	108.25	249.02	109.19	159.94	269.14	0.3960	0.9035
44	11.299	0.8847	0.0177	111.22	249.96	112.22	157.79	270.01	0.4054	0.9030
48	12.526	0.8989	0.0159	117.22	251.79	118.35	153.33	271.68	0.4243	0.9017
52	13.851	0.9142	0.0142	123.31	253.55	124.58	148.66	273.24	0.4432	0.9004
56	15.278	0.9308	0.0127	129.51	255.23	130.93	143.75	274.68	0.4622	0.8990
60	1.813	0.9488	0.0114	135.82	256.81	137.42	138.57	275.99	0.4814	0.8973
70	21.162	1.0027	0.0086	152.22	260.15	154.34	124.08	278.43	0.5302	0.8918
80	26.324	1.0766	0.0064	169.88	262.14	172.71	106.41	279.12	0.5814	0.8827
90	32.435	1.1949	0.0046	189.82	261.34	193.69	82.63	276.32	0.6380	0.8655
100	39.742	1.5443	0.0027	218.60	248.49	224.74	34.40	259.13	0.7196	0.8117

附表 11　饱和制冷剂 134a（液-气）的特性参数（随压强变化）

压强 /bar	温度 /℃	比体积 /(m³/kg)		比内能 /(kJ/kg)		比焓 /(kJ/kg)			比熵 /(kJ/(kg·K))	
		饱和液体 $v_f \times 10^3$	饱和蒸气 v_g	饱和液体 u_f	饱和蒸气 u_g	饱和液体 h_f	相变焓差 Δh_{fg}	饱和蒸气 h_g	饱和液体 s_f	饱和蒸气 s_g
0.6	−37.07	0.7097	0.3100	3.41	206.12	3.46	221.27	224.72	0.0147	0.9520
0.8	−31.21	0.7184	0.2366	10.41	209.46	10.47	217.92	228.39	0.0440	0.9447
1.0	−26.43	0.7258	0.1917	16.22	212.18	16.29	215.06	231.35	0.0678	0.9395
1.2	−22.36	0.7323	0.1614	21.23	214.50	21.32	212.54	233.86	0.0879	0.9354
1.4	−18.80	0.7381	0.1395	25.66	216.52	25.77	210.27	236.04	0.1055	0.9322
1.6	−15.62	0.7435	0.1229	29.66	218.32	29.78	208.19	237.97	0.1211	0.9295
1.8	−12.73	0.7485	0.1098	33.31	219.94	33.45	206.26	239.71	0.1352	0.9273
2.0	−10.09	0.7532	0.0993	36.69	221.43	36.84	204.46	241.30	0.1481	0.9253
2.4	−5.37	0.7618	0.0834	42.77	224.07	42.95	201.14	244.09	0.1710	0.9222
2.8	−1.23	0.7697	0.0719	48.18	226.38	48.39	198.13	246.52	0.1911	0.9197
3.2	2.48	0.7770	0.0632	53.06	228.43	53.31	195.35	248.66	0.2089	0.9177
3.6	5.84	0.7839	0.0564	57.54	230.28	57.82	192.76	250.58	0.2251	0.9160
4.0	8.93	0.7904	0.0509	61.69	231.97	62.00	190.32	252.32	0.2399	0.9145
5.0	15.74	0.8056	0.0409	70.93	235.64	71.33	184.74	256.07	0.2723	0.9117
6.0	21.58	0.8196	0.0341	78.99	238.74	79.48	179.71	259.19	0.2999	0.9097
7.0	26.72	0.8328	0.0292	86.19	241.42	86.78	175.07	261.85	0.3242	0.9080
8.0	31.33	0.8454	0.0255	92.75	243.78	93.42	170.73	264.15	0.3459	0.9066
9.0	35.53	0.8576	0.0226	98.79	245.88	99.56	166.62	266.18	0.3656	0.9054
10.0	39.39	0.8695	0.0202	104.42	247.77	105.29	162.68	267.97	0.3838	0.9043
12.0	46.32	0.8928	0.0166	114.69	251.03	115.76	155.23	270.99	0.4164	0.9023
14.0	52.43	0.9159	0.0140	123.98	253.74	125.26	148.14	273.40	0.4453	0.900.
16.0	57.92	0.9392	0.0121	132.52	256.00	134.02	141.31	275.33	0.4714	0.8982
18.0	62.91	0.9631	0.0105	140.49	257.88	142.22	134.60	276.83	0.4954	0.8959
20.0	67.49	0.9878	0.0093	148.02	259.41	149.99	127.95	277.94	0.5178	0.8934
25.0	77.59	1.0562	0.0069	165.48	261.84	168.12	111.06	279.17	0.5687	0.8854
30.0	86.22	1.1416	0.0053	181.88	262.16	185.30	92.710	278.01	0.6156	0.8735

附表 12 制冷剂 134a 过热蒸气的特性参数

温度 t / ℃	比体积 v / (m^3/kg)	比内能 u / (kJ/kg)	比焓 h / (kJ/kg)	比熵 s / (kJ/(kg·K))	比体积 v / (m^3/kg)	比内能 u / (kJ/kg)	比焓 h / (kJ/kg)	比熵 s / (kJ/(kg·K))
	p=0.06bar=0.006MPa (t_{sat}= −37.07℃)				p=1.0bar=0.10MPa (t_{sat}= −26.43℃)			
饱和	0.31003	206.12	224.72	0.9520	0.19170	212.18	231.35	0.9395
−20	0.33536	217.86	237.98	1.0062	0.19770	216.77	236.54	0.9602
−10	0.34992	224.97	245.96	1.0371	0.20686	224.01	244.70	0.9918
0	0.36433	232.24	254.10	1.0675	0.21587	231.41	252.99	1.0227
10	0.37861	239.69	262.41	1.0973	0.22473	238.96	261.43	1.0531
20	0.39279	247.32	270.89	1.1267	0.23349	246.67	270.02	1.0829
30	0.40688	255.12	279.53	1.1557	0.24216	254.54	278.76	1.1122
40	0.42091	263.10	288.35	1.1844	0.25076	262.58	287.66	1.1411
50	0.43487	271.25	297.34	1.2126	0.25930	270.79	296.72	1.1696
60	0.44879	279.58	306.51	1.2405	0.26779	279.16	305.94	1.1977
70	0.46266	288.08	315.84	1.2681	0.27623	287.70	315.32	1.2254
80	0.47650	296.75	325.34	1.2954	0.28464	296.40	324.87	1.2528
90	0.49031	305.58	335.00	1.3224	0.29302	305.27	334.57	1.2799
	p=1.4bar=0.14MPa (t_{sat}= −18.80℃)				p=1.8bar=0.18MPa (t_{sat}= −12.73℃)			
饱和	0.13945	216.52	236.04	0.9322	0.10983	219.94	239.71	0.9273
−10	0.14549	223.03	243.40	0.9606	0.11135	222.02	242.06	0.9362
0	0.15219	230.55	251.86	0.9922	0.11678	229.67	250.69	0.9684
10	0.15875	238.21	260.43	1.0230	0.12207	237.44	259.41	0.9998
20	0.16520	246.01	269.13	1.0532	0.12723	245.33	268.23	1.0304
30	0.17155	253.96	277.97	1.0828	0.13230	253.36	277.17	1.0604
40	0.17783	262.06	286.96	1.1120	0.13730	261.53	286.24	1.0898
50	0.18404	270.32	296.09	1.1407	0.14222	269.85	295.45	1.1187
60	0.19020	278.74	305.37	1.1690	0.14710	278.31	304.79	1.1472
70	0.19633	287.32	314.80	1.1969	0.15193	286.93	314.28	1.1753
80	0.20241	296.06	324.39	1.2244	0.15672	295.71	323.92	1.2030
90	0.20846	304.95	334.14	1.2516	0.16148	304.63	333.70	1.2303
100	0.21449	314.01	344.04	1.2785	0.16622	313.72	343.63	1.2573

附表 12 （续）

温度 t /℃	比体积 v /(m^3/kg)	比内能 u /(kJ/kg)	比焓 h /(kJ/kg)	比熵 s /(kJ/(kg·K))	比体积 v /(m^3/kg)	比内能 u /(kJ/kg)	比焓 h /(kJ/kg)	比熵 s /(kJ/(kg·K))
	p=2.0bar=0.20MPa (t_{sat}= −10.09℃)				p=2.4bar=0.24MPa (t_{sat}= −5.37℃)			
饱和	0.09933	221.43	241.30	0.9253	0.08343	224.07	244.09	0.9222
−10	0.09938	221.50	241.38	0.9256				
0	0.10438	229.23	250.10	0.9582	0.08574	228.31	248.89	0.9399
10	0.10922	237.05	258.89	0.9898	0.08993	236.26	257.84	0.9721
20	0.11394	244.99	267.78	1.0206	0.09399	244.30	266.85	1.0034
30	0.11856	253.06	276.77	1.0508	0.09794	252.45	275.95	1.0339
40	0.12311	261.26	285.88	1.0804	0.10181	260.72	285.16	1.0637
50	0.12758	269.61	295.12	1.1094	0.10562	269.12	294.47	1.0930
60	0.13201	278.10	304.50	1.1380	0.10937	277.67	303.91	1.1218
70	0.13639	286.74	314.02	1.1661	0.11307	286.35	313.49	1.1501
80	0.14073	295.53	323.68	1.1939	0.11674	295.18	323.19	1.1780
90	0.14504	304.47	333.48	1.2212	0.12037	304.15	333.04	1.2055
100	0.14932	313.57	343.43	1.2483	0.12398	313.27	343.03	1.2326
	p=2.8bar=0.28MPa (t_{sat}= −1.23℃)				p=3.2bar=0.32MPa (t_{sat}=2.48℃)			
饱和	0.07193	226.38	246.52	0.9197	0.06322	228.43	248.66	0.9177
0	0.07240	227.37	247.64	0.9238				
10	0.07613	235.44	256.76	0.9566	0.06576	234.61	255.65	0.9427
20	0.07972	243.59	265.91	0.9883	0.06901	242.87	264.95	0.9749
30	0.08320	251.83	275.12	1.0192	0.07214	251.19	274.28	1.0062
40	0.08660	260.17	284.42	1.0494	0.07518	259.61	283.67	1.0367
50	0.08992	268.64	293.81	1.0789	0.07815	268.14	293.15	1.0665
60	0.09319	277.23	303.32	1.1079	0.08106	276.79	302.72	1.0957
70	0.09641	285.96	312.95	1.1364	0.08392	285.56	312.41	1.1243
80	0.09960	294.82	322.71	1.1644	0.08674	294.46	322.22	1.1525
90	0.10275	303.83	332.60	1.1920	0.08953	303.50	332.15	1.1802
100	0.10587	312.98	342.62	1.2193	0.09229	312.68	342.21	1.2076
110	0.10897	322.27	352.78	1.2461	0.09503	322.00	352.40	1.2345
120	0.11205	331.71	363.08	1.2727	0.09774	331.45	362.73	1.2611

附表 12　（续）

温度 t / ℃	比体积 v / (m³/kg)	比内能 u / (kJ/kg)	比焓 h / (kJ/kg)	比熵 s / (kJ/(kg·K))	比体积 v / (m³/kg)	比内能 u / (kJ/kg)	比焓 h / (kJ/kg)	比熵 s / (kJ/(kg·K))
	p=4.0bar=0.40MPa (t_{sat}=8.93℃)				p=5.0bar=0.50MPa (t_{sat}=15.74℃)			
饱和	0.05089	231.97	252.32	0.9145	0.04086	235.64	256.07	0.9117
10	0.05119	232.87	253.35	0.9182				
20	0.05397	241.37	262.96	0.9515	0.04188	239.40	260.34	0.9264
30	0.05662	249.89	272.54	0.9837	0.04416	248.20	270.28	0.9597
40	0.05917	258.47	282.14	1.0148	0.04633	256.99	280.16	0.9918
50	0.06164	267.13	291.79	1.0452	0.04842	265.83	290.04	1.0229
60	0.06405	275.89	301.51	1.0748	0.05043	274.73	299.95	1.0531
70	0.06641	284.75	311.32	1.1038	0.05240	283.72	309.92	1.0825
80	0.06873	293.73	321.23	1.1322	0.05432	292.80	319.96	1.1114
90	0.07102	302.84	331.25	1.1602	0.05620	302.00	330.10	1.1397
100	0.07327	312.08	341.38	1.1878	0.05805	311.31	340.33	1.1675
110	0.07550	321.44	351.64	1.2149	0.05988	320.74	350.68	1.1949
120	0.07771	330.94	362.03	1.2417	0.06168	330.30	361.14	1.2218
130	0.07991	340.58	372.54	1.2681	0.06347	339.98	371.72	1.2484
140	0.08208	350.35	383.18	1.2941	0.06524	349.79	382.42	1.2746
	p=6.0bar=0.60MPa (t_{sat}=21.58℃)				p=7.0bar=0.70MPa (t_{sat}=26.72℃)			
饱和	0.03408	238.74	259.19	0.9097	0.02918	241.42	261.85	0.9080
30	0.03581	246.41	267.89	0.9388	0.02979	244.51	265.37	0.9197
40	0.03774	255.45	278.09	0.9719	0.03157	253.83	275.93	0.9539
50	0.03958	264.48	288.23	1.0037	0.03324	263.08	286.35	0.9867
60	0.04134	273.54	298.35	1.0346	0.03482	272.31	296.69	1.0182
70	0.04304	282.66	308.48	1.0645	0.03634	281.57	307.01	1.0487
80	0.04469	291.86	318.67	1.0938	0.03781	290.88	317.35	1.0784
90	0.04631	301.14	328.93	1.1225	0.03924	300.27	327.74	1.1074
100	0.04790	310.53	339.27	1.1505	0.04064	309.74	338.19	1.1358
110	0.04946	320.03	349.70	1.1781	0.04201	319.31	348.71	1.1637
120	0.05099	329.64	360.24	1.2053	0.04335	328.98	359.33	1.1910
130	0.05251	339.38	370.88	1.2320	0.04468	338.76	370.04	1.2179
140	0.05402	349.23	381.64	1.2584	0.04599	348.66	380.86	1.2444
150	0.05550	359.21	392.52	1.2844	0.04729	358.68	391.79	1.2706
160	0.05698	369.32	403.51	1.3100	0.04857	368.82	402.82	1.2963

附表 12 （续）

温度 t / ℃	比体积 v / (m^3/kg)	比内能 u / (kJ/kg)	比焓 h / (kJ/kg)	比熵 s / (kJ/(kg·K))	比体积 v / (m^3/kg)	比内能 u / (kJ/kg)	比焓 h / (kJ/kg)	比熵 s / (kJ/(kg·K))
	p=8.0bar=0.80MPa (t_{sat}=31.33℃)				p=9.0bar=0.90MPa (t_{sat}=35.53℃)			
饱和	0.02547	243.78	264.15	0.9066	0.02255	245.88	266.18	0.9054
40	0.02691	252.13	273.66	0.9374	0.02325	250.32	271.25	0.9217
50	0.02846	261.62	284.39	0.9711	0.02472	260.09	282.34	0.9566
60	0.02992	271.04	294.98	1.0034	0.02609	269.72	293.21	0.9897
70	0.03131	280.45	305.50	1.0345	0.02738	279.30	303.94	1.0214
80	0.03264	289.89	316.00	1.0647	0.02861	288.87	314.62	1.0521
90	0.03393	299.37	326.52	1.0940	0.02980	298.46	325.28	1.0819
100	0.03519	308.93	337.08	1.1227	0.03095	308.11	335.96	1.1109
110	0.03642	318.57	347.71	1.1508	0.03207	317.82	346.68	1.1392
120	0.03762	328.31	358.40	1.1784	0.03316	327.62	357.47	1.1670
130	0.03881	338.14	369.19	1.2055	0.03423	337.52	368.33	1.1943
140	0.03997	348.09	380.07	1.2321	0.03529	347.51	379.27	1.2211
150	0.04113	358.15	391.05	1.2584	0.03633	357.61	390.31	1.2475
160	0.04227	368.32	402.14	1.2843	0.03736	367.82	401.44	1.2735
170	0.04340	378.61	413.33	1.3098	0.03838	378.14	412.68	1.2992
180	0.04452	389.02	424.63	1.3351	0.03939	388.57	424.02	1.3245
	p=10.0bar=1.00MPa (t_{sat}=39.39℃)				p=12.0bar=1.20MPa (t_{sat}=46.32℃)			
饱和	0.02020	247.77	267.97	0.9043	0.01663	251.03	270.99	0.9023
40	0.02029	248.39	268.68	0.9066				
50	0.02171	258.48	280.19	0.9428	0.01712	254.98	275.52	0.9164
60	0.02301	268.35	291.36	0.9768	0.01835	265.42	287.44	0.9527
70	0.02423	278.11	302.34	1.0093	0.01947	275.59	298.96	0.9868
80	0.02538	287.82	313.20	1.0405	0.02051	285.62	310.24	1.0192
90	0.02649	297.53	324.01	1.0707	0.02150	295.59	321.39	1.0503
100	0.02755	307.27	334.82	1.1000	0.02244	305.54	332.47	1.0804
110	0.02858	317.06	345.65	1.1286	0.02335	315.50	343.52	1.1096
120	0.02959	326.93	356.52	1.1567	0.02423	325.51	354.58	1.1381
130	0.03058	317.06	345.65	1.1286	0.02508	335.58	365.68	1.1660
140	0.03154	346.92	378.46	1.1841	0.02592	345.73	376.83	1.1933
150	0.03250	357.06	389.56	1.2376	0.02674	355.95	388.04	1.2201
160	0.03344	367.31	400.74	1.2638	0.02754	366.27	399.33	1.2465
170	0.03436	377.66	412.02	1.2895	0.02834	376.69	410.70	1.2724
180	0.03528	388.12	423.40	1.3149	0.02912	387.21	422.16	1.2980

附表 12　(续)

温度 t /℃	比体积 v /(m^3/kg)	比内能 u /(kJ/kg)	比焓 h /(kJ/kg)	比熵 s /(kJ/(kg·K))	比体积 v /(m^3/kg)	比内能 u /(kJ/kg)	比焓 h /(kJ/kg)	比熵 s /(kJ/(kg·K))
	p=14.0bar=1.40MPa (t_{sat}=52.43℃)				p=16.0bar=1.60MPa (t_{sat}=57.92℃)			
饱和	0.01405	253.74	273.40	0.9003	0.01208	256.00	275.33	0.8982
60	0.01495	262.17	283.10	0.9297	0.01233	258.48	278.20	0.9069
70	0.01603	272.87	295.31	0.9658	0.01340	269.89	291.33	0.9457
80	0.01701	283.29	307.10	0.9997	0.01435	280.78	303.74	0.9813
90	0.01792	293.55	318.63	1.0319	0.01521	291.39	315.72	1.0148
100	0.01878	303.73	330.02	1.0628	0.01601	301.84	327.46	1.0467
110	0.01960	313.88	341.32	1.0927	0.01677	312.20	339.04	1.0773
120	0.02039	324.05	352.59	1.1218	0.01750	322.53	350.53	1.1069
130	0.02115	334.25	363.86	1.1501	0.01820	332.87	361.99	1.1357
140	0.02189	344.50	375.15	1.1777	0.01887	343.24	373.44	1.1638
150	0.02262	354.82	386.49	1.2048	0.01953	353.66	384.91	1.1912
160	0.02333	365.22	397.89	1.2315	0.02017	364.15	396.43	1.2181
170	0.02403	375.71	409.36	1.2576	0.02080	374.71	407.99	1.2445
180	0.02472	386.29	420.90	1.2834	0.02142	385.35	419.62	1.2704
190	0.02541	396.96	432.53	1.3088	0.02203	396.08	431.33	1.2960
200	0.02608	407.73	444.24	1.3338	0.02263	406.90	443.11	1.3212

附表 13　饱和氨(液-气)的特性参数(随温度变化)

温度 /℃	压强 /bar	比体积 /(m^3/kg)		比内能 /(kJ/kg)		比焓 /(kJ/kg)			比熵 /(kJ/(kg·K))	
		饱和液体 $v_f\times10^3$	饱和蒸气 v_g	饱和液体 u_f	饱和蒸气 u_g	饱和液体 h_f	相变焓差 Δh_{fg}	饱和蒸气 h_g	饱和液体 s_f	饱和蒸气 s_g
−50	0.4086	1.4245	2.6265	−43.94	1264.99	−43.88	1416.20	1372.32	−0.1922	6.1543
−45	0.5453	1.4367	2.0060	−22.03	1271.19	−21.95	1402.52	1380.57	−0.0951	6.0523
−40	0.7174	1.4493	1.5524	−0.10	1277.20	0.00	1388.56	1388.56	0.0000	5.9577
−36	0.8850	1.4597	1.2757	17.47	1281.87	17.60	1377.17	1394.77	0.0747	5.8819
−32	1.0832	1.4703	1.0561	35.09	1286.41	35.25	1365.55	1400.81	0.1484	5.8111
−30	1.1950	1.4757	0.9634	43.93	1288.63	44.10	1359.65	1403.75	0.1849	5.7767
−28	1.3159	1.4812	0.8803	52.78	1290.82	52.97	1353.68	1406.66	0.2212	5.7430
−26	1.4465	1.4867	0.8056	61.65	1292.97	61.86	1347.65	1409.51	0.2572	5.7100

附表 13 (续)

温度 /℃	压强 /bar	比体积 /(m³/kg)		比内能 /(kJ/kg)		比焓 /(kJ/kg)			比熵 /(kJ/(kg·K))	
		饱和液体 $v_f \times 10^3$	饱和蒸气 v_g	饱和液体 u_f	饱和蒸气 u_g	饱和液体 h_f	相变焓差 Δh_{fg}	饱和蒸气 h_g	饱和液体 s_f	饱和蒸气 s_g
−22	1.7390	1.4980	0.6780	79.46	1297.18	79.72	1335.36	1415.08	0.3287	5.6457
−20	1.9019	1.5038	0.6233	88.40	1299.23	88.68	1329.10	1417.79	0.3642	5.6144
−18	2.0769	1.5096	0.5739	97.36	1301.25	97.68	1322.77	1420.45	0.3994	5.5837
−16	2.2644	1.5155	0.5291	106.36	1303.23	106.70	1316.35	1423.05	0.4346	5.5536
−14	2.4652	1.5215	0.4885	115.37	1305.17	115.75	1309.86	1425.61	0.4695	5.5239
−12	2.6798	1.5276	0.4516	124.42	1307.08	124.83	1303.28	1428.11	0.5043	5.4948
−10	2.9089	1.5338	0.4180	133.50	1308.95	133.94	1296.61	1430.55	0.5389	5.4662
−8	3.1532	1.5400	0.3874	142.60	1310.78	143.09	1289.86	1432.95	0.5734	5.4380
−6	3.4134	1.5464	0.3595	151.74	1312.57	152.26	1283.02	1435.28	0.6077	5.4103
−4	3.6901	1.5528	0.3340	160.88	1314.32	161.46	1276.10	1437.56	0.6418	5.3831
−2	3.9842	1.5594	0.3106	170.07	1316.04	170.69	1269.08	1439.78	0.6759	5.3562
0	4.2962	1.5660	0.2892	179.29	1317.71	179.96	1261.97	1441.94	0.7097	5.3298
2	4.6270	1.5727	0.2695	188.53	1319.34	189.26	1254.77	1444.03	0.7435	5.3038
4	4.9773	1.5796	0.2514	197.80	1320.92	198.59	1247.48	1446.07	0.7770	5.2781
6	5.3479	1.5866	0.2348	207.10	1322.47	207.95	1240.09	1488.04	0.8105	5.2529
8	5.7395	1.5936	0.2195	216.42	1323.96	217.34	1232.61	1449.94	0.8438	5.2279
10	6.1529	1.6008	0.2054	225.77	1325.42	226.75	1255.03	1451.78	0.8769	5.2033
12	6.5890	1.6081	0.1923	235.14	1326.82	236.20	1217.35	1453.55	0.9099	5.1791
16	7.5324	1.6231	0.1691	253.95	1329.48	255.18	1201.70	1456.87	0.9755	5.1314
20	8.5762	1.6386	0.1492	272.86	1331.94	274.26	1185.64	1459.90	1.0404	5.0849
24	9.7274	1.6547	0.1320	291.84	1334.19	293.45	1169.16	1462.61	1.1048	5.0394
28	10.993	1.6714	0.1172	310.92	1336.20	312.75	1152.24	1465.00	1.1686	4.9948
32	12.380	1.6887	0.1043	330.07	1337.97	332.17	1134.87	1467.03	1.2319	4.9509
36	13.896	1.7068	0.0930	349.32	1339.47	351.69	1117.00	1468.70	1.2946	4.9078
40	15.549	1.7256	0.0831	368.67	1340.70	371.35	1098.62	1469.97	1.3569	4.8652
45	17.819	1.7503	0.0725	393.01	1341.81	396.13	1074.84	1470.96	1.4341	4.8125
50	20.331	1.7765	0.0634	417.56	1342.42	421.17	1050.09	1471.26	1.5109	4.7604

附表 14　饱和氨(液-气)的特性参数(随压强变化)

压强 /bar	温度 /℃	比体积 /(m³/kg)		比内能 /(kJ/kg)		比焓 /(kJ/kg)			比熵 /(kJ/(kg·K))	
		饱和液体 $v_f\times10^3$	饱和蒸气 v_g	饱和液体 u_f	饱和蒸气 u_g	饱和液体 h_f	相变焓差 Δh_{fg}	饱和蒸气 h_g	饱和液体 s_f	饱和蒸气 s_g
0.40	−50.36	1.4326	2.6795	−45.52	1264.54	−45.46	1417.18	1371.72	−0.1992	6.1618
0.50	−46.53	1.4330	2.1752	−28.73	1269.31	−28.66	1406.73	1378.07	−0.1245	6.0829
0.60	-43.28	1.4410	1.8345	−14.51	1273.27	−14.42	1397.76	1383.34	−0.0622	6.0186
0.70	−40.46	1.4482	1.5884	−2.11	1276.66	−2.01	1389.85	1387.84	−0.0086	5.9643
0.80	−37.94	1.4546	1.4020	8.93	1279.61	9.04	1382.73	1391.78	0.0386	5.9174
0.90	−35.67	1.4605	1.2559	18.91	1282.24	19.04	1376.23	1395.27	0.0808	5.8760
1.00	−33.60	1.4660	1.1381	28.03	1284.61	9.04	1382.73	1398.41	0.1191	5.8391
1.25	−29.07	1.4782	0.9237	48.03	1289.65	48.22	1356.89	1405.11	0.2018	5.7610
1.50	−25.22	1.4889	0.7787	65.10	1293.80	65.32	1345.28	1410.61	0.2712	5.6973
1.75	−21.86	1.4984	0.6740	80.08	1297.33	80.35	1334.92	1415.27	0.3312	5.6435
2.00	−18.86	1.5071	0.5946	93.50	1300.39	93.80	1325.51	1419.31	0.3843	5.5969
2.25	−16.15	1.5151	0.5323	105.68	1303.08	106.03	1316.83	1422.86	0.4319	5.5558
2.50	−13.67	1.5225	0.4821	116.88	1305.49	117.26	1308.76	1426.03	0.4753	5.5190
2.75	−11.37	1.5295	0.4408	127.26	1307.67	127.68	1301.20	1428.88	0.5152	5.4858
3.00	−9.24	1.5361	0.4061	136.96	1309.65	137.42	1294.05	1431.47	0.5520	5.4554
3.25	−7.24	1.5424	0.3765	146.06	1311.46	146.57	1287.27	1433.84	0.5864	5.4275
3.50	−5.36	1.5484	0.3511	154.66	1313.14	155.20	1280.81	1436.01	0.6186	5.4016
3.75	−3.58	1.5542	0.3289	162.80	1314.68	163.38	1274.64	1438.03	0.6489	5.3774
4.00	−1.90	1.5597	0.3094	170.55	1316.12	171.18	1268.71	1439.89	0.6776	5.3548
4.25	−0.29	1.5650	0.2921	177.96	1317.47	178.62	1263.01	1441.63	0.7048	5.3336
4.50	1.25	1.5702	0.2767	185.04	1318.73	185.75	1257.50	1443.25	0.7308	5.3135
4.75	2.72	1.5752	0.2629	191.84	1319.91	192.59	1252.18	1444.77	0.7555	5.2946
5.00	4.13	1.5800	0.2503	198.39	1321.02	199.18	1247.02	1446.19	0.7791	5.2765
5.25	5.48	1.5847	0.2390	204.69	1322.07	205.52	1242.01	1447.53	0.8018	5.2594
5.50	6.79	1.5893	0.2286	210.78	1323.06	211.65	1237.15	1448.80	0.8236	5.2430
5.75	8.05	1.5938	0.2191	216.66	1324.00	217.58	1232.41	1449.99	0.8446	5.2273
6.00	9.27	1.5982	0.2104	222.37	1324.89	223.32	1227.79	1451.12	0.8649	5.2122
7.00	13.79	1.6148	0.1815	243.56	1328.04	244.69	1210.38	1455.07	0.9394	5.1576
8.00	17.84	1.6302	0.1596	262.64	1330.64	263.95	1194.36	1458.30	1.0054	5.1099
9.00	21.52	1.6446	0.1424	280.05	1332.82	281.53	1179.44	1460.97	1.0649	5.0675
10.00	24.89	1.6584	0.1285	296.10	1334.66	297.76	1165.42	1463.18	1.1191	5.0294
12.00	30.94	1.6841	0.1075	324.99	1337.52	327.01	1139.52	1466.53	1.2152	4.9625
14.00	36.26	1.7080	0.0923	350.58	1339.56	352.97	1115.82	1468.79	1.2987	4.9050
16.00	41.03	1.7306	0.0808	373.69	1340.97	376.46	1093.77	1470.23	1.3729	4.8542
18.00	45.38	1.7522	0.0717	394.85	1341.88	398.00	1073.01	1471.01	1.4399	4.8086
20.00	49.37	1.7731	0.0644	414.44	1342.37	417.99	1053.27	1471.26	1.5012	4.7670

附表 15　氨过热蒸气的特性参数

温度 t /℃	比体积 v /(m^3/kg)	比内能 u /(kJ/kg)	比焓 h /(kJ/kg)	比熵 s /(kJ/(kg・K))	比体积 v /(m^3/kg)	比内能 u /(kJ/kg)	比焓 h /(kJ/kg)	比熵 s /(kJ/(kg・K))
	p=0.4bar=0.04MPa (t_{sat}= −50.36℃)				p=0.6bar=0.06MPa (t_{sat}= −43.28℃)			
饱和	2.6795	1264.54	1371.72	6.1618	1.8345	1273.27	1383.34	6.0186
−50	2.6841	1265.11	1372.48	6.1652				
−45	2.7481	1273.05	1382.98	6.2118				
−40	2.8118	1281.01	1393.48	6.2573	1.8630	1278.62	1390.40	6.0490
−35	2.8753	1288.96	1403.98	6.3018	1.9061	1286.75	1401.12	6.0946
−30	2.9385	1296.93	1414.47	6.3455	1.9491	1294.88	1411.83	6.1390
−25	3.0015	1304.90	1424.96	6.3382	1.9918	1303.01	1422.52	6.1826
−20	3.0644	1312.88	1435.46	6.4300	2.0343	1311.13	1433.19	6.2251
−15	3.1271	1320.87	1445.95	6.4711	2.0766	1319.25	1443.85	6.2668
−10	3.1896	1328.87	1456.45	6.5114	2.1188	1327.37	1454.50	6.3077
−5	3.2520	1336.88	1466.95	6.5509	2.1609	1335.49	1465.14	6.3478
0	3.3142	1344.90	1477.47	6.5898	2.2028	1343.61	1475.78	6.3871
5	3.3764	1352.95	1488.00	6.6280	2.2446	1351.75	1486.43	6.4257
	p=0.8bar=0.08MPa (t_{sat}= −37.94℃)				p=1.0bar=0.10MPa (t_{sat}= −33.60℃)			
饱和	1.4021	1279.61	1391.78	5.9174	1.1381	1284.61	1398.41	5.8391
−35	1.4215	1284.51	1398.23	5.9446				
−30	1.4543	1292.81	1409.15	5.9900	1.1573	1290.71	1406.44	5.8723
−25	1.4868	1301.09	1420.04	6.0343	1.1838	1299.15	1417.53	5.9175
−20	1.5192	1309.36	1430.90	6.0777	1.2101	1307.57	1428.58	5.9616
−15	1.5514	1317.61	1441.72	6.1200	1.2362	1315.96	1439.58	6.0046
−10	1.5834	1325.85	1452.53	6.1615	1.2621	1349.33	1450.54	6.0467
−5	1.6153	1334.09	1463.31	6.2021	1.2880	1332.67	1461.47	6.0878
0	1.6471	1342.31	1474.08	6.2419	1.3136	1341.00	1472.37	6.1281
5	1.6788	1350.54	1484.84	6.2809	1.3392	1349.33	1483.25	6.1676
10	1.7103	1358.77	1495.60	6.3192	1.3647	1357.64	1494.11	6.2063
15	1.7418	1367.01	1506.35	6.3568	1.3900	1365.95	1504.96	6.2442
20	1.7732	1375.25	1517.10	6.3939	1.4153	1374.27	1515.80	6.2816

附表 15　(续)

温度 t / ℃	比体积 v / (m^3/kg)	比内能 u / (kJ/kg)	比焓 h / (kJ/kg)	比熵 s / (kJ/(kg·K))	比体积 v / (m^3/kg)	比内能 u / (kJ/kg)	比焓 h / (kJ/kg)	比熵 s / (kJ/(kg·K))
	p=1.5bar=0.15MPa (t_{sat}= −25.22℃)				p=2.0bar=0.20MPa (t_{sat}= −18.86℃)			
饱和	0.7787	1293.80	1410.61	5.6973	0.59460	1300.39	1419.31	5.5969
−25	0.7795	1294.20	1411.13	5.6994				
−20	0.7978	1303.00	1422.67	5.7454				
−15	0.8158	1311.75	1434.12	5.7902	0.60542	1307.43	1428.51	5.6328
−10	0.8336	1320.44	1445.49	5.8338	0.61926	1316.46	1440.31	5.6781
−5	0.8514	1329.08	1456.79	5.8764	0.63294	1325.41	1452.00	5.7221
0	0.8689	1337.68	1468.02	5.9179	0.64648	1334.29	1463.59	5.7649
5	0.8864	1346.25	1479.20	5.9585	0.65989	1343.11	1475.09	5.8066
10	0.9037	1354.78	1490.34	5.9981	0.67320	1351.87	1486.51	5.8473
15	0.9210	1363.29	1501.44	6.0370	0.68640	1360.59	1497.87	5.8871
20	0.9382	1371.79	1512.51	6.0751	0.69952	1369.28	1509.18	5.9260
25	0.9553	1380.28	1523.56	6.1125	0.71256	1377.93	1520.44	5.9641
30	0.9723	1388.76	1534.60	6.1492	0.72553	1386.56	1531.67	6.0014
	p=2.5bar=0.25MPa (t_{sat}= −13.67℃)				p=3.0bar=0.30MPa (t_{sat}= −9.24℃)			
饱和	0.48213	1305.49	1426.03	5.5190	0.40607	1309.65	1431.47	5.4554
−10	0.49051	1312.37	1435.00	5.5534				
−5	0.50180	1321.65	1447.10	5.5989	0.41428	1317.80	1442.08	5.4953
0	0.51293	1330.83	1459.06	5.6431	0.42382	1327.28	1454.43	5.5409
5	0.52393	1339.91	1470.89	5.6760	0.43323	1336.64	1466.61	5.5851
10	0.53482	1348.91	1482.61	5.7278	0.44251	1345.89	1489.65	5.6280
15	0.54560	1357.84	1494.25	5.7685	0.45169	1355.05	1490.56	5.6697
20	0.55630	1366.72	1505.80	5.8083	0.46078	1364.13	1502.36	5.7103
25	0.56691	1375.55	1417.28	5.8471	0.46978	1373.14	1514.07	5.7499
30	0.57745	1384.34	1528.70	5.8851	0.47870	1382.09	1525.70	5.7886
35	0.58793	1393.10	1540.08	5.9223	0.48756	1391.00	1537.26	5.8264
40	0.59835	1401.84	1551.42	5.9589	0.49637	1399.86	1548.77	5.8635
45	0.60872	1410.56	1562.74	5.9947	0.50512	1408.70	1560.24	5.8998

附表 15 （续）

温度 t / ℃	比体积 v /(m^3/kg)	比内能 u /(kJ/kg)	比焓 h /(kJ/kg)	比熵 s /(kJ/(kg·K))	比体积 v /(m^3/kg)	比内能 u /(kJ/kg)	比焓 h /(kJ/kg)	比熵 s /(kJ/(kg·K))
	p=3.5bar=0.35MPa (t_{sat}= −5.36℃)				p=4.0bar=0.40MPa (t_{sat}= −1.90℃)			
饱和	0.35108	1313.14	1436.01	5.4016	0.30942	1316.12	1439.89	5.3548
0	0.36011	1323.66	1449.70	5.4522	0.31227	1319.95	1444.86	5.3731
10	0.37654	1342.82	1474.61	5.5417	0.32701	1339.68	1470.49	5.4652
20	0.39251	1361.49	1498.87	5.6259	0.34129	1358.81	1495.33	5.5515
30	0.40814	1379.81	1522.66	5.7057	0.35520	1377.49	1519.57	5.6328
40	0.42350	1397.87	1546.09	5.7818	0.36884	1395.85	1543.38	5.7101
60	0.45363	1433.55	1592.32	5.9249	0.39550	1431.97	1590.17	5.8549
80	0.48320	1469.06	1638.18	6.0586	0.42160	1467.77	1636.41	5.9897
100	0.51240	1504.73	1684.07	6.1850	0.44733	1503.64	1682.58	6.1169
120	0.54136	1540.79	1730.26	6.3056	0.47280	1539.85	1728.97	6.2380
140	0.57013	1577.38	1776.92	6.4213	0.49808	1576.55	1755.79	6.3541
160	0.59876	1614.60	1824.16	6.5330	0.52323	1613.86	1823.16	6.4661
180	0.62728	1652.51	1872.06	6.6411	0.54827	1651.85	1871.16	6.5744
200	0.65572	1691.15	1920.65	6.7460	0.57322	1690.56	1919.85	6.6796
	p=4.5bar=0.45MPa (t_{sat}= −1.25℃)				p=5.0bar=0.50MPa (tsat=4.13℃)			
饱和	0.27671	1318.73	1443.25	5.3135	0.025034	1321.02	1446.19	5.2765
10	0.28846	1336.48	1466.29	5.3962	0.25757	1333.22	1462.00	5.3330
20	0.30142	1356.09	1491.72	5.4845	0.26949	1353.32	1488.06	5.4234
30	0.31401	1375.15	1516.45	5.5674	0.28103	1372.76	1513.28	5.5080
40	0.21631	1393.80	1540.64	5.6460	0.29227	1391.74	1537.87	5.5878
60	0.35029	1430.37	1588.00	5.7926	0.31410	1428.76	1585.81	5.7362
80	0.37369	1466.47	1634.63	5.9285	0.33535	1465.16	1632.84	5.8733
100	0.39671	1502.55	1681.07	6.0564	0.35621	1501.46	1679.56	6.0020
120	0.41947	1538.91	1727.67	6.1781	0.37681	1537.97	1726.37	6.1242
140	0.44205	1575.73	1774.65	6.2946	0.39722	1574.90	1773.51	6.2412
160	0.46448	1613.13	1822.15	6.4069	0.41749	1612.40	1821.14	6.3537
180	0.48681	1651.20	1870.26	6.5155	0.43765	1650.54	1869.36	6.4626
200	0.50905	1689.97	1919.04	6.6208	0.45771	1689.38	1918.24	6.5681

附表 15　(续)

温度 t / ℃	比体积 v / (m^3/kg)	比内能 u / (kJ/kg)	比焓 h / (kJ/kg)	比熵 s / (kJ/(kg·K))	比体积 v / (m^3/kg)	比内能 u / (kJ/kg)	比焓 h / (kJ/kg)	比熵 s / (kJ/(kg·K))
	p=5.5bar=0.55MPa (t_{sat}=6.79℃)				p=6.0bar=0.60MPa (t_{sat}=9.27℃)			
饱和	0.22861	1323.06	1448.80	5.2430	0.21038	1324.89	1451.12	5.2122
10	0.23227	1329.88	1457.63	5.2743	0.21115	1326.47	1453.16	5.2195
20	0.24335	1350.50	1484.34	5.3671	0.22155	1347.62	1480.55	5.3145
30	0.25403	1370.35	1510.07	5.4534	0.23152	1367.90	1506.81	5.4026
40	0.26441	1389.64	1535.07	5.5345	0.24118	1387.52	1532.23	5.4851
50	0.27454	1408.53	1559.53	5.6114	0.25059	1406.67	1557.03	5.5631
60	0.28449	1427.13	1583.60	5.6848	0.25981	1425.49	1581.38	5.6373
80	0.30398	1463.85	1631.04	5.8230	0.27783	1462.52	1629.22	5.7768
100	0.32307	1500.36	1678.05	5.9525	0.29546	1499.25	1676.52	5.9071
120	0.34190	1537.02	1725.07	6.0753	0.31281	1536.07	1723.76	6.0304
140	0.36054	1574.07	1772.37	6.1926	0.32997	1573.24	1771.22	6.1481
160	0.37903	1611.66	1820.13	6.3055	0.34699	1610.92	1819.12	6.2613
180	0.39742	1649.88	1868.46	6.4146	0.36390	1649.22	1867.56	6.3707
200	0.41571	1688.79	1917.43	6.5203	0.38071	1688.20	1916.63	6.4766
	p=7.0bar=0.70MPa (t_{sat}=13.79℃)				p=8.0bar=0.80MPa (t_{sat}=17.84℃)			
饱和	0.18148	1328.04	1455.07	5.1576	0.15958	1330.64	1458.30	5.1099
20	0.18721	1341.72	1472.77	5.2186	0.16138	1335.59	1464.70	5.1318
30	0.19610	1362.88	1500.15	5.3104	0.16948	1357.71	1493.29	5.2277
40	0.20464	1383.20	1526.45	5.3958	0.17720	1378.77	1520.53	5.3161
50	0.21293	1402.90	1551.95	5.4760	0.18465	1399.05	1546.77	5.3986
60	0.22101	1422.16	1576.87	5.5519	0.19189	1418.77	1572.28	5.4763
80	0.23674	1459.85	1625.56	5.6939	0.20590	1457.14	1621.86	5.6209
100	0.25205	1497.02	1673.46	5.8258	0.21949	1494.77	1670.37	5.7545
120	0.26709	1534.16	1721.12	5.9502	0.23280	1532.24	1718.48	5.8801
140	0.28193	1571.57	1768.92	6.0688	0.24590	1569.89	1766.61	5.9995
160	0.29663	1609.44	1817.08	6.1826	0.25886	1607.96	1815.04	6.1140
180	0.31121	1647.90	1865.75	6.2925	0.27170	1646.57	1863.94	6.2243
200	0.32571	1687.02	1915.01	6.3988	0.28445	1685.83	1913.39	6.3311

附表 15 (续)

温度 t / ℃	比体积 v /(m^3/kg)	比内能 u /(kJ/kg)	比焓 h /(kJ/kg)	比熵 s /(kJ/(kg·K))	比体积 v /(m^3/kg)	比内能 u /(kJ/kg)	比焓 h /(kJ/kg)	比熵 s /(kJ/(kg·K))
	p=9.0bar=0.90MPa (t_{sat}=21.52℃)				p=10.0bar=1.00MPa (t_{sat}=24.89℃)			
饱和	0.14239	1332.82	1460.97	5.0675	0.12852	1334.66	1463.18	5.0294
30	0.14872	1352.36	1486.20	5.1520	0.13206	1346.82	1478.88	5.0816
40	0.15582	1374.21	1514.45	5.2436	0.13868	1369.52	1508.20	5.1768
50	0.16263	1395.11	1541.47	5.3286	0.14499	1391.07	1536.06	5.2644
60	0.16922	1415.32	1567.61	5.4083	0.15106	1411.79	1562.86	5.3460
80	0.18191	1454.39	1618.11	5.5555	0.16270	1451.60	1614.31	5.4960
100	0.19416	1492.50	1667.24	5.6908	0.17389	1490.20	1664.10	5.6332
120	0.20612	1530.30	1715.81	5.8176	0.18478	1528.35	1713.13	5.7612
140	0.21788	1568.20	1764.29	5.9379	0.19545	1566.51	1761.96	5.8823
160	0.22948	1606.46	1813.00	6.0530	0.20598	1604.97	1810.94	5.9981
180	0.24097	1645.24	1862.12	6.1639	0.21638	1643.91	1860.29	6.1095
200	0.25237	1684.64	1911.77	6.2711	0.22670	1683.44	1910.14	6.2171
	p=12.0bar=1.20MPa (t_{sat}=30.94℃)				p=14.0bar=1.40MPa (t_{sat}=36.26℃)			
饱和	0.10751	1337.52	1466.53	4.9625	0.09231	1339.56	1468.79	4.9050
40	0.11287	1359.73	1895.18	5.0553	0.09432	1349.29	1481.33	4.9453
60	0.12378	1404.54	1553.07	5.2347	0.10423	1396.97	1542.89	5.1360
80	0.13387	1445.91	1606.56	5.3906	0.11324	1440.06	1598.59	5.2984
100	0.14247	1485.55	1657.71	5.5315	0.12172	1480.79	1651.20	5.4433
120	0.15275	1524.11	1707.71	5.6620	0.12986	1520.41	1702.21	5.5765
140	0.16181	1563.09	1757.26	5.7850	0.13777	1559.63	1752.52	5.7013
160	0.17072	1601.95	1806.81	5.9021	0.14552	1598.92	1802.65	5.8198
180	0.17950	1641.23	1856.63	6.0145	0.15315	1638.53	1852.94	5.9333
200	0.18819	1681.05	1906.87	6.1230	0.16068	1678.64	1903.59	6.0427
220	0.19680	1721.50	1957.66	6.2282	0.16813	1719.35	1954.73	6.1485
240	0.20534	1762.63	2009.04	6.3303	0.17551	1760.72	2006.43	6.2513
260	0.21382	1804.48	2061.06	6.4297	0.18283	1802.78	2058.75	6.3513
280	0.22225	1847.04	2113.74	6.5267	0.19010	1845.55	2111.69	6.4488

附表 15 （续）

温度 t /℃	比体积 v /(m^3/kg)	比内能 u /(kJ/kg)	比焓 h /(kJ/kg)	比熵 s /(kJ/(kg·K))	比体积 v /(m^3/kg)	比内能 u /(kJ/kg)	比焓 h /(kJ/kg)	比熵 s /(kJ/(kg·K))
	p=16.0bar=1.60MPa (t_{sat}=41.03℃)				p=18.0bar=1.80MPa (t_{sat}=45.38℃)			
饱和	0.08079	1340.97	1470.23	4.8542	0.07174	1341.88	1471.01	4.8086
60	0.08951	1389.06	1532.28	5.0461	0.07801	1380.77	1521.19	4.9627
80	0.09774	1434.02	1590.40	5.2156	0.08565	1427.79	1581.97	5.1399
100	0.10539	1475.93	1644.56	5.3648	0.09267	1470.97	1637.78	5.2937
120	0.11268	1516.34	1696.64	5.5008	0.09931	1512.22	1690.98	5.4326
140	0.11974	1556.14	1747.72	5.6276	0.10570	1552.61	1742.88	5.5614
160	0.12663	1595.85	1798.45	5.7475	0.11192	1592.76	1794.23	5.6862
180	0.13339	1635.81	1849.23	5.8621	0.11801	1633.08	1845.50	5.7985
200	0.14005	1676.21	1900.29	5.9723	0.12400	1673.78	1896.98	5.9096
220	0.14663	1717.18	1951.79	6.0789	0.12991	1715.00	1948.83	6.0170
240	0.15314	1758.79	203.81	6.1823	0.13574	1756.85	2001.18	6.1210
260	0.15959	1801.07	2056.42	6.2829	0.14152	1799.35	2054.08	6.2222
280	0.16599	1844.05	2109.64	6.3809	0.14724	1842.55	2107.58	6.3207

温度 t /℃	比体积 v /(m^3/kg)	比内能 u /(kJ/kg)	比焓 h /(kJ/kg)	比熵 s /(kJ/(kg·K))
p=20.0bar=2.00MPa (t_{sat}=49.37℃)				
饱和	0.06445	1342.37	1471.26	4.7670
60	0.06875	1372.05	1509.54	4.8838
80	0.07596	1421.36	1573.27	5.0696
100	0.08248	1465.89	1630.86	5.2283
120	0.08861	1508.03	1685.24	5.3703
140	0.09447	1549.03	1737.98	5.5012
160	0.10016	1589.65	1789.97	5.6241
180	0.10571	1630.32	1841.74	5.7409
200	0.11116	1671.33	1893.64	5.8530
220	0.11652	1712.82	1945.87	5.9611
240	0.12182	1754.90	1998.54	6.0658
260	0.12706	1797.63	2051.74	6.1675
280	0.13224	1841.03	2105.50	6.2665

附表 16　饱和制冷剂 22(液-气)的特性参数(随温度变化)

温度/℃	压强/bar	比体积/(m³/kg)		比内能/(kJ/kg)		比焓/(kJ/kg)			比熵/(kJ/(kg·K))	
		饱和液体 $v_f \times 10^3$	饱和蒸气 v_g	饱和液体 u_f	饱和蒸气 u_g	饱和液体 h_f	相变焓差 Δh_{fg}	饱和蒸气 h_g	饱和液体 s_f	饱和蒸气 s_g
−60	0.3749	0.6833	0.5370	−21.57	203.67	−21.55	245.35	223.81	−0.0964	1.0547
−50	0.6451	0.6966	0.3239	−10.89	207.70	−10.85	239.44	228.60	−0.0474	1.0256
−45	0.8290	0.7037	0.2564	−5.50	209.70	−5.44	236.39	230.95	−0.0235	1.0126
−40	1.0522	0.7109	0.2052	−0.07	211.68	0.00	233.27	233.27	0.0000	1.0005
−36	1.2627	0.7169	0.1730	4.29	213.25	4.38	230.71	235.09	0.0186	0.9914
−32	1.5049	0.7231	0.1468	8.68	214.80	8.79	228.10	236.89	0.0369	0.9828
−30	1.6389	0.7262	0.1355	10.88	215.58	11.00	226.77	237.78	0.0460	0.9787
−28	1.7819	0.7294	0.1252	13.09	216.34	13.22	225.43	238.66	0.0551	0.9746
−26	1.9345	0.7327	0.1159	15.31	217.11	15.45	224.08	239.53	0.0641	0.9707
−22	2.2698	0.7393	0.0997	19.76	218.62	19.92	221.32	241.24	0.0819	0.9631
−20	2.4534	0.7427	0.0926	21.99	219.37	22.17	219.91	242.09	0.0908	0.9595
−18	2.6482	0.7462	0.0861	24.23	220.11	24.43	218.49	242.92	0.0996	0.9559
−16	2.8547	0.7497	0.0802	26.48	220.85	26.69	217.05	243.74	0.1084	0.9525
−14	3.0733	0.7533	0.0748	28.73	221.58	28.97	215.59	244.56	0.1171	0.9490
−12	3.3044	0.7569	0.0698	31.00	222.30	31.25	214.11	245.36	0.1258	0.9457
−10	3.5485	0.7606	0.0652	33.27	223.02	33.54	212.62	246.15	0.1345	0.9424
−8	3.8062	0.7644	0.0610	35.54	223.73	35.83	211.10	246.93	0.1431	0.9392
−6	4.0777	0.7683	0.0571	37.83	224.43	38.14	209.56	247.70	0.1517	0.9361
−4	4.3638	0.7722	0.0535	40.12	225.13	40.46	208.00	248.45	0.1602	0.9330
−2	4.6647	0.7762	0.0501	42.42	225.82	42.78	206.41	249.20	0.1688	0.9300
0	4.9811	0.7803	0.0470	44.73	226.50	45.12	204.81	249.92	0.1773	0.9271
2	5.3133	0.7844	0.0442	47.04	227.17	47.46	203.18	250.64	0.1857	0.9241
4	5.6619	0.7887	0.0415	49.37	227.83	49.82	201.52	251.34	0.1941	0.9213
6	6.0275	0.7930	0.0391	51.71	228.48	52.18	199.84	252.03	0.2025	0.9184
8	6.4105	0.7974	0.0368	54.05	229.13	54.56	198.14	252.70	0.2109	0.9157
10	6.8113	0.8020	0.0346	56.40	229.76	56.95	196.40	253.35	0.2193	0.9129
12	7.2307	0.8066	0.0326	58.77	230.38	59.35	194.64	253.99	0.2276	0.9102
16	8.1268	0.8162	0.0291	63.53	231.59	64.19	191.02	255.21	0.2442	0.9048
20	9.1030	0.8263	0.0259	68.33	232.76	69.09	187.28	256.37	0.2607	0.8996
24	10.164	0.8369	0.0232	73.19	233.87	74.04	183.40	257.44	0.2772	0.8944
28	11.313	0.8480	0.0208	78.09	234.92	79.05	179.37	258.43	0.2936	0.8893
32	12.556	0.8599	0.0186	83.06	235.91	84.14	175.18	259.32	0.3101	0.8842
36	13.897	0.8724	0.0168	88.08	236.83	89.29	170.82	260.11	0.3265	0.8790
40	15.341	0.8858	0.0151	93.18	237.66	94.53	166.25	260.79	0.3429	0.8738
45	17.298	0.9039	0.0132	99.65	238.59	101.21	160.24	261.46	0.3635	0.8672
50	19.433	0.9238	0.0116	106.26	239.34	108.06	153.84	261.90	0.3842	0.8603
60	24.281	0.9705	0.0089	120.00	240.24	122.35	139.61	261.96	0.4264	0.8455

附表 17　饱和制冷剂 22(液-气)的特性参数(随压强变化)

压强 /bar	温度 /℃	比体积 /(m³/kg) 饱和液体 $v_f\times10^3$	比体积 饱和蒸气 v_g	比内能 /(kJ/kg) 饱和液体 u_f	比内能 饱和蒸气 u_g	比焓 /(kJ/kg) 饱和液体 h_f	比焓 相变焓差 Δh_{fg}	比焓 饱和蒸气 h_g	比熵 /(kJ/(kg·K)) 饱和液体 s_f	比熵 饱和蒸气 s_g
0.40	−58.86	0.6847	0.5056	−20.36	204.13	−20.34	244.69	224.36	−0.0907	1.0512
0.50	−54.83	0.6901	0.4107	−16.07	205.76	−16.03	242.33	226.30	−0.0709	1.0391
0.60	−51.40	0.6947	0.3466	−12.39	207.14	−12.35	240.28	227.93	−0.0542	1.0294
0.70	−48.40	0.6989	0.3002	−9.17	208.34	−9.12	238.47	229.35	−0.0397	1.0213
0.80	−45.73	0.7026	0.2650	−6.28	209.41	−6.23	236.84	230.61	−0.0270	1.0144
0.90	−43.30	0.7061	0.2374	−3.66	210.37	−3.60	235.34	231.74	−0.0155	1.0084
1.00	−41.09	0.7093	0.2152	−1.26	211.25	−1.19	233.95	232.77	−0.0051	1.0031
1.25	−36.23	0.7166	0.1746	4.04	213.16	4.13	230.86	234.99	0.0175	0.9919
1.50	−32.08	0.7230	0.1472	8.60	214.77	8.70	228.15	236.86	0.0366	0.9830
1.75	−28.44	0.7287	0.1274	12.61	216.18	12.74	225.73	238.47	0.0531	0.9755
2.00	−25.18	0.7340	0.1123	16.22	217.42	16.37	223.52	239.88	0.0678	0.9691
2.25	−22.22	0.7389	0.1005	19.51	218.53	19.67	221.47	241.15	0.0809	0.9636
2.50	−19.51	0.7436	0.0910	22.54	219.55	22.72	219.57	242.29	0.0930	0.9586
2.75	−17.00	0.7479	0.0831	25.36	220.48	25.56	217.77	243.33	0.1040	0.9542
3.00	−14.66	0.7521	0.0765	27.99	221.34	28.22	216.07	244.29	0.1143	0.9502
3.25	−12.46	0.7561	0.0709	30.47	222.13	30.72	214.46	245.18	0.1238	0.9465
3.50	−10.39	0.7599	0.0661	32.82	222.88	33.09	212.91	246.00	0.1328	0.9431
3.75	−8.43	0.7636	0.0618	35.06	223.58	35.34	211.42	246.77	0.1413	0.9399
4.00	−6.56	0.7672	0.0581	37.18	224.24	37.49	209.99	247.48	0.1493	0.9370
4.25	−4.78	0.7706	0.0548	39.22	224.86	39.55	208.61	248.16	0.1569	0.9342
4.50	−3.08	0.7740	0.0519	41.17	225.45	41.52	207.27	248.80	0.1642	0.9316
4.75	−1.45	0.7773	0.0492	43.05	226.00	43.42	205.98	249.40	0.1711	0.9292
5.00	0.12	0.7805	0.0469	44.86	226.54	45.25	204.71	249.97	0.1777	0.9269
5.25	1.63	0.7836	0.0447	46.61	227.04	47.02	203.48	250.51	0.1841	0.9247
5.50	3.08	0.7867	0.0427	48.30	227.53	48.74	202.28	251.02	0.1903	0.9226
5.75	4.49	0.7897	0.0409	49.94	227.99	50.40	201.11	251.51	0.1962	0.9206
6.00	5.85	0.7927	0.0392	51.53	228.44	52.01	199.97	251.98	0.2019	0.9186
7.00	10.91	0.8041	0.0337	57.48	230.04	58.04	195.60	253.64	0.2231	0.9117
8.00	15.45	0.8149	0.0295	62.88	231.43	63.53	191.52	255.05	0.2419	0.9056
9.00	19.59	0.8252	0.0262	67.84	232.64	68.59	187.67	256.25	0.2591	0.9001
10.00	23.40	0.8352	0.0236	72.46	233.71	73.30	183.99	257.28	0.2748	0.8952
12.00	30.25	0.8546	0.0195	80.87	235.48	81.90	177.04	258.94	0.3029	0.8864
14.00	36.29	0.8734	0.0166	88.45	236.89	89.68	170.49	260.16	0.3277	0.8786
16.00	41.73	0.8919	0.0144	95.41	238.00	96.83	164.21	261.04	0.3500	0.8715
18.00	46.69	0.9104	0.0127	101.87	238.86	103.51	158.13	261.64	0.3705	0.8649
20.00	51.62	0.9391	0.0112	107.95	239.51	109.81	152.17	261.98	0.3895	0.8586
24.00	59.46	0.9677	0.0091	119.24	240.22	121.56	140.43	261.99	0.4241	0.8463

附表 18　制冷剂 22 过热蒸气的特性参数

温度 t / ℃	比体积 v / (m^3/kg)	比内能 u / (kJ/kg)	比焓 h / (kJ/kg)	比熵 s / (kJ/(kg·K))	比体积 v / (m^3/kg)	比内能 u / (kJ/kg)	比焓 h / (kJ/kg)	比熵 s / (kJ/(kg·K))
	p=0.4bar=0.04MPa (t_{sat}= −58.86℃)				p=0.6bar=0.06MPa (t_{sat}= −52.30℃)			
饱和	0.50559	204.13	224.36	1.0512	0.34656	207.14	227.93	1.0294
−55	0.51532	205.92	226.53	1.0612				
−50	0.52787	208.26	229.38	1.0741	0.34895	207.80	228.74	1.0330
−45	0.54037	210.63	232.24	1.0868	0.35747	210.20	231.65	1.0459
−40	0.55284	213.02	235.13	1.0993	0.36594	212.62	234.58	1.0586
−35	0.56526	215.43	238.05	1.1117	0.37437	215.06	237.52	1.0711
−30	0.57766	217.88	240.99	1.1239	0.38277	217.53	240.49	1.0835
−25	0.59002	220.35	243.95	1.1360	0.39114	220.02	243.49	1.0956
−20	0.60236	222.85	246.95	1.1479	0.39948	222.54	246.51	1.1077
−15	0.61468	225.38	249.97	1.1597	0.40779	225.08	249.55	1.1196
−10	0.62697	227.93	253.01	1.1714	0.41608	227.65	252.62	1.1314
−5	0.63925	230.52	256.09	1.1830	0.42436	230.25	255.71	1.1430
0	0.65151	233.13	259.19	1.1944	0.43261	232.88	258.83	1.1545
	p=0.8bar=0.08MPa (t_{sat}= −45.73℃)				p=1.0bar=0.10MPa (t_{sat}= −41.09℃)			
饱和	0.26503	209.41	230.61	1.0144	0.21518	211.25	232.77	1.0031
−45	0.26597	209.76	231.04	1.0163				
−40	0.27245	212.21	234.01	1.0292	0.21633	211.79	233.42	1.0059
−35	0.27890	214.68	236.99	1.0418	0.22158	214.29	236.44	1.0187
−30	0.28530	217.17	239.99	1.0543	0.22679	216.80	239.48	1.0313
−25	0.29167	219.68	243.02	1.0666	0.23197	219.34	242.54	1.0438
−20	0.29801	222.22	246.06	1.0788	0.23712	221.90	245.61	1.0560
−15	0.30433	224.78	249.13	1.0908	0.24224	224.48	248.70	1.0681
−10	0.31062	227.37	252.22	1.1026	0.24734	227.08	251.82	1.0801
−5	0.31690	229.98	255.34	1.1143	0.25241	229.71	254.95	1.0919
0	0.32315	232.62	258.47	1.1259	0.25747	232.36	258.11	1.1035
5	0.32939	235.29	261.64	1.1374	0.26251	235.04	261.29	1.1151
10	0.33561	237.98	264.83	1.1488	0.26753	237.74	264.50	1.1265

附表 18 （续）

温度 t /℃	比体积 v /(m^3/kg)	比内能 u /(kJ/kg)	比焓 h /(kJ/kg)	比熵 s /(kJ/(kg·K))	比体积 v /(m^3/kg)	比内能 u /(kJ/kg)	比焓 h /(kJ/kg)	比熵 s /(kJ/(kg·K))
	p=1.5bar=0.15MPa (t_{sat}= −32.08℃)				p=2.0bar=0.20MPa (t_{sat}= −25.18℃)			
饱和	0.14721	214.77	236.86	0.9830	0.11232	217.42	239.88	0.9691
−30	0.14872	215.85	238.16	0.9883				
−25	0.15232	218.45	241.30	1.0011	0.11242	217.51	240.00	0.9696
−20	0.15588	221.07	244.45	1.0137	0.11520	220.19	243.23	0.9825
−15	0.15941	223.70	247.61	1.0260	0.11795	222.88	246.47	0.9952
−10	0.16292	226.35	250.78	1.0382	0.12067	225.58	249.372	1.0076
−5	0.16640	229.02	253.98	1.0502	0.12336	228.30	252.97	1.0199
0	0.1698	231.70	257.18	1.0621	0.12603	231.03	256.23	0.0310
5	0.17331	234.42	260.41	1.0738	0.12868	233.78	259.51	1.0438
10	0.17674	237.15	263.66	1.0854	0.13132	236.54	262.81	1.0555
15	0.18015	239.91	266.93	1.0968	0.13393	239.33	266.12	1.0671
20	0.18355	242.69	270.22	1.1081	0.13653	242.14	269.44	1.0786
25	0.18693	245.49	273.53	1.1193	0.13912	244.97	272.79	1.0899
	p=2.5bar=0.25MPa (t_{sat}= −19.51℃)				p=3.0bar=0.30MPa (t_{sat}= −14.66℃)			
饱和	0.09097	219.55	242.29	0.9586	0.07651	221.34	244.29	0.9502
−15	0.09303	222.03	245.29	0.9703				
−10	0.09528	224.79	248.61	0.9831	0.07833	223.96	247.46	0.9623
−5	0.09751	227.55	251.93	0.9956	0.08025	226.78	250.86	0.9751
0	0.09971	230.33	255.26	1.0078	0.08214	229.61	254.25	0.9876
5	0.10189	233.12	258.59	1.0199	0.08400	232.44	257.64	0.9999
10	0.10405	235.92	261.93	1.0318	0.08585	235.28	261.04	1.0120
15	0.10619	238.74	265.29	1.0436	0.08767	238.14	264.44	1.0239
20	0.10831	241.58	268.66	1.0552	0.08949	241.01	267.85	1.0357
25	0.11043	244.44	272.04	1.0666	0.09128	243.89	271.28	1.0472
30	0.11253	247.31	275.44	1.0779	0.09307	246.80	274.72	1.0587
35	0.11461	250.21	278.86	1.0891	0.09484	249.72	278.17	1.0700
40	0.11669	253.13	282.30	1.1002	0.09660	252.66	281.64	1.0811

附表 18 （续）

温度 t / ℃	比体积 v /(m^3/kg)	比内能 u /(kJ/kg)	比焓 h /(kJ/kg)	比熵 s /(kJ/(kg·K))	比体积 v /(m^3/kg)	比内能 u /(kJ/kg)	比焓 h /(kJ/kg)	比熵 s /(kJ/(kg·K))
	p=3.5bar=0.35MPa (t_{sat}= −10.39℃)				p=4.0bar=0.40MPa (t_{sat}= −6.56℃)			
饱和	0.06605	222.88	246.00	0.9431	0.05812	224.24	247.48	0.9370
−10	0.06619	223.10	246.27	0.9441				
−5	0.06789	225.99	249.75	0.9572	0.05860	225.16	248.60	0.9411
0	0.06956	228.86	253.21	0.9700	0.06011	228.09	252.14	0.9542
5	0.07121	231.74	256.67	0.9825	0.06160	231.02	255.66	0.9670
10	0.07284	234.63	260.12	0.9948	0.06306	233.95	259.18	0.9795
15	0.07444	237.52	263.57	1.0069	0.06450	236.89	262.69	0.9918
20	0.07603	240.42	267.03	1.0188	0.06592	239.83	266.19	1.0039
25	0.07760	243.34	270.50	1.0305	0.06733	242.77	269.71	1.0158
30	0.07916	246.27	273.97	1.0421	0.06872	245.73	273.22	1.0274
35	0.08070	249.22	277.46	1.0535	0.07010	248.71	276.75	1.0390
40	0.08224	252.18	280.97	1.0648	0.07146	251.70	280.28	1.0504
45	0.08376	255.17	284.48	1.0759	0.07282	254.70	283.83	1.0616
	p=4.5bar=0.45MPa (t_{sat}= −3.08℃)				p=5.0bar=0.50MPa (t_{sat}= −0.12℃)			
饱和	0.05189	225.45	248.80	0.9316	0.04686	226.54	249.97	0.9269
0	0.05275	227.29	251.03	0.9399				
5	0.05411	230.28	254.63	0.9529	0.04810	229.52	253.57	0.9399
10	0.05545	233.26	258.21	0.9675	0.04934	232.55	257.22	0.9530
15	0.05676	236.24	261.78	0.9782	0.05056	235.57	260.85	0.9657
20	0.05805	239.22	265.34	0.9904	0.05175	238.59	264.47	0.9781
25	0.05933	242.20	268.90	1.0025	0.05293	241.61	268.07	0.9903
30	0.06059	245.19	272.46	1.0143	0.05409	244.63	271.68	1.0023
35	0.06184	248.19	276.02	1.0259	0.05523	247.66	275.28	1.0141
40	0.06308	251.20	279.59	1.0374	0.05636	250.70	278.89	1.0257
45	0.06430	254.23	283.17	1.0488	0.05748	253.76	282.50	1.0371
50	0.06552	257.28	286.76	1.0600	0.05859	256.82	286.12	1.0484
55	0.06672	260.34	290.36	1.0710	0.05969	259.90	289.75	1.0595

附表 18 （续）

温度 t /℃	比体积 v /(m^3/kg)	比内能 u /(kJ/kg)	比焓 h /(kJ/kg)	比熵 s /(kJ/(kg·K))	比体积 v /(m^3/kg)	比内能 u /(kJ/kg)	比焓 h /(kJ/kg)	比熵 s /(kJ/(kg·K))
	p=5.5bar=0.55MPa (t_{sat}=3.08℃)				p=6.0bar=0.60MPa (t_{sat}=5.85℃)			
饱和	0.044271	227.53	251.02	0.9226	0.03923	228.44	251.98	0.9186
5	0.04317	228.72	252.46	0.9278				
10	0.04433	231.81	256.20	0.9411	0.04015	231.05	255.14	0.9299
15	0.04547	234.89	259.90	0.9540	0.04122	234.18	258.91	0.9431
20	0.04658	237.95	263.57	0.9667	0.04330	237.29	262.65	0.9560
25	0.04768	241.01	267.23	0.9790	0.04431	240.39	266.37	0.9685
30	0.04875	244.07	270.88	0.9912	0.04530	243.49	270.07	0.9808
35	0.04982	247.13	274.53	1.0031	0.04628	246.58	273.76	0.9929
40	0.05086	250.20	278.17	1.0148	0.04530	249.68	277.45	1.0048
45	0.05190	253.27	281.82	1.0264	0.04724	252.78	281.13	1.0164
50	0.05293	256.36	285.47	1.0378	0.04820	255.90	284.82	1.0279
55	0.05394	259.46	289.13	1.0490	0.04914	259.02	288.51	1.0393
60	0.05495	262.58	292.80	1.0601	0.05008	262.15	292.20	1.0504
	p=7.0bar=0.70MPa (t_{sat}=10.91℃)				p=8.0bar=0.80MPa (t_{sat}=15.45℃)			
饱和	0.03371	230.04	253.64	0.9117	0.02953	231.43	255.05	0.9056
15	0.03451	232.70	256.86	0.9229				
20	0.03547	235.92	260.75	0.9363	0.03033	234.47	258.74	0.9182
25	0.03639	239.12	264.59	0.9493	0.03118	237.76	262.70	0.9315
30	0.03730	242.29	268.40	0.9619	0.03202	241.04	266.66	0.9448
35	0.03819	245.46	272.19	0.9743	0.03283	244.28	270.54	0.9574
40	0.03906	248.62	275.96	0.9865	0.03363	247.52	274.42	0.9700
45	0.03992	251.78	279.72	0.9984	0.03440	250.74	278.26	0.9821
50	0.04076	254.94	283.48	1.0101	0.03517	253.96	282.10	0.9941
55	0.04160	258.11	287.23	1.0216	0.03592	257.18	285.92	1.0058
60	0.04242	261.29	290.99	1.0330	0.03667	260.40	289.74	1.0174
65	0.04324	264.48	294.75	1.0442	0.03741	263.64	293.56	1.0287
70	0.04405	267.68	298.51	1.0552	0.03814	266.87	297.38	1.0400

附表 18 （续）

温度 t / ℃	比体积 v /(m^3/kg)	比内能 u /(kJ/kg)	比焓 h /(kJ/kg)	比熵 s /(kJ/(kg·K))	比体积 v /(m^3/kg)	比内能 u /(kJ/kg)	比焓 h /(kJ/kg)	比熵 s /(kJ/(kg·K))
	p=9.0bar=0.90MPa (t_{sat}=19.59℃)				p=10.0bar=1.00MPa (t_{sat}=23.40℃)			
饱和	0.02623	232.64	256.25	0.9001	0.02358	233.71	257.28	0.8952
20	0.02630	232.92	256.59	0.9013				
30	0.02789	239.73	264.83	0.9289	0.02457	238.34	262.91	0.9139
40	0.02939	246.37	272.82	0.9549	0.02598	245.18	271.17	0.9407
50	0.03082	252.95	280.68	0.9795	0.02732	251.90	279.22	0.9660
60	0.03219	259.49	288.46	1.0033	0.02860	258.56	287.15	0.9902
70	0.03353	266.04	296.21	1.0262	0.02984	265.19	295.03	1.0135
80	0.03483	272.62	303.96	1.0484	0.03104	271.84	302.88	1.0361
90	0.03611	279.23	311.73	1.0701	0.03221	278.52	310.74	1.0580
100	0.03736	285.90	319.53	1.0913	0.03337	285.24	318.61	1.0794
110	0.03860	292.63	327.37	1.1120	0.03450	292.02	326.52	1.1003
120	0.03982	299.42	335.26	1.1323	0.03562	298.85	334.46	1.1207
130	0.04103	306.28	343.21	1.1523	0.03672	305.74	342.46	1.1408
140	0.04223	313.21	351.22	1.1719	0.03781	312.70	350.51	1.1605
150	0.04342	320.21	359.29	1.1912	0.03889	319.74	358.63	1.1790
	p=12.0bar=1.20MPa (t_{sat}=30.25℃)				p=14.0bar=1.40MPa (t_{sat}=36.29℃)			
饱和	0.01955	235.48	258.94	0.8864	0.01662	236.89	260.16	0.8786
40	0.02083	242.63	267.62	0.9146	0.01708	239.78	263.70	0.8900
50	0.02204	249.69	276.14	0.9413	0.01823	247.29	272.81	0.9186
60	0.02319	356.60	284.43	0.9666	0.01929	254.52	281.53	0.9452
70	0.02428	263.44	292.58	0.9907	0.02029	261.60	290.01	0.9703
80	0.02534	270.25	300.66	1.0139	0.02125	268.60	298.34	0.9942
90	0.02636	277.07	308.70	1.0363	0.02217	275.56	306.60	1.0172
100	0.02736	283.90	316.73	1.0582	0.02306	282.52	314.80	1.0395
110	0.02834	290.77	324.78	1.0794	0.02393	289.49	323.00	1.0612
120	0.02930	297.69	332.85	1.1002	0.02478	296.50	331.19	1.0823
130	0.03024	304.65	340.95	1.1205	0.02562	303.55	339.41	1.1029
140	0.03118	311.68	349.09	1.1405	0.02644	310.64	347.65	1.1231
150	0.03210	318.77	357.29	1.1601	0.02725	317.79	355.94	1.1429
160	0.03301	325.92	365.54	1.1793	0.02805	324.99	364.26	1.1624
170	0.03392	333.14	373.84	1.1983	0.02884	332.26	372.64	1.1815

附表 18 （续）

温度 t / ℃	比体积 v / (m^3/kg)	比内能 u / (kJ/kg)	比焓 h / (kJ/kg)	比熵 s / (kJ/(kg·K))	比体积 v / (m^3/kg)	比内能 u / (kJ/kg)	比焓 h / (kJ/kg)	比熵 s / (kJ/(kg·K))
	p=16.0bar=1.60MPa (t_{sat}=41.73℃)				p=18.0bar=1.80MPa (t_{sat}=46.69℃)			
饱和	0.01440	238.00	261.04	0.8715	0.01265	238.86	261.64	0.8649
50	0.01533	244.66	269.18	0.8971	0.01301	241.72	265.14	0.8758
60	0.01634	252.29	278.43	0.9252	0.01401	249.86	275.09	0.9061
70	0.01728	259.65	287.30	0.9515	0.01492	257.57	284.43	0.9337
80	0.01817	266.86	295.93	0.9762	0.01576	265.04	293.40	0.9595
90	0.01901	274.00	304.42	0.9999	0.01655	272.37	302.16	0.9839
100	0.01983	281.09	312.82	1.0228	0.01731	279.62	310.77	1.0073
110	0.02062	288.18	321.17	1.0448	0.01804	286.83	319.30	1.0299
120	0.02139	295.28	329.51	1.0663	0.01874	294.04	327.78	1.0517
130	0.02214	302.41	337.84	1.0872	0.01943	301.26	336.24	1.0730
140	0.02288	309.58	346.19	1.1077	0.02011	308.50	344.70	1.0937
150	0.02361	316.79	354.56	1.1277	0.02077	315.78	353.17	1.1139
160	0.02432	324.05	362.97	1.1473	0.02142	323.10	361.66	1.1338
170	0.02503	331.37	371.42	1.1666	0.02207	330.47	370.19	1.1532
	p=20.0bar=2.00MPa (t_{sat}=51.26℃)				p=24.0bar=2.40MPa (t_{sat}=59.46℃)			
饱和	0.01124	239.51	261.98	0.8586	0.00907	240.22	261.99	0.8463
60	0.01212	247.20	271.43	0.8873	0.00913	240.78	262.68	0.8484
70	0.01300	255.35	281.36	0.9167	0.01006	250.30	274.43	0.8831
80	0.01381	263.12	290.74	0.9436	0.01085	258.89	284.93	0.9133
90	0.01457	270.67	299.80	0.9689	0.01156	267.01	294.75	0.9407
100	0.01528	278.09	308.65	0.9929	0.01222	274.85	304.18	0.9663
110	0.01596	285.44	317.37	1.0160	0.01284	282.53	313.35	0.9906
120	0.01663	292.76	326.01	1.0383	0.01343	290.11	322.35	1.0137
130	0.01727	300.08	334.61	1.0598	0.01400	297.64	331.25	1.0361
140	0.01789	307.40	343.19	1.0808	0.01456	305.14	340.08	1.0577
150	0.01850	314.75	351.76	1.1013	0.01509	312.64	348.87	1.0787
160	0.01910	322.14	360.34	1.1214	0.01562	320.16	357.64	1.0992
170	0.01969	329.56	368.95	1.1410	0.01613	327.70	366.41	1.1192
180	0.02027	337.03	377.58	1.1603	0.01663	335.27	375.20	1.1388

附表 19　一些液体和固体的比热容

		状态	c/(kJ/(kg·K))
液体	氨水	饱和液体，-20℃	4.52
		饱和液体，10℃	5.67
		饱和液体，50℃	5.10
	酒精(乙醇)	1 atm, 25℃	2.43
	甘油(丙三醇)	1 atm, 10℃	2.32
		1 atm, 50℃	2.58
	水银	1 atm, 10℃	0.138
		1 atm, 315℃	0.134
	制冷剂 12	饱和液体，-20℃	0.90
		饱和液体，20℃	0.96
	水	1 atm, 0℃	4.217
		1 atm, 27℃	4.179
		1 atm, 100℃	4.218
固体		温度/K	c / (kJ/(kg·K))
	铝	300	0.903
	铜	300	0.385
		400	0.393
	冰	200	1.56
		240	1.86
		273	2.11
	铁	300	0.447
	铅	300	0.129
	银	300	0.235

附表 20　常用理想气体的比热容(kJ/(kg·K))

温度/K	比定压热容 c_p	比定容热容 c_v	比热比 k	比定压热容 c_p	比定容热容 c_v	比热比 k	比定压热容 c_p	比定容热容 c_v	比热比 k
	空气			氮气(N_2)			氧气(O_2)		
250	1.003	0.716	1.401	1.039	0.742	1.400	0.913	0.653	1.398
300	1.005	0.718	1.400	1.039	0.743	1.400	0.918	0.658	1.395
350	1.008	0.721	1.398	1.041	0.744	1.399	0.928	0.668	1.389
400	1.013	0.726	1.395	1.044	0.747	1.397	0.941	0.681	1.382
450	1.020	0.733	1.391	1.049	0.752	1.395	0.956	0.696	1.373
500	1.029	0.742	1.987	1.056	0.759	1.391	0.972	0.712	1.365
550	1.040	0.753	1.381	1.065	0.768	1.387	0.988	0.728	1.358
600	1.051	0.764	1.376	1.075	0.778	1.382	1.003	0.743	1.350
650	1.063	0.776	1.370	1.086	0.789	1.376	1.017	0.758	1.343
700	1.075	0.788	1.364	1.098	0.801	1.371	1.031	0.771	1.337
750	1.087	0.800	1.359	1.110	0.813	1.365	1.043	0.783	1.332

附表 20　(续)

温度/K	比定压热容 c_p	比定容热容 c_v	比热比 k	比定压热容 c_p	比定容热容 c_v	比热比 k	比定压热容 c_p	比定容热容 c_v	比热比 k
	空气			氮气(N_2)			氧气(O_2)		
800	1.099	0.812	1.354	1.121	0.825	1.360	1.054	0.794	1.327
900	1.121	0.834	1.344	1.145	0.849	1.349	1.074	0.814	1.319
1000	1.142	0.855	1.336	1.167	0.870	1.341	1.090	0.830	1.313
温度/K	二氧化碳(CO_2)			一氧化碳(CO)			氢气(H_2)		
250	0.791	0.602	1.314	1.039	0.743	1.400	14.051	9.927	1.416
300	0.846	0.657	1.288	1.040	0.744	1.399	14.307	10.183	1.405
350	0.895	0.706	1.268	1.043	0.746	1.398	14.427	10.302	1.400
400	0.939	0.750	1.252	1.047	0.751	1.395	14.476	10.352	1.398
450	0.978	0.790	1.239	1.054	0.757	1.392	14.501	10.377	1.398
500	1.014	0.825	1.229	1.063	0.767	1.387	14.513	10.389	1.397
550	1.046	0.857	1.220	1.075	0.778	1.382	14.530	10.405	1.396
600	1.075	0.886	1.213	1.087	0.790	1.376	14.546	10.422	1.396
650	1.102	0.913	1.207	1.100	0.803	1.370	14.571	10.447	1.395
700	1.126	0.937	1.202	1.113	0.816	1.364	14.604	10.480	1.394
750	1.148	0.959	1.197	1.126	0.829	1.358	14.645	10.521	1.392
800	1.169	0.980	1.193	1.139	0.842	1.353	14.695	10.570	1.390
900	1.204	1.015	1.186	1.163	0.866	1.343	14.822	10.698	1.385
1000	1.234	1.045	1.181	1.185	0.888	1.335	14.983	10.859	1.380

附表 21　理想气体的比热容随温度变化

$$\frac{\overline{c_p}}{R}=\alpha+\beta T+\gamma T^2+\delta T^3+\varepsilon T^4$$

T 单位为 K，公式适用范围：300～1000K

气体	α	$\beta\times10^3$	$\gamma\times10^6$	$\delta\times10^9$	$\varepsilon\times10^{12}$
CO	3.710	−1.619	3.692	−2.032	0.240
CO_2	2.401	8.735	−6.607	2.002	0
H_2	3.057	2.677	−5.810	5.521	−1.812
H_2O	4.070	−1.108	4.152	−2.964	0.807
O_2	3.626	−1.878	7.055	−6.764	2.156
N_2	3.675	−1.208	2.324	−0.632	−0.226
空气	3.653	−1.337	3.294	−1.913	0.2763
SO_2	3.267	5.324	0.684	−5.281	2.559
CH_4	3.826	−3.979	24.558	−22.733	6.963
C_2H_2	1.410	19.057	−24.501	16.391	−4.135
C_2H_4	1.426	11.383	7.989	−16.254	6.749
单原子气体	2.5	0.0	0.0	0.0	0.0

附表 22　理想空气的特性参数

温度 T/K	摩尔比焓 h/(kJ/kg)	摩尔比内能 u/(kJ/kg)	摩尔比标准熵 s^o /（kJ/（kg·K））	温度 T/K	摩尔比焓 h/(kJ/kg)	摩尔比内能 u/(kJ/kg)	摩尔比标准熵 s^o /(kJ/(kg·K)）
200	199.97	142.56	1.29559	450	451.80	322.62	2.11161
210	209.97	149.69	1.34444	460	462.02	329.97	2.13407
220	219.97	156.82	1.39105	470	472.24	337.32	2.15604
230	230.02	164.00	1.43557	480	482.49	344.70	2.17760
240	240.02	171.13	1.47824	490	492.74	352.08	2.19876
250	250.05	178.28	1.51917	500	503.02	359.49	2.21952
260	260.09	185.45	1.55848	510	513.32	366.92	2.23993
270	270.11	192.60	1.59634	520	523.63	374.36	2.25997
280	280.13	199.75	1.63279	530	533.98	381.84	2.27967
285	285.14	203.33	1.65055	540	544.35	389.34	2.29906
290	290.16	206.91	1.66802	550	554.74	396.86	2.31809
295	295.17	210.49	1.68515	560	565.17	404.42	2.33685
300	300.19	214.07	1.70203	570	575.59	411.97	2.35531
305	305.22	217.67	1.71865	580	586.04	419.55	2.37348
310	310.24	221.25	1.73498	590	596.52	427.15	2.39140
315	315.27	224.85	1.75106	600	607.02	434.78	2.40902
320	320.29	228.42	1.76690	610	617.53	442.42	2.42644
325	325.31	232.02	1.78249	620	628.07	450.09	2.44356
330	330.34	235.61	1.79783	630	638.63	457.78	2.46048
340	340.42	242.82	1.82790	640	649.22	465.50	2.47716
350	250.49	250.02	1.85708	650	659.84	473.25	2.49364
360	360.58	257.24	1.88543	660	670.47	481.01	2.50985
370	370.67	264.46	1.91313	670	681.14	488.81	2.52589
380	380.77	271.69	1.94001	680	691.82	496.62	2.54175
390	390.88	278.93	1.96633	690	702.52	504.45	2.55731
400	400.98	286.16	1.99194	700	713.27	512.33	2.57277
410	411.12	293.43	2.01699	710	724.04	520.23	2.58810
420	421.26	300.69	2.04142	720	734.82	528.14	2.60319
430	431.43	307.99	2.06533	730	745.62	536.07	2.61803
440	441.61	315.30	2.08870	740	756.44	544.02	2.63280

附表 22 （续）

温度 T/K	摩尔比焓 h/(kJ/kg)	摩尔比内能 u/(kJ/kg)	摩尔比标准熵 s^o /（kJ/（kg・K）)	温度 T/K	摩尔比焓 h/(kJ/kg)	摩尔比内能 u/(kJ/kg)	摩尔比标准熵 s^o /(kJ/(kg・K))
750	767.29	551.99	2.64737	1320	1419.76	1040.88	3.29160
760	778.18	560.01	2.66176	1340	1443.60	1058.94	3.30959
770	789.11	568.07	2.67595	1360	1467.49	1077.10	3.32724
780	800.03	576.12	2.69013	1380	1491.44	1095.26	3.36200
790	810.99	584.21	2.70400	1400	1515.42	1113.52	3.36200
800	821.95	592.30	2.71787	1420	1539.44	1131.77	3.37901
820	843.98	608.59	2.74504	1440	1563.51	1150.13	3.39586
840	866.08	624.95	2.77170	1460	1587.63	1168.49	3.41247
860	888.27	641.40	2.79783	1480	1611.79	1186.95	3.42892
880	910.56	657.95	2.82344	1500	1635.97	1205.41	3.44516
900	932.93	674.58	2.84856	1520	1660.23	1223.87	3.46120
920	955.38	691.28	2.87324	1540	1684.51	1242.43	3.47712
940	977.92	708.08	2.89748	1560	1708.82	1260.99	3.49276
960	1000.55	725.02	2.92128	1580	1733.17	1379.65	3.50829
980	1023.25	741.98	2.94468	1600	1757.57	1298.30	3.52364
1000	1046.04	758.94	2.96770	1620	1782.00	1316.96	3.53879
1020	1068.89	776.10	2.99034	1640	1806.46	1335.72	3.55381
1040	1091.85	793.36	3.01260	1660	1830.96	1354.48	3.56867
1060	1114.86	810.62	3.03449	1680	1855.50	1373.24	3.58335
1080	1137.89	827.88	3.05608	1700	1880.1	1392.7	3.5979
1100	1161.07	845.33	3.07732	1750	1941.6	1439.8	3.6336
1120	1184.28	862.79	3.09825	1800	2003.3	1487.2	3.6684
1140	1207.57	880.35	3.11883	1850	2065.3	1534.9	3.7023
1160	1230.92	897.91	3.13916	1900	2127.4	1582.6	3.7354
1180	1254.34	915.57	3.15916	1950	2189.7	1630.6	3.7677
1200	1277.79	933.33	3.17888	2000	2252.1	1678.7	3.7994
1220	1301.31	951.09	3.49834	2050	2314.6	1726.8	3.8303
1240	1324.93	968.95	3.21751	2100	2377.4	1775.3	3.8605
1260	1348.55	986.90	3.23638	2150	2440.3	1823.8	3.8901
1280	1372.24	1004.76	3.25510	2200	2503.2	1872.4	3.9191
1300	1395.97	1022.82	3.27345	2250	2566.4	1921.3	3.9474

附表 23　理想氮气的特性参数

温度 T/K	摩尔比焓 $\bar{h}$ /(kJ/kmol)	摩尔比内能 $\bar{u}$ /(kJ/kmol)	摩尔比标准熵 $\bar{s}^o$ /(kJ/(kmol・K))	温度 T/K	摩尔比焓 $\bar{h}$ /(kJ/kmol)	摩尔比内能 $\bar{u}$ /(kJ/kmol)	摩尔比标准熵 $\bar{s}^o$ /(kJ/(kmol・K))
0	0	0	0	600	17.563	12.574	212.066
220	6.391	4.562	182.639	610	17.864	12.792	212.564
230	6.683	4.770	183.938	620	18.166	13.011	213.055
240	6.975	4.979	185.180	630	18.468	13.230	213.541
250	7.266	5.188	186.370	640	18.772	13.450	214.018
260	7.558	5.396	187.514	650	19.075	13.671	214.489
270	7.849	5.604	188.614	660	19.380	13.892	214.954
280	8.141	5.813	189.673	670	19.685	14.114	215.413
290	8.432	6.021	190.695	680	19.991	14.337	215.866
298	8.669	6.190	191.502	690	20.297	14.560	216.314
300	8.723	6.229	191.682	700	20.604	14.784	216.756
310	9.014	6.437	192.638	710	20.912	15.008	217.192
320	9.306	6.645	193.562	720	21.220	15.234	217.624
330	9.597	6.853	194.459	730	21.529	15.460	218.059
340	9.888	7.061	195.328	740	21.839	15.686	218.472
350	10.180	7.270	196.173	750	22.149	15.913	218.889
360	10.471	7.478	196.995	760	22.460	16.141	219.301
370	10.763	7.687	197.784	770	22.772	16.370	219.709
380	11.055	7.895	198.572	780	23.085	16.599	220.113
390	11.347	8.104	199.331	790	23.398	16.830	220.512
400	11.640	8.314	200.071	800	23.714	17.061	220.907
410	11.932	8.523	200.794	810	24.027	17.292	221.298
420	12.225	8.733	201.499	820	24.342	17.524	221.684
430	12.518	8.943	202.189	830	24.658	17.757	222.067
440	12.811	9.153	202.863	840	24.974	17.990	222.449
450	13.105	9.363	203.523	850	25.296	18.224	222.822
460	13.399	9.574	204.170	860	25.610	18.459	223.194
470	13.693	9.786	204.803	870	25.928	18.695	223.562
480	13.988	9.997	205.424	880	26.248	18.931	223.927
490	14.285	10.210	206.033	890	26.568	19.168	224.288
500	14.581	10.423	206.630	900	26.890	19.407	224.647
510	14.876	10.635	207.216	910	27.210	19.644	225.002
520	15.172	10.848	207.792	920	27.532	19.883	225.353
530	15.469	11.062	208.358	930	27.854	20.122	225.701
540	15.766	11.277	208.914	940	28.178	20.362	226.047
550	16.064	11.492	209.461	950	28.501	20.603	226.389
560	16.363	11.707	209.999	960	28.826	20.844	226.728
570	16.662	11.923	210.528	970	29.151	21.086	227.064
580	16.962	12.139	211.049	980	29.476	21.328	227.398
590	17.262	12.356	211.562	990	29.803	21.571	227.728

附表 23 （续）

温度 T/K	摩尔比焓 $\bar{h}$ /(kJ/kmol)	摩尔比内能 $\bar{u}$ /(kJ/kmol)	摩尔比标准熵 $\bar{s}^o$ /(kJ/(kmol · K))	温度 T/K	摩尔比焓 $\bar{h}$ /(kJ/kmol)	摩尔比内能 $\bar{u}$ /(kJ/kmol)	摩尔比标准熵 $\bar{s}^o$ /(kJ/(kmol · K))
1000	30.129	21.815	228.057	1760	56.227	41.594	247.396
1020	30.784	22.304	228.706	1780	56.938	42.139	247.798
1040	31.442	22.795	229.344	1800	57.651	42.685	248.195
1060	32.101	23.288	229.973	1820	58.363	43.231	248.589
1080	32.762	23.782	230.591	1840	59.075	43.777	248.979
1100	33.426	24.280	231.199	1860	59.790	44.324	249.365
1120	34.092	24.780	231.799	1880	60.504	44.873	249.748
1140	34.760	25.282	232.391	1900	61.220	45.423	250.128
1160	35.430	25.786	232.973	1920	61.936	45.973	250.502
1180	36.104	26.291	233.549	1940	62.654	46.524	25.874
1200	36.777	26.799	234.115	1960	63.381	47.075	251.242
1220	37.452	27.308	234.673	1980	64.090	47.627	251.607
1240	38.129	27.819	235.223	2000	64.810	48.181	251.969
1260	38.807	28.331	235.766	2050	66.612	49.567	252.858
1280	39.488	28.845	236.302	2100	68.417	50.957	253.726
1300	40.170	29.361	236.831	2150	70.226	52.351	254.578
1320	40.853	29.878	237.353	2200	72.040	53.749	255.412
1340	41.539	30.398	237.867	2250	73.856	55.149	256.227
1360	42.227	30.919	238.376	2300	75.676	56.553	257.027
1380	42.915	31.441	238.878	2350	77.496	57.958	257.810
1400	43.605	31.964	239.375	2400	79.320	59.366	258.580
1420	44.295	32.489	239.865	2450	81.149	60.779	259.332
1440	44.988	33.014	240.350	2500	82.981	62.195	260.073
1460	45.682	33.543	240.827	2550	84.814	63.613	260.799
1480	46.377	34.071	241.301	2600	86.650	65.033	261.512
1500	47.073	34.601	241.768	2650	88.488	66.455	262.213
1520	47.771	35.133	242.228	2700	90.328	67.880	262.902
1540	48.470	35.665	242.685	2750	92.171	69.306	263.577
1560	49.168	36.197	243.137	2800	94.014	70.734	264.241
1580	49.869	36.732	243.585	2850	95.859	72.163	264.895
1600	50.571	37.268	244.028	2900	97.705	73.593	2653538
1620	51.275	37.806	244.464	2950	99.556	75.028	266.170
1640	51.980	38.344	244.896	3000	101.407	76.464	266.793
1660	52.686	38.884	245.324	3050	103.260	77.902	267.404
1680	53.393	39.424	245.747	3100	105.115	79.341	268.007
1700	54.099	39.965	246.166	3150	106.972	80.782	268.601
1720	54.807	40.507	246.580	3200	108.830	82.224	269.186
1740	55.516	41.049	246.990	3250	110.690	83.668	269.763

附表 24　理想氧气的特性参数

温度 T/K	摩尔比焓 $\bar{h}$ /(kJ/kmol)	摩尔比内能 $\bar{u}$ /(kJ/kmol)	摩尔比标准熵 $\bar{s}^o$ /(kJ/(kmol·K))	温度 T/K	摩尔比焓 $\bar{h}$ /(kJ/kmol)	摩尔比内能 $\bar{u}$ /(kJ/kmol)	摩尔比标准熵 $\bar{s}^o$ /(kJ/(kmol·K))
0.0	0.0	0.0	0.0	600	17.929	12.940	226.346
220	6.404	4.575	196.171	610	18.250	13.178	226.877
230	6.694	4.782	197.461	620	18.572	13.417	227.400
240	6.984	4.989	198.696	630	18.895	13.657	227.918
250	7.275	5.197	199.885	640	19.219	13.898	228.429
260	7.566	5.405	201.027	650	19.544	14.140	228.932
270	7.858	5.613	202.128	660	19.870	14.383	229.430
280	8.150	5.822	203.191	670	20.197	14.626	229.920
290	8.443	6.032	204.218	680	20.524	14.871	230.405
298	8.682	6.203	205.033	690	20.854	15.116	230.885
300	8.736	6.242	205.213	700	21.184	15.364	231.358
310	9.030	6.453	206.177	710	21.514	15.611	231.827
320	9.325	6.664	207.112	720	21.845	15.859	232.291
330	9.620	6.877	208.020	730	22.177	16.107	232.748
340	9.916	7.090	208.904	740	22.510	16.357	233.201
350	10.213	7.303	209.765	750	22.844	16.607	233.649
360	10.511	7.518	210.604	760	23.178	16.859	234.091
370	10.809	7.733	211.432	770	23.513	17.111	234.528
380	11.109	7.949	212.222	780	23.850	17.364	234.960
390	11.409	8.166	213.002	790	24.186	17.618	235.387
400	11.711	8.384	213.765	800	24.523	17.872	235.810
410	12.012	8.603	214.510	810	24.861	18.126	236.230
420	12.314	8.822	215.241	820	25.199	18.382	236.644
430	12.618	9.043	215.955	830	25.537	18.637	237.055
440	12.923	9.264	216.656	840	25.877	18.893	237.462
450	13.228	9.487	217.342	850	26.218	19.150	237.864
460	13.535	9.710	218.016	860	26.559	19.408	238.264
470	13.842	9.935	218.676	870	26.899	19.666	238.660
480	14.151	10.160	219.326	880	27.242	19.925	239.051
490	14.460	10.386	219.963	890	27.584	20.185	239.439
500	14.770	10.614	220.589	900	27.928	20.445	239.823
510	15.082	10.842	221.206	910	28.272	20.706	240.203
520	15.395	11.071	221.812	920	28.616	20.967	240.580
530	15.708	11.301	222.409	930	28.960	21.228	240.953
540	16.022	11.533	222.997	940	29.306	21.491	241.323
550	16.338	11.765	223.576	950	29.652	21.754	241.689
560	16.654	11.998	224.146	960	29.999	22.017	242.052
570	16.971	12.232	224.708	970	30.345	22.280	242.411
580	17.290	12.467	225.2626	980	30.692	22.544	242.768
590	17.609	12.703	225.808	990	31.041	22.809	243.120

附表 24 （续）

温度 T/K	摩尔比焓 $\bar{h}$ /(kJ/kmol)	摩尔比内能 $\bar{u}$ /(kJ/kmol)	摩尔比标准熵 $\bar{s}^o$ /(kJ/(kmol·K))	温度 T/K	摩尔比焓 $\bar{h}$ /(kJ/kmol)	摩尔比内能 $\bar{u}$ /(kJ/kmol)	摩尔比标准熵 $\bar{s}^o$ /(kJ/(kmol·K))
1000	31.389	23.075	243.471	1760	58.880	44.247	263.861
1020	32.088	23.607	244.164	1780	59.624	44.825	264.283
1040	32.789	24.142	244.844	1800	60.371	45.405	264.701
1060	33.490	24.677	245.513	1820	61.118	45.986	265.113
1080	34.194	25.214	246.171	1840	61.866	46.568	265.521
1100	34.899	25.753	246.818	1860	62.616	47.151	265.925
1120	35.606	26.294	247.454	1880	63.365	47.734	266.326
1140	36.314	26.836	248.081	1900	64.116	48.319	266.722
1160	37.023	27.379	248.698	1920	64.868	48.904	267.115
1180	37.734	27.923	249.307	1940	65.620	49.490	267.505
1200	38.447	28.469	249.906	1960	66.374	50.078	267.891
1220	39.162	29.018	250.497	1980	67.127	50.665	268.275
1240	39.877	29.568	251.079	2000	67.881	51.253	268.655
1260	40.594	30.118	251.653	2050	69.772	52.727	269.588
1280	41.312	30.670	252.219	2100	71.668	54.208	270.504
1300	42.033	31.224	252.776	2150	73.573	55.697	271.399
1320	42.753	31.778	253.325	2200	75.484	57.192	272.278
1340	43.475	32.334	253.868	2250	77.397	58.690	273.136
1360	44.198	32.891	254.404	2300	79.316	60.193	273.981
1380	44.923	33.449	254.932	2350	81.243	61.704	274.809
1400	45.648	34.008	255.454	2400	83.174	63.219	275.625
1420	46.374	34.567	255.968	2450	85.112	64.742	276.424
1440	47.102	35.129	256.475	2500	87.057	66.271	277.207
1460	47.831	35.692	256.978	2550	89.004	67.802	277.979
1480	48.561	36.256	257.474	2600	90.956	69.339	278.738
1500	49.292	36.821	257.965	2650	92.916	70.883	279.485
1520	50.024	37.387	258.450	2700	94.881	72.433	280.219
1540	50.756	37.952	258.928	2750	96.852	73.987	280.942
1560	51.490	38.520	259.402	2800	98.826	75.546	281.654
1580	52.224	39.088	259.870	2850	100.808	77.112	282.357
1600	52.961	39.658	260.333	2900	102.793	78.682	283.048
1620	53.696	40.227	260.791	2950	104.785	80.258	283.728
1640	54.434	40.799	261.242	3000	106.780	81.837	284.399
1660	55.172	41.370	26.690	3050	108.778	83.419	285.060
1680	55.912	41.944	262.132	3100	110.784	85.009	285.713
1700	56.652	42.517	262.571	3150	112.795	86.601	286.355
1720	57.394	43.093	263.005	3200	114.809	88.203	286.989
1740	58.136	43.669	263.435	3250	116.827	89.804	287.614

附表 25　理想水蒸气的特性参数

温度 T/K	摩尔比焓 $\bar{h}$ /(kJ/kmol)	摩尔比内能 $\bar{u}$ /(kJ/kmol)	摩尔比标准熵 $\bar{s}^o$ /(kJ/(kmol·K))	温度 T/K	摩尔比焓 $\bar{h}$ /(kJ/kmol)	摩尔比内能 $\bar{u}$ /(kJ/kmol)	摩尔比标准熵 $\bar{s}^o$ /(kJ/(kmol·K))
0.0	0.0	0.0	0.0	600	20.402	15.413	212.920
220	7.295	5.466	178.576	610	20.765	15.693	213.529
230	7.628	5.715	180.054	620	21.130	15.975	214.122
240	7.961	5.965	181.471	630	21.495	16.257	214.707
250	8.294	6.215	182.831	640	21.862	16.541	215.285
260	8.627	6.466	184.139	650	22.230	16.826	215.856
270	8.961	6.716	185.399	660	22.600	17.112	216.419
280	9.296	6.968	186.616	670	22.970	17.399	216.976
290	9.631	7.219	187.791	680	23.342	17.688	217.527
298	9.904	7.425	188.720	690	23.714	17.978	218.071
300	9.966	7.472	188.928	700	24.088	18.268	218.610
310	10.302	7.725	190.030	710	24.464	18.561	219.142
320	10.639	7.978	191.098	720	24.840	18.854	219.668
330	10.976	8.232	192.136	730	25.218	19.148	220.189
340	11.314	8.487	193.144	740	25.597	19.444	220.707
350	11.652	8.742	194.125	750	25.977	19.741	221.215
360	11.992	8.998	195.081	760	26.358	20.039	221.720
370	12.331	9.255	196.012	770	26.741	20.339	222.221
380	12.672	9.513	196.920	780	27.125	20.639	222.717
390	13.014	9.771	197.807	790	27.510	20.941	223.207
400	13.356	10.030	198.673	800	27.896	21.245	223.693
410	13.699	10.290	199.521	810	28.284	21.549	224.174
420	14.043	10.551	200.350	820	28.672	21.855	224.651
430	14.388	10.813	201.160	830	29.062	22.162	225.123
440	14.734	11.075	201.955	840	29.454	22.470	225.592
450	15.080	11.339	202.734	850	29.846	22.779	226.057
460	15.428	11.603	203.497	860	30.240	23.090	226.517
470	15.777	11.869	204.247	870	30.635	23.402	226.973
480	16.126	12.135	204.982	880	31.032	23.715	227.426
490	16.477	12.403	205.705	890	31.429	24.029	227.875
500	16.828	12.671	206.413	900	31.828	24.345	228.321
510	17.181	12.940	207.112	910	32.228	24.662	228.763
520	17.534	13.211	207.799	920	32.629	24.980	229.202
530	17.889	13.482	208.475	930	33.032	25.300	229.637
540	18.245	13.755	209.139	940	33.436	25.621	230.070
550	18.601	14.028	209.795	950	33.841	25.943	230.499
560	18.959	14.303	210.440	960	34.247	26.265	230.924
570	19.318	14.579	211.075	970	34.653	26.588	231.347
580	19.678	14.856	211.702	980	35.061	26.913	231.767
590	20.039	15.134	212.320	990	35.472	27.240	232.184

附表 25 （续）

温度 T/K	摩尔比焓 $\bar{h}$/(kJ/kmol)	摩尔比内能 $\bar{u}$/(kJ/kmol)	摩尔比标准熵 $\bar{s}^o$/(kJ/(kmol·K))	温度 T/K	摩尔比焓 $\bar{h}$/(kJ/kmol)	摩尔比内能 $\bar{u}$/(kJ/kmol)	摩尔比标准熵 $\bar{s}^o$/(kJ/(kmol·K))
1000	35.882	27.568	232.597	1760	70.535	55.902	258.151
1020	36.709	28.228	233.415	1780	71.523	56.723	258.708
1040	37.542	28.985	234.223	1800	72.513	57.547	259.262
1060	38.380	29.567	235.020	1820	73.507	58.375	259.811
1080	39.223	530.243	235.806	1840	74.506	59.207	260.357
1100	40.071	30.925	236.584	1860	75.506	60.042	260.898
1120	40.923	31.611	237.352	1880	76.511	60.880	261.436
1140	41.780	32.301	238.110	1900	77.517	61.720	261.969
1160	42.642	32.997	238.859	1920	78.527	62.564	262.497
1180	43.509	33.698	239.600	1940	79.540	63.411	263.022
1200	44.380	34.403	240.333	1960	80.555	64.259	263.542
1220	45.256	35.112	241.057	1980	81.573	65.111	264.059
1240	46.137	35.827	241.773	2000	82.593	65.965	264.571
1260	47.022	36.546	242.482	2050	85.156	68.111	265.838
1280	47.912	37.270	243.183	2100	87.735	70.275	267.081
1300	28.807	38.000	243.877	2150	90.330	72.454	268.301
1320	49.707	38.732	244.564	2200	92.940	74.649	269.500
1340	50.612	39.470	245.243	2250	95.562	76.855	270.679
1360	51.521	40.213	245.915	2300	98.199	79.076	271.839
1380	52.434	40.960	246.582	2350	100.846	81.308	272.978
1400	53.351	41.711	247.241	2400	103.508	83.553	274.098
1420	54.273	42.466	247.895	2450	106.183	85.811	275.201
1440	55.198	43.226	248.543	2500	108.868	88.082	276.286
1460	56.128	43.989	249.185	2550	111.565	90.364	277.354
1480	57.062	44.756	249.820	2600	114.273	92.656	278.407
1500	57.999	45.528	250.450	2650	116.991	94.958	279.441
1520	58.942	46.304	251.074	2700	119.717	97.269	280.462
1540	59.888	47.084	251.693	2750	122.453	99.588	281.464
1560	60.838	47.868	252.305	2800	125.198	101.917	282.453
1580	61.792	48.655	252.912	2850	127.952	104.256	283.429
1600	62.748	49.445	253.513	2900	130.717	106.605	284.390
1620	63.709	50.240	254.111	2950	133.486	108.959	285.338
1640	64.675	51.039	254.703	3000	136.264	111.321	286.273
1660	65.643	51.841	255.290	3050	139.051	113.692	287.194
1680	66.614	52.646	255.873	3100	141.846	116.072	288.102
1700	67.589	53.455	256.450	3150	144.648	118.458	288.999
1720	68.567	54.267	257.022	3200	147.457	120.851	289.884
1740	69.550	55.083	257.589	3250	150.272	123.250	290.756

附表 26　理想气体一氧化碳的特性参数

温度 T/K	摩尔比焓 $\bar{h}$/(kJ/kmol)	摩尔比内能 $\bar{u}$/(kJ/kmol)	摩尔比标准熵 $\bar{s}^o$/(kJ/(kmol·K))	温度 T/K	摩尔比焓 $\bar{h}$/(kJ/kmol)	摩尔比内能 $\bar{u}$/(kJ/kmol)	摩尔比标准熵 $\bar{s}^o$/(kJ/(kmol·K))
0.0	0.0	0.0	0.0	600	17.611	12.622	218.204
220	6.391	4.562	188.683	610	17.915	12.843	218.708
230	6.683	4.771	189.980	620	18.221	13.066	219.205
240	6.975	4.979	191.221	630	18.527	13.289	219.695
250	7.266	5.188	192.411	640	18.833	13.512	220.179
260	7.558	3.596	193.554	650	19.141	13.736	220.656
270	7.849	5.604	194.654	660	19.449	13.962	221.127
280	8.140	5.812	195.173	670	19.758	14.187	221.592
290	8.432	6.020	196.735	680	20.068	14.414	222.052
298	8.669	6.190	197.543	690	20.378	14.641	222.505
300	8.723	6.229	197.723	700	20.690	14.870	222.953
310	9.014	6.437	198.678	710	21.002	15.099	223.396
320	9.306	6.645	199.603	720	21.315	15.328	223.833
330	9.597	6.854	200.500	730	21.628	15.558	224.265
340	9.889	7.062	201.371	740	21.943	15.789	224.692
350	10.181	7.271	202.217	750	22.258	16.022	225.115
360	10.473	7.480	203.040	760	22.573	16.255	225.533
370	10.765	7.689	203.842	770	22.890	16.488	225.947
380	11.058	7.899	204.622	780	23.208	16.723	226.357
390	11.351	8.108	205.383	790	23.526	16.957	226.762
400	11.644	8.319	206.125	800	23.844	17.193	227.162
410	11.934	8.529	206.850	810	24.164	17.429	227.559
420	12.232	8.740	207.549	820	24.483	17.665	227.952
430	12.526	8.951	208.252	830	24.803	17.902	228.339
440	12.821	9.163	208.929	840	25.124	18.140	228.724
450	13.116	9.375	209.593	850	25.446	18.379	229.106
460	13.412	9.587	210.243	860	25.768	18.617	229.482
470	13.708	9.800	210.880	870	26.091	18.858	229.856
480	14.005	10.014	211.504	880	26.415	19.099	230.227
490	14.302	10.228	212.117	890	26.740	19.341	230.593
500	14.600	10.443	212.719	900	27.066	19.583	230.957
510	14.898	10.658	213.310	910	27.392	19.826	231.317
520	15.197	10.874	213.890	920	27.719	20.070	231.674
530	15.497	10.090	214.460	930	28.046	20.314	232.028
540	15.797	11.307	215.020	940	28.375	20.559	232.379
550	16.097	11.524	215.572	950	28.703	20.805	232.727
560	16.399	11.743	216.115	960	29.033	21.051	233.072
570	16.701	11.961	216.649	970	29.362	21.298	233.413
580	17.003	12.181	217.175	980	29.693	21.545	233.752
590	17.307	12.401	217.693	990	30.024	21.793	234.088

附表 26 （续）

温度 T/K	摩尔比焓 $\bar{h}$ /(kJ/kmol)	摩尔比内能 $\bar{u}$ /(kJ/kmol)	摩尔比标准熵 $\bar{s}^o$ /(kJ/(kmol·K))	温度 T/K	摩尔比焓 $\bar{h}$ /(kJ/kmol)	摩尔比内能 $\bar{u}$ /(kJ/kmol)	摩尔比标准熵 $\bar{s}^o$ /(kJ/(kmol·K))
1000	30.355	22.041	234.421	1760	56.756	42.123	253.991
1020	31.020	22.540	235.079	1780	57.473	42.673	254.398
1040	31.688	23.041	235.728	1800	58.191	43.225	254.797
1060	32.357	23.544	236.364	1820	58.910	43.778	255.194
1080	33.029	24.049	236.992	1840	59.629	44.331	255.587
1100	33.702	24.557	237.609	1860	60.351	44.886	255.976
1120	34.377	25.065	238.217	1880	61.072	45.441	256.361
1140	35.054	25.575	238.817	1900	61.794	45.997	256.743
1160	35.733	26.088	239.407	1920	62.516	46.552	257.122
1180	36.406	26.602	239.989	1940	63.238	47.108	257.497
1200	37.095	27.118	240.663	1960	63.961	47.665	257.868
1220	37.780	27.637	241.128	1980	64.684	48.221	258.236
1240	38.466	28.426	241.686	2000	65.408	48.780	258.600
1260	39.154	28.678	242.236	2050	67.224	50.179	259.494
1280	39.884	29.201	242.780	2100	69.044	51.584	260.370
1300	40.534	29.725	243.316	2150	70.864	52.988	261.226
1320	41.266	30.251	243.844	2200	72.688	54.396	262.065
1340	41.919	30.778	244.366	2250	74.516	55.809	262.887
1360	42.613	31.306	244.880	2300	76.345	57.222	263.692
1380	43.309	31.836	245.388	2350	78.178	58.640	264.480
1400	44.007	32.367	245.889	2400	80.015	60.060	265.253
1420	44.707	32.900	246.385	2450	81.852	61.482	266.012
1440	45.408	33.434	246.876	2500	83.692	62.906	266.755
1460	46.110	33.971	247.360	2550	85.537	64.335	267.485
1480	46.813	34.508	247.839	2600	87.383	65.766	268.202
1500	47.517	35.046	248.312	2650	89.230	67.197	268.905
1520	48.222	35.584	248.778	2700	91.077	68.628	269.596
1540	48.928	36.124	249.240	2750	92.930	70.066	270.285
1560	39.635	36.665	249.695	2800	94.784	71.504	270.943
1580	50.344	37.207	250.147	2850	96.639	72.945	271.602
1600	51.053	37.750	250.592	2900	98.495	74.383	272.249
1620	51.763	38.293	251.033	2950	100.352	75.825	272.884
1640	52.472	38.837	251.470	3000	102.210	77.267	273.508
1660	53.184	39.382	251.901	3050	104.073	78.715	274.123
1680	53.985	39.927	252.329	3100	105.939	80.164	274.730
1700	54.609	40.474	252.751	3150	107.802	81.612	275.326
1720	55.323	41.023	253.169	3200	109.667	83.061	275.914
1740	56.039	41.572	253.582	3250	111.534	84.513	276.494

附表 27　理想气体二氧化碳的特性参数

温度 T/K	摩尔比焓 $\bar{h}$ /(kJ/kmol)	摩尔比内能 $\bar{u}$ /(kJ/kmol)	摩尔比标准熵 $\bar{s}^o$ /(kJ/(kmol·K))	温度 T/K	摩尔比焓 $\bar{h}$ /(kJ/kmol)	摩尔比内能 $\bar{u}$ /(kJ/kmol)	摩尔比标准熵 $\bar{s}^o$ /(kJ/(kmol·K))
0.0	0.0	0.0	0.0	600	22.280	17.291	243.199
220	6.601	4.772	202.966	610	22.754	17.683	243.983
230	6.938	5.026	204.464	620	23.231	18.076	244.758
240	7.280	5.285	205.920	630	23.709	18.471	245.524
250	7.627	5.548	207.337	640	24.190	18.869	246.282
260	7.979	5.817	208.717	650	24.674	19.270	247.032
270	8.335	6.091	210.062	660	25.160	19.672	247.773
280	8.697	6.369	211.376	670	25.648	20.078	248.507
290	9.063	6.651	212.660	680	26.138	20.484	249.233
298	9.364	6.885	213.685	690	26.631	20.894	249.952
300	9.431	6.939	213.915	700	27.125	21.305	250.663
310	9.807	7.230	215.146	710	27.622	21.719	251.368
320	10.286	7.526	216.351	720	28.121	22.134	252.065
330	10.570	7.826	217.534	730	28.622	22.552	252.755
340	10.959	8.131	218.684	740	29.124	22.972	253.439
350	11.351	8.439	319.831	750	29.629	23.393	254.117
360	11.748	8.752	220.948	760	30.135	23.817	254.787
370	12.148	9.068	222.044	770	30.644	24.242	255.452
380	12.552	9.392	223.122	780	31.154	24.669	256.110
390	12.960	9.718	224.182	790	31.665	25.097	256.762
400	13.372	10.046	225.225	800	32.179	25.527	257.408
410	13.787	10.378	226.250	810	32.694	25.959	258.048
420	14.206	10.714	227.258	820	33.212	26.394	258.682
430	14.628	11.053	228.252	830	33.730	26.829	259.311
440	15.054	11.393	229.230	840	34.251	27.267	259.934
450	15.483	11.742	230.194	850	34.773	27.706	260.551
460	15.916	12.091	231.144	860	35.296	28.125	261.164
470	16.351	12.444	232.080	870	35.821	28.588	261.770
480	16.791	12.800	233.044	880	36.347	29.031	262.371
490	17.232	13.158	233.916	890	36.876	29.476	262.968
500	17.678	13.521	234.814	900	37.405	29.922	263.559
510	18.126	13.885	235.700	910	37.935	30.369	264.146
520	18.576	14.253	236.575	920	38.467	30.818	264.728
530	19.029	14.622	237.439	930	39.000	31.268	265.304
540	19.485	14.996	238.292	940	39.535	31.719	265.877
550	19.945	15.372	239.135	950	40.070	32.171	266.444
560	20.407	15.751	239.962	960	40.607	32.625	267.007
570	20.870	16.131	240.789	970	41.145	33.081	267.566
580	21.337	16.515	241.602	980	41.685	33.537	268.119
590	21.807	16.902	242.405	990	42.226	33.995	268.670

附表27 （续）

温度 T/K	摩尔比焓 $\bar{h}$ /(kJ/kmol)	摩尔比内能 $\bar{u}$ /(kJ/kmol)	摩尔比标准熵 $\bar{s}^o$ /(kJ/(kmol·K))	温度 T/K	摩尔比焓 $\bar{h}$ /(kJ/kmol)	摩尔比内能 $\bar{u}$ /(kJ/kmol)	摩尔比标准熵 $\bar{s}^o$ /(kJ/(kmol·K))
1000	42.769	34.455	269.215	1760	86.420	71.787	301.543
1020	43.859	35.378	270.293	1780	87.612	72.812	302.271
1040	44.953	36.306	271.354	1800	88.806	73.840	302.884
1060	46.051	37.238	272.400	1820	90.000	74.868	303.544
1080	47.153	38.174	273.430	1840	91.196	75.897	304.198
1100	48.258	39.112	274.445	1860	92.394	76.929	304.845
1120	49.369	40.057	275.444	1880	93.593	77.962	305.487
1140	50.484	41.006	276.430	1900	94.793	78.996	306.122
1160	51.602	41.957	277.403	1920	95.995	80.031	306.751
1180	52.724	42.913	278.362	1940	97.197	81.067	307.374
1200	53.848	43.871	279.307	1960	98.401	82.105	307.992
1220	54.977	44.834	280.238	1980	99.606	83.144	308.604
1240	56.108	45.799	281.158	2000	100.804	84.185	309.210
1260	57.244	46.768	282.066	2050	103.835	86.791	310.701
1280	58.381	47.739	282.962	2100	106.864	89.404	310.160
1300	59.522	48.713	283.847	2150	109.898	92.023	313.589
1320	60.666	49.691	284.722	2200	112.939	94.648	314.988
1340	61.813	50.672	285.586	2250	115.984	97.277	316.356
1360	62.963	51.656	286.439	2300	119.035	99.219	317.695
1380	64.116	52.643	287.283	2350	122.091	102.552	319.011
1400	65.271	53.631	288.106	2400	125.152	105.197	320.302
1420	66.427	54.621	288.934	2450	128.219	107.849	321.566
1440	67.586	55.614	289.743	2500	131.290	110.504	322.808
1460	68.748	56.609	290.542	2550	134.368	113.166	324.026
1480	69.911	57.606	291.333	2600	137.449	115.832	325.222
1500	71.078	58.606	292.114	2650	140.533	118.500	326.396
1520	72.246	59.609	292.888	2700	143.620	121.172	327.549
1540	73.417	60.613	292.654	2750	146.713	123.849	328.684
1560	74.590	61.620	294.411	2800	149.808	126.528	329.800
1580	76.767	62.630	295.161	2850	152.908	129.212	330.896
1600	76.944	63.741	295.901	2900	156.009	131.898	331.975
1620	78.123	64.653	296.632	2950	159.117	134.589	333.037
1640	79.303	65.668	297.356	3000	162.226	137.283	334.084
1660	80.486	66.592	298.072	3050	165.341	139.982	335.114
1680	81.670	67.702	298.781	3100	168.456	142.681	336.126
1700	82.856	68.721	299.482	3150	171.576	145.385	337.124
1720	84.043	69.742	300.177	3200	174.695	148.089	338.109
1740	85.231	70.764	300.863	3250	177.822	150.801	339.069

附表 28　理想氢气的特性参数

温度 T/K	摩尔比焓 $\bar{h}$/(kJ/kmol)	摩尔比内能 $\bar{u}$/(kJ/kmol)	摩尔比标准熵 $\bar{s}^o$/(kJ/(kmol•K))	温度 T/K	摩尔比焓 $\bar{h}$/(kJ/kmol)	摩尔比内能 $\bar{u}$/(kJ/kmol)	摩尔比标准熵 $\bar{s}^o$/(kJ/(kmol•K))
0.0	0.0	0.0	0.0	1440	42.808	30.835	177.410
260	7.370	5.209	126.636	1480	44.091	31.786	178.291
270	7.657	5.412	127.719	1520	45.384	32.746	179.153
280	7.945	5.617	128.765	1560	46.683	33.713	179.995
290	8.233	5.822	129.775	1600	47.990	34.687	180.820
298	8.468	5.989	130.574	1640	49.303	35.668	181.632
300	8.522	6.027	130.754	1680	50.662	36.654	182.428
320	9.100	6.440	132.621	1720	51.947	37.646	183.208
340	9.680	6.853	134.378	1760	53.279	38.645	183.973
360	10.262	7.268	136.039	1800	54.618	39.652	184.724
380	10.843	7.684	137.612	1840	55.962	40.663	185.463
400	11.426	8.100	139.106	1880	57.311	41.680	186.190
420	12.010	8.518	140.529	1920	58.668	42.705	186.904
440	12.594	8.936	141.888	1960	60.031	43.735	187.607
460	13.719	9.355	143.187	2000	61.400	44.771	188.297
480	13.764	9.773	144.432	2050	63.119	46.074	189.148
500	14.350	10.193	145.628	2100	64.847	47.386	189.979
520	14.935	10.611	146.775	2150	66.584	48.708	190.796
560	16.107	11.451	148.945	2200	68.328	50.037	191.598
600	17.280	12.291	150.968	2250	70.080	51.373	192.385
640	18.453	13.133	152.863	2300	71.839	52.716	193.159
680	19.630	13.976	154.645	2350	73.608	54.069	193.921
720	20.807	14.821	156.328	2400	75.383	55.429	194.669
760	21.988	15.669	157.923	2450	77.168	56.798	195.403
800	23.171	16.520	159.440	2500	78.960	58.175	196.125
840	24.359	17.375	160.891	2550	80.755	59.554	196.837
880	25.551	18.235	162.277	2600	82.558	60.941	197.539
920	26.747	19.098	163.607	2650	84.386	62.335	198.229
960	27.948	19.966	164.884	2700	86.186	63.737	198.907
1000	29.154	20.839	166.114	2750	88.008	65.144	199.575
1040	30.364	21.717	167.300	2800	89.838	66.558	200.234
1080	31.580	22.601	168.449	2850	91.671	67.976	200.885
1120	32.802	23.490	169.560	2900	93.512	69.401	201.527
1160	34.028	24.384	170.636	2950	95.358	70.831	202.157
1200	35.262	25.284	171.682	3000	97.211	72.268	202.778
1240	36.502	26.192	172.698	3050	99.065	73.707	203.391
1280	37.749	27.106	173.687	3100	100.926	75.152	203.995
1320	39.002	28.027	174.652	3150	102.793	76.604	204.592
1360	40.263	28.955	175.593	3200	104.667	78.061	205.181
1400	41.530	29.889	176.510	3250	106.545	79.523	205.765

附表 29 实际气体状态方程的系数

物质	范德瓦耳斯方程		RK 方程	
	$a/\ \text{bar}\left(\frac{\text{m}^3}{\text{kmol}}\right)^2$	$b/\ \frac{\text{m}^3}{\text{kmol}}$	$a/\ \text{bar}\left(\frac{\text{m}^3}{\text{kmol}}\right)^2 \text{K}^{1/2}$	$b/\ \frac{\text{m}^3}{\text{kmol}}$
空气	1.368	0.0367	15.989	0.02541
丁烷(C_4H_{10})	13.86	0.1162	289.55	0.08060
二氧化碳(CO_2)	3.647	0.0428	64.43	0.02963
一氧化碳(CO)	1.474	0.0395	17.22	0.02737
甲烷(CH_4)	2.293	0.0428	32.11	0.02965
氮气(N_2)	1.366	0.0386	15.53	0.02677
氧气(O_2)	1.369	0.0317	17.22	0.02197
丙烷(C_3H_8)	9.349	0.0901	182.23	0.06242
制冷剂 12	10.49	0.0971	208.59	0.06731
二氧化硫(SO_2)	6.883	0.0569	144.80	0.03945
水蒸气(H_2O)	5.531	0.0305	142.59	0.02111

BWR 方程(压强单位 bar，比体积单位 m^3/kmol，温度单位 K)

物质	a	A	b	B	c	C	α	γ
C_4H_{10}	1.9073	10.218	0.039998	0.12436	3.206×10^5	1.006×10^6	1.101×10^{-3}	0.0340
CO_2	0.1386	2.7737	0.007210	0.04991	1.512×10^4	1.404×10^5	8.47×10^{-5}	0.00539
CO	0.0731	1.3590	0.002632	0.05454	1.054×10^3	8.676×10^3	1.350×10^{-4}	0.0060
CH_4	0.0501	1.8796	0.003380	0.04260	2.579×10^3	2.287×10^4	1.244×10^{-4}	0.0060
N_2	0.0254	1.0676	0.002328	0.04074	7.381×10^2	8.166×10^3	1.272×10^{-4}	0.0053

附表 30 一些物质在标准参数状态下(298K 和 1atm)的生成焓、吉布斯函数、绝对熵

物质	分子式	$\bar{h}_f^o$ /(kJ/kmol)	$\bar{g}_f^o$ /(kJ/kmol)	$\bar{s}^o$ /(kJ/(kmol·K))
碳	C(s)	0.0	0.0	5.74
氢气	H_2(g)	0.0	0.0	130.57
氮气	N_2(g)	0.0	0.0	191.50
氧气	O_2(g)	0.0	0.0	205.03
一氧化碳	CO(g)	−110.530	−137.150	197.54
二氧化碳	CO_2(g)	−393.520	−394.380	213.69
水	H_2O(g)	−241.820	−228.590	188.72
水	H_2O(l)	−285.830	−237.180	69.95
过氧化氢	H_2O_2(g)	−136.310	−105.600	232.63
氨	NH_3(g)	−46.190	−16.590	192.33
氧	O(g)	249.170	231.770	160.95
氢	H(g)	218.000	203.290	114.61
氮	N(g)	472.680	455.510	153.19

附表 30 （续）

物质	分子式	$\overline{h}_f^o$ /(kJ/kmol)	$\overline{g}_f^o$ /(kJ/kmol)	$\overline{s}^o$ /(kJ/(kmol • K))
氢氧基	OH(g)	39.460	34.280	183.75
甲烷	CH_4(g)	−74.850	−50.790	186.16
乙炔	C_2H_2(g)	226.730	209.170	200.85
乙烯	C_2H_4(g)	52.280	68.120	219.83
乙烷	C_2H_6(g)	−84.680	−32.890	229.49
丙烯	C_3H_6(g)	20.410	62.720	266.94
丙烷	C_3H_8(g)	−103.850	−23.490	269.91
丁烷	C_4H_{10}(g)	−126.150	−15.710	310.03
戊烷	C_5H_{12}(g)	−146.440	−8.200	348.40
辛烷	C_8H_{18}(g)	−208.450	17.320	463.67
辛烷	C_8H_{18}(l)	−249.910	6.610	360.79
苯	C_6H_6(g)	82.930	129.660	269.20
甲醇	CH_3OH(g)	−200.890	−162.140	239.70
甲醇	CH_3OH(l)	−238.810	−166.290	126.80
乙醇	C_2H_5OH(g)	−235.310	−168.570	282.59
乙醇	C_2H_5OH(l)	−277.690	174.890	160.70

附表 31 标准摩尔化学可用能(kJ/kmol)

物质	分子式	Model I[a]	Model II[b]
氮气	N_2(g)	640.0	720.0
氧气	O_2(g)	3.950	3.970
二氧化碳	CO_2(g)	14.175	19.870
水	H_2O(g)	8.635	9.500
水	H_2O(l)	45	900
碳	C(s)	404.590	410.260
氢气	H_2(g)	235.250	236.100
硫	S(s)	598.160	609.600
一氧化碳	CO(g)	269.410	275.100
二氧化硫	SO_2(g)	301.940	313.400
一氧化氮	NO(g)	88.850	88.900
二氧化氮	NO_2(g)	55.565	55.600
硫化氢	H_2S(g)	799.890	812.000
氨	NH_3(g)	336.685	337.900
甲烷	CH_4(g)	824.350	831.650
乙烷	C_2H_6(g)	1482.035	1495.840
甲醇	CH_3OH(g)	715.070	722.300
甲醇	CH_3OH(l)	710.745	718.000
乙醇	C_2H_5OH(g)	1348.330	1363.900
乙醇	C_2H_5OH(l)	1342.085	1357.700

附表 32 化学反应平衡常数的对数值

温度/K	lg *K*							
	H_2══2H	O_2══2O	N_2══2N	$\frac{1}{2}O_2+\frac{1}{2}N_2$══NO	H_2O══$H_2+\frac{1}{2}O_2$	H_2O══$OH+\frac{1}{2}H_2$	CO_2══$CO+\frac{1}{2}O_2$	CO_2+H_2══$CO+H_2O$
198	−71.224	−81.208	−159.600	−15.171	−40.048	−46.054	−45.066	−5.018
500	−40.316	−45.880	−92.672	−8.783	−22.886	−26.130	−25.025	−2.139
1000	−17.292	−19.614	−43.056	−4.062	−10.062	−11.280	−10.221	−0.159
1200	−13.414	−15.208	−34.754	−3.275	−7.899	−8.811	−7.764	+0.153
1400	−10.630	−12.054	−28.812	−2.712	−6.347	−7.021	−6.104	+0.333
1600	−8.532	−9.684	−24.350	−2.290	−5.180	−5.677	−4.706	+0.474
1700	−7.666	−8.706	−22.512	−2.116	−4.699	−5.124	−4.169	+0.530
1800	−6.896	−7.836	−20.874	−1.962	−4.270	−4.613	−3.693	+0.577
1900	−6.204	−7.058	−19.410	−1.823	−3.886	−4.190	−3.267	+0.619
2000	−5.580	−6.356	−18.092	−1.699	−3.540	−3.776	−2.884	+0.656
2100	−5.016	−5.720	−16.898	−1.586	−3.227	−3.434	−2.539	+0.688
2200	−4.502	−50142	−15.810	−1.484	−2.942	−3.091	−2.226	+0.716
2300	−4.032	−4.614	−14.818	−1.391	−2.682	−2.809	−1.940	+0.742
2400	−3.600	−4.130	−13.908	−1.305	−2.443	−2.520	−1.679	+0.764
2500	−3.202	−3.684	−13.070	−1.227	−2.224	−2.270	−1.440	+0.784
2600	−2.836	−3.272	−12.298	−1.154	−2.021	−2.038	−1.219	+0.802
2700	−2.494	−2.892	−11.580	−1.087	−1.833	−1.823	−1.015	+0.818
2800	−2.178	−2.536	−10.914	−1.025	−1.658	−1.624	−0.825	+0.833
2900	−1.882	−2.206	−10.294	−0.967	−1.495	−1.438	−0.649	+0.846
3000	−1.606	−1.898	−9.716	−0.913	−1.343	−1.265	−0.485	+0.858
3100	−1.348	−1.610	−9.174	−0.863	−1.201	−1.103	−0.332	+0.869
3200	−1.106	−1.340	−8.664	−0.815	−1.067	−0.951	−0.189	+0.878
3300	−0.878	−1.086	−8.186	−0.771	−0.942	−0.809	−0.054	+0.888
3400	−0.664	−0.846	−7.736	−0.729	−0.824	−0.674	+0.071	+0.895
3500	−0.462	−0.620	−7.312	−0.690	−0.712	−0.547	+0.190	+0.0902

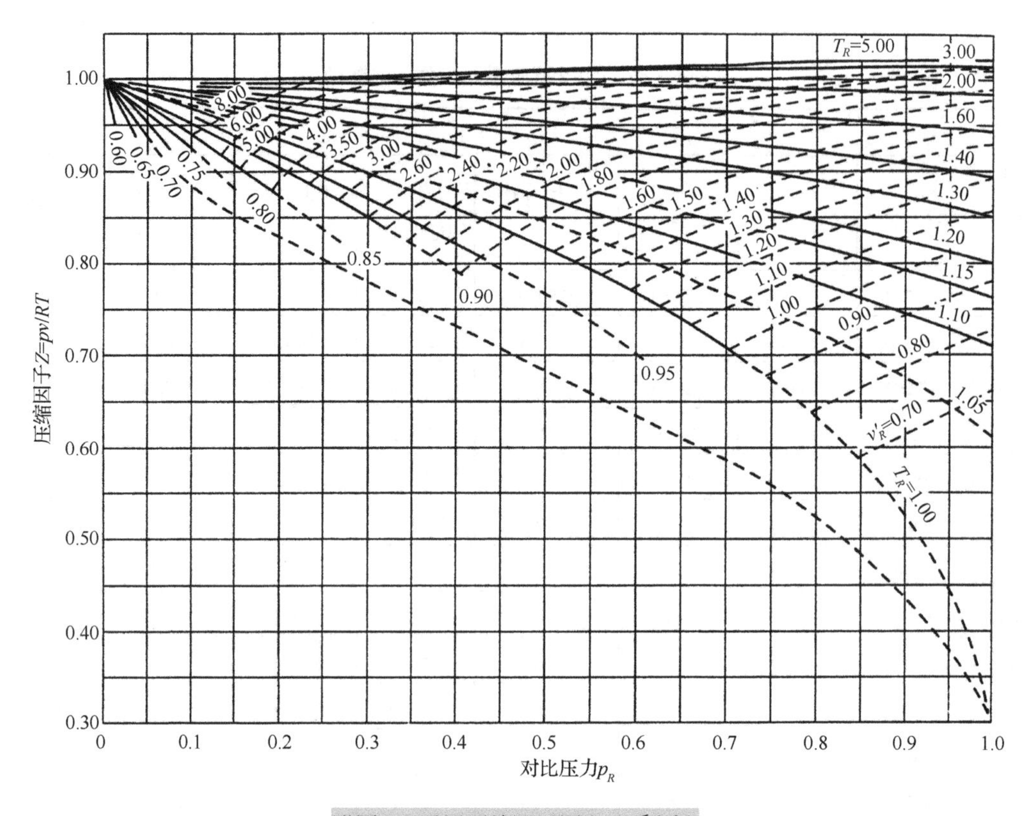

附图 1　通用压缩因子图（$p_R \leqslant 1.0$）

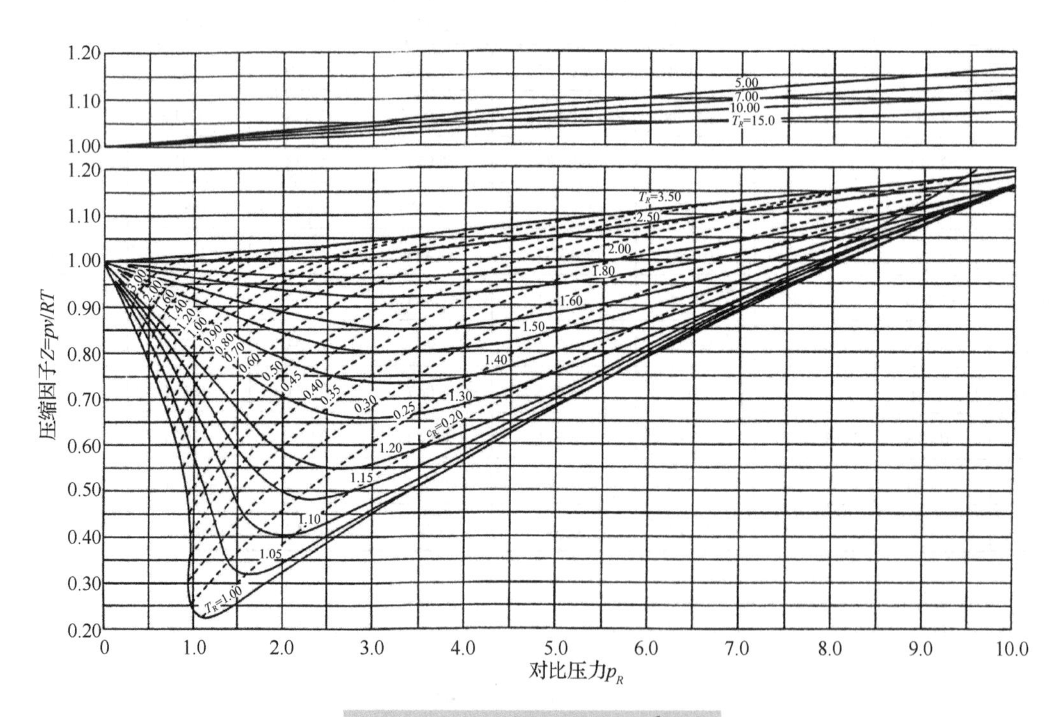

附图 2　通用压缩因子图（$p_R \leqslant 10.0$）

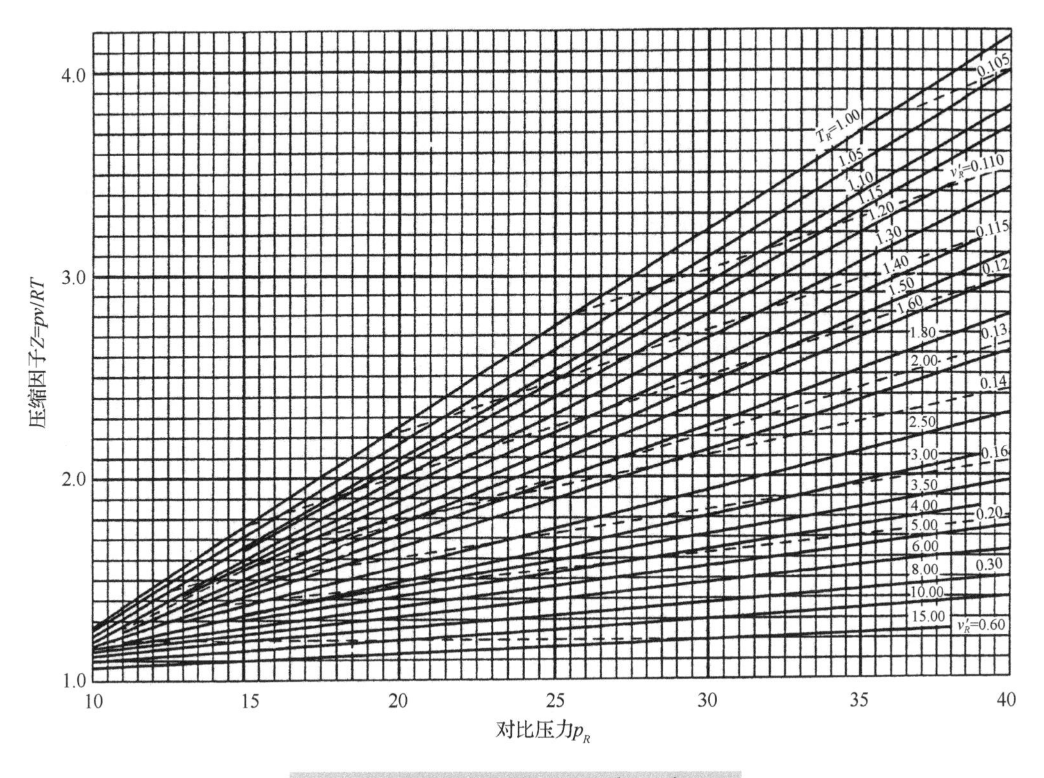

附图3　通用压缩因子图（$10.0 \leqslant p_R \leqslant 40.0$）